普通高等教育一流本科专业建设成果教材

金属材料学及热处理基础

Fundamentals of Metal Materials Science and Heat Treatment

赵忠魁　等编著

张新恩　主审

化学工业出版社

·北京·

内 容 简 介

《金属材料学及热处理基础》系统介绍了热处理原理及工艺、金属材料及其合金化原理，钢的热处理工艺，热处理过程的相变原理和相变产物，钢的合金化，常用金属材料的组织、性能、应用和热处理。本书深入浅出，图文结合，注意理论联系实际，并结合了最新科研成果。各章附有一定量的习题，文后提供了供进一步学习的参考文献。

本书可作为高等院校机械类、材料类专业本科生、研究生的教材，也可作为厂矿企业、科研院所从事材料选用与开发的工程技术人员的参考书。

图书在版编目（CIP）数据

金属材料学及热处理基础/赵忠魁等编著. —北京：化学工业出版社，2023.2（2024.11重印）

普通高等教育一流本科专业建设成果教材

ISBN 978-7-122-42485-3

Ⅰ.①金… Ⅱ.①赵… Ⅲ.①金属材料-高等学校-教材②热处理-高等学校-教材 Ⅳ.①TG14②TG15

中国版本图书馆 CIP 数据核字（2022）第 206558 号

责任编辑：李玉晖　　文字编辑：孙月蓉

责任校对：宋　夏　　装帧设计：张　辉

出版发行：化学工业出版社（北京市东城区青年湖南街 13 号　邮政编码 100011）

印　　装：河北延风印务有限公司

787mm×1092mm　1/16　印张 17¾　字数 435 千字　2024 年 11 月北京第 1 版第 4 次印刷

购书咨询：010-64518888　　售后服务：010-64518899

网　　址：http://www.cip.com.cn

凡购买本书，如有缺损质量问题，本社销售中心负责调换。

定　　价：56.00 元

版权所有　违者必究

前 言

金属材料学与热处理技术是基础科学与工程科学的融合。金属材料广泛应用于工业生产各领域，是工业生产和社会生活中必不可少的物质基础，对现代科学技术发展和国民经济建设发挥着重要作用。本书较全面地介绍钢的热处理原理与工艺，钢的合金化，碳素钢与合金钢、铸铁和有色金属材料的成分、组织结构、热处理工艺和性能之间关系以及最新的科学成果。

本书是山东建筑大学材料成型及控制工程山东省一流本科专业建设成果教材。本书由13章组成，第1章和第2章讲述钢的热处理原理和技术，包括钢在加热、冷却过程中的组织转变规律及转变产物，整体热处理、表面热处理和化学热处理等钢的热处理工艺，介绍了几种热处理新技术。第3章讲述钢的合金化，包括合金元素与碳的相互作用、合金元素对钢加热和冷却的影响及合金钢中的相组成、钢的微合金化、钢的分类与编号等内容；第4章至第7章讲述结构钢、工具钢、不锈钢和耐热钢，包括各种钢的成分、热处理工艺、主要性能、应用及合金元素在其中的作用，介绍了各类零件的工作条件和选用材料的方法。第8章讲述铸铁，包括铸铁的石墨化、铸铁的类型、组织、性能和用途、热处理。第9章至第13章讲述铝、镁、钛、铜、锌、镍和轴承合金的组织、性能、用途和热处理。本书介绍金属材料学和热处理基本原理，分析和认识金属材料发展的规律，目的是能使学生学会根据各种不同的需求，选择合适的材料，制定合理的工艺制度或者开发新型金属材料。本书编写力求深入浅出，图文结合，理论联系实际，并引入了最新科研成果。为使学生对所学知识进行归纳、总结和复习，每章末安排编写了习题。

本书由山东建筑大学赵忠魁等编著，于宽、李阳、景财年、衣冠玉、付小佼、史传伟参加编写，齐鲁工业大学（山东省科学院）张新恩主审。

在本书编写过程中，编者参考了国内外同行的文献资料，谨向文献作者们表示衷心的感谢！

由于编者水平有限，不足之处在所难免，敬请广大读者批评指正。

编著者

2022年10月　济南

目　录

第1章

钢的热处理原理

1.1 概述

1.1.1 金属热处理工艺简介

热处理是采用适当的方式对金属材料或工件进行加热、保温和冷却以获得预期的组织结构与性能的工艺。热处理工艺一般包括加热、保温、冷却三个过程。这些过程互相衔接，不可间断。热处理工艺曲线见图1.1。

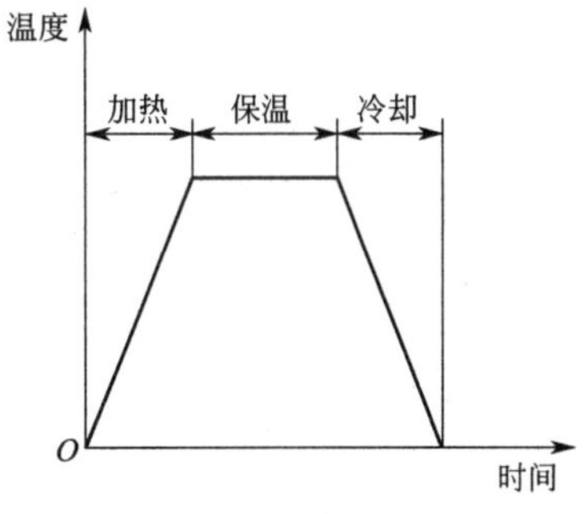

图1.1 热处理工艺曲线

加热是热处理的重要工序之一。金属热处理的加热方法很多，主要采用煤、天然气和电作为热源。由于电加热易于控制，且无环境污染，所以应用较多。

加热温度是热处理工艺的重要工艺参数之一，选择和控制适当的加热温度，是保证热处理质量的前提。加热温度因金属材料和热处理的目的不同而异，一般是加热到相变温度以上，以获得高温组织。另外，相变需要一定的时间，因此当金属工件表面达到要求的加热温度时，还需在此温度保持一定时间，使内外温度一致，使组织完全转变，这段时间称为保温时间。采用高能密度加热和表面热处理时，加热速度极快，一般没有保温时间的要求，而化学热处理则要求较长的保温时间。

冷却也是热处理工艺过程中不可缺少的工序，主要在于控制冷却速度（冷速）。冷却方法因工艺不同而不同，一般退火的冷却速度较慢，正火的冷却速度较快，淬火的冷却速度更快。钢种不同对冷速要求也不同，例如空硬钢就在空气中冷却而淬硬。

金属热处理工艺可分为整体热处理、表面热处理和化学热处理三大类。根据加热介质、加热温度和冷却方法的不同，每一大类又分为若干不同的热处理工艺。同一种金属采用不同的热处理工艺处理，可获得不同的组织，从而具有不同的性能。

整体热处理是对工件整体进行穿透加热，并以适当的速度冷却，以改变其整体力学性能的热处理工艺。钢铁整体热处理大致有退火、正火、淬火和回火四种基本工艺。

退火是将工件加热到适当温度，保温一段时间后进行缓慢冷却的热处理工艺，其目的是使金属内部组织达到或接近平衡状态，获得良好的工艺性能和使用性能，或者为进一步淬火作组织准备。正火是将工件加热到适宜的温度并保温一段时间后在空气中冷却的热处理工艺。正火的效果同退火相似，只是得到的组织更细，常用于改善材料的切削性能，有时也用于对一些要求不高的零件做最终热处理。

淬火是将工件加热并保温后，在水、油或无机盐、有机化合物水溶液等淬冷介质中快速冷却的热处理工艺。淬火后钢件变硬，同时变脆。为了降低钢件的脆性，将淬火后的钢件在高于室温而低于650℃的某一温度进行长时间的保温，再进行冷却，这种工艺称为回火。

表面热处理是为了改变工件表面的组织和性能，仅对其表面进行热处理的工艺。表面热处理的主要方法有火焰淬火和感应加热热处理。

化学热处理是将工件置于适当的活性介质中加热、保温使一种或几种元素渗入它的表层，以改变其化学成分、组织和性能的热处理。化学热处理的主要方法有渗碳、渗氮、渗金属。

1.1.2 热处理的作用

为使金属工件具有所需要的力学性能、物理性能和化学性能，除选用合适的材料和成形工艺外，往往还需要进行热处理。钢铁是机械工业中应用最广的材料，钢铁显微组织复杂，可以通过热处理予以控制，所以钢铁的热处理是金属热处理的主要内容。另外，铝、铜、镁、钛及其合金等也都可以通过热处理改变其力学、物理和化学性能，以获得不同的使用性能。例如白口铸铁经过长时间退火处理可以获得可锻铸铁，提高塑性；齿轮采用正确的热处理工艺，使用寿命可以比不经热处理的齿轮成倍或成几十倍地提高；碳钢表面渗入某些合金元素就具有某些合金钢的性能，用来代替某些耐热钢、不锈钢。

热处理的目的是改变金属材料的内部组织，以改善其性能。例如，采用高速钢制造车刀时，必须先经过热处理，降低钢材硬度，才能进行切削。加工成车刀后，又必须进行热处理，提高钻头的硬度和耐磨性，才能用以切削其他金属。对同一种材料，因为加工前后要求的性能完全不同，所以必须通过热处理才能满足要求。

与其他加工工艺不同，热处理一般不改变工件的形状和整体的化学成分，而是通过改变工件的显微组织，或改变工件表面的化学成分，赋予或改善工件的使用性能。采用适当的热处理工艺可以消除铸、锻、焊等热加工工艺造成的各种缺陷，细化晶粒，消除偏析，降低内应力，使钢的组织和性能更均匀。热处理还可以使工件表面具有抗磨损、耐腐蚀等特殊物理化学性能。

钢热处理后性能发生如此重大的变化，是由于经过不同的加热和冷却过程，其内部组织结构发生了变化。因此，要制定正确的热处理工艺规范，保证热处理质量，就要了解钢在不同加热和冷却条件下的组织变化规律。钢中组织转变的规律，就是钢的热处理原理。

1.1.3 热处理与相图

虽然通过热处理可改变金属材料组织，从而改善性能，但并不是所有合金都可以通过热处理强化。下面结合相图进行分析。

图1.2为某铝合金富铝端相图，位于F点以左的Ⅰ合金，在固态加热或冷却过程中均

无相变产生，因此不能进行热处理强化。成分在 FF'之间的Ⅱ合金加热到 DF 线以上温度时，可使过剩β相全部溶解，形成均匀的α相。冷却时，过剩β相在α相中的溶解度又会发生变化。如果合金从α相快速冷却，就会得到过饱和的α固溶体，随后加热到一定温度时，过剩β相又会从过饱和的α固溶体中析出。D 点以右的Ⅲ合金，有部分β相加热时未溶解，这部分组织不参与热处理过程。

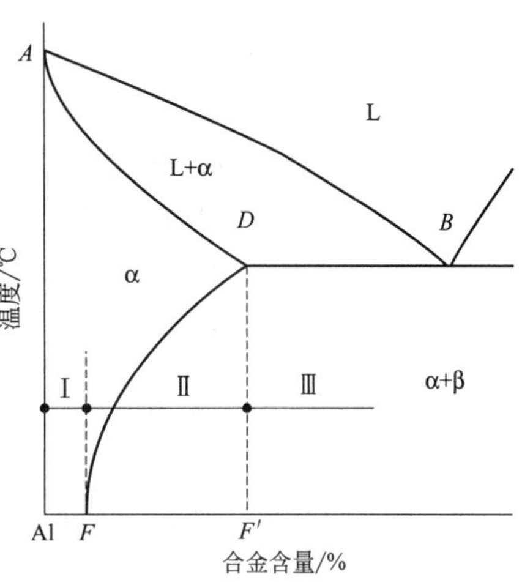

图 1.2 某铝合金富铝端相图

可见，只有在加热或冷却时发生溶解度显著变化或者发生类似纯铁的同素异晶转变，即有固态相变发生的合金才能进行热处理强化。纯金属、某些单相合金等不能用热处理强化，只能采用加工硬化的方法。

图 1.3 为 Fe-Fe_3C 相图的一部分。共析钢加热到 PSK 线以上全部转变为奥氏体，亚共析钢、过共析钢则必须加热到 GS 线和 ES 线以上才能获得单相奥氏体。共析钢从奥氏体缓慢冷却到 PSK 线以下，将发生共析转变，形成珠光体。亚共析钢、过共析钢缓冷到 GS 线和 ES 线以下时，分别从奥氏体中析出过剩相铁素体和渗碳体，到 PSK 线以下，再发生共析转变。可见，钢在加热或冷却过程中越过上述临界点就会发生固态相变，所以能够进行热处理。

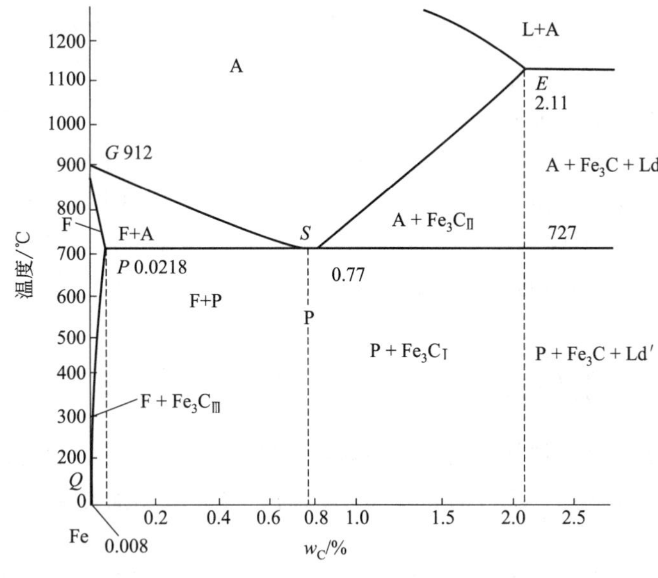

图 1.3 Fe-Fe_3C 相图的一部分

A—奥氏体；F—铁素体；P—珠光体；L—液体

Ld—高温莱氏体；Ld′—低温莱氏体

1.1.4 钢的临界温度

从 Fe-Fe_3C 相图（图 1.3）可知，碳素钢在缓慢加热和冷却过程中，其固态组织转变的临界温度都可以根据相图上的 PSK 线（A_1 线）、GS 线（A_3 线）和 ES 线（A_{cm} 线）来确定。共析钢只有一个临界温度 A_1；亚共析钢有两个临界温度 A_1 和 A_3；过共析钢也有两个临界温度 A_1 和 A_{cm}。有时也称 A_1 为下临界温度，称 A_3 和 A_{cm} 为上临界温度。

A_1、A_3 和 A_{cm} 都是平衡临界温度，都是新相与旧相自由能相等的温度。实际的加热转变温度和冷却转变温度都偏离平衡临界温度。加热转变只有在平衡临界温度以上才能进行，冷却转变只有在平衡临界温度以下才能进行。加热和冷却速度越快，其偏离也越大。为了区别于平衡临界温度，通常将加热转变温度标注“c”，冷却转变温度标注“r”。碳素钢这些临界温度在 $Fe\text{-}Fe_3C$ 相图上的位置见图 1.4。这几个实际转变温度的物理意义如下。

A_{c1}：加热时珠光体转变为奥氏体的开始温度。

A_{r1}：冷却时奥氏体转变为珠光体的开始温度。

A_{c3}：加热时游离铁素体全部转变为奥氏体的终了温度。

A_{r3}：冷却时奥氏体析出游离铁素体的开始温度。

A_{ccm}：加热时二次渗碳体全部溶入奥氏体的终了温度。

A_{rcm}：冷却时奥氏体析出二次渗碳体的开始温度。

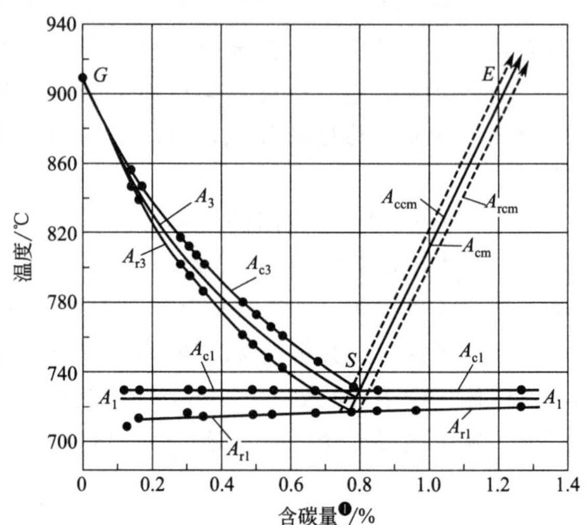

图 1.4 加热和冷却速度（0.125℃/min）对临界转变温度的影响

应当指出，工业碳素钢并不是纯的 $Fe\text{-}Fe_3C$ 合金，里面还含有 Si、Mn、S、P 等杂质。这些杂质影响碳素钢的平衡临界温度。由于杂质含量很少，影响不大，因而可以忽略不计，仍以 $Fe\text{-}Fe_3C$ 状态图确定钢的临界温度。对于合金钢，由于合金元素对平衡临界温度影响很大，甚至会大大改变相图结构，使 A_1、A_3 和 A_{cm} 不再是一个恒定温度，而是一个温度区间，这时就不能再根据 $Fe\text{-}Fe_3C$ 状态图来确定钢的临界温度，而必须根据三元或多元相图才行。

1.2 钢在加热时的转变

热处理的第一道工序是加热，既可以加热到临界温度 A_1 以上，也可以加热到临界温度 A_1 以下，但两种加热条件下发生的转变是不同的。本节讲述加热到 A_1 以上发生的组织转变。

为了得到奥氏体，需要将钢加热到临界温度 A_1 以上。通常把钢加热获得奥氏体的转变过程称为奥氏体化。

奥氏体是碳溶于 γ-Fe 形成的间隙式固溶体。合金元素原子（Mn、Si、Cr、Ni 等）溶入奥氏体中取代铁原子的位置，形成置换式固溶体，称合金奥氏体。奥氏体具有面心立方晶格，塑性好，易变形。奥氏体冷却时，过冷度不同，得到的组织不同，钢的性能也不同。

❶ 除特殊说明外，本书中“含量”（或浓度）、“含碳量”均为质量分数。

1.2.1　共析钢的奥氏体形成过程

共析钢在室温的平衡组织为珠光体，当加热至 A_{c1} 温度以上时，珠光体将转变为奥氏体：

	P(α	+	Fe_3C)	⟶	γ
$w_C/\%$	0.0218		6.69		0.77
晶格	BCC		复杂斜方晶格		FCC

三者的成分和晶体结构都相差很大。珠光体是由含碳量很低、具有体心立方（BCC）晶格的 α-Fe 和含碳量很高、具有复杂晶格的渗碳体组成的，而奥氏体的含碳量介于二者之间，晶体结构为面心立方（FCC）晶格，因此，奥氏体的形成过程必然包括铁、碳原子的扩散重新分布和铁晶格的改组。

珠光体向奥氏体的转变包括以下四个阶段：奥氏体形核、奥氏体长大、剩余渗碳体溶解和奥氏体成分均匀化，如图 1.5 所示。

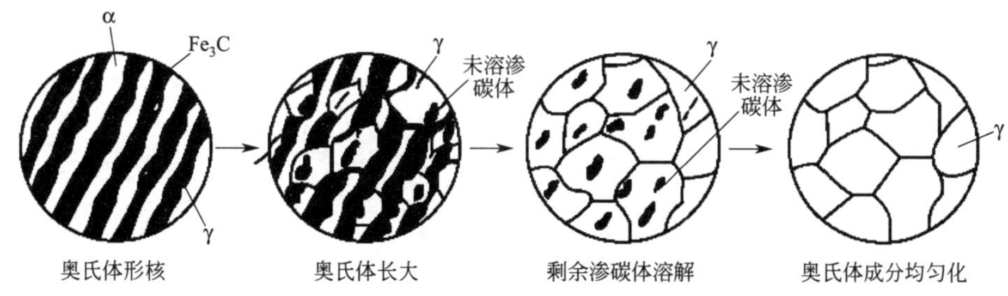

图 1.5　共析钢中奥氏体形成过程示意图

（1）奥氏体的形核　珠光体加热到 A_1 点以上，首先在铁素体和渗碳体的相界面上形成奥氏体晶核。从成分上看，铁素体的含碳量很低，渗碳体的含碳量又很高，而奥氏体的含碳量介于二者之间，因此铁素体与渗碳体都不能直接转变为奥氏体。在铁素体与渗碳体的界面上具备奥氏体形核所需要的浓度、结构起伏和能量起伏条件。相界面上碳含量较高，扩散速度又较快，容易形成较大的浓度涨落，使某一区域达到形成奥氏体晶核所需的碳含量；相界面上能量也较高，容易造成能量涨落，满足形核功的要求；相界面处原子排列不规则，容易满足结构涨落的要求。因此奥氏体晶核优先在铁素体和渗碳体的相界面上形成。

（2）奥氏体的长大　奥氏体晶核的长大过程是依靠 γ/α 和 γ/Fe_3C 这两个相界面向原有的铁素体和渗碳体中推移进行的。此时，奥氏体与铁素体和渗碳体间建立起了界面的浓度平衡。奥氏体中的碳浓度是不均匀的，与铁素体相接处含碳量较低，而与渗碳体相接处含碳量较高，碳原子必然要由高浓度处向低浓度处扩散，从而破坏了相界面平衡条件。为了恢复平衡，高碳的 Fe_3C 将溶解以提高相界面的含碳量；同时另一界面上，铁素体转变为奥氏体以降低界面含碳量。这样，碳浓度平衡的破坏和恢复反复循环进行，奥氏体便不断地向铁素体和渗碳体中推移，逐渐长大。在碳原子扩散的同时，也伴随着铁的晶格的改组，相界面移动的速度表示晶格改组的速度。

奥氏体晶粒长大时，向铁素体方向长大的速度总是大于向渗碳体方向长大的速度，而且，转变温度越高，这两个速度相差越大。这是由于奥氏体长大速度与界面浓度差有关，并受碳的扩散所控制。由图 1.6 可知，碳在 γ/α 界面的浓度差（$c_{\gamma/\alpha}-c_{\alpha/\gamma}$）远小于 γ/Fe_3C 界面的浓度差（$c_{cem/\gamma}-c_{\gamma/cem}$），这使得奥氏体向铁素体中长大快于向渗碳体中长大。温度越高，γ/α 界面的浓度差越小，而 γ/Fe_3C 界面的浓度差变化不大，从而使奥氏体向铁素体中长大更快。所以在珠光体转变为奥氏体时，总是铁素体先消失，并由一部分渗碳体颗粒残留在奥氏体中，这时奥氏体的平均含碳量低于共析成分。奥氏体化温度越高，铁素体消失得越快，残余渗碳体越多，奥氏体平均含碳量越低。共析钢奥氏体化时，铁素体消失后，奥氏体中的平均含碳量（质量分数）变化如下：735℃为0.77%，760℃为0.69%，780℃为0.61%，850℃为0.51%，900℃为0.46%。

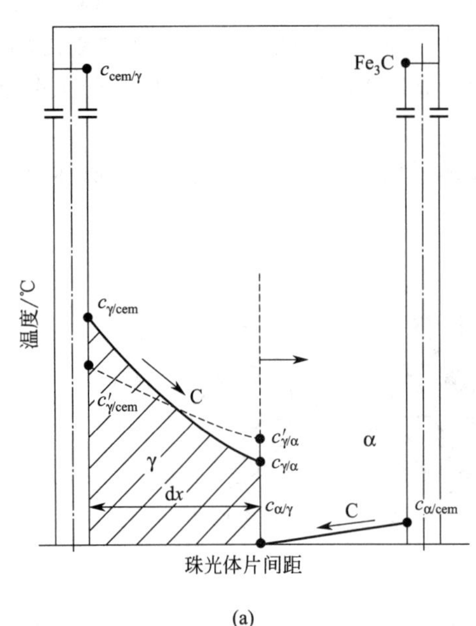

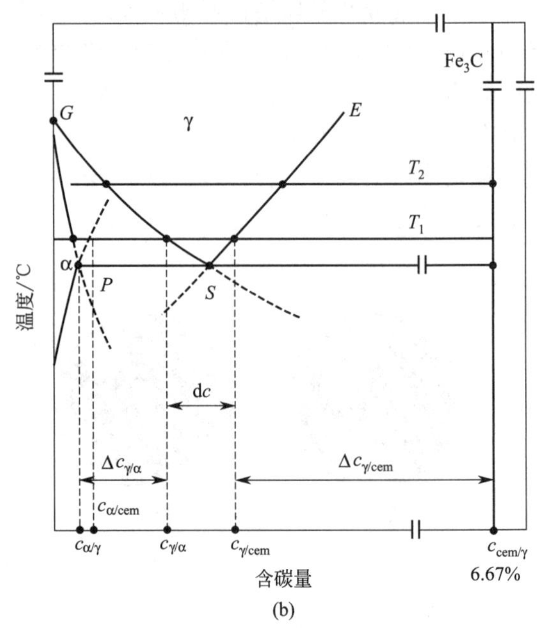

图 1.6　相界面上的碳浓度及扩散

$c_{\alpha/cem}$—铁素体和渗碳体界面处的铁素体中的含碳量；$c_{\alpha/\gamma}$—铁素体和奥氏体界面处的铁素体中的含碳量；$c_{\gamma/cem}$—奥氏体和渗碳体界面处的奥氏体中的含碳量；c_{γ}—奥氏体中的含碳量；$c_{\gamma/\alpha}$—奥氏体和铁素体界面处的奥氏体中的含碳量；$c_{cem/\gamma}$—渗碳体和奥氏体界面处的渗碳体中的含碳量；T_1 温度线与 GP 交点表示该温度下碳在α相中最大溶解度；T_2 温度线与 GS、ES 的交点表示该温度下碳在γ相中最小溶解度和最大溶解度

（3）剩余渗碳体的溶解　铁素体消失以后，随着保温时间延长或继续升温，奥氏体中剩余的渗碳体通过碳原子的扩散，不断溶入奥氏体中。

（4）奥氏体成分均匀化　渗碳体全部溶解后，奥氏体中的碳浓度仍是不均匀的，原因是渗碳体的区域碳浓度较高，而原来是铁素体的区域碳浓度较低，通过碳原子的扩散，奥氏体碳浓度逐渐趋于均匀化，最后得到均匀的单相奥氏体。

1.2.2　非共析钢的奥氏体形成过程

亚共析钢和过共析钢的奥氏体形成过程与共析钢基本相同，当加热温度超过 A_{c1} 时，原始组织中的珠光体转变为奥氏体，仍保留一部分先共析铁素体或先共析渗碳体，该过程称为不完全奥氏体化过程。只有当加热温度超过 A_{c3} 或 A_{ccm}，并保温足够的时间，才能获得

均匀的单相奥氏体，此时称为完全奥氏体化过程。由此可见，非共析钢的奥氏体化过程包括两个过程，第一是珠光体的奥氏体化过程，第二是先共析相的奥氏体化过程。

1.2.3　影响奥氏体形成的因素

奥氏体的形成是依靠原子的扩散，通过形核和长大进行的。凡是影响扩散、影响形核和长大的因素，都会影响奥氏体的形成速度。

(1) 加热温度和保温时间的影响　图 1.7 为共析钢的等温奥氏体化曲线。图中曲线 1 表示珠光体向奥氏体转变开始；曲线 2 表示铁素体已全部转变为奥氏体，得到奥氏体加残余渗碳体组织；曲线 3 表示残余渗碳体溶解完毕，得到成分不均匀的奥氏体组织；曲线 4 表示奥氏体已经均匀化。从图 1.7 可以看出：

1) 加热温度必须高于 A_1 温度，珠光体才能向奥氏体转变，转变前有一段孕育期。温度越高，孕育期越短。

2) 转变温度越高，奥氏体的形成速度越快，转变所需要的时间越短。这是因为，温度越高，奥氏体与珠光体间的自由能差越大，转变的推动力越大；温度越高，原子扩散越快，碳的重新分布与铁的晶格重组都越快。

3) 要获得相同的奥氏体状态，既可长时间低温加热得到，也可短时间高温加热得到。

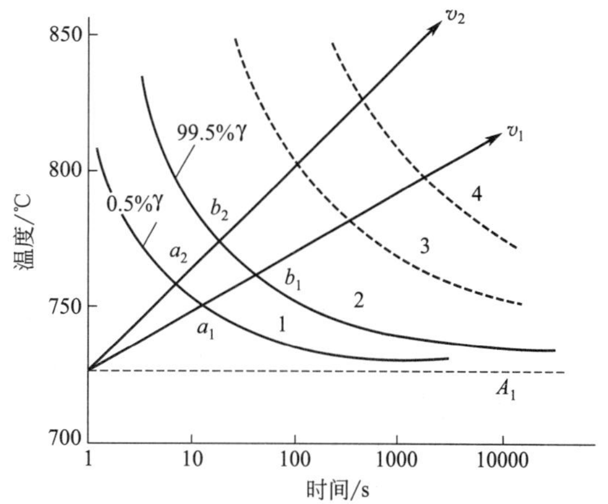

图 1.7　珠光体向奥氏体转变曲线

(2) 加热速度的影响　采用连续加热时，加热速度影响奥氏体的形成过程。加热速度对奥氏体转变的影响见图 1.7。比较图中不同加热速度 v_1、v_2 的加热曲线可以看出，加热速度越快（如 v_2），孕育期越短，奥氏体开始转变的温度与转变终了温度越高，转变所需的时间也就越短。

(3) 原始组织的影响　当钢的原始组织为片状珠光体时，铁素体与渗碳体片层越薄（片间距越小），奥氏体形成速度越快。若珠光体中的渗碳体为粒状时，因铁素体与渗碳体的相界面较片状减少，故将减慢奥氏体形成速度。

(4) 化学成分的影响　随着碳含量的增加，碳化物量增加。珠光体中铁素体和渗碳体间界面增加，奥氏体形核率增加，形成速度加快。同时碳原子扩散距离减小，扩散速度高。但是，渗碳体溶解及奥氏体均匀化时间增加。

钢中的合金元素不改变奥氏体的形成机制，但影响奥氏体形成的速度。一般情况下，合金元素改变珠光体向奥氏体转变的临界点，影响碳在奥氏体中的扩散速度，从而影响到奥氏体的形成速度。

Cr、Mn、W、V 等强碳化物形成元素降低碳在奥氏体中的扩散速度，大大减慢奥氏体形成速度。Si、Al、Mn 等元素对碳在奥氏体中的扩散能力影响不大。Co、Ni 等非碳化物形成元素可提高碳在奥氏体中的扩散速度，加快奥氏体的形成速度。

合金元素可以改变碳在奥氏体中的溶解度，改变钢的过热度，影响奥氏体的形成过程。

在合金钢的平衡组织中，碳化物形成元素集中在碳化物中，非碳化物形成元素集中在铁素体中。奥氏体形成后，碳和合金元素在奥氏体中分布极不均匀，增加了奥氏体均匀化时间。

1.2.4 奥氏体晶粒度及其影响因素

（1）晶粒大小与力学性能的关系　晶粒大小对材料的性能影响很大，材料的屈服强度 R_e 与晶粒直径 d 符合 Hall-Petch 公式

$$R_e = R_{e0} + kd^{-1/2} \tag{1-1}$$

式中，R_{e0} 为单晶体的抗拉强度；k 是与材料有关的常数。

可见，晶粒越细小，材料的强度越高。另外，晶粒细小还可以提高材料的塑性和韧性。奥氏体的晶粒大小对钢随后的冷却转变及转变产物的组织和性能都有重要影响。通常，粗大的奥氏体晶粒冷却后得到粗大的组织，其力学性能指标较低。这需要了解奥氏体晶粒度的概念以及影响奥氏体晶粒度的因素。

（2）奥氏体晶粒度　通常使用长度、面积、体积或晶粒度级别数来表示不同方法评定或测定的晶粒大小，而使用晶粒度级别数表示的晶粒度与测量方法和计量单位无关。所以奥氏体晶粒大小用晶粒度来度量。

晶粒度的评定方法有比较法、面积法和截点法。一般采用比较法，即金相试样在放大100倍的显微镜下，与标准的图谱（见图1.8）相比。

晶粒度级别与晶粒大小的关系为

$$n = 2^{N-1} \tag{1-2}$$

式中，n 为放大100倍视野中单位面积内晶粒个数，个/in^2（$1in^2$ 约为 $6.45cm^2$）；N 为晶粒度级别。

奥氏体晶粒度有三种，即起始晶粒度、平均晶粒度和实际晶粒度。

1）起始晶粒度　奥氏体转变刚刚完成，即奥氏体晶粒边界刚刚相互接触时的奥氏体晶

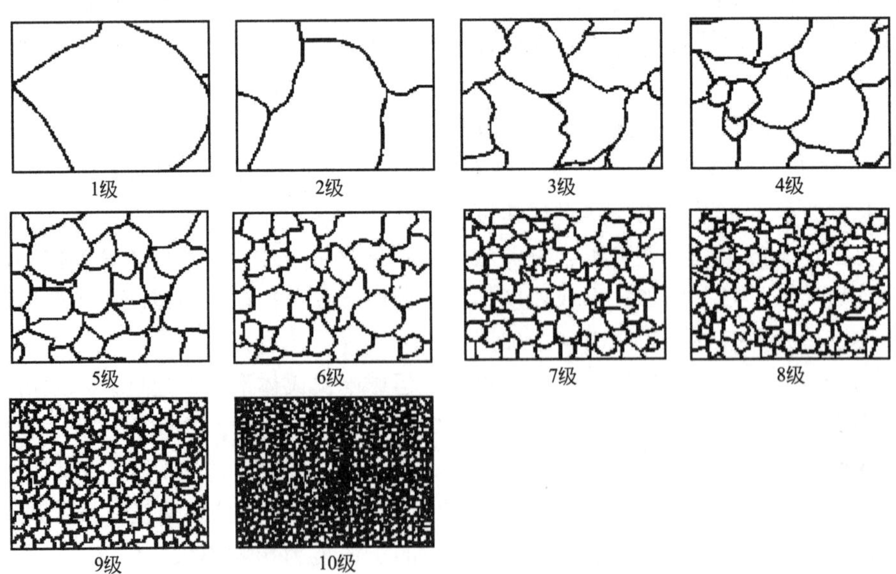

图1.8　标准晶粒度等级示意图

粒大小称为起始晶粒度。通常情况下，起始晶粒度总是比较细小、均匀的。起始晶粒大小取决于形核率和长大速度。

2）平均晶粒度　实际情况下，金属基体内的晶粒不可能大小完全一样，但其晶粒大小的分布在大多情况下呈近似于单一对数正态分布，常规采用平均晶粒度表示。

平均晶粒度大小在 1～4 级为粗晶粒，5～8 级为细晶粒，在 9 级以上为超细晶粒，如图 1.8 所示。

钢的平均晶粒度与钢的成分和冶炼时的脱氧方法有关。一般用 Al 脱氧或含有 Ti、Zr、V、Nb、Mo、W 等元素的钢都是细晶粒钢，其中 Nb 的作用最显著，因为这些元素能够形成难溶于奥氏体的细小碳化物或氮化物质点，阻止奥氏体晶粒长大。只用硅、锰脱氧的钢或者沸腾钢一般为粗晶粒钢。

平均晶粒度常用的测定方法包括渗碳法、氧化法、直接淬硬法等。

渗碳法是将试样加热到 930℃±10℃，渗碳 6h 获得不低于 1mm 的渗层，缓冷后在渗层的过共析钢部分形成网状 Fe_3C，借助于网状 Fe_3C 进行晶粒度评定。渗碳法适用于含碳量低于 0.25%的碳钢和合金钢。含碳量较高的钢不适于使用渗碳法，这是由于渗层碳含量增加，不能准确反映原试样的晶粒度，有误差。

氧化法适用于含碳量为 0.25%～0.60%的碳钢或合金钢。先是将样品抛光，再将抛光面朝上，加热保温 1h，在冷水或盐水中淬火。加热温度取决于含碳量：当含碳量低于 0.35%时，加热温度为 890℃±10℃；当含碳量大于 0.35%时，加热温度为 860℃±10℃。由于晶界比晶内容易氧化，冷却后试样经抛光和腐蚀，即可把氧化的晶界网清晰地显示出来。

直接淬硬法通常适用于含碳量大于 1.0%的碳钢或合金钢。试样加热保温 1h 后以完全硬化的冷却速度淬火。加热温度的选择与氧化法相同。冷却后经磨制抛光，腐蚀后显示马氏体组织。

3）实际晶粒度　为经热处理后获得的实际奥氏体晶粒大小。

实际晶粒度一般总比起始晶粒度大。除了与晶粒长大倾向有关外，实际晶粒度主要决定于具体的加热温度和保温时间。

用 A_1 脱氧或含有 Ti、Zr、V、Nb、Mo、W 等碳化物形成元素的碳钢，在 930℃以下随温度升高，奥氏体晶粒长大速度很缓慢，但加热温度超过某一温度（950～1100℃）以后，奥氏体晶粒则迅速长大，如图 1.9 所示。这是由于温度超过 930℃，难溶碳化物溶解，晶粒快速长大。

(3) 奥氏体晶粒长大原理　晶界的能量高，在一定温度下奥氏体晶粒会发生相互吞并的现象，大晶粒吞并小晶粒，使总的晶界面积减小、界面能降低，因此奥氏体晶粒长大在一定条件下是一个自发过程。晶粒长大动力和阻力相互作用使晶界推移，实现奥氏体晶粒长大。

(4) 影响奥氏体晶粒度的因素

1）加热温度和保温时间　加热温度越高，晶粒长大越快，最终晶粒尺寸也越大。在每一个温度下奥氏体晶粒的长大都有一个加速长大期，当晶粒长大到一定尺寸后，长大过程将减弱并逐渐停止。因此，为了得到一定尺寸的奥氏体晶粒，必须同时控制加热温度和保温时间。

2）加热速度　在保证奥氏体成分均匀化的前提下，快速加热、短时保温能够获得细小的奥氏体晶粒。这是因为加热速度越快，奥氏体的实际形成温度越高，则奥氏体的形核率越高，起始晶粒越细。由于在高温下保温时间短，奥氏体晶粒来不及长大，因此可以获得细晶粒组织。实际生产中采用快速短时加热的方法可以获得细小的晶粒，如感应加热淬火与普通

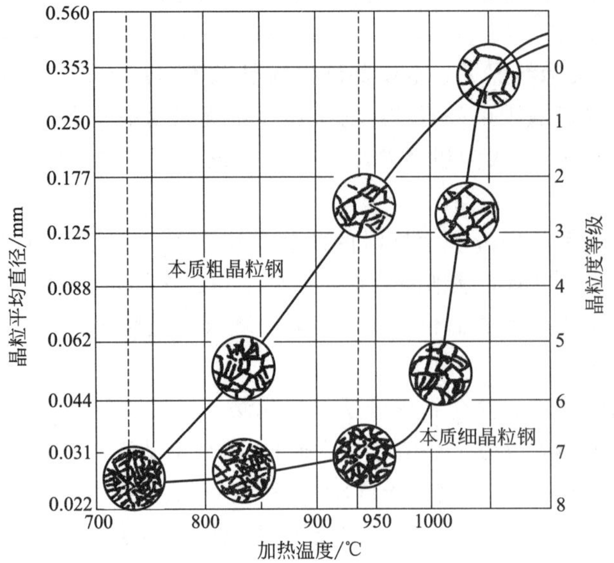

图 1.9 奥氏体晶粒长大示意图

淬火相比可获得更细小的晶粒，从而提高钢的性能。

3）化学成分　含碳量高时，碳在奥氏体中的扩散速度以及铁的自扩散速度均增加，奥氏体晶粒长大倾向增大。但是，含碳量超过一定量时，由于形成 Fe_3C_{II}，阻碍奥氏体晶粒长大。强碳化物形成元素 Ti、Zr、V、W、Nb 等熔点较高，它们弥散分布在奥氏体中阻碍奥氏体晶粒长大；非碳化物形成元素 Si、Ni 等对奥氏体晶粒长大影响很小。Mn、P、C、N 等元素溶入奥氏体后会削弱铁原子的结合力，加速铁原子扩散，促进奥氏体晶粒长大。

4）第二相　若在钢中加入 Ti、V、Zr、Nb 等强碳化物形成元素，它们在钢中能形成高熔点的弥散碳化物和氮化物，能阻碍晶粒长大。

5）原始组织　原始组织越细，碳化物弥散度越大，奥氏体形核率越高，则起始晶粒就越细小。

1.2.5 过热与过烧

加热工艺不当（加热温度过高、保温时间过长等）导致实际奥氏体晶粒粗大，在随后的淬火或正火得到十分粗大的组织，从而使钢的力学性能严重恶化，此现象称为过热。过热使金属材料的塑性和冲击韧性明显降低，对强度和硬度基本无影响。通过正火、退火的重结晶可以消除过热组织。

加热工艺不当（加热温度过高、保温时间过长等）导致奥氏体晶界熔化的现象称为过烧。通常过烧比过热温度还高几十至一百摄氏度左右。过烧使金属材料塑性和冲击韧性严重降低，通过正火、退火的重结晶不能消除过烧组织，必须报废。

1.3 钢在冷却时的转变

1.3.1 概述

冷却过程是钢的热处理的关键工序，它决定钢在冷却后的组织和性能。钢在奥氏体化后

通常有两种冷却方式：连续冷却方式和等温冷却方式（见图 1.10）。连续冷却方式是指钢从高温奥氏体状态一直连续冷却到室温。等温冷却方式是指将钢从奥氏体状态迅速冷却到临界温度以下某一温度，使其发生恒温转变，然后再冷却下来。

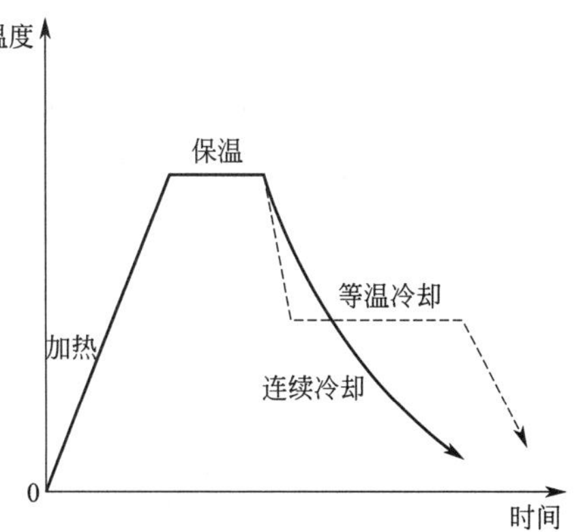

图 1.10 钢奥氏体化后的冷却方式

奥氏体在临界转变温度以上是稳定的，不会发生转变。奥氏体冷却到临界温度以下，在热力学上处于不稳定状态，冷却时要发生分解转变。这种在临界转变温度以下存在但不稳定，将要发生转变的奥氏体称为过冷奥氏体。过冷奥氏体的分解是一个点阵重构和碳扩散的过程。缓慢冷却或过冷奥氏体分解的过冷度很小时，可得到近于平衡的珠光体组织。冷却速度较快或过冷度较大时，碳原子尚可扩散，铁原子不能扩散，可得到贝氏体组织。更快速冷却或奥氏体迅速过冷到不能进行扩散分解时，得到马氏体组织。

1.3.2 过冷奥氏体等温转变曲线

过冷奥氏体等温转变图（TTT 图）或过冷奥氏体等温转变曲线（C 曲线）是获得等温转变组织的主要依据，也是等温淬火获得马氏体组织或贝氏体组织的主要依据。

（1）过冷奥氏体等温转变图的建立　过冷奥氏体的转变也是一个形核和长大过程，可以用等温转变动力学曲线，即转变量和转变时间的关系曲线来描述。测量过冷奥氏体等温转变曲线的方法有多种，常用的方法有金相-硬度法、磁性法、膨胀法、电阻法、热分析法等。金相-硬度法最直观，也比较准确，但也比较麻烦。下面以金相-硬度法为例，测定共析钢过冷奥氏体等温转变曲线。

首先将共析钢制成 ϕ10mm×1.5mm 的圆片试样并分成若干组，每组试样都用于测定某一个温度转变开始时刻和终了时间。各组试样在相同加热条件下奥氏体化后，分别淬入 A_1 温度以下不同温度的等温盐浴槽中并进行保温。每隔一段时间取出一个试样淬入水中，这样就把不同时刻的等温转变状态固定下来，然后在显微镜下进行金相分析。凡是等温时未转变的奥氏体，水冷后就变成马氏体和残余奥氏体，在组织中呈亮色；而等温转变的产物则原样保留下来，在组织中呈暗色。据此得到等温转变的情况。通常以转变 1%的时刻为转变开始时间，以转变 99%的时刻为转变终了时间。将各个温度转变的开始（时间、温度）坐标和转变终了的（时间、温度）坐标都绘制在温度-时间的坐标系中。把所有转变开始点连接起来就得到转变开始线，把所有转变终了点连接起来就得到转变终了线，这样就得到了共析钢过冷奥氏体等温转变曲线，见图 1.11。这种曲线形状像英文字母“C”，所以称为 C 曲线，也可根据英语 time temperature transformation 称为 TTT 曲线。

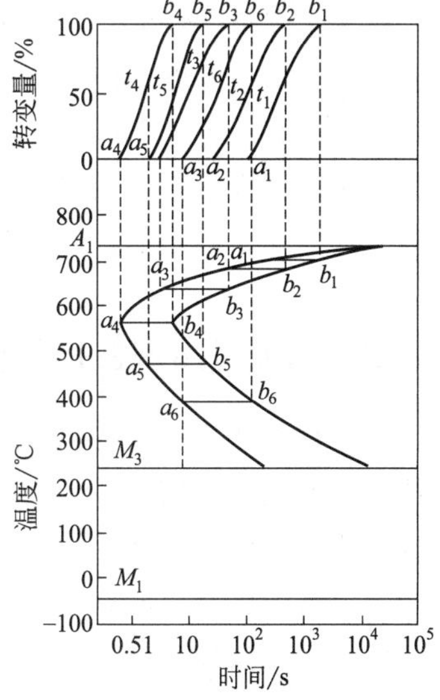

图 1.11 共析钢过冷奥氏体等温转变曲线

（2）C 曲线的分析　从共析钢的 C 曲线（见图 1.11）可以看出，过冷奥氏体在各个温度的等温转变并不是瞬间就开始的，而是有一段孕育期。孕育期的长短随过冷度而变化。越靠近 A_1 线，即过冷度越小，孕育期越长。随过冷度增大，孕育期缩短，在大约 550℃ 达到极小值，此后孕育期又随过冷度增大而增大。孕育期的长短反映了过冷奥氏体稳定性的大小。在孕育期最小处，过冷奥氏体最不稳定，转变最快，这里被称为 C 曲线的“鼻子”。在靠近 A_1 线和 M_s 线的温度处，过冷奥氏体比较稳定，因而孕育期较长，转变也很慢。

过冷奥氏体的稳定性之所以出现这种马鞍形状，是因为过冷奥氏体的稳定性同时由新旧相的自由能差 ΔF 和原子的扩散系数 D 两个因素所决定。过冷度越大，ΔF 越大，但 D 值越小，原子扩散越困难，因而转变越慢。反之，过冷度越小，D 值越大，但 ΔF 越小，转变驱动力越小，因而也是转变越慢。在“鼻子”温度附近，ΔF 和 D 都比较大，二者共同作用导致孕育期最短，转变温度达到了极大值。在“鼻子”温度以上，转变速度主要取决于 ΔF；而在“鼻子”温度以下，转变速度主要决定于 D。

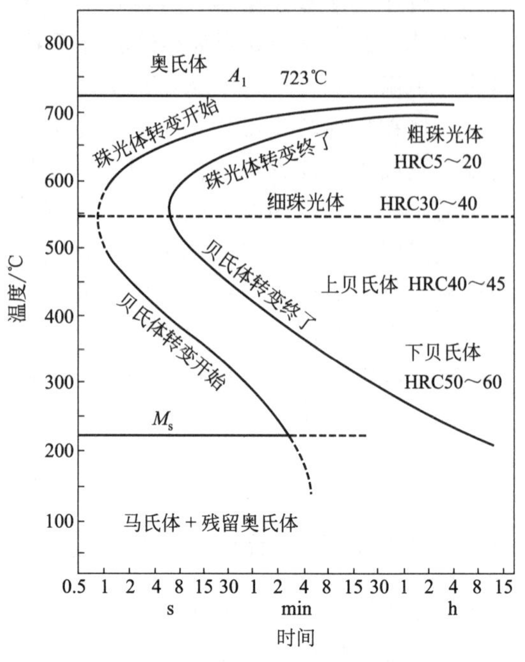

图 1.12　共析钢 C 曲线

共析钢奥氏体在 A_1 温度以下会发生三种不同的转变，见图 1.12。在 C 曲线的“鼻子”以上温度，即 A_1～550℃，转变产物为珠光体，这一温度区域称为珠光体转变区。在 C 曲线“鼻子”以下温度，即 550℃～M_s，转变产物为贝氏体，这一温度区域称贝氏体转变区。在 M_s 线以下，转变产物主要为马氏体，该区域称为马氏体转变区。由此可以看出，珠光体转变是在过冷度不大的高温阶段发生的，属于扩散型相变。马氏体转变是在过冷度很大的低温阶段发生的，属于非扩散型相变。贝氏体转变在中温区进行，属于半扩散型相变。

1.3.3　影响过冷奥氏体等温转变的因素

从 C 曲线上看出，各种因素对过冷奥氏体等温转变的影响都可以在 C 曲线上反映出来。凡是提高奥氏体稳定性的因素，都使孕育期延长，转变减慢，因而使 C 曲线右移。反之，凡是降低奥氏体稳定性的因素，都加速转变，使 C 曲线左移。

（1）奥氏体成分的影响

1）含碳量的影响　图 1.13 为亚共析钢、共析钢和过共析钢的 C 曲线。与共析钢的 C 曲线相比，非共析钢的 C 曲线上出现了“先共析转变区”，即亚共析钢的 C 曲线上出现了一条 $\gamma\rightarrow\alpha$（A→F，即奥氏体到铁素体）转变的开始线，过共析钢的 C 曲线上出现了一条 $\gamma\rightarrow Fe_3C$（A→C，即奥氏体到渗碳体）转变的开始线。先共析转变区位于下临界温度以上。

随着奥氏体中含碳量增加，过冷奥氏体稳定性提高，C 曲线右移；当含碳量增加到共析成分，过冷奥氏体稳定性最高。随着含碳量进一步增加，过冷奥氏体稳定性降低，C 曲线反而左移。同时含碳量越高，M_s 点越低。

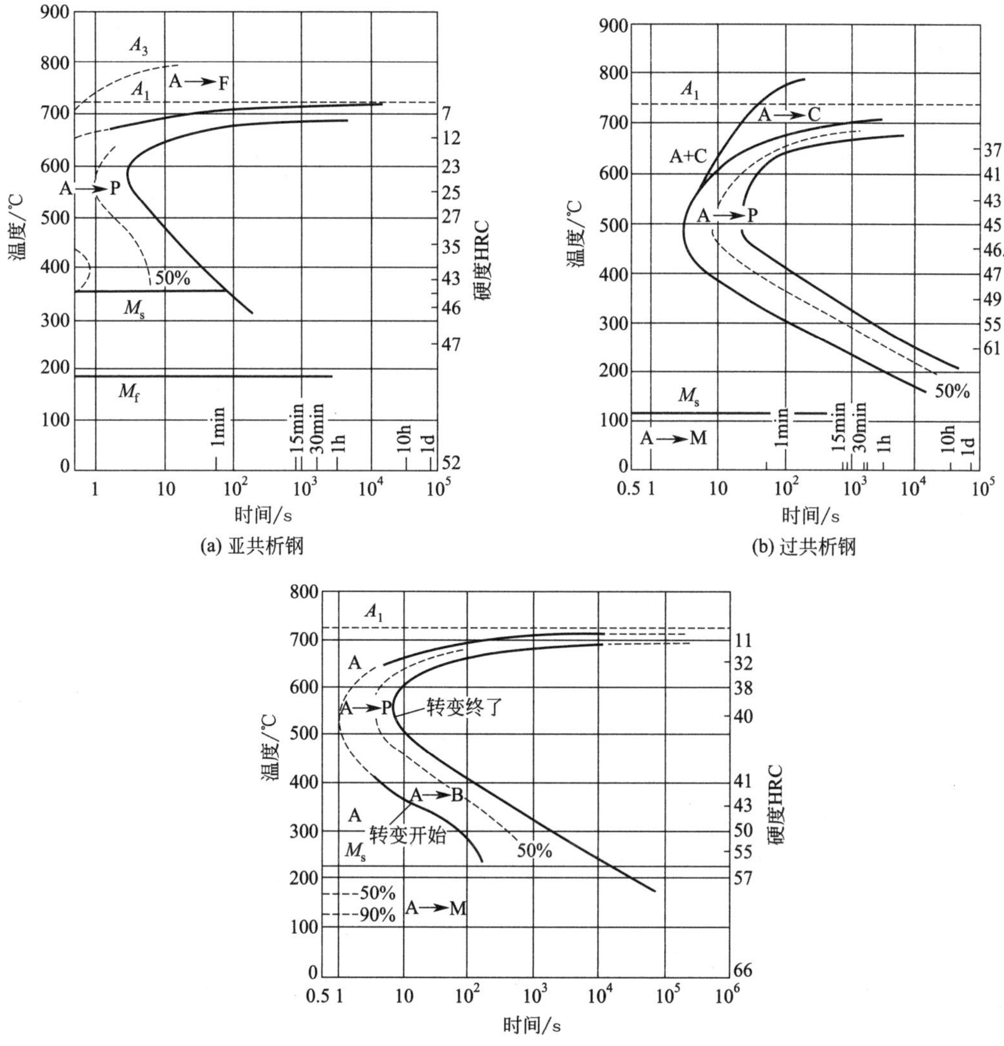

(a) 亚共析钢

(b) 过共析钢

(c) 共析钢

图 1.13 亚共析钢、过共析钢和共析钢的 C 曲线

A—奥氏体；F—铁素体；P—珠光体；C—渗碳体；B—贝氏体

非共析钢由于有先析相析出，使奥氏体转变为珠光体的形核部位增加，过冷奥氏体稳定性降低，珠光体转变的孕育期减小，C 曲线左移。亚共析钢完全奥氏体化后随着含碳量增加，先析铁素体形核率下降导致先析铁素体含量降低，过冷奥氏体转变为珠光体的形核部位降低，过冷奥氏体稳定性提高，珠光体转变孕育期增加，C 曲线右移。过共析钢完全奥氏体化后随着含碳量增加，先析渗碳体形核率升高导致先析渗碳体含量增加，过冷奥氏体转变为珠光体的形核部位增加，过冷奥氏体稳定性降低，珠光体转变孕育期减少，C 曲线左移。

对于贝氏体转变，奥氏体中含碳量越小，贝氏体转变越快。随含碳量增大，贝氏体转变孕育期延长。所以，碳钢 C 曲线的下半部分，即贝氏体转变的开始线和终了线，都随着含碳量增大而一直向右移动。

2）合金元素的影响　合金元素在钢中可能出于三种状态：固溶状态、化合状态和游离状态。若合金元素处于化合物中，会降低奥氏体的稳定性，加速转变。若合金元素以游离态存在于钢中时，对等温转变的影响不大，或略有加速作用。只有合金元素溶入奥氏体中，才能对过冷奥氏体转变产生重要影响。

合金元素固溶于奥氏体中，改变了新旧相的自由能差，使临界温度和C曲线发生上下移动；同时，合金元素会影响各种转变的形核与长大过程，使之加速或减慢，因而C曲线发生左右移动。由于C曲线上下左右移动，合金钢便会出现两个“鼻子”的C曲线，如图1.14。上面的是珠光体转变的C曲线，下面的是贝氏体转变的C曲线。

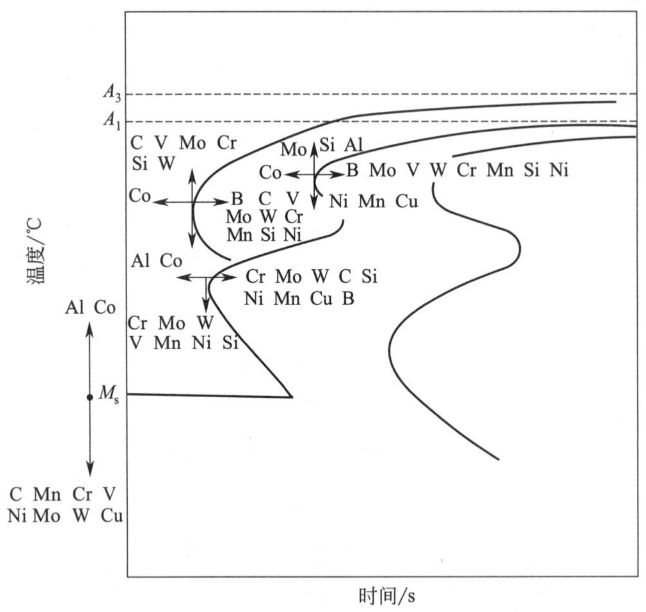

图1.14　合金元素对C曲线位置及形状的影响

总体上讲，除Co、Al外，所有合金元素都会增大过冷奥氏体稳定性，使C曲线右移。非碳化物形成元素（如Ni、Si、Cu等）和弱碳化物形成元素（如Mn）只改变C曲线位置。中强和强碳化物形成元素（如Cr、Mo、V、W、Ti等）溶于奥氏体后，既使C曲线右移，又使珠光体转变与贝氏体转变明显地分为两个独立的区域。

Cr、Mo、W、V、Si等元素使钢的A_1、A_3和A_{cm}升高，而Cu、Ni、Mn等则使之降低。Co、Al使B_s（贝氏体转变区开始温度）和M_s升高，其他合金元素溶入奥氏体后，使贝氏体转变开始温度B_s、马氏体转变温度M_s和M_f点下降。

（2）奥氏体状态的影响　奥氏体状态主要是指奥氏体的晶粒度、均匀性、晶体缺陷密度和第二相的数量、大小、形状及分布等。这些因素都会影响过冷奥氏体的等温转变。

1）奥氏体晶粒尺寸　奥氏体晶粒大小主要影响先共析转变、珠光体转变和贝氏体转变。晶粒越细小，越有利于新相形核和原子扩散，这些受扩散控制的转变加快，其转变的C曲线向左移动。

对于马氏体转变，晶粒大小影响不大。晶粒越大则M_s越高，马氏体转变越快。

奥氏体晶粒大小与奥氏体化条件有关，加热温度高、保温时间长，则奥氏体晶粒粗大，成分均匀性提高，奥氏体稳定性增加，C 曲线右移。

2）奥氏体均匀性　奥氏体成分越不均匀，先共析转变和珠光体转变越快，该部分 C 曲线左移；贝氏体转变时间则延长，转变终了线右移。同时，M_s 线升高，M_f 线降低。这是因为，奥氏体中碳浓度和合金浓度越不均匀，越有利于先共析相的析出和珠光体的形核与长大，所以转变很快。不均匀奥氏体中的高碳浓度区将使贝氏体转变减慢，延长了其转变终了时间；同时，低碳浓度区使 M_s 线升高，高碳浓度区使 M_f 线降低。

钢的原始状态和加热条件都会影响奥氏体的均匀性，从而影响奥氏体的等温转变。铸态原始组织很不均匀，存在成分偏析。经轧制后，成分均匀性得到了改善。因此，在同样的加热条件下，铸锭形成的奥氏体很不均匀，而轧材形成的奥氏体则比较均匀。不均匀奥氏体中的低碳、低合金浓度区使孕育期缩短，转变开始线左移，同时 M_s 线上升。高碳、高合金浓度区则转变变慢，转变终了线右移。

加热速度越快，时间越长，则奥氏体越均匀。感应加热速度很快，时间很短，所以形成的奥氏体成分不均匀，晶粒很细小，且残余碳化物较多，这些都使等温转变加快，使 C 曲线左移，使 M_s 线升高。炉中缓慢加热形成的奥氏体，晶粒较大，成分较均匀，没有残余碳化物，因而碳浓度和合金浓度较高，这些都使奥氏体稳定性提高，C 曲线右移。

钢中的未溶第二相，如残余碳化物和残余铁素体，对等温转变都有重要影响，第二相的数量、大小、形状及分布，不但改变相界面积，而且改变奥氏体的化学成分，因而影响比大，且比较复杂。合金碳化物的溶解情况对等温转变的影响更大。合金碳化物溶入奥氏体越多，则奥氏体的碳浓度及合金浓度越高，相界面积也越少，这都使奥氏体的稳定性提高，转变减慢，C 曲线右移，M_s 线更低。反之，合金碳化物残留越多，则奥氏体越不稳定，转变越快。

3）应力和塑性变形的影响　在奥氏体状态下承受拉应力将加速奥氏体的等温转变，而承受等向压应力则阻碍这种转变。奥氏体比容小，马氏体比容大，奥氏体转变时体积膨胀，施加拉应力加速其转变，使 C 曲线左移，施加压应力不利其转变，使 C 曲线右移。

对奥氏体施以适当的塑性变形，使点阵畸变加剧并使位错密度增加，有利于碳和铁原子的扩散和晶格改组，有利于碳化物弥散质点析出，使奥氏体中碳和合金元素贫化，降低过冷奥氏体稳定性，使 C 曲线左移。

1.3.4　过冷奥氏体连续冷却转变曲线

在实际热处理生产中，许多热处理工艺都采取连续冷却方式。为此，必须研究在不同冷却速度连续冷却过程中发生的转变，并制定了连续冷却转变图（CCT 图），其测定和制作是综合顶端淬火法、热膨胀法及磁性法等试验结果，并测定顶端淬火试样上不同位置各点在顶端淬火试验时的冷却曲线，将这些冷却曲线画到以温度为纵坐标、时间为横坐标的图上，标定这些冷却曲线上的各转折点的位置。这些转折点分别标志着过冷奥氏体发生各种转变的开始、终了或停止点。将各条冷却曲线上意义相同的各点连接起来，就绘成了所测钢种的连续冷却转变曲线图。

图 1.15 中将同一钢种的等温转变图和连续冷却转变图加以比较，可以看出，连续冷却转变图中各转变曲线与相应的等温转变曲线相比，均有不同程度向右下方移动的趋势；移动的方向和大小与钢的化学成分、奥氏体化情况及试样在试验过程的实际奥氏体晶粒度等有

关；对于碳素钢，甚至有抑制或完全阻止了贝氏体转变的现象。cc' 线为珠光体转变中止线。转变并未完成，但过冷奥氏体已停止分解。临界冷却速度 v_c 是使过冷奥氏体不发生分解，得到完全马氏体组织（包括残余奥氏体 γ_R）的最低冷却速度。

图 1.16 和图 1.17 分别是亚共析钢和过共析钢的连续冷却转变曲线，从中可以看出其特点。

（1）共析、过共析钢的 CCT 图上无贝氏体转变区　由于碳含量较高，贝氏体相变需要扩散更多的碳原子，转变速度太慢，因而在连续冷却条件下，转变难以实现。母相奥氏体的含碳量较高时，奥氏体的屈服强度也较高，导致切变阻力增大，难以按切变机制实现点阵改组。

（2）M_s 线发生曲折　有部分贝氏体相变时，贝氏体、铁素体先析出，提高了奥氏体中的含碳量，M_s 降低并向下曲折。有部分珠光体相变时，渗碳体是领先相，使奥氏体的含碳量下降，M_s 提高并向上曲折。

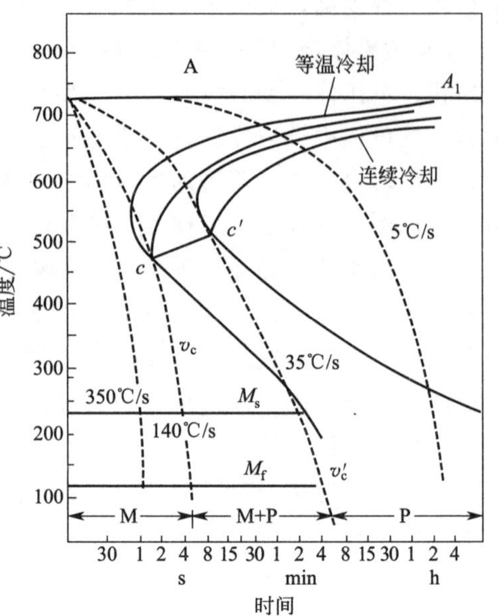

图 1.15　共析钢的 CCT 曲线

A—奥氏体；M—马氏体；P—珠光体

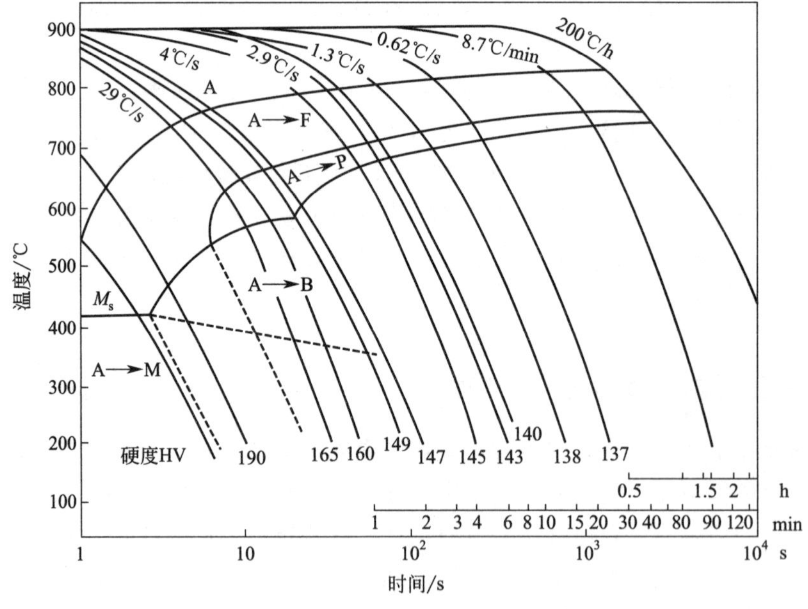

图 1.16　亚共析钢的 CCT 图

（3）在同一个图内，CCT 曲线位于 C 曲线的右下方　连续冷却转变时转变温度较低，孕育期较长。连续冷却转变图和等温转变图各有其优越性和不足处。由于其横坐标均为时间对数值标度，应用起来不方便，因此有人改用以不同直径圆柱形试样的直径的对数值为横坐标标度，令试样中心轴线上的冷却速度符合连续冷却转变图中各冷却曲线的冷却速度，得出

改进型连续冷却转变图。从而很容易查出一定尺寸的工件热处理时，在空气中冷却或在油、水中淬火后其中心组织状态并估计工件的性能。不过绘制改进型连续冷却转变图比一般的连续冷却转变图更为复杂和困难。

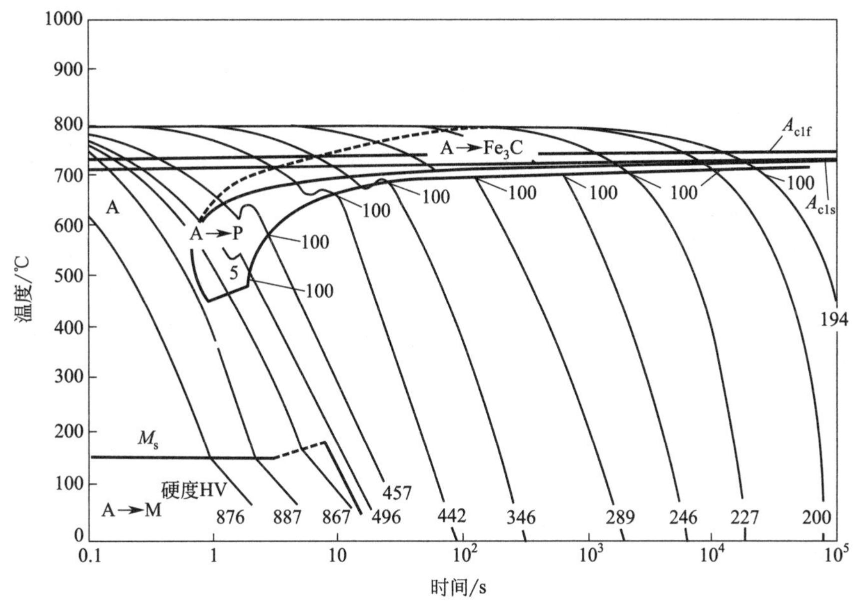

图 1.17　过共析钢的 CCT 图

1.3.5　过冷奥氏体转变图的应用

过冷奥氏体转变图对了解钢于奥氏体化后冷却过程中的变化具有重要的意义。从等温转变图可以大致估计钢的淬透性、奥氏体化后在不同温度分解转变的产物及其性能等。从连续冷却转变图上，则可定性地，甚至半定量地估计在热处理过程中因工件尺寸不同，奥氏体以不同冷却速度冷却后的性能。其主要用途如下。

（1）正确制定淬火的冷却制度和选择淬火剂　淬火时冷却过快易使工件开裂和产生扭曲变形；冷却过慢又不易淬透，难于达到预期的效果。由过冷奥氏体转变图则可以查到避免与转变开始曲线相交的最低淬火冷却速度，从而选定合适的淬火剂。如果钢的淬透性过低或工件过大，不可能避免与转变开始曲线相交，利用连续冷却转变图亦可估计工件不同部位产生的转变产物的类型和大致含量，从而粗略预测工件不同部位淬火后的性能。

（2）制定分级淬火规范　从等温转变图（或连续冷却转变图）可以直接读出钢的等温转变开始曲线上最左点（“鼻子”）的位置和 M_s 温度。根据这两者就可以选择适当的淬火剂和淬火剂温度。淬火剂应能在淬火冷却过程中，使工件的冷却曲线避免与等温转变开始曲线相交。淬火剂温度则应选择在 M_s 温度附近。淬火时，工件冷却至淬火剂温度后保温一定时间，然后取出并在空气中冷却，使工件全部获得马氏体组织，但又不产生过大的淬火应力，以避免工件开裂和产生扭曲变形的危险。在淬火剂温度下的保温时间不宜过长，应不大于等温转变开始曲线在该温度的时间坐标所示时间，以防止贝氏体的产生。

（3）制定等温淬火制度　参考等温转变图或连续冷却转变图上读出的 M_s 的温度选择等温淬火温度，并根据在所选定的等温条件下，转变开始的时间及开始和终了两曲线的时间间距，确定等温时间；等温保温终了后将工件在空气中冷却。这样，既可保证能获得全部贝氏体组织，又可经济有效地确定等温保温时间。

（4）制定经济合理的退火工艺制度　退火的目的之一是使过冷奥氏体在高温下分解，发生转变，因而需要缓冷。从转变图上可以查得或估计过冷奥氏体高温转变终了所需的最短时间，实行等温退火，待转变终了后即可较快地冷却下来，避免常规退火制度中采用的一直缓冷到较低温度所需的时间过长。这样，既可提高热处理设备的利用率，又可节约热能。

（5）识别实际淬火过程中产生的转变分解产物的类型并粗略估计其性能　实际生产过程中，工件淬火时其温度连续下降，工件的内、外部温度不一致，因而过冷奥氏体的分解转变是在不同温度下连续发生的；工件的内、外部发生的转变也因冷却速度不同而有差异。结果，工件中各种类型的转变产物常混合存在于工件不同部位，各种转变产物的含量也各不相同，因此要辨认其中各种类型的组织比较困难。等温转变图中在各温度时等温转变的产物及其组织形态是比较简单，可以作为对照标准，用来比照辨认淬火工件中的各种不同组织，从而估计工件的性能。

1.4　珠光体相变

1.4.1　珠光体分类

钢经奥氏体化后，过冷至 A_{r1} 以下某一温度范围内等温冷却，或以较慢的冷速连续冷却，均可得到珠光体组织。

珠光体是由共析铁素体和共析渗碳体组成的整合组织，是一种稳定的组织。其中，铁素体为体心立方，硬度低而塑性高；渗碳体为复杂斜方，质硬而脆。两者合理的匹配，使珠光体具有良好的综合力学性能。因此，钢件机加工前进行中间热处理得到珠光体组织，可消除因前一道工序造成的加工硬化，便于下道工序的切削加工。钢件用正火作为最终热处理，获得一定形态的珠光体组织，具有良好的综合力学性能。淬火的预先热处理也是得到珠光体组织，为淬火做好组织上的准备。

（1）珠光体的类型　珠光体转变温度在临界点以下，温度较高，属于典型的扩散型转变。珠光体中的铁素体和碳化物是从奥氏体中共析共生出来的，而且两相具有一定位向关系。珠光体组织形态主要有片状和粒状两种。

片状珠光体晶粒尺寸大小可用片间距大小来表示，相邻两片 Fe_3C（或 α）的平均距离 S_0 称珠光体的片层间距，见图 1.18。珠光体片层间距方向大致相同的区域称为珠光体团、珠光体领域或珠光体晶粒。一个原奥氏体晶粒内可以形成几个珠光体晶粒，见图 1.19。

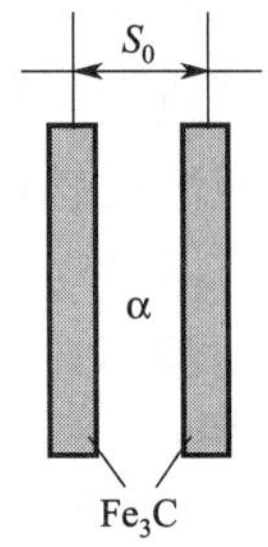

图 1.18　珠光体的片层间距

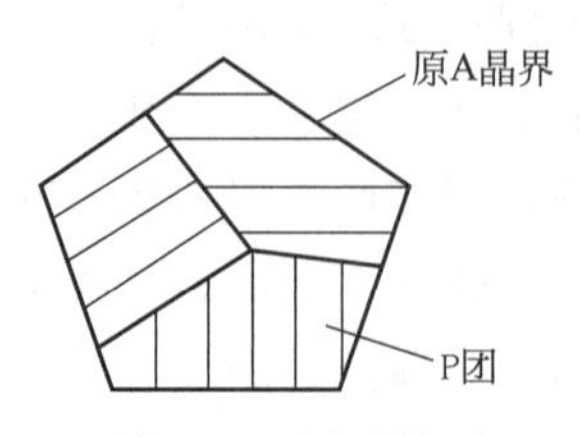

图 1.19　珠光体团

1）片状珠光体　光镜可分辨其 α、Fe_3C 的层状分布。根据珠光体片层间距 S_0 的大小，可将珠光体分为三类（见图 1.20）。

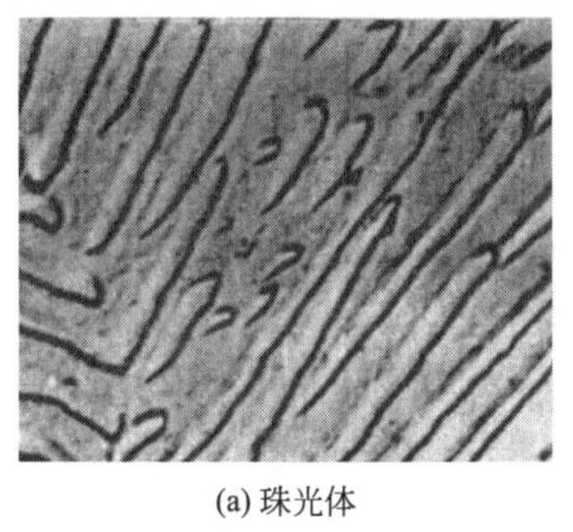
(a) 珠光体

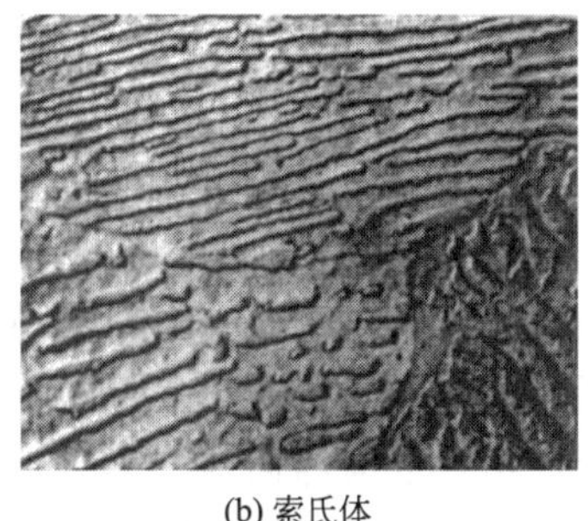
(b) 索氏体

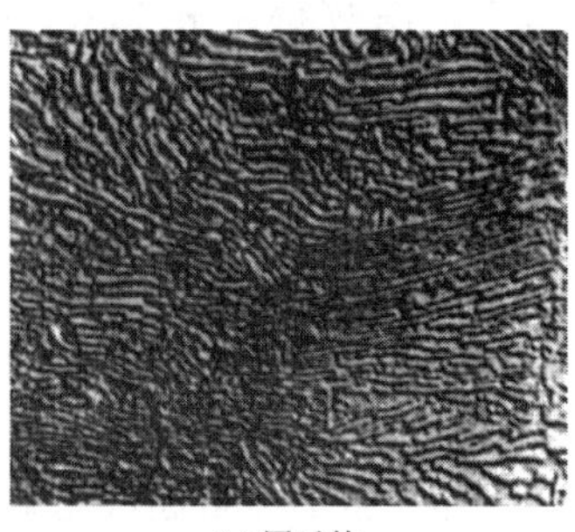
(c) 屈氏体

图 1.20　三种类型的片状珠光体

① 珠光体：用 P 表示；$S_0=0.6\sim1\mu m$。光镜下观察到 α 与 Fe_3C 呈层片状。

② 索氏体：用 S 表示；$S_0=0.25\sim0.3\mu m$。光镜下难以区分 α 与 Fe_3C 呈层片状，电镜下清晰观察到 α 与 Fe_3C 的片层。

③ 屈氏体：用 T 表示；是极细的珠光体。$S_0=0.1\sim0.15\mu m$。光镜下无法分辨 α 与 Fe_3C 的片层（呈黑球状），电镜下清晰观察到 α 与 Fe_3C 的片层。

2）粒状珠光体　珠光体中的渗碳体呈球状分布（见图 1.21），其渗碳体的大小、形态及分布对最终热处理后的性能有直接的影响，是球化退火验收的重要指标。

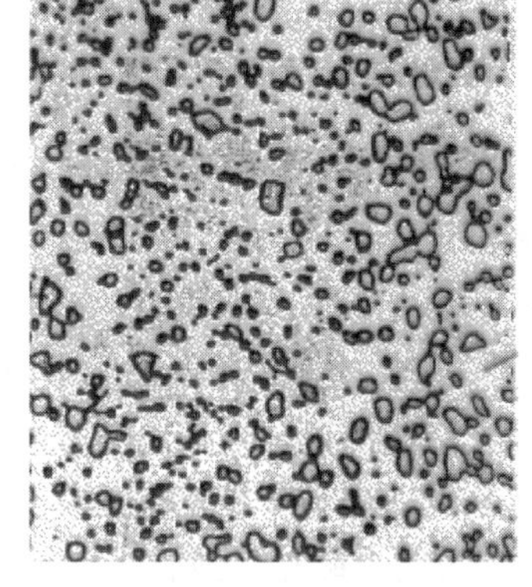
图 1.21　粒状珠光体

（2）珠光体的片层间距 S_0　珠光体的片层间距 S_0 与过冷度 ΔT 成反比，二者之间关系如下

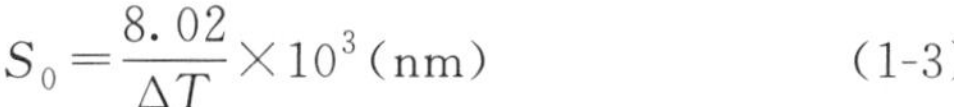

$$S_0=\frac{8.02}{\Delta T}\times10^3(\mathrm{nm}) \tag{1-3}$$

珠光体型相变是扩散型相变，受碳、铁原子的扩散控制。当珠光体的形成温度下降时，ΔT 增加，扩散变得较为困难，从而片层间距必然减小，以缩短原子的扩散距离，所以 S_0 与 ΔT 成反比关系。在一定过冷度下，若 S_0 过大，为了达到相变对成分的要求，原子所需扩散的距离就要增大，珠光体转变发生困难；若 S_0 过小，由于相界面面积增大而使表面能增大，这时新相与母相间的自由能差不变，必然使相变驱动力过小，也使相变不易进行。可见，S_0 与 ΔT 必然存在一定的定量关系，但 S_0 与原始奥氏体晶粒尺寸无关。奥氏体的晶粒尺寸主要影响珠光体团的大小，奥氏体晶粒越小，珠光体团越细小。

（3）珠光体的力学性能　对于片状珠光体，由于铁素体的塑性变形受到阻碍，位错的移动限于渗碳片之间的铁素体中进行，增加了变形抗力，从而强度得到提高。渗碳体片越薄，塑性变形的能力越强，其硬度越高；而厚的渗碳体易在变形中产生断裂。薄片渗碳体却可以承受部分变形，故强度升高的同时，塑性也有所提高。

粒状珠光体中的渗碳体为球状，其阻碍铁素体变形的能力大为下降。比起片状珠光体，粒状珠光体具有较低的强度以及较高的塑性。

珠光体团尺寸的减小，使得强度有所提高；同时，晶粒的细小，也使得晶粒位向增多，滑移的有利取向增多，从而塑性亦有所提高。

1.4.2 珠光体的形成机理

珠光体相变是扩散型相变，属形核长大型。

(1) 相变的热力学条件

$$\gamma(0.77\%C) \longrightarrow \alpha\ (0.0218\%C) + Fe_3C$$

面心立方　　　体心立方　复杂斜方

欲实现上述共析转变，需要依靠成分起伏达到各组成相成分的要求，依靠结构起伏达到点阵重建，依靠能量起伏克服形核功（抵消界面能、应变能）。能量起伏则依靠二相的化学自由能二差以及点阵缺陷的应变能提供，可见，反应必须在低于 A_1 温度时才能开始。

在 A_1 以下温度，奥氏体转变为 α 相及 Fe_3C 相的驱动力相等，所以开始形核时，α 相或 Fe_3C 相均可成为领先相。由于形成领先相的驱动力较小，起始相往往与母相保持共格关系：

$$\{111\}_{\gamma}//\{110\}_{\alpha}//\{011\}_{Fe_3C} \qquad <110>_{\gamma}//<111>_{\alpha}//<010>_{Fe_3C}$$

但是从热力学上讲，形成珠光体的驱动力更大，故在 A_1 以下温度，发生共析反应更为有利。

(2) 片状珠光体的形成机理　珠光体在奥氏体中的形核符合一般的相变规律，即当母相奥氏体成分均匀时，往往优先在原奥氏体相界面上形核，而当母相成分不均匀时，可能在晶粒内的亚晶界或缺陷处形核。

从热力学上讲，奥氏体中优先形成 α 相或 Fe_3C 相都是可能的，所以必须从相变对成分、结构的要求着手分析谁是领先相。从成分上讲，由于钢的含碳量较低，产生低碳区更为有利，即有利于铁素体为领先相，但从结构上讲，在较高温度，特别在高碳钢中，往往出现先共析 Fe_3C 相，或存在未溶 Fe_3C 微粒，故一般认为过共析钢的领先相为 Fe_3C，亚共析钢的领先相为铁素体，而共析钢的领先相两个相都有可能性。

珠光体的形核，依靠碳原子的扩散，满足相变对成分的要求，而铁原子的自扩散，则完成点阵的改组。其生长的过程是一个“互相促发，依次形核，逐渐伸展”的过程。若在奥氏体晶界上形成了一片渗碳体（领先相为片状，主要是由于片状的应变能较低，片状在形核过程中的相变阻力小），然后同时向纵横方向生长，则会使周围碳原子在向渗碳体聚集的同时，产生贫碳区。当其含碳量下降到该温度下 $c_{\alpha/cem}$ 浓度时，铁素体即在 Fe_3C/γ 相界面上形核并长成片状；随着 α 的横向生长，又促使渗碳体片的形核并生长；形核不断生长，从而形成铁素体、渗碳体相相同的片层。形成片状的原因是：一般以为，片状可以大面积获得碳原子，同时片状扩散距离短，有利于扩散。形成片状珠光体时碳的扩散示意图见图 1.22。

图 1.22(b) 和图 1.22(c) 中，A 表示铁素体与奥氏体界面处的铁素体，B 表示该界面处的奥氏体，S 表示该界面处的珠光体与奥氏体界面；A′表示渗碳体与奥氏体界面处的渗碳体，B′表示该界面处的奥氏体，S′表示该界面处的珠光体与奥氏体界面。

当形成 γ/α、γ/Fe_3C 相界面以后，在 γ 的相界面上产生浓度差 $c_{\gamma/\alpha} > c_{\gamma/cem}$ 从而引起碳原子由 α 前沿向 Fe_3C 前沿扩散，扩散的结果破坏了相界面 γ 碳浓度的平衡（在 γ/α 相界面上浓度低于平衡浓度 $c_{\gamma/\alpha}$，而在 γ/Fe_3C 相界面上，浓度则高于 $c_{\gamma/cem}$）。为了恢复碳浓度的平衡，在 γ/α 相界面上形成 α，γ/Fe_3C 相界面上形成 Fe_3C，进而珠光体实现纵向生长。

铁素体的横向生长由于其两侧渗碳体片的形成而终止，渗碳体的横向生长亦然，故珠光体片的横向生长很快停止，而纵向生长继续，直到与另一方向长来的珠光体相遇为止。这就形成了层片状的珠光体。随着温度的降低，碳原子的扩散能力下降，从而形成的铁素体、渗碳体片逐渐变薄缩短，片层间距缩短。由片状珠光体→索氏体→屈氏体。

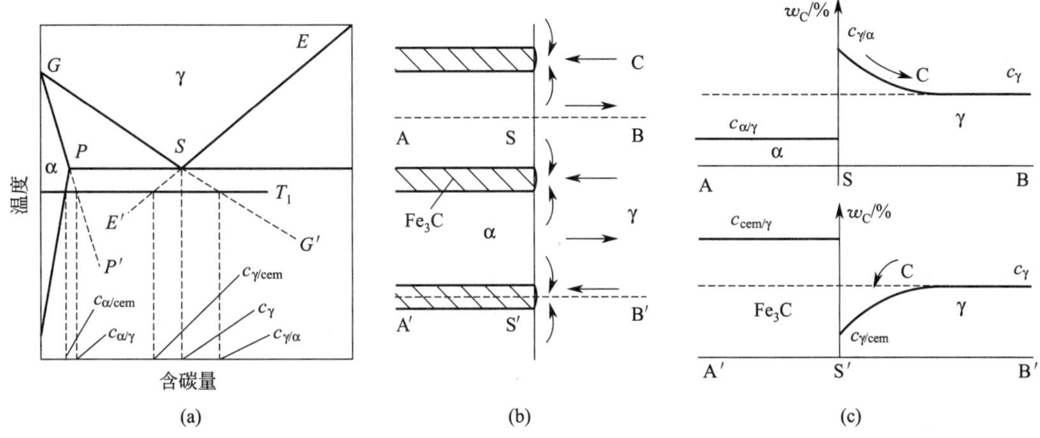

图 1.22　形成片状珠光体时碳的扩散示意图

(3) 粒状珠光体的形成机理　粒状珠光体是由等轴状铁素体和粒状渗碳体混合物组成的，其形成的途径有三种：片状珠光体的球化、在不均匀奥氏体中直接形成和淬火后进行高温回火。

1) 片状珠光体的球化　片状珠光体或片状珠光体加网状渗碳体加热到略高于 A_1 温度，得到奥氏体加未溶渗碳体，然后随时间进行渗碳体团球化，缓冷到 A_1 下某一温度，得到粒状珠光体，见图 1.23。

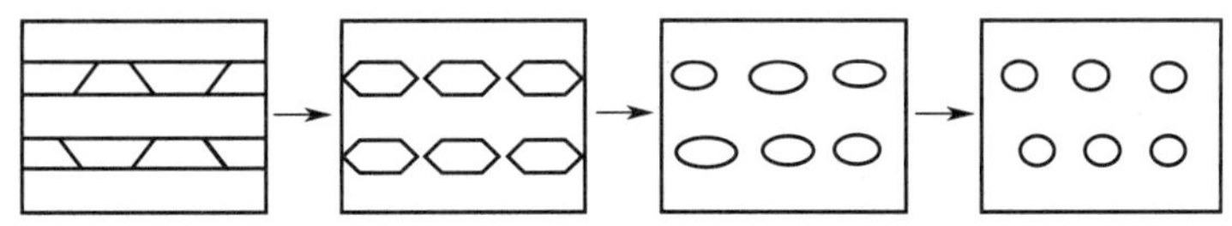

图 1.23　片状珠光体转变为粒状示意图

对于珠光体中的 Fe_3C 片，由于存在位错，可形成亚晶界，从而在渗碳体亚晶界接触下形成沟槽，在一定的热力学条件下，这种沟槽由于表面张力作用而处于平衡态。而当热力学条件改变（比如球化退火，等温保温）时，碳原子获得一定的能量，可以越过能垒而产生扩散时，尖角处的粒子由于曲率半径较小，从而在 α 相中的溶解度大，沟槽处碳化物的溶解引起沟槽的加深，导致表面张力处于不平衡状态。在界面张力的作用下，沟槽不断加深，最后渗碳体断裂。渗碳体片溶断后，按尖角溶解，平面析出的规律逐渐球化。图 1.24 为片状珠光体在 650℃加热时，随时间延长碳化物的粒化过程。

2) 在不均匀奥氏体中直接形成粒状珠光体　奥氏体化温度较低，保温时间很短，奥氏体中有许多高碳区。过冷到 A_1 以下某个足够高的温度，高碳区直接析出渗碳体，其周围由于贫碳形成铁素体，从而得到粒状珠光体。

3) 淬火＋高温回火　碳钢淬火得到马氏体。在回火时，马氏体发生分解。在高温回火，细小弥散的碳化物聚集粗化，成为粒状珠光体组织。图 1.25 为回火索氏体的扫描电镜照片。

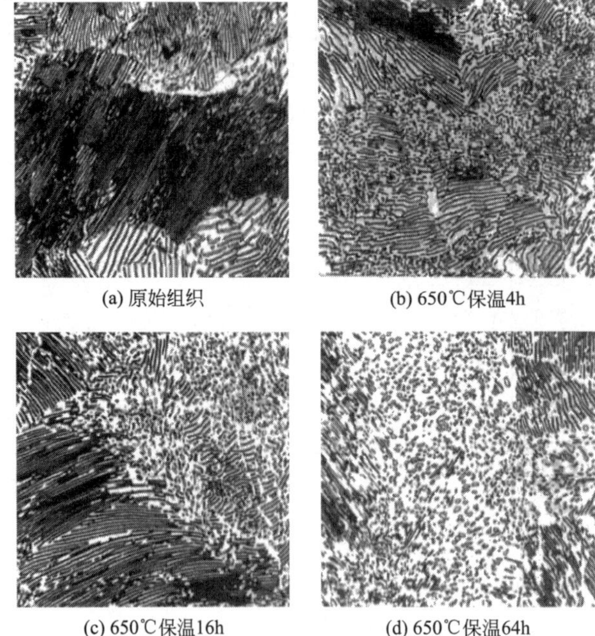

图 1.24 片状珠光体粒化过程图

图 1.25 回火索氏体的扫描电镜照片

（4）影响珠光体球化的因素

1）奥氏体均匀化程度　奥氏体成分越均匀，越不易得到粒状珠光体，而越易形成片状珠光体。

2）合金元素　增加钢的含碳量和加入强碳化物形成元素（Ti、Zr、Nb、V、Cr、Mo、W）可增加未溶碳化物粒子，且退火加热温度不宜过高。

3）保温时间　球化是片状珠光体熔断和碳扩散的过程，这需要较长的时间。短时间等温，将使得珠光体的球化不能充分进行。

4）晶体中的缺陷　合金中位错密度大，亚晶界多，退火保温中碳化物熔断的机会大，易于珠光体球化。高碳钢可用锻造余热球化退火，即通过塑性变形，引入位错及亚晶界，从而加速球化过程。

1.4.3 亚（过）共析钢的珠光体转变

（1）伪共析转变　亚（过）共析钢在 A_3、A_{cm} 线以下先形成铁素体或渗碳体，到达 A_1 线发生珠光体相变。随冷速加快，将出现伪共析组织，且珠光体量增多，而先共析量减少。亚（过）共析钢快冷后抑制先共析相的析出，在非共析钢成分下析出的共析组织（$\alpha+Fe_3C$）称为伪共析组织。

（2）亚共析钢中的先共析铁素体形态　先共析铁素体在奥氏体晶界上形成的晶核，一侧为共格，另一侧为非共格。先共析铁素体在奥氏体晶界上形核形态见图 1.26。

1）形成温度较高时，非共格晶界易迁移，向奥氏体晶粒一侧长成球冠状。若原奥氏体含碳量较高，析出的铁素体量较少，则铁素体易长成网状。若原奥氏体含碳量较低，析出的铁素体量较多，且单位体积排出的碳原子较少，则非共格界面更易迁移，铁素体长入奥氏体

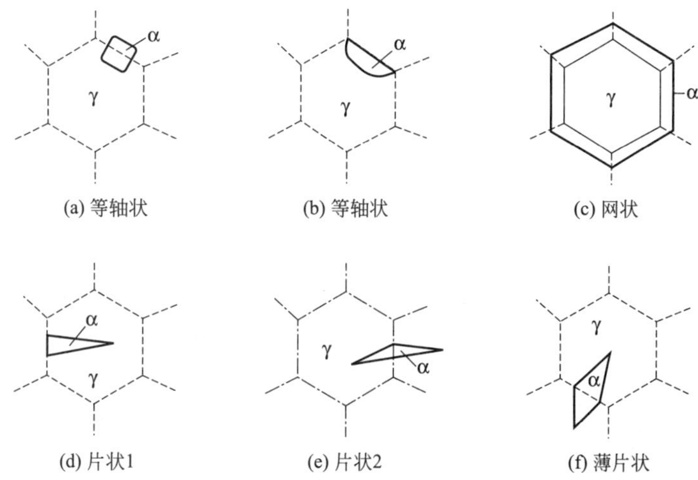

图 1.26　亚共析钢先共析铁素体在奥氏体晶界上形核形态

呈等轴状分布。

2）形成温度较低时，铁原子不易长距离扩散，使非共格晶界不易迁移，这时主要依靠共格界面迁移。铁素体晶核将通过共格界面向与其有位向关系的奥氏体晶粒内长大。为减小应变能，铁素体呈片状沿奥氏体某一晶面向晶粒内生长，该惯习面为 $\{111\}_{\gamma}$。所以片状铁素体常常呈现为彼此平行，或互成 60°、90°。这种先共析片状铁素体通常称为魏氏组织铁素体，见图 1.27。魏氏组织形成条件是钢的成分＞0.6%，奥氏体晶粒粗大，且冷却速度适中。

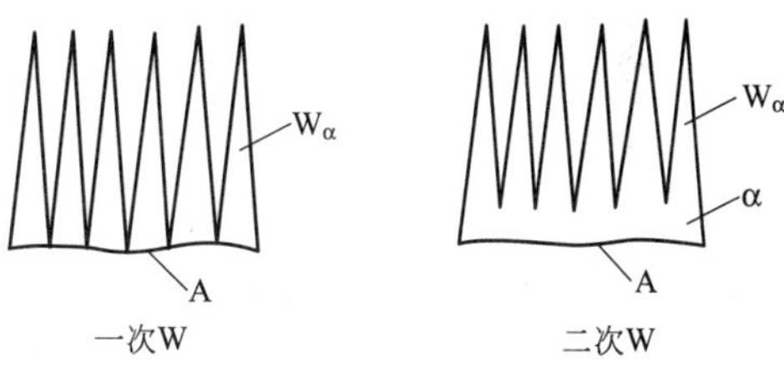

图 1.27　魏氏组织示意图
（W 为魏氏体，A 为奥氏体）

3）过共析钢中的先共析渗碳体：当先共析渗碳体与原奥氏体无共格关系时，以粒状 Fe_3C 存在，采用球化工艺可得到这种形态。当先共析渗碳体与原奥氏体有共格关系时，若奥氏体晶粒较大且成分均匀，冷却速度缓慢，则以网状 Fe_3C 存在；若奥氏体晶粒粗大，成分均匀，冷却速度缓慢，则以片状 Fe_3C 存在，形成魏氏组织。

1.4.4　影响珠光体转变的因素

（1）钢的化学成分

1）含碳量　对亚共析钢，随含碳量增加，形成先析出铁素体量减少，使先析出铁素体的尺寸减小。对过共析钢，随含碳量增加，有利于先共析 Fe_3C 形核长大，及碳的扩散加速，故 Fe_3C 先加速，故珠光体的孕育期缩短，转变加速，C 曲线左移。在 A_{c1}～A_{cm} 加热，奥氏体中的含碳量提高，获得不均匀奥氏体和残余 Fe_3C，有利于珠光体的形核，故孕育期缩短，转变加速，C 曲线右移。故碳钢中共析钢的 C 曲线最靠右。

2）合金元素　除 Co 以外，只要合金元素溶入 γ，均使 γ′稳定性增加，从而减慢 γ 向珠光体的转变，C 曲线右移，其中 Mo 作用最大。

（2）热处理工艺　奥氏体成分的均匀化，会减慢珠光体相变。奥氏体成分不均匀程度的增加，有利于高碳区形成 Fe_3C，而低碳区形成铁素体，并加速碳原子的扩散，可加速先共析相及珠光体的形成。未溶渗碳体的存在，既可作为先共析渗碳体的晶核，亦可作为珠光体领先相 Fe_3C 的晶核，故可加速珠光体的形成。

奥氏体晶粒的粗化，会减缓珠光体相变。奥氏体晶粒的细化，可增加珠光体的形核位置，从而促进珠光体的形成。

加热温度升高，加热时间延长，奥氏体晶粒尺寸增大，且成分趋于均匀化，减小了珠光体的数量，从而推迟珠光体相变。

（3）应力和塑性变形　拉应力和塑性变形造成晶体的点阵畸变及位错密度增大，有的由于铁、碳原子的扩散，从而加速珠光体的转变。形变温度越低，这种作用越明显。在等向压应力作用下，原子迁移阻力增大，阻碍了铁、碳原子的扩散，点阵改组的阻力增大。

1.5　马氏体相变

1.5.1　马氏体相变的基本特征

（1）无扩散型相变　马氏体相变不需要原子的扩散，相变的速度与原子扩散的速度无关，即使在相变过程中发生了间隙型小原子的迁移，也只是相变的伴随情况，既不改变相变的本性，也不改变相变的速度。研究发现，高碳钢中形成一片马氏体只需（0.5～5）× 10^{-7}s，其形成速率为 1100m/s，为金属内声速的 1/3。马氏体相变时，不改变成分，马氏体和残留奥氏体的含碳量相同，但是，形成低碳马氏体时，碳原子的扩散稍落后于马氏体的形成。例如，0.27%C 合金钢淬火后的残留奥氏体中的含碳量却达 0.4%～1.04%。

（2）表面浮凸效应和不变平面应变

1）表面浮凸效应　如图 1.28，在抛光试样的表面上，划以直线划痕 AB，则在马氏体转变后直线划痕形成了折线划痕（$ACC'B'$）。若在真空下实施马氏体相变，由于真空蚀刻作用，可看到表面浮凸，浮凸两侧呈现明显的山阴和山阳。

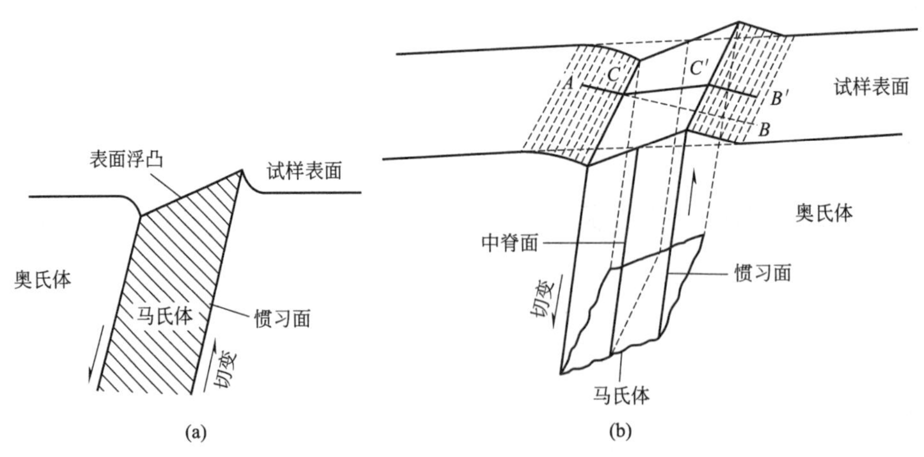

图 1.28　马氏体形成时产生表面浮凸的示意图

2）惯习面和不变平面　当母相转变为马氏体时，马氏体往往在母相的一定晶面上形成，这一定的晶面即称为惯习面。马氏体长大时，惯习面即成为两相的交界面。直线划痕在倾动面（马氏体片的自由表面）处改变方向，但仍保持连续，且不发生扭曲，见图 1.29。这说明马氏体片与母相保持切变共格，惯习面为不变平面。发生马氏体相变时，虽发生了变形，

但母相中的任一直线仍为直线，任一平面仍为平面，这种变形为均匀变形。

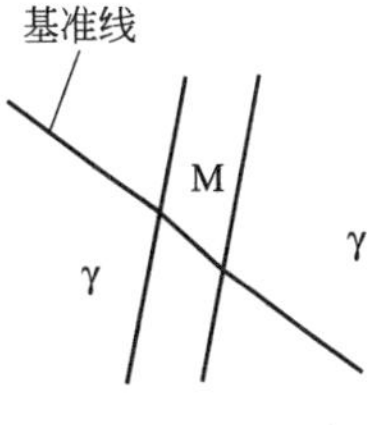

图 1.29　基准线变形的情况

通常以母相奥氏体的晶面指数来表示惯习面，惯习面均为非简单指数面。在 Fe-C 合金系中，含碳量小于 0.5%时，惯习面为 $\{111\}_\gamma$；含碳量为 0.5%～1.4%时，惯习面为 $\{225\}_\gamma$；含碳量为 1.5%～1.8%时，惯习面为 $\{259\}_\gamma$。

(3) 新、旧相保持一定的位向关系　由于马氏体相变时，不需要原子的扩散，新、旧相保持切变共格，所以相变后，两相仍保持一定的位向关系。钢中奥氏体与马氏体的位向关系主要为 K-S (Kurdjumov-Sachs) 关系和西山关系。

Kurdjumov 和 Sachs 应用 X 射线极图法测得 $\{111\}_\gamma // \{101\}_M$，$<0\bar{1}1>_\gamma // <\bar{1}11>_M$，其中一种为 $(111)_\gamma // (101)_M$，$[0\bar{1}1]_\gamma // [\bar{1}11]_M$。这种位向关系称为 K-S 关系。由于马氏体的 $\{101\}_M$ 面可能有 6 种不同的取向，而奥氏体点阵中有 4 种 $\{111\}_\gamma$ 晶面，从而马氏体共有 24 种取向。

西山发现了 $\{111\}_\gamma // \{110\}_M$，$<11\bar{2}>_\gamma // <0\bar{1}1>_M$，称为西山关系，在每个 $\{111\}_\gamma$ 面上，马氏体可能有三种取向，故马氏体共有 12 种取向。

(4) 马氏体内往往具有亚结构　电镜研究表明，马氏体组织内往往由密度较高的位错或较细的孪晶为其亚结构。这种亚结构，例如孪晶，表明有些区域经过了切变，而有的区域则未经切变。可见，马氏体内的亚结构是相变时不均匀（局部）切变的产物。

(5) 相变的可逆性　马氏体相变为无扩散型相变，属形核长大型，并具有可逆性。对淬火的 Fe-0.8%C 钢以 5000℃/s 快速加热，抑制了回火转变，而在 590～600℃ 发生了逆转变。逆转变时，也出现表面浮凸，但与马氏体形成时的方向相反。

1.5.2　马氏体的形态及其亚结构

(1) 马氏体的形态及其亚结构　淬火钢中的马氏体分为两种主要类型：板条马氏体和片状马氏体。板条马氏体主要出现在低碳钢淬火组织中，片状马氏体主要出现在高碳钢淬火组织中。

1) 板条马氏体（位错马氏体）　低碳钢淬火得到板条马氏体组织见图 1.30，板条马氏体呈长条状平行成束分布。

当奥氏体转变为板条马氏体时，每一个奥氏体晶粒被分割为几个马氏体群，每个马氏体群又由数个马氏体束组成，构成马氏体束的最小单元即为条状，见图 1.31。板条马氏体的微观惯习面为 $\{111\}_\gamma$，惯习面相同的板条马氏体构成马氏体群。在马氏体相变时，在一个奥氏体晶粒内可以形成 3～5 组惯习面不同的马氏体群。

以惯习面为 $(111)_\gamma$ 的马氏体群的形成为例，在该惯习面上，$\{110\}_M$ 可有 6 个取向，即 $(110)_M$、$(101)_M$、$(011)_M$、$(\bar{1}10)_M$、$(\bar{1}01)_M$、$(0\bar{1}1)_M$。它们在空间的位向关系不是互成 60°就是垂直，因而在金相观察时，可看到黑白相间的马氏体块。

由透射电镜分析知，板条马氏体的亚结构大多为高密度位错（见图 1.32），位错密度达 10^{10}～10^{12} cm^{-2}，位错分布不均匀而形成位错胞，胞内位错密度较低，胞界则为高密度位错区。所以板条马氏体也称为位错马氏体。

图 1.30 板条马氏体组织照片

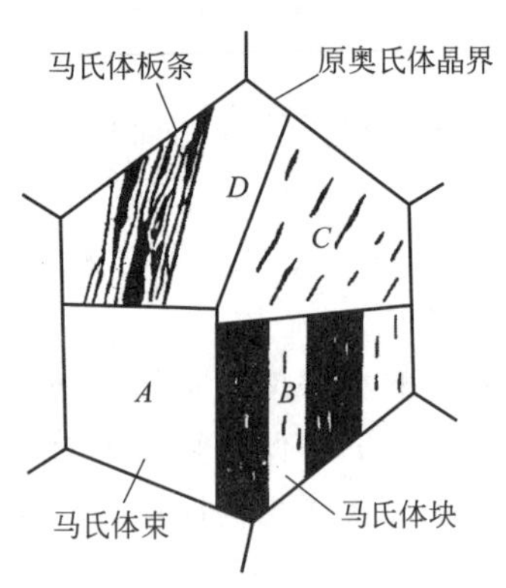

图 1.31 板条马氏体组织构成示意图

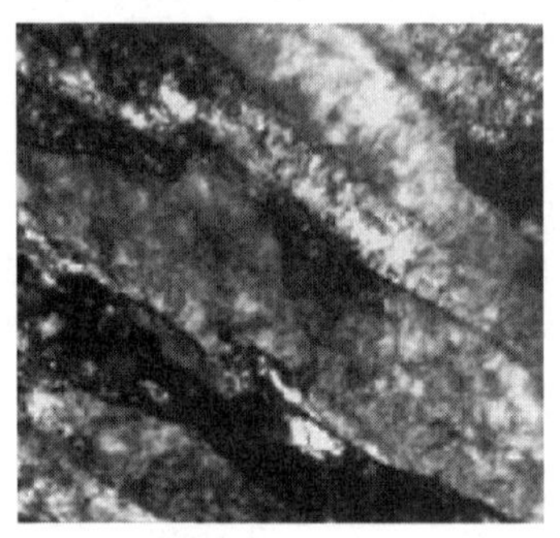

图 1.32 板条马氏体中的位错亚结构

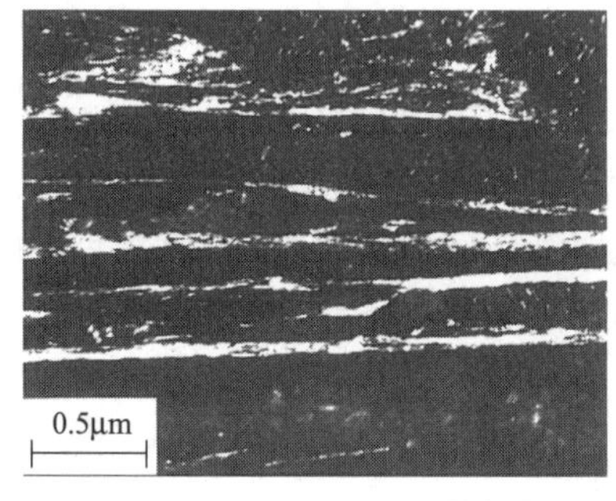

图 1.33 板条之间的残余奥氏体（白色部分）

板条马氏体的板条之间存在残条奥氏体，其厚度约为 10～20nm，见图 1.33。这种残余奥氏体是由相邻马氏体条形成产生的压应力而导致的机械稳定性及碳原子迁移造成的化学稳定性形成的。这种微量的奥氏体对板条马氏体的韧性贡献很大。

2）片状马氏体　高碳钢淬火得到的马氏体呈片状，由于高碳马氏体的形成温度较低，故在片状马氏体中存在大量的残余奥氏体。

片状马氏体形成时，先形成的第一片马氏体往往横贯整个奥氏体晶粒，将奥氏体晶粒一分为二，使后形成的马氏体片的大小受到限制。所有的马氏体片既不相互穿越，也不穿过母相的晶界和孪晶界，后形成的马氏体片，则在奥氏体晶粒内进一步分割奥氏体晶粒。片状马氏体呈凸透镜状，马氏体片的中间有一条中脊面，相邻马氏体片互不平行，且大小不一，片的周围有一定量的残余奥氏体，见图 1.34 和图 1.35。

片状马氏体的惯习面为 $\{225\}_\gamma$，随形成温度的下降变为 $\{259\}_\gamma$。

片状马氏体的亚结构为细的孪晶（见图 1.36），它们一般集中在中脊面附近，随形成温度的下降，孪晶区扩大，以至整个马氏体片。由于马氏体互成交角，后形成的马氏体片对先形成的马氏体片有撞击作用，可使相接触处产生微裂纹。微裂缝有横贯马氏体片的（图 1.37 中 a 所指），也有沿马氏体片的（图 1.37 中 b 所指）。

一些碳钢中马氏体部分为孪晶，部分为位错，其长大过程可分为两个阶段：在第一阶段，不均匀切变的形式为孪生切变，其不变平面即为中脊面；在第二阶段，同一孪生单元呈滑移切变，形成位错，滑移的原因可能是相变放热使局部温升。

图 1.34　片状马氏体显微组织

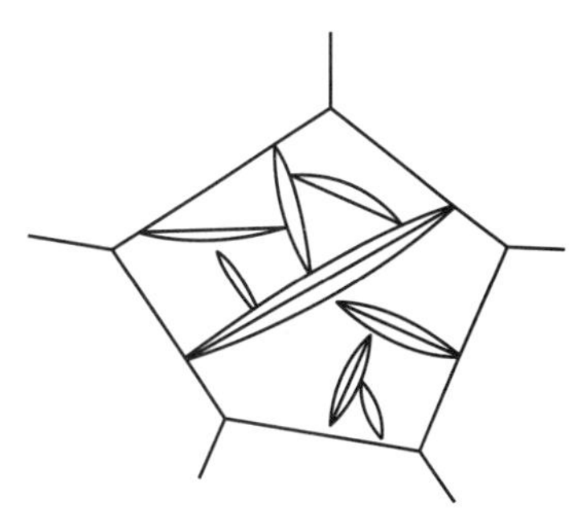

图 1.35　片状马氏体显微组织示意图

图 1.36　片状马氏体中的孪晶

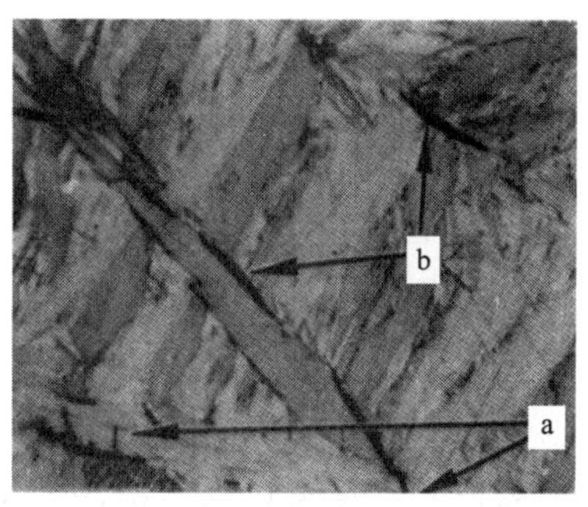

图 1.37　片状马氏体组织中的微裂纹

(2) 钢中的马氏体的类型及其特征对比　在钢中，随着含碳量增加，马氏体转变开始温度降低，板条马氏体减少，片状马氏体增加。板条马氏体及片状马氏体形态、晶体学特征见表 1.1。

表 1.1　板条马氏体及片状马氏体形态、晶体学特征对比

特征	板条马氏体	片状马氏体	
惯习面	$(111)_\gamma$	$(225)_\gamma$	$(259)_\gamma$
位向关系	K-S 关系 $\{111\}_\gamma//\{110\}_{\alpha'}$ K-S 关系 $\{111\}_\gamma//\{110\}_{\alpha'}$ $(110)_\gamma//(111)_{\alpha'}$	西山关系 $(111)_\gamma//\{110\}_{\alpha'}$ $(211)_\gamma//(110)_{\alpha'}$	
形成温度	$M_s>350℃$	$M_s\approx200\sim100℃$	$M_s<100℃$
含碳量	<0.3%时全部为条状马氏体，0.3%～1%时为条状和片状混合型	1%～1.4%	1.4%～2%
组织形态	条宽为 0.1～0.3μm，惯习面相同的马氏体构成马氏体群，在一个奥氏体晶粒内可形成 3～4 个马氏体群，而在一个马氏体群内含有 3～6 个马氏体块，块间为大角度晶界	呈凸透镜片状，中间稍厚，初生片横贯奥氏体晶粒，次生片较小，互成交角，相互撞击，接合处有微裂纹，片的中央有中脊面，常将之看成惯习面	同左，在两个初生片之间见到“Z”字形分布的细薄片
亚结构	高密度位错网络，形成位错胞，常见到少量细小孪晶	宽度 5nm 的细小孪晶，以中脊为中心，随 M_s 下降，相变孪晶区增大，片的边缘为复杂的直线式螺位错列	
残余奥氏体	呈薄片膜状	存在于片的周围，随含量增加而增加	
形成过程	各自独立形核，长大速率 10^{-4}s/片，M_s 高时，无爆发转变	降温形成，长大速率 10^{-7}s/片，M_s 低时，有爆发转变	

（3）影响形态及亚结构的主要规律

1）母相的化学成分　奥氏体的化学成分是决定马氏体形态及其亚结构的主要因素，含碳量增加，板条马氏体减少，片状马氏体增加。在 Fe-C 二元合金中，加入合金元素 V、Cr、Mo、W，缩小 γ 相区，促进板条马氏体的形成。对于扩大 γ 相区元素（C、N、Ni、Al 等），随着合金含量增加，马氏体由条状转变为片状。对于 Mn、Ru 等，随着合金含量增加，马氏体由条状转变为具有密排六方结构的 ε-马氏体。Cu 在铁中固溶量小，对 M_s 影响不大，加入后仍为条状。加入 Co 后，随 Co 含量增加，促进板条马氏体的形成。

在 Fe-Ni-C 合金系中，随着含碳量增加，马氏体转变开始温度 M_s 降低，马氏体由条状变为条状＋片状，然后为碟状，再转变为片状，其后为片状＋薄片状，最后为薄片状。

2）压力　在高压下，低碳钢中出现孪晶马氏体（如 20 钢）。常压下马氏体富有韧性，高压下却具有高脆性。

3）淬火冷却速度　常用冷速对马氏体形态无显著影响，但 0.76%C-14%Ni 钢中，冷速由 13200℃/s 提高到 17050℃/s，组织中马氏体由条状与片状转变为片状，且马氏体增多。

4）形成温度　随着马氏体形成温度的下降，其形态由条状向片状过渡，亚结构由位错变为孪晶。当马氏体在较高温度形成时，滑移的临界分切应力较低，滑移比孪生更易于发生，从而亚结构中留下大量位错。同时，由于温度较高，奥氏体和马氏体的强度均较低，相变时，应力的松弛可以同时在奥氏体及马氏体中以滑移方式松弛，故惯习面为 $(111)_\gamma$。$(111)_\gamma$ 晶系较少，使形成马氏体的起始位向数较小，从而有利于板条马氏体的形成。随着形成温度的下降，不均匀切变方式逐渐过渡为以孪生方式进行。

1.5.3　马氏体相变的开始和停止

马氏体的性能（尤其是韧性）取决于马氏体的相结构。钢中马氏体转变属于变温马氏体转变，转变开始温度以 M_s 表示，转变基本完成的温度以 M_f 表示。在生产实践中，为了获得较高韧性的马氏体，必须选择 $M_s>350℃$ 的钢种。M_s 越低，钢淬火到室温时的残余奥氏体 γ_R（或 A_R）越多，为了获得足量马氏体，必须选择合适的钢种，或对淬火钢做深冷处理。

（1）马氏体相变的开始　按照热力学，以 T_0 表示奥氏体和马氏体自由能相等的温度，马氏体开始转变温度必须低于 T_0。T_0-M_s 值既表示了相变的滞后程度，也表示了相变所需驱动力大小。T_0-M_s 值越大，表明相变滞后程度大，相变所需驱动力也大。影响 M_s 温度的因素主要有以下因素。

1）母相的化学成分　碳是影响 M_s 温度最为强烈的元素，当碳的摩尔分数 $x_C<0.04$ 时，$M_s=550-7730x_C$(℃)；当碳的摩尔分数 $x_C>0.04$ 时，$M_s=505-6670\ x_C$(℃)。除钴和铝外，常见合金元素均使 M_s 减低。强碳化物形成元素（如 V、Ti、W 等），若在正常淬火温度，大多以碳化物形式存在，很少溶入奥氏体，故对之影响不大。当存在多种合金元素时，则将发生交互作用，一般需通过试验确定其影响规律。

2）应力和塑性变形　在一定温度范围内的塑性变形，将诱发马氏体相变，通常将塑性变形能诱发马氏体相变的最高温度称为 M_d 温度。高于此温度的塑性变形将不会产生应变诱发马氏体的形成。应力对马氏体相变有诱发作用，是由于形变能为马氏体相变提供了附加的驱动力，或提供了相变所需的晶体缺陷（层错或位错），从而使相变可以在较高的温度发生，

即相当于升高了 M_s 温度。实验表明，在 $M_s \sim M_d$ 温度范围的塑性变形度越大，由形变诱发的马氏体量越大，但对随后冷却过程中的马氏体相变却起了抑制的作用。在 M_d 以上温度的塑性变形不能诱发马氏体的形成，少量的塑性变形却能促进随后冷却时马氏体的转变，但过量的变形将起着反作用，甚至引起奥氏体稳定化。

3）奥氏体化条件　奥氏体化时，提高加热温度和延长保温时间，有利于碳和合金元素溶入奥氏体，使奥氏体的成分均匀化，从而降低 M_s；这一过程又易引起奥氏体晶粒长大，从而降低切变强度，使 M_s 点升高。

4）先析出组织　若先形成珠光体，则由于珠光体优先在奥氏体的富碳区形成，故表现为 M_s 点升高；若先形成贝氏体，则由于贝氏体优先在奥氏体的贫碳区形成，故表现为 M_s 点下降。

（2）马氏体相变的停止　实际上，在 M_f 温度往往还有相当数量的残余奥氏体。M_f 温度不像 M_s 温度能明显地加以测定，对残余奥氏体较多的钢，M_f 温度没有具体意义。例如，轴承钢淬火后再加热至 M_s 以下保温较长时间，部分残余奥氏体等温地转变为马氏体；高速钢淬火后的残余奥氏体在冷处理中转变为马氏体，但冷却至－190℃还未转变完全，升温到室温过程中又转变为马氏体。

马氏体的形成使周围的奥氏体变形而产生高密度位错，阻碍马氏体继续长大，新的马氏体晶核也不能形成。只有降低温度形成新的马氏体晶核，或是回火减小残余奥氏体中的位错密度，使马氏体等温长大或重新热激活形核，残余奥氏体才能继续转变为马氏体。理论上，在 M_f 温度时转变已经完成，相变完全终止，但实际上仍存在少量高度应变的残余奥氏体，转变并未真正结束。

1.5.4　奥氏体的稳定化

实践发现，如在 M_s 以上或以下 T_A 温度等温停留，或对奥氏体进行适量的变形，则将使随后冷却过程中马氏体转变迟滞，即引起马氏体开始转变或继续转变的温度降低，或使残余奥氏体量增多，这一现象被称为奥氏体稳定化现象（见图 1.38）。其中，前一种现象，被称为奥氏体的热稳定化，而后一现象被称为奥氏体的机械稳定化。

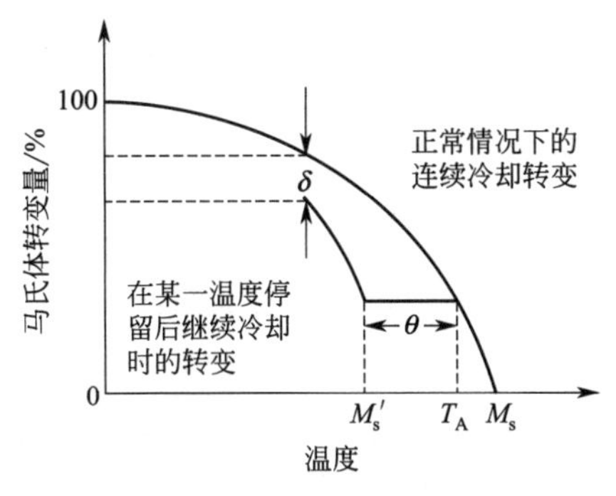

图 1.38　奥氏体稳定化示意图

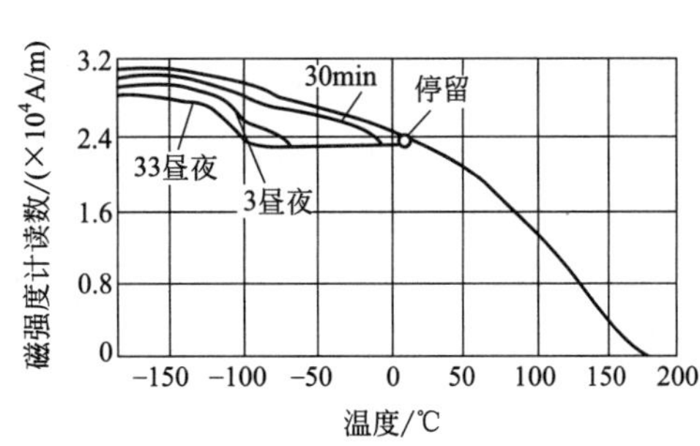

图 1.39　T12 钢奥氏体的热稳定化现象

（1）奥氏体的热稳定化　奥氏体的热稳定化是指钢在淬火冷却过程中，由于冷却缓慢或等温停留，使随后奥氏体向马氏体的转变呈现迟滞的现象。

在一定的温度下，等温停留时间越长，奥氏体热稳定化程度越高。图 1.39 为 T12 钢热稳定化现象，纵轴为磁强计读数，与马氏体转变量成正比。在连续冷却过程中，马氏体转变量随温度下降不断增多。若冷至20℃等温停留30s，随后再冷却时，马氏体并不立即形成，而是滞后35℃后再形成马氏体；若等温的时间为3天、33天，则滞后温度达到93℃、118℃。可见，随等温时间的延长，滞后温度值增大；同时，最后形成的马氏体量亦有所减少。

通常可用滞后温度 T_θ 或以残留奥氏体量衡量奥氏体稳定化程度，其值越大，则奥氏体热稳定化程度越高。奥氏体的热稳定程度将受停留温度、停留时间、钢的化学成分和冷却速度等因素的影响。

若等温时间不变，则随着等温温度的升高，奥氏体热稳定化程度先升高；超过某一温度反而下降，即出现反稳定化现象。30CrMnSiA的热稳定化的实验曲线上出现峰值，即奥氏体的反稳定化现象，见图1.40。

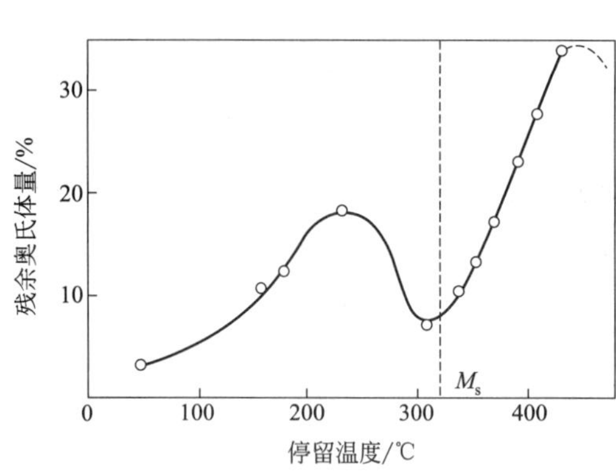

图1.40　30CrMnSiA钢经900℃停留1min后空冷至室温

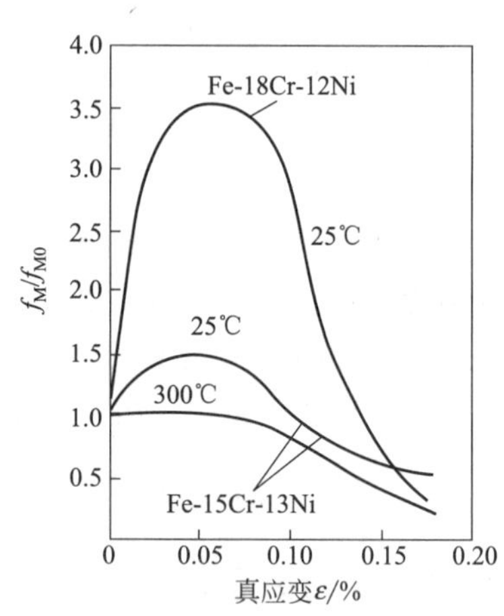

图1.41　奥氏体力学稳定化示意图

f_M—形变奥氏体在液氮中冷处理后的马氏体量；

f_{M0}—未形变奥氏体在液氮中冷处理后的马氏体量

在同样的冷却条件下，钢中含碳量越高，奥氏体热稳定化程度越高。随含碳量的增加，钢中的残留奥氏体量增多，即奥氏体的热稳定化程度增大。一般认为，奥氏体的热稳定化是由于在适当温度停留过程中，奥氏体中的碳、氮原子与位错发生交互作用形成柯氏气团，从而强化奥氏体，使马氏体相变的阻力增大。

(2) 奥氏体的机械稳定化　奥氏体在 M_d 以上温度的塑性变形，将抑制随后冷却时马氏体的转变，即产生奥氏体的机械稳定化现象。

试验表明，少量塑性变形对马氏体转变具有促进作用，而超过一定量的塑性变形将对马氏体转变产生抑制作用，见图1.41。一般认为，小变形时，往往增加奥氏体中的层错，并在晶界及孪晶界处生成位错网络，形成胞状结构，这种缺陷组态将有助于马氏体的形核；而变形度较大时，奥氏体中将形成高位错密度区和亚晶界，使奥氏体强化，从而使奥氏体稳定化。

(3) 奥氏体稳定化规律在生产中的应用

1) 保留一定残留奥氏体量，以减少工件变形。采用分级淬火，在 M_s 点以上温度停留，产生奥氏体热稳定化，控制残留奥氏体量。采用等温淬火，控制残留奥氏体量。提高奥氏体

化温度，增加奥氏体含碳量，降低 M_s 点，以增加钢中的残留奥氏体含量。

2）尽量减少奥氏体量，以提高工件的硬度和耐磨性。增加淬火时的冷却速度，将增加奥氏体的稳定性。分级淬火时，选择在 M_s 点附近，减小奥氏体的热稳定化程度，减少残留奥氏体含量。淬火后，尽量缩短冷处理工艺的间隔时间，增加冷处理后的马氏体含量。淬火后，在一定温度回火，使残留奥氏体发生反稳定化，在回火冷却过程中转变为马氏体，以提高钢的强度和硬度。

3）增加奥氏体的稳定性，以保证工件尺寸的稳定性和钢的强韧性。

1.5.5　马氏体的力学性质

（1）马氏体的强度和硬度　钢中马氏体最重要的性能是高强度、高硬度。由图 1.42 可以看出，随含碳量的增加，钢的硬度升高，当含碳量超过 0.6%以后，虽然马氏体硬度继续升高，但淬火钢的硬度并不升高（图 1.42 中曲线 2），甚至有所下降（图 1.42 中曲线 1）。这主要是由残留奥氏体量增加所致。

马氏体具有高强度的强化机制，可以分为固溶强化、时效强化和相变强化。

1）固溶强化　碳原子对马氏体的固溶强化效应是由碳原子造成了点阵的不对称畸变引起的。奥氏体的八面体是正八面体，碳原子的溶入只能使奥氏体点阵对称膨胀，从而其固溶强化效应不大。而体心立方的八面体是扁八面体，碳原子的溶入使扁八面体短轴方向膨胀 36%，而另两个方向收缩 4%，点阵结构变为体心正方。这种由碳原子造成的不对称畸变可视为一个强烈的应力场，碳原子即处于该应力场的中心。该应力场与位错产生强烈的交互作用，使马氏体的强度提高。当含碳量超过 0.4%时，由于碳原子靠得太近，因此应力场之间因相互抵消而降低了应力。

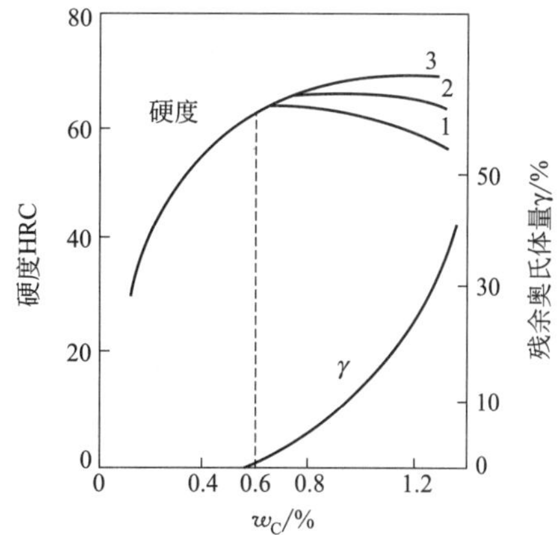

图 1.42　碳钢淬火硬度随含碳量的变化
1—高于 A_{c3} 温度淬火后的硬度；
2—高于 A_{c1} 温度淬火后的硬度；
3—马氏体的硬度

必须指出的是，上述马氏体由于是在低温下形成的孪晶马氏体，其强化效应也包含了孪晶对马氏体的强化作用。对于位错马氏体则没有这部分强化，故强度略低。

置换型合金元素对马氏体的固溶强化效应要小得多，从而马氏体的强度对这类合金元素含量的依赖性较小。

2）时效强化　若将 Fe-Ni-C 合金淬火试样，在 0℃停留 3h 后发现，由于碳原子通过扩散（只需数秒至数分钟）在晶体孪晶界的偏聚，引起时效强化，使马氏体的强度进一步升高。含碳量越高，时效强化效果越显著。

3）相变强化　马氏体相变时，第二次不均匀切变在晶体内造成大量微观缺陷（位错和孪晶），使马氏体得到强化，此即相变强化。

此外，原始奥氏体晶粒大小和马氏体（或块）大小对马氏体的强度亦有贡献。

（2）马氏体的强韧性　马氏体的强度主要取决于碳的固溶强化及自回火的时效强化。孪晶亚结构也有附加强化的作用；原始奥氏体的晶粒大小及马氏体领域大小对强度也有影响。

马氏体的韧性则主要取决于亚结构的类型，孪晶降低韧性；板条马氏体的韧性则主要取决于马氏体束（或块）的大小。

低碳的位错型马氏体具有相当高的强度和良好的韧性。高碳的孪晶型马氏体具有高的强度但韧性极差。提高合金强韧性的重要途径是，在强化马氏体的同时，使马氏体的亚结构基本保持位错型。

综合起来看，合金的 M_s 点越高，韧性也就越好。必须指出的是，Co 虽提高钢的 M_s 点，但对钢的韧性是不利的。目前在结构钢的成分设计中，一般限制含碳量在 0.4%以下，并使钢的 M_s 高于 350℃，以保证钢具有高的强韧性。

(3) 马氏体的相变塑性　相变塑性系指金属或合金在相变过程中塑性增长，往往在低于母相屈服极限的条件下即发生了塑性变形的现象。

Fe-0.3C-4Ni-1.3Cr 钢经 850℃ 奥氏体化后，M_s 为 307℃，奥氏体的屈服强度为 137MPa。当钢奥氏体化在 307℃、322℃施加压力，所加应力低于奥氏体的屈服强度时，即发生塑性变形，且随应力的加大，塑性增长。在 307℃下施加应力，钢中有马氏体相变发生，而在 322℃下应变，则在应力下诱生马氏体，从而对塑性作出贡献，且随应力升高，马氏体相变在应力诱发下不断进行，相变塑性也就不断增长。对 0.6C-9Cr-8Ni-2Mn 钢的研究也发现，在发生马氏体的相变塑性时，将显著提高钢的韧性。

(4) 马氏体的物理性能

1) 马氏体的比容远大于奥氏体。马氏体、奥氏体的线胀系数分别为 $(12\sim14)\times10^{-6}$℃$^{-1}$、18×10^{-4}℃$^{-1}$，马氏体的线胀系数约比奥氏体小 1/3。随含碳量增加，马氏体与奥氏体的比容差值增加，利用这一现象可用膨胀法测定马氏体的转变量以研究马氏体相变过程。马氏体形成时，钢的比容增大。比容的增大是造成组织应力的根本原因。

2) 马氏体具有铁磁性。奥氏体不具有铁磁性，而马氏体具有铁磁性。钢在淬火后，矫顽力升高，磁导率下降。马氏体含碳量越高，矫顽力越高。可用磁性法来研究马氏体的转变量及残留奥氏体量。

3) 马氏体的电阻远高于珠光体的电阻，与奥氏体的电阻相近。马氏体含碳量越高，电阻越大。

1.5.6 马氏体的应用

(1) 钢的强化　马氏体最广泛地用于钢的强化。大多数结构钢件是以淬火得到马氏体，再进行回火，获得马氏体的目的就是为了强化。

低碳钢兼具强度和冲击韧性。该钢屈服强度为 1000～1300MPa、抗拉强度为 1200～1600MPa 时，仍具有良好的塑形（$A\geqslant10\%$，$Z\geqslant10\%$）和冲击吸收功（$KU_2\geqslant48$J），同时具有良好的加工性和焊接性能。

(2) 相变诱导塑性（TRIP）钢的应用　相变诱导塑性钢具有独特的强韧化机制和高的强韧性（强塑积可达 21000MPa·%），已被用于汽车覆盖件。常见 TRIP 钢的主要成分（质量分数）为 0.15%～0.25%C，1.0%～2.0%Mn，1.0%～2.0%Si。TRIP 钢组织由铁素体、贝氏体和残余奥氏体组成。

TRIP 效应是钢中残余奥氏体向马氏体转变使得强度和塑性同时提高的效应。这种残余奥氏体在室温下比较稳定，但在变形时会发生马氏体相变，诱发钢的塑性提高。TRIP 钢在

变形过程中，残余奥氏体转变成高强度的高碳马氏体，同时伴随体积膨胀，因而抑制了塑性变形的不稳定性，增加了均匀伸长的范围，故使得强度和塑性同时提高。

（3）形状记忆效应　具有马氏体相变的材料，经马氏体相变及其逆相变，往往呈现形状记忆效应，在适当条件下可成为随温度而改变形状的功能材料，在工业、仪表、医疗设备等方面得到广泛应用。

1.6　贝氏体相变

贝氏体相变介于珠光体相变和马氏体相变之间，又称为中间相变，是由铁素体 B_α 与碳化物 B_C 或残余奥氏体（马氏体）组成的非层片状组织。为了获得贝氏体组织，一般可将经奥氏化的钢过冷到中温区等温停留，这种热处理操作称为贝氏体等温淬火。贝氏体相变与珠光体、马氏体相变的异同见表 1.2。

表 1.2　珠光体、贝氏体、马氏体相变的异同

项目	珠光体相变	贝氏体相变	马氏体相变
温度范围	A_{r1}～550℃	550℃～M_s	<M_s
铁原子扩散	扩散	无扩散	无
碳原子扩散	扩散	扩散	无
点阵改组	扩散	切变共格	切变共格
组成相	$\alpha+Fe_3C$	过饱和 $\alpha+Fe_3C$(>350℃) 过饱和 $\alpha+Fe_xC$(<350℃)	单相过饱和 α

对某些贝氏体钢已可通过连续冷却（空冷）获得贝氏体组织。由于贝氏体具有优良的综合力学性能，可提高材料的强韧性，且在等温淬火中又可以大大减小工件变形开裂的倾向，故在生产中得到广泛的应用。

1.6.1　贝氏体的形貌及其亚结构

按照贝氏体的金相形貌，可将贝氏体分为上贝氏体、下贝氏体、无碳化物贝氏体、粒状贝氏体等。

（1）上贝氏体　上贝氏体是在贝氏体转变的上部温度区形成的，其贝氏体铁素体板条成束地自晶界向晶内生长，在光学显微镜下形似羽毛状（见图 1.43），故有羽毛状贝氏体之称，板条间的渗碳体呈粒状或短片状，可在电子显微镜下观察到渗碳体的形态（见图 1.44）。对于碳钢而言，上贝氏体的形成温度为 550～350℃。

上贝氏体型铁素体 B_α 呈条状，接近平衡含碳量，长短不一，光镜下整体呈羽毛状，相邻 B_α 夹角为 6°～18°；碳化物 B_C 呈粒状、链状或短片状（不连续）。在透射电镜下，可观察到铁素体内有大量位错，但位错密度较马氏体低。

上贝氏体条束的平均尺寸又称为贝氏体的有效晶粒尺寸，其板条的宽度通常比相同温度下形成的珠光体铁素体片大。上贝氏体形成时亦有浮凸效应，且存在一定的位错组态。随钢中含碳量的增加，上贝氏体板条变薄，渗碳体量增多，并由粒状、链状过渡到短杆状，甚至可分布在铁素体板条内。当钢中含有较多量的硅元素时，可延缓渗碳体的析出，使贝氏体板条间很少或无渗碳体析出，成为一种特殊的上贝氏体。

图 1.43 上贝氏体的金相照片

图 1.44 上贝氏体的扫描电镜照片

（2）下贝氏体 下贝氏体是在贝氏体转变的下部温度（350℃～M_s）区形成的，亦为铁素体和碳化物构成的复相组织。下贝氏体板条的形态，随含碳量的变化而异，大多呈片状，而在低碳钢中有时也呈条状。由于下贝氏体片之间互成交角，金相显微镜下常可观察到竹叶状组织（见图 1.45）。无论是条状的还是片状的下贝氏体铁素体，其内部总有细微碳化物沉淀，它们大多与铁素体的主轴呈 55°～60°，呈颗粒状分布，平行排列析出（见图 1.46）。下贝氏体形成时亦有表面浮凸效应，其位错密度高于上贝氏体的。下贝氏体中的含碳量高于下贝氏体的，且形成温度越低，碳的过饱和度越大。

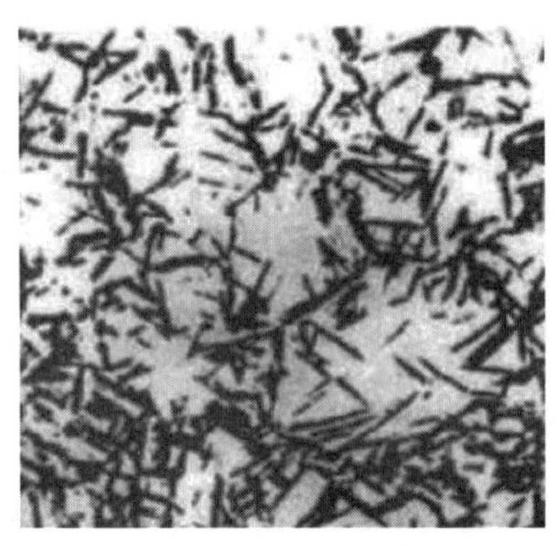

图 1.45 下贝氏体的金相照片

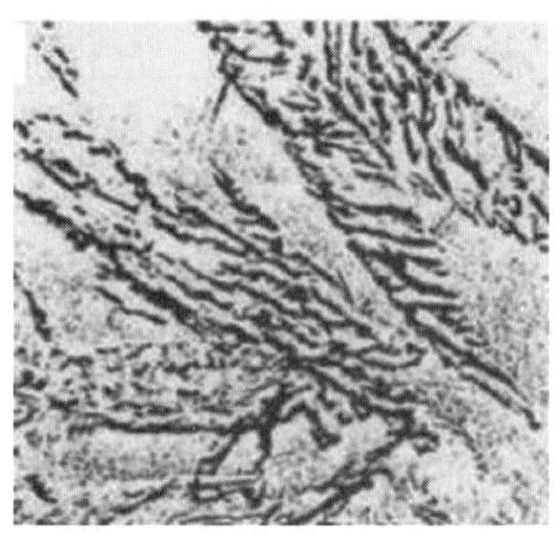

图 1.46 下贝氏体的扫描电镜照片

随钢的含碳量增大，下贝氏体中沉淀的碳化物量增多，且分布趋于弥散。下贝氏体中的铁素体 $B_α$ 呈针状，过饱和度增加。

上下贝氏体的主要区别在于贝氏体铁素体的形态及其碳化物的析出位置不同。下贝氏体和片状马氏体虽然同为片状，但前者为复相组织，易于腐蚀，而后者为单相组织，不易腐蚀。

（3）其他贝氏体

1）无碳化物贝氏体 无碳化物贝氏体在含有硅、铝的中低碳钢中形成，其形成温度稍低于 B_s 温度，由晶界向晶内平行。对于生长的成束的板条状铁素体，其板条较宽，条间距亦较大，见图 1.47。板条间则为富碳的奥氏体，并在随后的冷却中部分转变为马氏体，或等温处理形成其他奥氏体分解产物。这种贝氏体往往与其他组织并存，亦有浮凸效应。

2）粒状贝氏体 粒状贝氏体一般存在于中低碳的合金钢中，其形成温度稍高于其典型上贝氏体的形成温度。它是由条状亚单元构成的板条状铁素体和在其中成一定方向分布的富

碳奥氏体岛构成的复相组织，见图 1.48。粒状贝氏体形成时亦产生浮凸效应。在粒状贝氏体中，铁素体的含碳量接近平衡碳量；富碳奥氏体中的合金元素含量接近基体的含量，而含碳量则较高。

富碳奥氏体在随后冷却过程中，依其冷却速度及其奥氏体稳定性的变化，可能发生下述三种转变：①部分或全部分解为铁素体和碳化物；②部分转变为马氏体，其余则残留为奥氏体；③全部保留，成为残留奥氏体。其中，第二种可能性较为多见。

1.6.2 贝氏体的力学性能

(1) 强度

1) 强度和转变温度的关系　试验表明，钢经等温淬火后的强度随转变温度的下降而升高，即下贝氏体强度高于上贝氏体。

图 1.47　无碳化物贝氏体组织金相照片

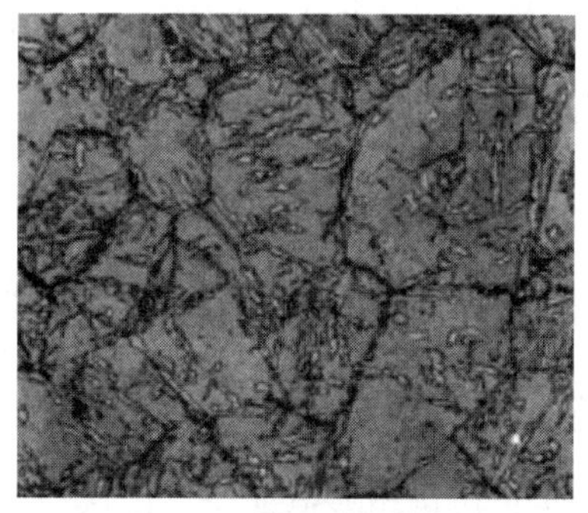

图 1.48　粒状贝氏体组织金相照片

2) 影响强度的因素

① 贝氏体铁素体的晶粒尺寸　贝氏体的有效晶粒尺寸与强度的关系，符合 Hall-Pecth 公式，即贝氏体铁素体板条宽度越细小，钢的强度值越高。

② 碳化物的弥散度及其分布　弥散强化是最为有效的强化手段之一。在上贝氏体中，分布在铁素体板条之间，其分布状况不良，对上贝氏体的强化作用较弱；而在下贝氏体中，由于碳化物分布在铁素体内，随其形成温度的下降，弥散度增大，钢的强度值增大。

③ 溶质的固溶强化　随贝氏体形成温度的下降，贝氏体铁素体中碳的过饱和度增大，其固溶强化效果明显增强，但由于其过饱和度低于相同含碳量钢中马氏体的含碳量，故其强化效果较低。

④ 位错强化　随贝氏体形成温度的下降，贝氏体铁素体中的位错密度不断增高，这对贝氏体强度的贡献明显。

(2) 韧性

1) 贝氏体的冲击韧性和韧脆转变温度（脆性转变温度）　研究表明，下贝氏体的冲击韧性优于上贝氏体的，且下贝氏体的韧脆转变温度亦低于上贝氏体的。随着上贝氏体抗拉强度的升高，韧脆转变温度明显上升；而在形成下贝氏体时，其韧脆转变温度突然下降，以后随抗拉强度的升高，韧脆转变温度又有所升高，见图 1.49。

2) 冲击韧性的影响因素

① 铁素体板条及板条束的尺寸　一般情况下，板条厚度增加，板条束的直径亦增加，

而板条束大小对韧脆转变温度的影响则主要表现为对断裂解理小平面的影响。由于相邻板条束的位向差较大，裂纹的扩展易受到束界的约束。这种解理小平面的直径随板条束直径的增大而增大，从而导致韧脆转变温度升高。又由于上贝氏体铁素体的板条直径大于下贝氏体的，故其韧脆转变温度较高，这对冲击韧性是不利的。

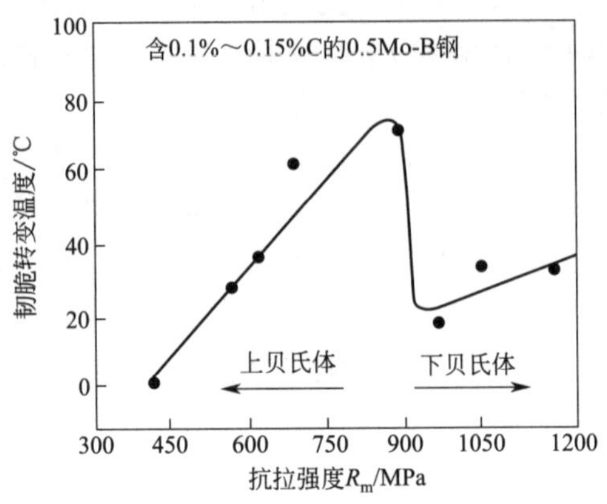

图 1.49　低碳贝氏体钢的韧脆转变温度与抗拉强度的关系

② 碳化物的形态及其分布　由于上贝氏体中的碳化物分布在板条之间，具有明显的方向性，其粒子又较为粗大，故在碳化物与铁素体的界面处易萌生微裂纹，从而诱发其解理裂纹并迅速扩展。下贝氏体的碳化物分布在铁素体内，且粒子极为细小，不易产生裂纹；一旦出现解理裂纹，又为大量碳化物及高密度位错所阻止，从而具有较高的冲击韧性和较低的韧脆转变温度。

③ 奥氏体晶粒度　对于上贝氏体，奥氏体晶粒的细化将有助于韧性的提高；而下贝氏体铁素体的尺寸较小，奥氏体晶粒的细化对下贝氏体韧性的贡献则不太明显。

1.6.3　贝氏体的形成机理

由于贝氏体相变温度比马氏体相变温度高，碳原子尚有一定的扩散能力，故当贝氏体中的铁素体以切变方式长大时，将伴随着碳的扩散和碳化物由铁素体中脱溶沉淀的过程，整个过程受碳原子扩散控制，从而可分析各类贝氏体的形成过程（见图 1.50）。

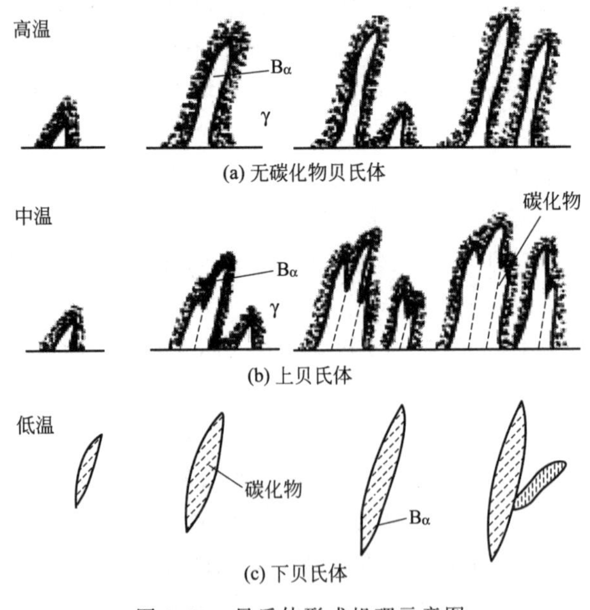

图 1.50　贝氏体形成机理示意图

（1）在较高温度形成无碳化物贝氏体　转变温度较高时，碳不仅可在铁素体中扩散，还

可在奥氏体中迅速扩散，使碳原子在奥氏体中均匀分布，阻止碳化物的析出，从而形成无碳化物贝氏体。由于转变温度较高，过冷度较小，新相和母相之间的自由能差较小，不足以补偿更多新相形成时所需消耗的界面能及各种应变能，从而形成的贝氏体铁素体量较少，铁素体板条也就长得较宽，条间距亦较大。其条间剩余的奥氏体在随后的冷却过程中，依其稳定性和冷速的差异，既可能部分转变为马氏体，亦可能转变为其他奥氏体分解产物。

（2）在贝氏体上部温度区形成上贝氏体　温度稍低，碳仍可在铁素体中充分扩散，而在奥氏体中的扩散却不能充分进行，又由于过冷度较大，相变驱动力增大，形成的铁素体量增多，板条较密，由铁素体扩散进入奥氏体的碳不能充分扩散，只能在铁素体板条间以粒状或短杆状碳化物析出，从而得到羽毛状上贝氏体。随转变温度的下降，贝氏体铁素体量增多，板条趋窄；随着碳的扩散系数的减小，碳化物亦趋细。

（3）在贝氏体下部温度区形成下贝氏体　形成温度继续降低，碳在奥氏体中的扩散难以进行，在铁素体中的扩散亦受到限制，导致碳的扩散被限制在铁素体中做短程扩散，并在一定的晶面上偏聚，进而以碳化物的形式析出，从而形成片状铁素体基体上与主轴呈一定交角排列成行的碳化物。转变温度越低，铁素体的过饱和度越高，形成的碳化物的弥散度也越高。

（4）粒状贝氏体的形成　在某些低碳合金钢中，当过冷奥氏体在低于 B_s 温度但稍高于典型上贝氏体形成温度时，先在奥氏体的贫碳区形成彼此大体上平行的板条铁素体，碳原子从铁素体中不断向奥氏体中扩散，此时铁素体板条不仅纵向长大，而且也侧向长大。由于奥氏体中存在着碳的偏聚，铁素体与奥氏体的相界面的推进速度不完全一致，于是铁素体与奥氏体的相界面便出现了凹凸不平，即造成铁素体侧向的不均匀长大。随着时间的延续，铁素体板条进一步长大，并彼此靠拢，最终便将这些富碳的奥氏体区包围在其中。由于这些富碳奥氏体十分稳定，不会从中析出碳化物，因此就得到了粒状贝氏体组织。

1.7　马氏体回火转变

淬火钢的组织是马氏体和一定量的残余奥氏体，二者都处于亚稳状态。将淬火零件重新加热到低于临界点某一温度保温，亚稳组织将发生转变，这一处理称为回火。回火可使组织转变、性能改变、内应力消除。回火时的转变称为回火转变，可分为下列四种转变：

1）马氏体转变，发生于 100～350℃；

2）残余奥氏体转变，发生于 200～300℃，属于低温回火，得到回火马氏体（M′）；

3）碳化物转变，$\varepsilon(\eta)\rightarrow\theta$，发生于约 400℃，属于中温回火，得到回火屈氏体（T′）；

4）α 相回复再结晶，碳化物聚集长大，发生于 400～550℃，属于高温回火，得到回火索氏体（S′）。

这四个过程的温度不能截然分开，下面进行详细讨论。

1.7.1　马氏体的分解

（1）马氏体时效，碳原子的偏聚　马氏体是碳在 α-Fe 中的过饱和固溶体，存在于体心立方扁八面体中的碳原子将使晶体点阵产生严重畸变，使马氏体处于不稳定状态。为了降低能量，在 100℃左右，碳原子就偏聚于位错或孪晶界面，或板条界，形成微小的碳的富集区。马氏体在从远低于室温到略高于室温的温度范围时效时，硬度有明显的变化。

（2）马氏体的分解　此过程发生在温度高于100℃时，随回火温度的升高及时间的延长，富集区的碳原子发生有序化然后转变为碳化物。随碳化物的析出，马氏体的含碳量不断减少，正方度 c/a 不断下降，马氏体的分解有双相分解和单相分解两种。

1）高碳马氏体分解

① 双相分解　在碳原子的富集区，形成碳化物核，周围碳原子的扩散促使其长大。但由于温度低，进行的仅仅是近程扩散，从而形成具有两个浓度的α-Fe，析出的碳化物粒子也不易长大。在高碳区继续形成新核，随时间延长，高碳区逐渐变成低碳区，高碳区减少。低碳区增多，其平均成分为0.25%～0.3%，与原始碳量、分解温度无关。当温度低于125℃时，淬火高碳钢回火后可出现两种不同的正方度，即具有高正方度的保持原始碳浓度的未分解的马氏体以及具有低正方度的碳已部分析出的α相。

② 单相分解　当温度高于150℃时，碳原子扩散能力加大，α-Fe中不同浓度可通过长程扩散消除，析出的碳化物粒子可从较远处得到碳原子而长大。故在分解过程中，不再存在两种不同含碳量的α相，含碳量和正方度不断下降，当温度达300℃时，正方度 $c/a \approx 1$。

2）低碳及中碳马氏体的分解　低碳钢中 M_s 点高，淬火过程中会发生碳原子偏聚及碳化物析出，这一特征称为自回火。淬火后，在150℃回火时，不再发生碳化物的析出。当回火温度高于200℃时，发生单相分解析出碳化物。中碳钢正常淬火得到板条与片状马氏体的混合组织，并有低碳、高碳马氏体特征。

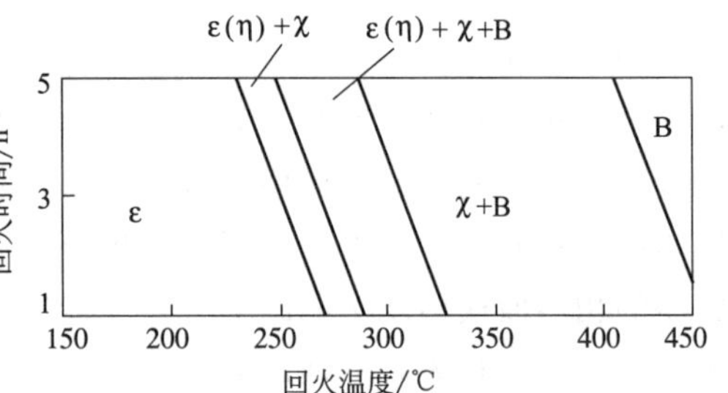

图1.51　含1.34%C马氏体回火时三种碳化物的析出范围

（3）碳化物的析出、转变及聚集长大

1）高碳马氏体中碳化物的析出

① 高碳马氏体经双、单相分解、析出亚稳碳化物　六方ε（或正交η），结构式为 Fe_xC，$x=2$，3。马氏体分解的反应式可写成 $M \rightarrow M'$（α＋亚稳碳化物）。当回火温度高于250℃时，ε(η)→χ-Fe_5C_2，χ是较为稳定的碳化物，具有复杂斜方点阵。当温度进一步升高后，ε(η)与χ可转变为稳定的θ-Fe_3C，θ具有正交点阵。转变初期析出的亚稳碳化物极为细小，不易分辨，而χ与θ碳化物长大成为片状。图1.51为含1.34%C高碳马氏体回火时三种碳化物的析出范围。

② 碳化物转变方式　原位转变是指原碳化物发生成分、点阵改组，新、旧相具有相同析出位置与惯习面的转变，如χ→θ的转变。

独立转变是指新相重新形核、长大，使马氏体中含碳量降低，为维持平衡，细小的旧相溶解的转变，如ε(η)→χ或θ。ε-η均匀分布在α′基底，惯习面为 $\{100\}_{\alpha'}$，χ与θ集中于马氏体内孪晶面，惯习面为 $\{112\}_{\alpha'}$。

2）低碳马氏体中碳化物的析出　当碳含量低于0.2%时，在200℃以下回火，仅发生碳偏聚；在200℃以上回火以及淬成马氏体过程中的自回火，均析出稳定的θ碳化物。回火时，在板条内位错缠结处析出细针状碳化物，沿板条界析出薄片状碳化物。温度升高后，条内碳化物就溶解而使条间碳化物长大。温度达到500℃以上时，条内碳化物已消失，仅剩下较粗大的条间碳化物。

3）中碳马氏体碳化物的析出　对孪晶马氏体，当温度高于200℃时，由亚稳ε(η)→θ，

无 χ 相出现。对位错马氏体，当温度高于 200℃时，在位错线上直接析出 θ，或经自回火析出。温度高时，碳化物向板条界转移。

4）碳化物的聚集长大　长期保温或提高回火温度，会使碳化物聚集长大。长大机制可由胶态平衡理论解释：第二相粒子在固溶体中的溶解度与其半径有关，即

$$\ln(c_r/c_\infty)=2(M\gamma/RT\rho r) \tag{1-4}$$

式中，c_r 为第二相粒子半径为 r 时的溶解度；c_∞ 为第二相粒子半径为∞时的溶解度，即为平板时的溶解度；M 为第二相分子量；R 为气体常数；T 为热力学温度；ρ 为第二相密度；r 为小粒子的半径；γ 为单位面积界面能。

当碳化物种类确定后，式中 M、R、T、ρ、γ 为常数，可见当半径 r 越小，c_r/c_∞ 越大，小粒子溶解度依指数关系急剧增加。对片、杆状的第二相粒子，各处的曲率半径不同，小半径处易于溶解而使片、杆断开，并进一步球化。小粒子溶解，大粒子长大。

（4）α 相状态的变化

1）淬火应力　淬火时，由于马氏体转变引起晶内缺陷增加，表面与中心的温差造成的热应力与组织应力引起的塑性变形，均会引起各种内应力的增加。这些内应力一般可分解为三类：

第Ⅰ类内应力，存在于宏观范围，如表面与心部之间，可造成变形与开裂。回火温度越高，回火时间越长，应力下降越剧烈。其间的关系可见图 1.52。经 550℃回火，第Ⅰ类内应力可基本消除。

第Ⅱ类内应力，存在于晶粒间，可用 $\Delta a/a$ 来表示其大小，按性质又可分为三种类型：

① 存在于马氏体片之间，来源于淬火时的畸变，到 300℃以上时，因碳的析出而大大减小。可见图 1.53 中曲线 2。

② 析出的 ε(η) 碳化物与基体共格，造成与基体间的应力，但在 ε(η)→θ 内消除。其与温度的关系，可见图 1.53 中曲线 3。

③ 因 θ 碳化物的析出而造成的与基体间的应力、与温度的关系可见图 1.53 中曲线 4。

这三种第Ⅱ类内应力综合作用的效果可见图 1.53 中曲线 1。

第Ⅲ类内应力，存在于晶胞内。当温度升高后，碳原子析出使单胞畸变下降。在 300℃以上时，碳钢中的第Ⅲ类应力可基本消除。

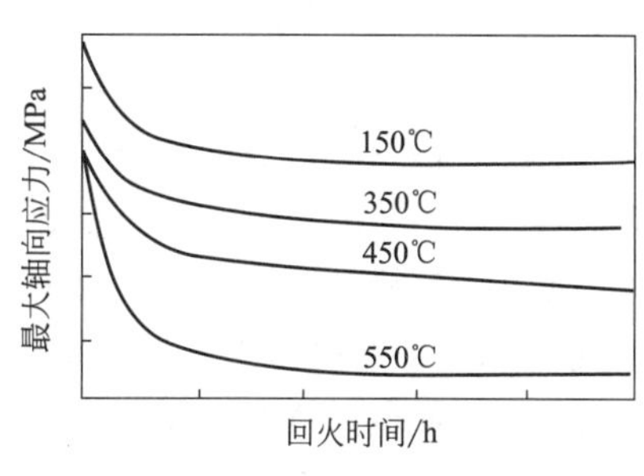

图 1.52　0.3%C 钢回火时第Ⅰ类内应力的变化

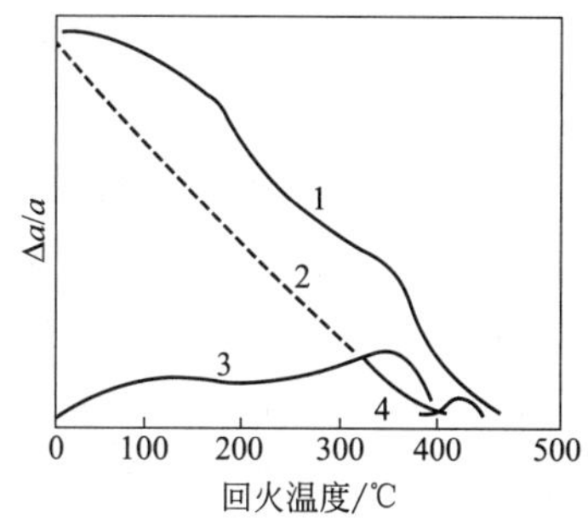

图 1.53　高碳钢回火时 $\Delta a/a$ 的变化

2）回复与再结晶　在 400℃以上时，开始回复。即板条界的位错通过攀移、滑移而消失。位错密度下降，板条合并、变宽。当亚结构为孪晶时，经 400℃回火后也消失，但片状特征仍存在。在 600℃以上时，开始再结晶，位错密度低的板条块长大成等轴 α 晶粒，颗粒

状碳化物分布在其基体上。这种组织称为回火索氏体 S′。孪晶马氏体经此温度回火，片状特征也消除，得到回火索氏体。

淬火碳钢在不同温度回火，可得到不同的组织：200℃回火，得到 α+ε(η)碳化物，即回火马氏体（碳化物存在于板条或片内），记作 M′；400℃回火，得到 α（0.25%C）+θ 碳化物，即回火屈氏体（细小碳化物及针状 α），记作 T'，见图 1.54；600℃回火，得到平衡态等轴 α+θ，即回火索氏体（细粒碳化物及等轴 α），记作 S′。

1.7.2 残余奥氏体转变

钢淬火到室温后，保留下来的奥氏体称为残余奥氏体，与过冷奥氏体同属亚稳组织，但二者仍有不同。已发生的转变会对残奥氏体带来影响，如马氏体条间的残余奥氏体含碳量大大高于平均含碳量，已转变的马氏体会使残余奥氏体处于三向压应力状态，等等；回火过程中，马氏体将继续转变，这必然影响到残余奥氏体的转变。

当加热到 $A_1 \sim M_s$ 之间时，马氏体的存在可促进珠光体转变，但影响不大。马氏体的存在可大大促进贝氏体转变，见图 1.55。

图 1.54 回火屈氏体的扫描电镜照片

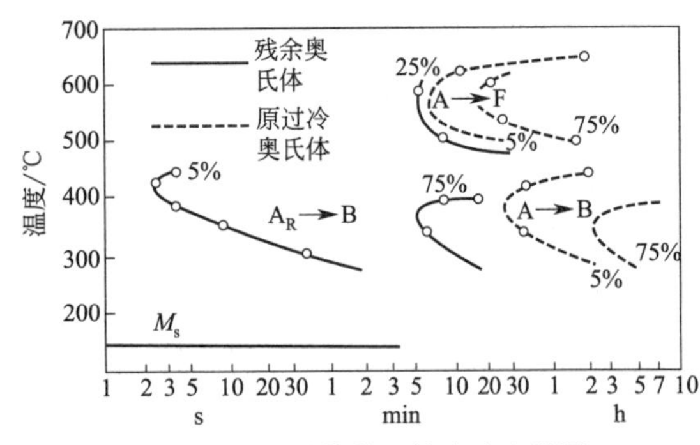

图 1.55 奥氏体等温转变动力学图

当加热至 M_s 以下时，残余奥氏体有可能转变为马氏体。

当加热回火时，如残余奥氏体未分解，则在冷却过程中残余奥氏体将转变为马氏体，这一过程称为催化。如 W18Cr4V 淬火后，加热到 560℃三次回火，由于 560℃正处于高速钢的珠光体与贝氏体之间的转变奥氏体稳定区，故奥氏体在回火中不发生转变，在随后的冷却过程中就转变为马氏体。但如果该钢在 560℃回火后，在冷却过程中在 250℃停留 5min，残余奥氏体又变得稳定，这一过程称为稳定化。柯俊等认为催化现象是热陈化稳定的逆过程，是碳、氮等原子与位错的交互作用引起的。即在奥氏体内部存在位错等晶内缺陷并溶有碳、氮等原子，为降低畸变能，碳、氮原子将进入位错膨胀区形成所谓柯氏气团并对位错起钉扎作用，使位错难以运动。而马氏体是通过位错的运动形成的，故位错运动受阻也就必然使马氏体转变不易进行。淬火时冷却中断以及缓慢冷却均使碳、氮原子有可能进入位错而使奥氏体变得稳定，亦即引起所谓热陈化稳定。碳、氮等间隙原子进入位错形成 Cottrell 气氛有一温度上限 M_c。在 M_c 点以上停留不会引起热陈化稳定。不仅如此，如将已经发生热陈化稳定的残余奥氏体加热到 M_c 以上进行回火，M_c 点碳、氮等原子将从位错逸出而使 Cottrell 气氛瓦解，这将消除热陈化稳定而使残余奥氏体恢复了转变为马氏体的能力，亦即引起了催化。由此可见，在 M_c 点以下中断冷却或缓冷将引起热陈化稳定，在 M_c 点以上回火则将引起催化。

1.7.3 淬火钢回火后力学性能的变化

(1) 低碳钢回火后力学性能 低碳钢回火后力学性能见图1.56。当低于200℃回火时，强度与硬度下降不多，塑性与韧性也基本不变。这是由于此温度下仅有碳原子的偏聚而无析出，固溶强化得以保持。当高于300℃回火时，硬度、强度下降明显，塑性有所上升，冲击韧性下降至最低。这是由于薄片状θ碳化物析出于马氏体条间并充分长大，从而降低了冲击韧性，而α基体因回复和再结晶共同作用，提高了塑性，降低了强度。

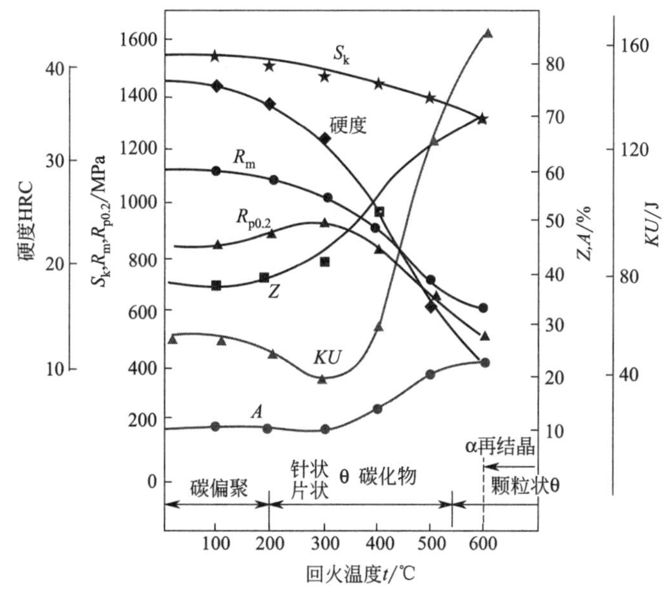

图1.56 低碳钢马氏体回火力学性能的变化

S_k—断裂强度；R_m—抗拉强度；$R_{p0.2}$—规定非比例延伸率为0.2%时的塑性延伸强度；Z—断面收缩率；A—伸长率；KU—U型缺口冲击吸收能量

可见，低碳钢低温回火可以得到较高的强度及一定的塑性与韧性。

(2) 高碳钢回火后的力学性能 当低于200℃回火，硬度会略有上升，这是由于析出弥散分布的ε-η碳化物，引起时效硬化。

当300℃回火时，硬度下降缓慢。一方面碳的进一步析出会降低硬度；另一方面，由于高碳钢中存在的较多的残余奥氏体向马氏体转变，又会引起硬化。这就造成硬度下降平缓，甚至有可能上升。回火后仍处于脆性状态。

当高于300℃回火时，硬度大大下降，塑性有所上升，规律与低碳钢基本相同。这是由于固溶强化消失，碳化物聚集长大，α相回复、再结晶所致。所得综合性能并不优于低碳马氏体低温回火后性能。

高碳钢一般采用不完全淬火，使奥氏体中含碳量在0.5%左右。淬火后低温回火以获得高的硬度，并生成大量弥散分布的碳化物以提高耐磨性，细化奥氏体晶粒。

(3) 中碳钢回火后的力学性能 当低于200℃回火时，析出少量的碳化物，硬化效果不大，可维持硬度不降。当高于300℃回火时，随回火温度升高，塑性升高，断裂韧性K_{IC}剧增。强度虽然下降，但仍比低碳钢高得多。中碳钢淬火后中温回火，可获得优良的综合力学性能。

（4）回火脆性　某些钢在回火时，随着回火温度的升高，冲击韧性反而降低，如图 1.57 所示。由于回火引起的脆性称为回火脆性。在 200～350℃出现的，称为第一类回火脆性；在 450～650℃出现的，称为第二类回火脆性。

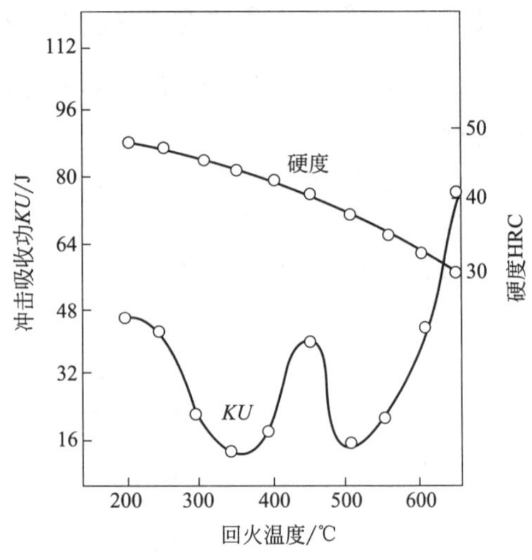

图 1.57　回火时硬度与冲击韧性的变化

1）第一类回火脆性　当出现了第一类回火脆性后，再加热到较高温度回火，可将脆性消除；如再在此温度范围回火，就不会出现这种脆性。故称之为不可逆回火脆性。在不少钢中，都存在第一类回火脆性。当钢中存在 Mo、W、Ti、Al，则第Ⅰ类回火脆性可被减弱或抑制。

引起第一类回火脆性的原因说法很多。根据第一类回火脆性出现的温度范围正好与碳钢回火时的第二个转变，即残余奥氏体转变的温度范围相对应，而认为第一类回火脆性是残余奥氏体的转变引起的，转变的结果使塑性相奥氏体消失。这一观点能够很好地解释 Cr、Si 等元素将第一类回火脆性推向高温以及残余奥氏体量增多能够促进第一类回火脆性等现象。但有些钢的第一类回火脆性与残余奥氏体转变并不完全对应。故残余奥氏体转变理论不能解释各种钢的第一类回火脆性。

电镜研究发现，在出现第一类回火脆性时，沿晶界有碳化物薄壳形成，有人认为第一类回火脆性是由碳化物薄壳引起的。低、中碳钢淬火后得到板条马氏体以及沿板条条界分布的含碳量高的薄壳状残余奥氏体。低温回火时，在含碳量低于 0.2%的板条马氏体内只发生碳的偏聚而不析出碳化物，而含碳量高于 0.2%的马氏体内则有可能均匀弥散析出亚稳过渡碳化物。当回火温度超过 200℃后，在低碳马氏体中析出细针状碳化物，同时还在板条马氏体条界形成 θ 碳化物。θ 碳化物的形成既依靠残余奥氏体的分解，也依靠马氏体内已析出的弥散的亚稳过渡碳化物及条片状 θ 碳化物的回溶。这种条片状 θ 碳化物即电镜下观察到的薄壳状碳化物。可见，对于在板条界有较多高碳残余奥氏体的钢料来说，残余奥氏体转变理论与碳化物薄壳理论是一致的。高碳马氏体在 200℃以下回火时就已有亚稳过渡碳化物在片状马氏体内部弥散析出，而当回火温度高于 200℃时将在富碳孪晶界面析出条片状 χ 及 θ 碳化物，同时已经析出的 θ 碳化物将回溶。分布在同一个孪晶界面上的条片状 χ 及 θ 碳化物将连成碳化物片，故断裂易于沿这样的面发生，使钢料脆性增加。回火温度进一步提高时，薄片状碳化物通过破裂、聚集、长大而成为颗粒状碳化物，故使脆性下降，冲击韧性升高。

还有一种理论为晶界偏聚理论。即在奥氏体化时杂质元素 P、Sn、Sb、As 等将偏聚于晶界。杂质元素的偏聚引起晶界弱化而导致脆断。Mn、Si、Cr、Ni、V 能够促进杂质元素在奥氏体晶界的偏聚，故能促进第一类回火脆性的发展。Mo、W、Ti、Al 能阻止杂质元素在奥氏体晶界的偏聚，故能抑制第一类回火脆性的发展。

第一类回火脆性很可能是多种原因的综合结果，而对于不同的钢料来说，也很可能是不同的原因引起的。

2）第二类回火脆性　第二类回火脆性属可逆回火脆性，即在脆化以后，如重新加热到 650℃以上，然后快冷至室温，则可消除脆化。在脆化消除后，还可再次发生脆化，故称之为可逆回火脆性。化学成分是影响第二类回火脆性的因素。按作用不同分为三类：

1）杂质因素 P、Sn、Sb、As、B、S；

2）促进第二类回火脆性的元素 Ni、Cr、Mn、Si、C；

3）抑制第二类回火脆性的元素 Mo、W、V、Ti 及稀土元素 La、Nb、Pr。

杂质元素必须与促进第二类回火脆性的元素共存时，才会引起回火脆性。

习 题

1. 解释下列名词：奥氏体的起始晶粒度、实际晶粒度、平均晶粒度，索氏体、屈氏体、贝氏体、马氏体、过冷奥氏体、残余奥氏体。

2. 共析钢奥氏体化的过程是什么？

3. 珠光体、贝氏体、马氏体类型组织各有哪几种？特点分别是什么？

4. 影响 C 曲线的因素有哪些？

5. 球化退火的原理是什么？有哪些方法可得到粒状珠光体？

6. 有两个含碳量为 1.2%的碳钢薄试样，分别加热到 780℃和 860℃并保温相同时间，使之达到平衡状态，然后以大于 v_k 的冷却速度冷至室温，试问：(1) 哪个温度加热淬火后马氏体晶粒较粗大？(2) 哪个温度加热淬火后马氏体含碳量较多？(3) 哪个温度加热淬火后残余奥氏体较多？(4) 哪个温度加热淬火后未溶碳化物较少？(5) 你认为哪个温度淬火合适？为什么？

第2章

钢的热处理工艺

钢的热处理工艺是指根据钢在加热和冷却过程中的组织转变规律所制定的钢在热处理时具体的加热、保温和冷却的工艺参数。热处理工艺种类很多，大体可分为整体热处理（普通热处理）、表面热处理和化学热处理三大类。根据加热、冷却方式及获得组织和性能，零件在生产工艺流程中的位置和作用不同，钢的热处理工艺又分为不同的类别，本章将分别讲述。

2.1 钢的普通热处理

普通热处理主要包括退火、正火、淬火和回火。因通常用来改变零件整体的组织和性能，所以也称为整体热处理。

2.1.1 退火

退火是将工件加热到适当温度，保持一定时间，然后缓慢冷却的热处理工艺。缓慢冷却一般为随炉冷却或埋入石灰中冷却，以获得接近平衡状态组织的热处理工艺。根据钢的成分和退火的目的、要求的不同，退火又可分为完全退火、等温退火、球化退火、扩散退火、去应力退火、再结晶退火等。各种退火的加热温度范围和工艺曲线见图2.1。

（1）完全退火　完全退火是将工件完全奥氏体化后缓慢冷却，获得接近平衡组织的退火。其目的是改善热加工造成的粗大、不均匀的组织，从而细化晶粒、均匀组织，降低中、高碳钢和合金钢硬度从而改善其切削加工性能（一般情况下，工件硬度在170～230HB之间时易于切削加工，高于或低于这个硬度范围时，都会使切削困难），消除铸件、锻件及焊接件的内应力。

完全退火主要适用于含碳量为0.25%～0.77%的亚共析成分的碳钢、合金钢和铸件、锻件、热轧型材和焊接结构，加热温度为A_{c3}以上20～30℃，缓慢冷却（随炉冷却或埋入沙、石灰中冷却）到500～600℃以下出炉，在空气中冷却。过共析钢不宜采用完全退火，因为过共析钢加热至A_{ccm}以上缓慢冷却时，二次渗碳体会以网状沿奥氏体晶界析出，使钢

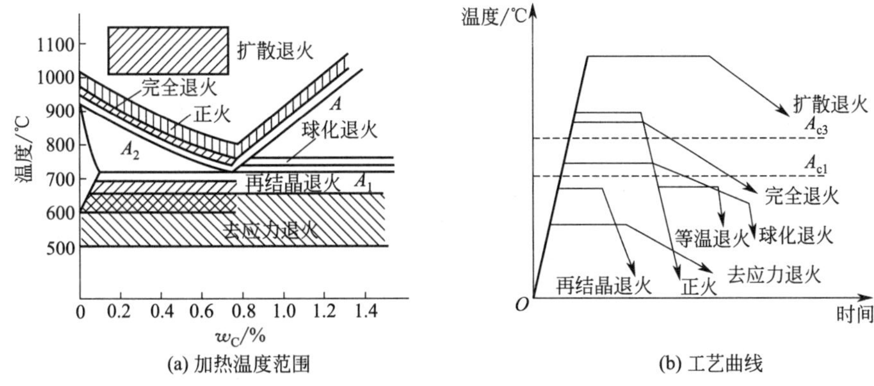

(a) 加热温度范围　　(b) 工艺曲线

图 2.1　各种退火和正火工艺示意图

的强度、塑性和冲击韧性显著下降。

(2) 等温退火　等温退火是工件加热到高于 A_{c3}（或 A_{c1}）的温度，保持适当时间后，较快冷却到珠光体转变温度区间的适当温度并等温保持，使奥氏体转变为珠光体类组织后在空气中冷却的退火工艺。等温退火加热温度为 A_{c3}（或 A_{c1}）以上 20～30℃。

等温退火的目的与完全退火相同，但是等温退火时的转变容易控制（通过选择保温温度)，能获得均匀的预期组织，对于大型制件及合金钢制件较适宜。由于完全退火所需要的时间很长，尤其对于某些奥氏体比较稳定的合金钢，往往需要数十小时甚至数天的时间，采用等温退火可明显缩短退火时间，从而大大降低工件氧化、脱碳倾向。

(3) 球化退火　球化退火是将工件中的碳化物球状化而进行的退火。球化退火加热温度为 A_{c1} 以上 20～30℃，保温时间较长。

球化退火主要适用于碳素工具钢、合金弹簧钢、滚动轴承钢和合金工具钢等共析钢和过共析钢（含碳量大于 0.77%）。

1) 球化退火的目的

① 降低硬度，改善切削加工性能。过共析组织为片状珠光体和网状的二次渗碳体。由于网状二次渗碳体的存在，增加了钢的硬度和脆性，不仅给切削加工带来困难，而且淬火时会引起工件的变形和开裂。因此，过共析钢经球化退火后，渗碳体变为球状，硬度降低，有利于工件的切削加工。

② 提高塑性，改善钢的冷挤压成形性。钢材的冷挤压成形是在较低温度下成形，因此要求钢材在低温下具有较好的塑性变形能力。含碳量相同的粒状珠光体的塑性远远高于片状珠光体。

③ 均匀组织，改善热处理工艺性能。工具钢在淬火加热时，过热敏感性、变形、裂纹产生的倾向较大。因此要求淬火前的组织为粒状珠光体。

④ 为淬火作准备。经淬火、回火后获得良好的综合力学性能。原始组织为粒状珠光体的工具钢与原始组织为片状珠光体的工具钢相比较，在强度、硬度相同条件下，塑性、韧性较高。

2) 球化退火工艺　常用球化退火工艺主要有以下几种，见图 2.2。

① 低温球化退火　该工艺是把退火钢材加热到略低于 A_{c1} 温度，经长时间保温，使碳化物由片状变成球状的方法。

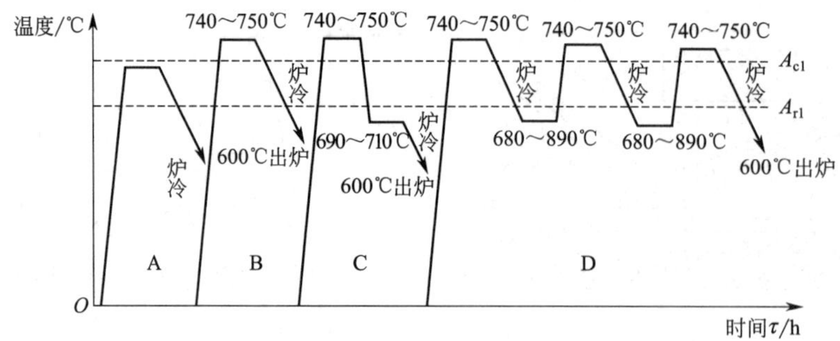

图 2.2　常用球化退火工艺

A—低温球化退火；B——一次球化退火；C—等温球化退火；D—循环球化退火

过共析钢碳化物往往呈网状分布在晶界，用低于 A_{c1} 的温度进行球化比较困难。即使没有网状渗碳体存在，仅是片状珠光体的球化，其球化过程也需要很长时间，且珠光体片越大，所需时间越长。实验表明，0.74C-0.71Si 钢在 700～580℃进行等温转变时，形成粗、中、细三种珠光体，再在 700℃进行球化退火时，即使很细的珠光体全球化也需要 250h 以上。低温球化并不完全，组织中仍有大量细片状珠光体。这种工艺目前已很少使用。

② 一次球化退火　将钢加热到 A_{c1} 与 A_{ccm} 之间，经适当时间的保温，然后缓慢冷却至 500～650℃出炉空冷。此种工艺实际上是一种不完全退火。该工艺要求退火前的组织为细片状珠光体，不允许有粗大的连续网状渗碳体存在。如果原始组织存在连续粗大厚的网状渗碳体，即使长时间球化退火，其网状渗碳体也难以消除。因此对过共析钢，为了消除网状渗碳体，在球化退火前，要进行一次正火处理。

球化退火温度一般为 A_{c1} 以上 20～40℃。保温时间取决于工件烧透时间，为 4h 左右。冷却速度也对球化效果有较大的影响，随着冷却速度增大，碳化物直径减小。但冷却速度过大，珠光体转变温度过低，会出现片状组织，冷却速度一般控制在 10～20℃/h。

此工艺适用于周期作业炉生产，如在工具钢和轴承钢生产中得到广泛应用。

③ 等温球化退火　为了进一步缩短球化退火时间，提高生产率，可采用等温球化退火工艺。等温球化退火是将钢加热到 A_{c1} 以上 20～30℃，保温适当时间，然后快速冷却到 A_{r1} 以下 20～30℃，等温一段时间后，炉冷或者空冷的球化退火工艺。

钢的原始组织如果存在网状碳化物，可在退火前进行一次正火处理予以消除。也可将钢件加热到高于 A_{ccm} 的温度，使网状碳化物溶入奥氏体，然后快速冷却到 A_{r1} 以下进行等温球化退火。

等温转变温度很关键。如等温转变温度较低时，碳及其合金元素的扩散困难，不利于球化过程的进行，等温时间较长。只有当奥氏体化温度略高于 A_{c1}，等温转变温度略低于 A_{r1} 时，才能较快地得到球化组织。因为奥氏体化温度较低时，才能保证一部分碳化物溶入奥氏体，在基体中存在较多的碳化物核心。等温转变温度较高，可以加速碳及其合金元素的扩散，以未溶碳化物为核心，形成粒状碳化物。

等温球化退火常用于碳钢及合金钢刀具、冷冲模具及轴承零件。

④ 循环球化退火　为了加速球化过程，提高球化质量，一般采用循环球化退火。该工艺是将钢加热到 A_{c1} 以上 20～30℃，短时间保温后冷却到 A_{r1} 以下 20～30℃，再短时间保

温，如此反复多次，可以获得球状珠光体组织。该工艺又称周期球化退火或往复球化退火。如对碳钢或低合金钢可于730～740℃加热，短时间保温后冷却至低于A_{r1}点温度（例如680℃），保温一段时间后，接着又重新加热至730～740℃，然后又冷却至680℃。如此重复多次，最后空冷至室温，获得球状珠光体。

把钢加热至A_{c1}以上温度时，先共析网状碳化物部分溶解、断裂。在加热到高于A_{c1}点以上时，由于加热温度稍高于A_{c1}，保温时间短，而珠光体中渗碳体溶解需要较长时间，所以往往只能使渗碳体片溶断，残留着渗碳体颗粒。有的即使溶解，但得到的奥氏体的成分也不均匀，在原来渗碳体部位呈现高碳区。当冷却至稍低于A_{r1}点温度保温，这些残留渗碳体颗粒或高碳区作为渗碳体的结晶核心，渗碳体优先在此处形核长大，形成球状珠光体。

40Cr钢快速加热至760～780℃，保温12s，再在700℃等温停留10min，如此循环多次。与常规球化退火工艺相比可节能25%以上，且工艺简单，质量稳定。

（4）扩散退火　扩散退火是以减少工件化学成分和组织的不均匀程度为主要目的，将其加热到高温并长时间保温，然后缓慢冷却的退火工艺。扩散退火又称均匀化退火。钢锭、铸件或锻件的化学成分和组织的不均匀，一般要加热到略低于固相线温度（钢的熔点以下100～200℃），长时间保温使其化学成分和组织均匀化。通常加热温度为A_{c3}或A_{ccm}以上150～300℃，具体加热温度根据钢锭的偏析程度和钢的成分而定，碳钢一般为1100～1200℃，合金钢多为1200～1300℃。退火后晶粒粗大，可用完全退火或正火细化晶粒、消除过热缺陷。

高温扩散退火生产用期长，消耗能量大，工件氧化、脱碳严重，成本很高。只有一些优质合金钢及偏析较严重的合金钢铸件及钢锭才使用这种工艺。对于一般尺寸不大的铸件或碳钢铸件，因偏析程度较轻，可采用完全退火来细化晶粒，并消除铸造应力。

（5）去应力退火　去应力退火又称低温退火。它是为去除工件塑性变形加工、切削加工或焊接造成的内应力及铸件内存在的残余应力而进行的退火。一般钢缓慢加热（100～150℃/h）到500～600℃（A_{c1}温度以下），保温后缓慢冷却（冷速50～100℃/h）到室温。其目的是消除铸件、锻件和焊接件以及冷变形等加工中所造成的内应力，避免变形和开裂。

（6）再结晶退火　经冷塑性变形加工的工件加热到再结晶温度以上，保持适当时间，通过再结晶使冷变形过程中产生的晶体学缺陷基本消失，重新形成均匀的等轴晶粒，以消除形变强化效应和残余应力的退火工艺，称为再结晶退火。其加热温度为再结晶温度以上150～250℃。再结晶退火可使冷变形后被拉长、破碎的晶粒重新形核长大为均匀的等轴晶，从而消除加工硬化效果。钢件的再结晶温度与化学成分和变形量等因素有关。一般来说，变形量越大，再结晶温度越低，再结晶退火温度也越低。

2.1.2　正火

正火是将钢加热到A_{c3}（亚共析钢）和A_{ccm}（过共析钢）以上30～50℃，保温一段时间后，在空气中或在强制流动的空气中冷却到室温，得到珠光体类组织的热处理工艺。正火适用于碳素钢及低、中合金钢，而不适用于高合金钢。因为高合金钢奥氏体非常稳定，即使在空气中也能淬火。

（1）正火的目的及应用

1）用于普通结构件的最终热处理　正火可以细化晶粒，使组织均匀化，减少亚共析钢中铁素体含量，使珠光体含量增多并细化，从而提高钢的强度、硬度和韧性。对强度要求不高的零件，正火可以作为最终热处理。

2）作为预先热处理　截面较大的结构钢件，在淬火或调质处理（淬火加高温回火）前常进行正火，可以消除魏氏组织和带状组织，并获得细小而均匀的组织。对于含碳量大于0.77%的碳钢和合金工具钢中存在的网状渗碳体，正火可减少二次渗碳体量，并使其不形成连续网状，为球化退火作组织准备。

3）取代部分完全退火，改善切削加工性能　正火可改善低碳钢（含碳量低于0.25%）的切削加工性能。含碳量低于0.25%的碳钢，退火后硬度过低，切削加工时容易“黏刀”，表面粗糙度很差，通过正火可使硬度提高至140～190HB，接近于最佳切削加工硬度，从而改善切削加工性能。

4）消除热加工缺陷　中碳结构钢铸、锻、轧件以及焊接件在加热加工后易出现粗大晶粒等过热缺陷和带状组织。通过正火处理可以消除这些缺陷组织，达到细化晶粒、均匀组织、消除内应力的目的。

正火生产周期短，设备利用率高，生产效率较高，因此成本较低，在生产中应用广泛。

（2）退火和正火的组织区别　退火和正火都得到珠光体类组织，但两者组织之间存在较大区别。

1）正火珠光体组织比退火状态的片层间距小，珠光体领域小。正火比退火冷却速度快，因而正火组织比退火组织细，强度和硬度也比退火组织高。当碳钢的含碳量小于0.6%时，正火后组织为铁素体＋索氏体；当含碳量大于0.6%时，正火后组织为索氏体。

2）加热温度与完全退火相似，但正火冷速较快，转变温度较低，会出现伪共析组织。而完全退火冷速慢，得到珠光体类组织。

3）合金钢中的渗碳体稳定，不易充分固溶到奥氏体中，故退火、正火后均不易形成片状珠光体，而呈粒状珠光体。正火后粒状渗碳体较退火的细，故硬度较高。

4）正常规范下退火、正火均使钢的晶粒细化。但如果加热温度过高，使奥氏体晶粒粗大，在正火后极易形成魏氏组织，在退火后则形成粗晶粒组织。

（3）退火和正火的选用　生产上退火和正火工艺的选择应根据钢种、冷热加工工艺、零件的使用性能及经济性综合考虑。

1）含碳量低于0.25%的低碳钢，通常采用正火代替退火。用正火可以提高钢的硬度，改善低碳钢的切削加工性能，在没有其他热处理工序时，用正火可以细化晶粒，提高低碳钢的强度。

2）含碳量为0.25%～0.50%的中碳钢也可用正火代替退火，虽然接近上限碳量的中碳钢正火后硬度偏高，但尚能进行切削加工，而且正火成本低，生产率高。

3）含碳量为＞0.50%～0.75%的钢，因含碳量较高，正火后的硬度显著高于退火的情况，难以进行切削加工，故一般采用完全退火，以降低硬度，改善切削加工性。

4）含碳量大于0.75%的高碳钢或工具钢一般均采用球化退火作为预备热处理，如有网状二次渗碳体存在，则应先进行正火消除。

5）对于高合金钢一般采用完全退火。如果采用正火，往往得到马氏体类组织。

2.1.3 淬火

淬火是指将工件加热奥氏体化后以适当方式冷却获得马氏体或（和）贝氏体组织的热处理工艺。淬火温度为 A_{c3} 或 A_{c1} 以上 30～50℃。淬火组织在大多数情况下为马氏体，有时也可能得到贝氏体或者马氏体与贝氏体的混合组织。此外还有少量残余奥氏体与未溶第二相。淬火的目的就是为了获得马氏体，并与适当的回火工艺相配合，以提高钢的力学性能。淬火＋回火是钢的最重要的强化方法，也是应用最广的热处理工艺之一。作为各种机器零件、工具及模具的最终热处理，淬火是赋予零件最终性能的关键工序。

(1) 淬火条件及分类　并不是所有的合金都能够进行淬火，合金能否淬火主要体现在合金在相图上有没有多型性改变或固溶度改变。如 Cu-Ni 匀晶相图没有多型性改变或固溶度改变，因此不能进行淬火处理。$Fe\text{-}Fe_3C$ 相图存在多型性改变和固溶度改变，因此能够进行淬火处理。淬火一般分为无多型性转变合金的淬火和有多型性转变合金的淬火。以铝合金为代表的无多型性转变合金的淬火，又称为固溶处理。以钢为代表的有多型性转变合金的淬火，简称淬火。

(2) 淬火工艺参数的选择　淬火工艺参数包括淬火加热温度、淬火保温时间和淬火冷却方式。

1) 淬火加热温度　淬火加热温度主要根据以下几个方面来确定：

① 钢的化学成分　碳钢的淬火加热温度选择原则为：亚共析钢淬火加热温度为 A_{c3} 以上 30～50℃，共析、过共析钢淬火加热温度为 A_{c1} 以上 30～50℃。碳钢的淬火温度范围见图 2.3。

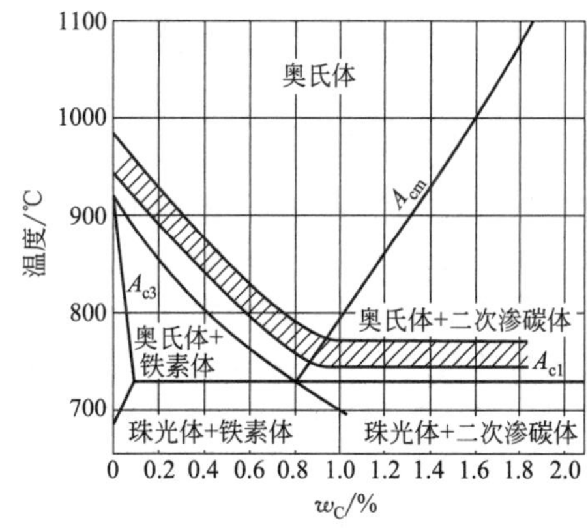

图 2.3　碳钢的淬火温度范围

亚共析钢在淬火温度加热，是为了获得晶粒细小的奥氏体，淬火后可获得细小的马氏体组织。若加热温度过高，则引起奥氏体晶粒粗化，淬火后得到的马氏体组织也粗大，从而使钢的性能严重脆化。若加热温度过低，如在 A_{c1}～A_{c3} 之间，则加热时组织为奥氏体＋铁素体；淬火后，奥氏体转变为马氏体，而铁素体被保留下来，此时的淬火组织为马氏体＋铁素体（＋残余奥氏体），造成淬火硬度不足。

共析钢和过共析钢在淬火加热之前已经球化退火预处理，故加热到 A_{c1} 以上 30～50℃不完全奥氏体化后，其组织为奥氏体和部分未溶的细粒状渗碳体颗粒。淬火后，奥氏体转变为马氏体，未溶渗碳体颗粒被保留下来，未溶渗碳体不但不会降低淬火钢的硬度，而且还可以提高它的耐磨性。若加热温度过高，甚至在 A_{ccm} 以上，则渗碳体溶入奥氏体中的数量增大，奥氏体的含碳量增加，这不仅使未溶渗碳体颗粒减少，而且使 M_s 点下降，淬火后残余奥氏体量增多，钢的硬度与耐磨性降低。同时，加热温度过高，会引起奥氏体晶粒粗大，淬火后的组织为粗大的片状马氏体，显微裂纹增多，钢的脆性大为增加，极易引起工件的淬火变形和开裂。因此加热温度过高是不适宜的。

过共析钢的正常淬火组织为隐晶（即细小片状）马氏体的基体上均匀分布着细小颗粒状渗碳体以及少量残余奥氏体，这种组织具有较高的强度和耐磨性，同时又具有一定的韧性，符合高碳工具钢零件的使用要求。

对于低合金钢，考虑到合金元素的作用，为了加速奥氏体化，一般选在 A_{c3}（A_{c1}）+（50～100）℃。一般过共析低合金钢淬火加热温度为 A_{c1} +（50～110）℃，亚共析低合金钢淬火加热温度为 A_{c3} +（30～100）℃，一般高速钢的加热温度比其 A_{c1} 高出300℃以上。

② 工件尺寸及形状　小工件采用较低的淬火温度。反之，采用高的淬火温度。因小工件加热快，温度高，可能引起棱、角处过热和增大变形，故淬火温度取下限。大工件加热慢，温度低，容易造成加热不足及延长工时，故应适当提高淬火温度。对形状复杂、容易变形和开裂的工件，应在保证性能要求的前提下，尽量采用较低的淬火温度。

③ 淬火介质和淬火方法　采用冷却能力很强的淬火剂时，为减少应力，可适当降低淬火温度。采用等温淬火或分级淬火时，因所用热浴的冷却能力差，故应当适当提高淬火温度，以保证工件淬硬。例如采用空气电阻炉加热时，即可选择高于正常加热温度上限 20℃；采用盐（或铅）浴炉加热时，可选择加热温度的中下限或低于下限 10℃。

用盐浴炉单件加热时的快速加热温度，低碳钢、中碳钢、低合金钢和中合金钢均为 960～980℃。

④ 奥氏体晶粒长大倾向　对奥氏体晶粒不易长大的本质细晶粒钢，其淬火加热温度范围较宽，所以为了提高加热速度，缩短整个处理周期，可适当提高淬火温度。

实际生产中除了遵循以上原则外，还应根据具体情况适当做以下调整：如要增大淬硬层深度，提高淬火温度；要减少淬火变形，降低淬火温度；有较严重的带状组织时，升高淬火温度；高碳钢原始组织为片状珠光体时，降低淬火温度；小尺寸工件选择较低淬火温度；形状复杂、易变形开裂工件采用较低淬火温度；等等。

2）淬火保温时间　保温时间指工件装炉后，从炉温回升到淬火温度时起至出炉止所需时间。保温时间包括两段时间，一段是整个工件温度达到淬火温度所需要的时间，称为工件透热时间；另一段为整个工件组织完全转变所需要的时间，称为组织转变所需时间。保温时间为工件透热时间与组织转变所需时间之和。

保温时间按照零件最大厚度或条件厚度来确定。最大厚度指零件最厚截面处的尺寸或叠放零件的总厚度。条件厚度指零件实际厚度（壁厚）乘以形状系数。一般地，球形、正方形零件的形状系数为 0.75；棒状零件的形状系数为 1.0。板类零件的形状系数取决于其宽厚比，宽厚比小于 2 时，形状系数为 1.50；宽厚比为 2～4 时，形状系数为 1.75；宽厚比大于 4 时，形状系数为 2.0。

保温时间的影响因素主要有以下几个方面。

① 钢的化学成分　钢中碳及合金元素含量升高，合金的导热性下降，保温时间适当延长。高碳钢的保温时间大于低碳钢，合金钢的保温时间大于碳素钢，高合金钢的保温时间大于低合金钢。

② 工件的形状与尺寸　对不同尺寸与形状的工件，当加热条件相同时，保温时间随其有效厚度的增大而延长。有效厚度指工件在受热条件下在最快传热方向上的截面厚度。对于形状复杂或尺寸较大的碳素工具钢及合金工具钢，常常在淬火加热前采用预热以消除淬火加热前存在的残余内应力，缩短高温下的保温时间以减轻氧化和脱碳及过热倾向。碳钢和一般合金钢的预热温度为 350～500℃；高合金钢（高速钢）进行多级预热时，第一级预热温度为 550～650℃，第二级预热温度为 800～850℃。

③ 加热炉类型　加热炉类型不同，加热速度不同，保温时间也不同。一般来说，铅浴炉、盐浴炉、空气电阻炉加热速度依次降低，当其他条件相同时，三者的保温时间之比大致为2∶3∶6。计算保温时间的经验公式为：$t=\alpha D$。式中，t 为保温时间（min），D 为计算厚度或直径（mm），α 为系数。α 与加热介质和工件材料有关。对盐浴炉来说，材料为碳素结构钢时，$\alpha=0.2\sim0.4$；材料为碳素工具钢和合金结构钢时，$\alpha=0.3\sim0.5$；材料为合金工具钢时，$\alpha=0.5\sim0.7$。对空气电阻炉来说，材料为碳素钢时，$\alpha=1.0\sim1.2$；材料为合金钢时，$\alpha=1.2\sim1.5$。

④ 装炉情况　工件的保温时间与工件在炉中的放置及排列情况有较大关系。一般在保温时间公式基础上再乘以装炉方式修正系数 k。淬火保温时间经验公式为：$t=k\alpha D$。工件装炉方式修正系数 k 见表2.1。

表2.1　工件装炉方式修正系数 k

装炉位置	k	装炉位置	k	装炉位置	k	装炉位置	k
	1	0.5D	1.4		1	0.5D	2.2
	1	2D	1.3		1.4	1D	2.0
	2		1.7		4	2D	1.8

3）淬火冷却方式　冷却是淬火的关键，冷却的好坏直接决定了钢淬火后的组织和性能。冷却的基本原则为：淬入时应保证工件得到最均匀的冷却；应以最小阻力方向淬入；还应考虑工件的重心稳定。

（3）淬火介质　冷却介质应保证工件得到马氏体，同时变形小，不开裂。理想的淬火曲线为650℃以上缓冷，以降低热应力。650～400℃快速冷却，以保证全部奥氏体不分解。400℃以下缓冷，以减少马氏体转变时的相变应力。图2.4所示为钢的理想淬火冷却曲线。

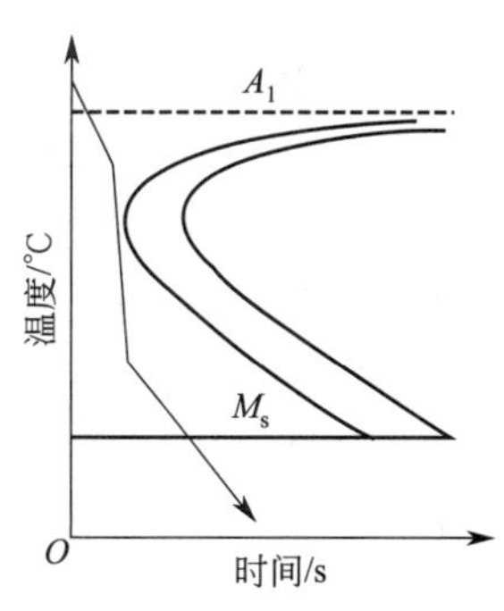

图2.4　钢的理想淬火冷却曲线

1）淬火介质的分类及其冷却过程　生产中，实际使用的淬火介质分为两大类。

① 淬火时发生物态变化的淬火介质　这类介质包括水质淬火剂、油质淬火剂和水溶液等，在淬火过程中要发生物态变化。其特点是淬火介质的沸点低于工件的淬火加热温度。灼热钢件投入淬火介质中，一瞬间就在工件表面产生大量过热蒸汽，紧贴工件形成连续的蒸汽膜，使工件和液体分开，冷却主要靠辐射传热，冷却速度较慢。工件进一步冷却，工件表面温度降低，工件放出热量愈来愈少，蒸汽膜厚度减薄并在越来越多的地方破裂，使液体在这些地方和工件直接接触，形成大量气泡溢出液体，带走大量热量，冷却速度较快。当工件表面的温度降低至介质的沸点或分解温度以下时，工件的冷却主要靠介质的对流形成，冷却速度逐渐降低。

② 淬火时不发生物态变化的淬火介质　这类淬火包括各种熔盐、熔碱、熔融金属等，在淬火时不发生物态变化。其特点是淬火介质的沸点高于工件的淬火加热温度，主要靠对流

散热。因此，工件在冷却过程中，冷速的大小主要取决于工件与介质的温差，温差越大，冷却速度越快。在开始冷却阶段，温差最大，因而立刻达到最高冷却速度，此后随温差的减小，冷速逐渐减小。

2）常用淬火介质　淬火介质的冷却能力直接决定了淬火钢的组织及其性能。实际生产中对淬火介质具有一定的要求：无毒无味、经济、安全可靠；不易腐蚀工件，淬火后易清洗；成分稳定，使用过程中不易变质；在过冷奥氏体的不稳定区域有足够冷却速度，在低温马氏体区有较缓慢的冷速；介质黏度应较小，以增加对流传热能力和减少损耗。

目前工厂中常用的淬火冷却介质主要是水及其溶液、油、熔盐与熔碱、有机物质的水溶液及乳化液。

① 水及其溶液　水是冷却能力相对较强的冷却介质，价廉易得、不易变质、安全，但冷却能力对水温的变化很敏感。水温升高，冷却能力便急剧下降。水在650～550℃高温区冷却能力较强，在300～200℃低温区冷却能力也强，在马氏体转变区的冷速太大，易使工件严重变形甚至开裂。水的使用温度一般为20～40℃，最高不许超过60℃。适用于形状简单、截面较大的碳钢零件的淬火。

通过加强水循环和工件的搅动可以提高工件在高温区的冷却速度。在水中加入盐、碱，其冷却能力比清水更强。例如10%NaCl水溶液较纯水的冷却能力提高10倍以上，而10%NaOH的水溶液的冷却能力更高。但这两种水基淬火介质在低温区（300～200℃）的冷却速度亦很快，因此适用于低碳钢和中碳钢的淬火。

② 油　油在300～200℃低温区的冷却速度比水小得多，从而可大大降低淬火工件的相变应力，减小工件变形和开裂倾向。但油在550～650℃高温区间冷却能力低。对于过冷奥氏体比较稳定的合金钢，油是合适的淬火介质。提高油温可以降低黏度，增加流动性，故可提高高温区间的冷却能力。但是油温过高容易着火，一般应控制在60～80℃。油适用于形状复杂的合金钢工件的淬火以及小截面、形状复杂的碳钢工件的淬火。

目前工业上主要采用植物油（如豆油、芝麻油）和矿物油（如锭子油、机油等）作为淬火介质。植物油的冷却特性好，但易于老化，价格昂贵。矿物油的沸点一般比水高150～300℃，低温区间的冷速远小于水，这有利于减少工件的变形与开裂。油的主要缺点是高温区间的冷却能力很小，仅为水的1/5～1/6，只能用于合金钢或小尺寸碳钢工件的淬火。此外，油经长期使用还会发生老化，故需定期过速成更换新油等。

③ 熔盐与熔碱　这类淬火介质的特点是在冷却过程中不发生物态变化，工件淬火主要靠对流冷却。通常在高温区域冷却速度快，在低温区域冷却速度慢，淬火性能优良，淬透力强，淬火变形小，基本无裂纹产生；但是对环境污染大，劳动条件差，耗能多，成本高。常用于形状复杂、截面尺寸变化悬殊的工件和工模具的淬火。熔盐有氯化盐、硝酸盐、亚硝酸盐等，通常用作等温淬火或分级淬火。

④ 有机物质的水溶液及乳化液　如果水中加入一些可改变其冷却能力的物质，并能满足使用要求，则是一种理想的淬火介质。目前常用的有机物质的水溶液为聚乙二醇水溶液，并加入一定的防蚀剂，以防在淬火后清理前停放的有限时间内发生腐蚀。

常用的乳化液经矿物油与水经强烈搅拌及振动而成。乳化液的冷却能力介于水、油之间，可通过调配浓度来进行调节。乳化液一般用于火焰淬火和感应淬火时的喷水淬火。

3）新型淬火介质

① 有机聚合物淬火剂　这类淬火介质是将有机聚合物溶解于水中，并根据需要调整溶

液的浓度和温度，配制成冷却性能满足要求的水溶液。它在高温阶段冷却速度接近于水，在低温阶段冷却速度接近于油，其冷却性能好，冷却速度可调，工件淬硬均匀，可明显减少变形和开裂倾向。对于水淬开裂、变形大、油淬不硬的工件，采用有机聚合物淬火剂是成功的选择。目前使用很稳定、应用面很广的有机聚合物淬火剂是聚烷撑乙二醇（PAG）类淬火剂。这类淬火剂具有逆溶性，可以配成比盐水慢而比较接近矿物油的不同淬火烈度的淬火液，其浓度易测易控，可减少工件的变形和开裂，避免淬火软点的产生，使用寿命长，适合于各类感应加热淬火和整体淬火。

② 无机物水溶液淬火剂　向水中加入适量的某些无机盐、碱或其混合物，形成各种不同的无机物水溶液，可提高工件在高温区的冷却速度，改善冷却均匀性，使工件淬火后获得较高的硬度，减少淬火开裂和变形。常用的无机物水溶液淬火剂有：10%～15%的氯化钠水溶液、浓度分别为 10%和 50%的氢氧化钠水溶液、氯化钙水溶液、氯化镁水溶液、过饱和硝盐水溶液、碳酸钠水溶液、水玻璃（硅酸钠）水溶液。例如，氯化锌、氯化钙水溶液淬火剂用于 45 钢、T10、40Cr、GCr15 等钢材的淬火时，具有良好的淬硬淬透冷却能力，工件淬火开裂小、变形小。

③ 流态床冷却　流态床淬火槽的冷却能力一般介于空气和油之间，而比较接近油，冷却能力在一定范围内稳定可调，冷却均匀，工件变形和开裂倾向小，表面光洁，适合于用高淬透性合金钢制作的形状复杂和截面不大的工件的淬火。

（4）淬火方法　淬火方法的选择，主要以获得马氏体和减少内应力、减少工件的变形和开裂为依据。常用的淬火方法有：单介质淬火、双介质淬火、分级淬火、等温淬火等。图 2.5 为不同淬火方法示意图。

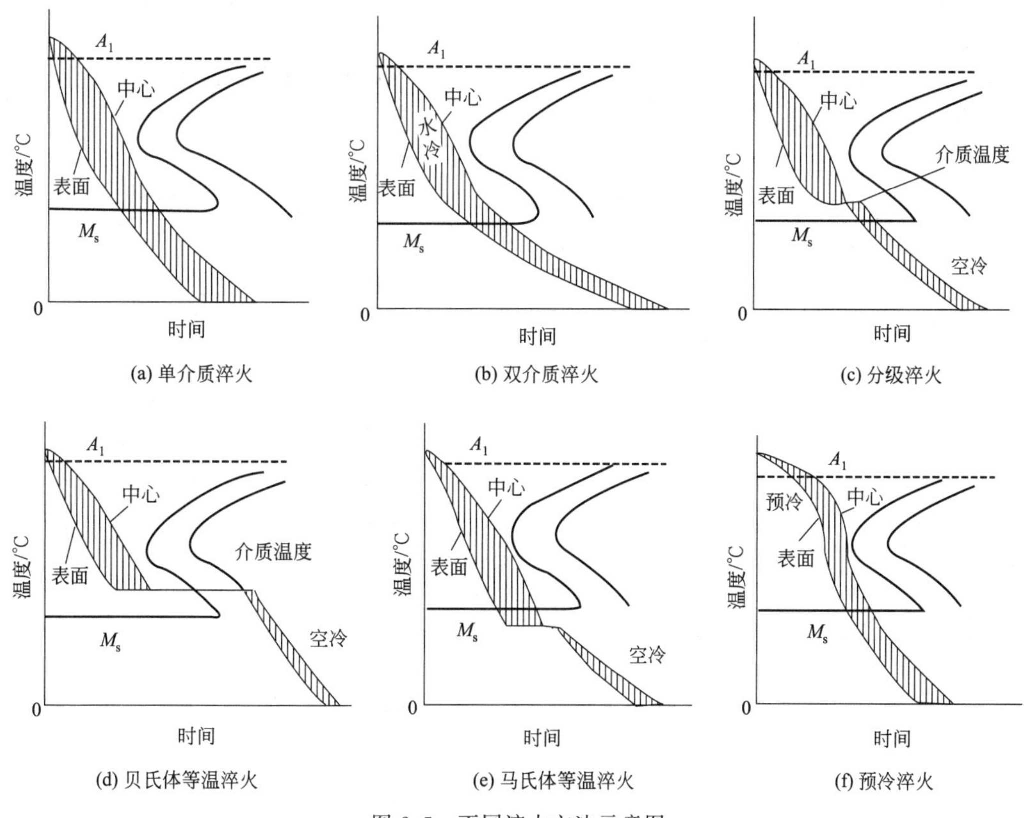

图 2.5　不同淬火方法示意图

1）单介质淬火　工件在一种介质中冷却，如水淬、油淬。该工艺操作简单，易于实现机械化，应用广泛。但是，在水中淬火应力大，工件容易变形开裂；在油中淬火，冷却速度小，淬透直径小，大型工件不易淬透。

2）双介质淬火　工件先在较强冷却能力介质中冷却到300℃左右，再在一种冷却能力较弱的介质中冷却，如先水淬后油淬，可有效减少马氏体转变的内应力，减小工件变形开裂的倾向，可用于形状复杂、截面不均匀的工件淬火。双介质淬火的缺点是难以掌握双液转换的时刻，转换过早容易淬不硬，转换过迟又容易淬裂。

3）分级淬火　工件在低温盐浴或碱浴炉中淬火，盐浴或碱浴的温度在 M_s 点附近，停留2～5min，然后取出空冷，这种冷却方式叫分级淬火。分级淬火是为了使工件内外温度较为均匀，同时进行马氏体转变，以大大减小淬火应力，防止变形开裂。实践表明，在略低于 M_s 点的温度分级的效果更好。例如，高碳钢模具在160℃的碱浴中分级淬火，既能淬硬，变形又小。

4）等温淬火　等温淬火分为贝氏体等温淬火和马氏体等温淬火。

① 贝氏体等温淬火　工件在等温盐浴中淬火，等温停留较长时间，直到贝氏体转变结束，取出空冷。盐浴温度在贝氏体区的下部（稍高于 M_s）。等温淬火用于中、高碳钢，目的是获得下贝氏体，以提高强度、硬度、韧性和耐磨性。低碳钢一般不采用等温淬火。

② 马氏体等温淬火　工件置于温度稍低于 M_s 点的淬火介质中保持，发生部分马氏体转变，取出空冷。这种等温淬火相当于低于 M_s 点的分级淬火，其特点是冷却速度大，过冷奥氏体不易分解；形成的马氏体在等温过程中转变为回火马氏体，使组织应力下降；等温过程工件各部分温度趋于一致，空冷冷速较慢，继续形成马氏体量少，组织应力小，变形开裂倾向小。

5）预冷淬火　先将试样空冷一定时间后置于淬火介质中冷却。预冷可减小工件在随后快冷时各处之间的温差，变形开裂倾向减小。

（5）钢的淬透性

1）淬透性与淬硬性　在实际生产中，钢件都具有一定形状和尺寸。钢件在淬火时，其各个部分的冷却速度是不同的，表面冷却速度较大，而心部冷却速度较小。如果心部的冷却速度高于临界冷却速度 v_c，则由表及里将会得到全部马氏体组织，称之为淬透，见图2.6

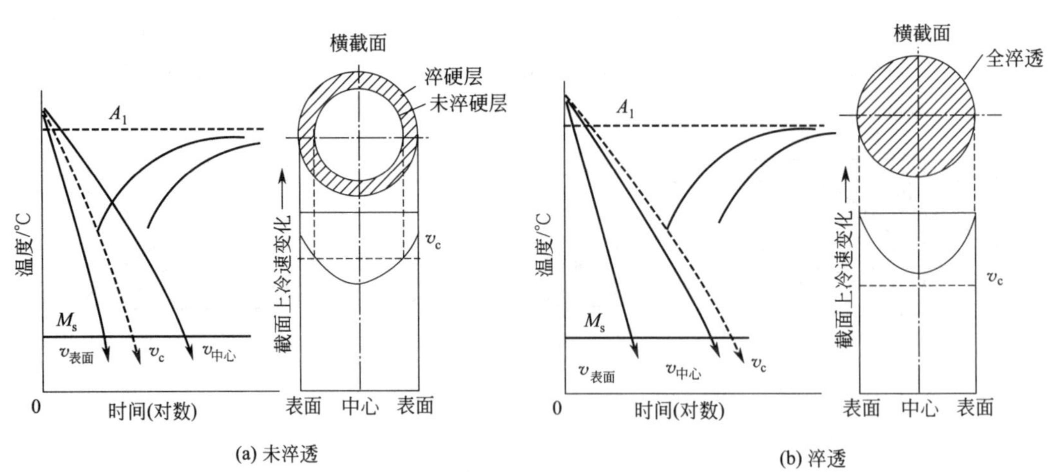

图2.6　试样截面的冷速及其产生后果

(b)；如果心部的冷却速度小于临界冷却速度，而表面冷却速度大于临界冷却速度，则淬火后，只有从表层往里一部分得到马氏体组织，而心部不能得到马氏体组织，称之为未淬透，见图 2.6(a)。

淬透性是指以在规定条件下钢试样淬硬深度和硬度分布表征的材料特性，表示钢在淬火时获得马氏体的能力，其大小用钢在一定条件下淬火所获得的淬硬层深度来表示。淬透性是钢的固有属性，其大小主要取决于钢的临界冷却速度 v_c。v_c 越小，越容易被淬透，反之则不容易被淬透。淬硬层的深度规定为由工件表面至半马氏体区的深度。半马氏体区的组织是由 50%马氏体和 50%非马氏体组织组成的。同样形状和尺寸的工件，用不同的钢材制造，在相同的条件下淬火，淬硬层较深的钢淬透性较好。

一般来说，淬透性大的材料，淬硬层深度就大；淬火介质的冷却能力强，即冷却速度大，淬硬层深度就大；工件尺寸越小，越容易被淬透。

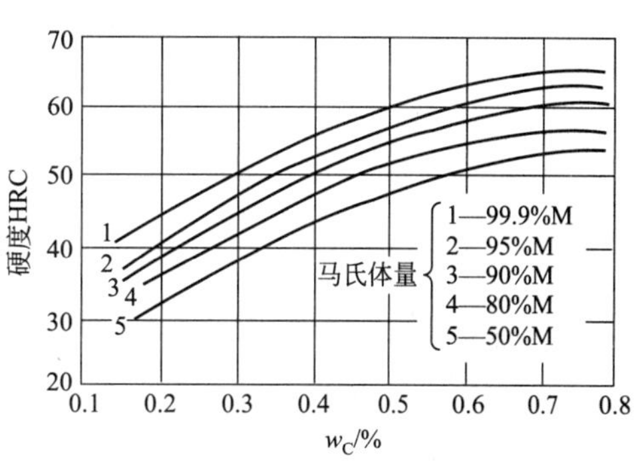

图 2.7　钢的淬火硬度与含碳量的关系

淬硬性是以钢在理想条件下淬火所能达到的最高硬度来表征的材料特性。它与钢中含碳量有关，取决于淬火加热时固溶于奥氏体中的含碳量。奥氏体中含碳量越高，淬火后，获得马氏体硬度也越高（见图 2.7）。淬透性和淬硬性没有必然联系。例如高碳钢工具钢的淬硬性高，但淬透性很低；而低碳合金钢的淬硬性不高，但淬透性很好。

应当注意，钢的淬透性与淬硬性是两个不同的概念，后者是指钢淬火后形成的马氏体组织所能达到的硬度，它主要取决于马氏体中的含碳量。

2）淬透性的测量方法　钢的淬透性测定方法很多，主要有断口检验法、P-F 法、热盐水试验法、临界直径法等。

① 断口检验法　根据淬火后钢材断口组织的粗细来判断淬透深度。淬透部分的组织较细，呈绢状断口，未淬透部分的组织较粗。该法只适用于非合金钢，特别是碳素工具钢。

② P-F 法　这是标准化的断口检验法，主要适用于工具钢。此处 P 代表淬透深度，F 表示断口的形貌。F 根据瑞典标准采用断口晶粒度 No. 1～No. 10，10 个级别加以评定。

③ 热盐水试验法　把长、宽各 25.4mm，厚 2.5mm 的试样在 60～90℃的 10%盐水中淬火后，在规定的位置测量其硬度 HRC。该方法用于测量低淬透性钢的淬透性。

④ 临界直径法　对不同直径的一组圆柱体试样淬火，找出截面中心恰好是含 50%马氏体的试样，其直径大小规定为临界直径 D_0。显然，在相同的冷却条件下，D_0 越大，则钢的淬透性也越大。冷却介质的冷速不同，临界淬透直径 D_0 也不同。钢材在冷却强度无限大的冷却介质中淬火，试样能够淬透的最大直径，称为理想临界直径 D_i。D_i 是排除淬火介质的影响而反映钢固有的淬透性的判据。临界直径和理想临界直径之间关系见图 2.8。

临界直径法用于评定钢结构的淬透性。掌握临界直径数据有助于判断工件热处理的淬透程度，合理制定热处理工艺。

⑤ 末端淬火法　简称端淬法，广泛适用于测定优质碳素结构钢、合金结构钢的淬透性，也可用于测定弹簧钢、轴承钢和工具钢的淬透性。末端淬火试验方法的试样形状、尺寸及冷

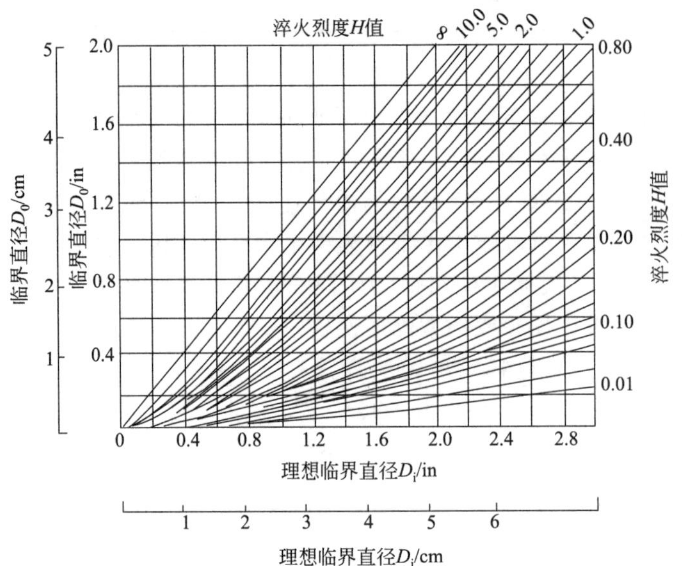

图 2.8 临界直径 D_0 与理想临界直径 D_i 的关系（在不同冷却强度的淬火介质中）

却方法见图 2.9。试验时将 ϕ25mm×100mm 的标准试样加热至奥氏体状态后迅速取出置于试验装置上，对末端喷水冷却，试样上距末端越远的部分，冷却速度越小，因此硬度值越低。试样冷却完毕后，沿其轴线方向相对的两侧各磨去 0.4～0.5mm，在此平面上从试样末端开始，分别测量 1.5mm、3mm、5mm、7mm、9mm、11mm、13mm、15mm 8 个测量点处和以后每隔 5mm 处的硬度值，绘出硬度与至末端距离的关系曲线，称为端淬曲线。由于同一种钢号的化学成分允许在一定范围内波动，因而相关手册中给出的不是一条曲线，而是一条带，称之为淬透性带，见图 2.10。

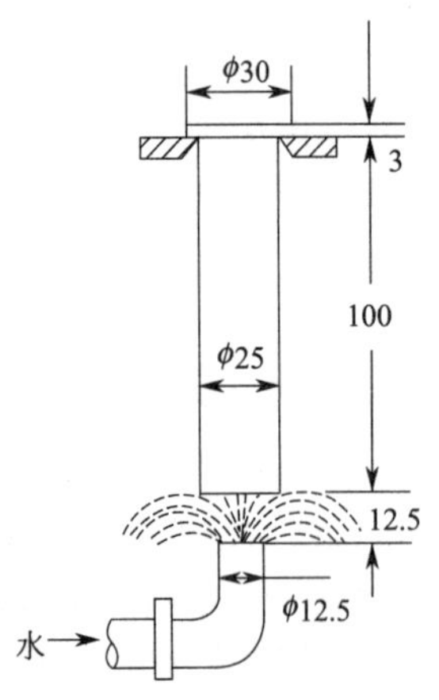

图 2.9 端淬试验试样形状、尺寸及冷却方法

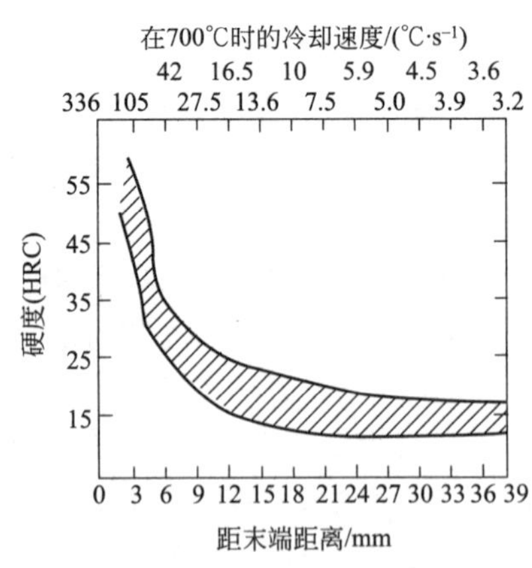

图 2.10 45 钢的淬透性带

根据钢的淬透性曲线，钢的淬透性值通常用“J××-d”表示。其中 J 表示末端淬透性，d 表示从测量点到淬火端面的距离（单位为 mm），××表示该处的硬度值（或为 HRC，或为 HV30）。例如淬透性值 J35-15，即表示距淬火端 15mm 处的硬度值为 35HRC；JHV450-10 表示距淬火端 10mm 处的硬度值为 450HV30。

3）淬透性的实际意义 工件在整体淬火条件下，从表面至中心是否淬透，对其力学性能有重要影响。在拉伸、压缩、弯曲或剪切应力的作用下，工件尺寸较大的零件，例如齿轮类、轴类零件，希望整个截面都能被淬透，从而保证零件在整个截面上的力学性能均匀一致，此时应选用淬透性较高的钢种制造。对于形状复杂、要求淬火变形小的工件（如精密模具、量具等），如果选用淬透性较高的钢，则可以在较缓和的介质中淬火，减小淬火应力，因而工件变形较小。但是在某些情况下反而希望钢的淬透性低些。例如承受弯曲或扭转载荷的轴类零件，其外层承受应力最大，轴心部分应力较小，因此选用淬透性较小的钢，淬透工件半径的 1/3～1/2 即可。表面淬火用钢也应采用低淬透性钢，淬火时只是表层得到马氏体。焊接用钢也希望淬透性小，以避免焊缝及热影响区在焊后冷却过程中淬火得到马氏体，防止焊接构件的变形和开裂。

淬透性好的钢材经调质处理后，整个截面都是回火索氏体，力学性能均匀，强度高，韧性好；而淬透性差的钢表层为回火索氏体，心部为片状索氏体＋铁素体，心部强韧性差。因此，钢材的淬透性是影响工件选材和热处理强化效果的重要因素。图 2.11 为淬透性不同的钢调质后力学性能的比较。

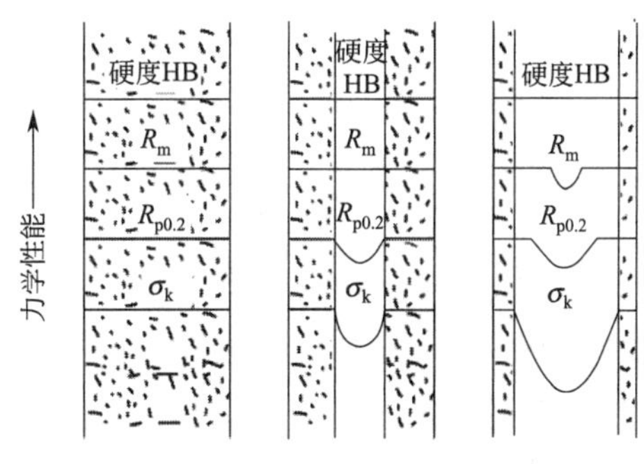

图 2.11 淬透性不同的钢调质后力学性能的比较（σ_k 为断裂强度）

4）影响淬透性的因素

① 含碳量 在碳钢中，共析钢的临界冷速最小，淬透性最好；亚共析钢随含碳量增加，临界冷速减小，淬透性提高；过共析钢随含碳量增加，临界冷速增加，淬透性降低。

② 合金元素 除钴以外，其余合金元素溶于奥氏体后，降低临界冷却速度，使过冷奥氏体的转变曲线右移，提高钢的淬透性，因此合金钢的淬透性往往比碳钢要好。未溶入奥氏体中的元素，形成碳化物、氮化物及其他非金属夹杂物，会成为奥氏体分解的非自发形核核心，使临界冷却速度增大，降低淬透性。

③ 奥氏体化温度 提高钢材的奥氏体化温度，将使奥氏体成分均匀、晶粒长大，因而可减少珠光体的形核率，降低钢的临界冷却速度，增加其淬透性。但奥氏体晶粒长大，生成的马氏体也会比较粗大，会降低钢材常温下的力学性能。

④ 外加应力的影响 外加拉应力加速过冷奥氏体转变，过冷奥氏体稳定性降低，使得钢的淬透性降低；外加压应力阻碍过冷奥氏体转变，过冷奥氏体稳定性增加，使得钢的淬透性增加。

⑤ 塑性变形的影响 塑性变形造成晶粒破碎和晶格扭曲，缺陷密度增大，还可能伴有碳化物析出，使得过冷奥氏体稳定性降低，钢的淬透性下降。

（6）淬火缺陷 钢在热处理过程中，淬火工艺通常安排在零件工艺的最后，且零件在加热和冷却过程中，会产生许多缺陷，如变形、淬火开裂、氧化与脱碳、过热、过烧、软点、淬火硬度不足与不均匀等。

1）变形 工件在淬火时，由于加热和冷却过程中表面和心部冷却有不同时性，会产生应力，当应力超过工件在该温度下的屈服强度时，便会产生变形。工件在淬火中变形主要有两种，一是工件几何形状的变化，表现为尺寸及外形的变化，是热应力和组织应力综合作用的结果；二是体积变化，工件体积按比例胀大或缩小，是组织转变时比容变化引起的。

2）淬火开裂　淬火时产生的拉应力超过材料的断裂强度时，引起工件开裂。对大型钢坯，材质有冶金缺陷时，可能从内部横裂。钢材在冶金过程中存在偏析、固溶氢，含有夹杂及带状组织，都会破坏机体连续性，且容易造成应力集中，易成为裂纹的萌生地。因而存在一个淬裂的危险尺寸。工件上的缺口、尖角、沟槽、空穴及断面急剧变化的部位是淬火内应力集中的地方，是淬裂的危险部位。

加热温度过高，易产生淬火裂纹。淬火温度升高，加热时间延长，使奥氏体晶粒长大，则淬火马氏体组织粗化、脆化，断裂强度降低，这是淬裂倾向增加的主要原因。对于导热性差的高合金钢或形状复杂、尺寸加大的工件，加热速度过快或各部分加热不均匀，易产生裂纹。M_s 点以下冷却过快，易引起开裂。

在考虑到材料的力学性能、工艺性能及成本的同时，应尽量选用变形开裂倾向小的材料；尽量减少零件截面厚薄悬殊及形状不对称性，避免薄边、尖角；在能满足零件性能要求的情况下，不应提出过高的技术要求；应正确安排零件制造的工艺路线，做到冷热加工合理配合；淬火后应立即回火，以便消除内应力。

3）淬火硬度不足与不均匀　淬火硬度不足指工件上较大区域内的硬度达不到要求，一般是由淬火加热温度低、表面脱碳、冷却速度不够（发生珠光体类型转变）、钢的淬透性低、残余奥氏体过多或者回火温度过高等原因造成的。

淬火钢件硬度不均匀主要表现在钢件表面硬度有明显忽高忽低现象。这种缺陷可能是由原始组织粗大且不均匀、冷却不均匀等原因造成的。可以通过正火后重新淬火来消除。

4）软点　软点指工件内许多小区域的硬度不足。软点可成为工件磨损或疲劳断裂的中心，显著降低工件的使用寿命。出现软点原因是因为工件原始组织不均匀，如钢材存在偏析、带状组织或大块铁素体；工件表面局部脱碳或工件渗碳后其表面碳浓度不均匀；淬火介质冷却能力不足。

5）氧化与脱碳　工件在空气等氧化性气氛中加热时表面会发生氧化。氧化使金属表面粗糙度增加，精度下降，而且钢表面氧化皮往往是造成淬火软点和淬火开裂的根源，使工件强度降低。因此钢在加热时，在保证组织转变的前提下，加热温度应尽可能低，保温时间应尽可能短。

脱碳是钢在加热时表面含碳量降低的现象。脱碳严重时，可使表层变成铁素体。脱碳会显著降低钢的淬火硬度、耐磨性及疲劳性能。防止工件氧化脱碳的有效措施是采用脱氧良好的盐浴炉、保护气氛炉或真空炉加热。若采用空气电炉或燃烧炉加热时，必须采用适当保护措施，如包套、装箱、控制炉气等。

6）过热和过烧　工件在淬火加热时，由于加热温度过高或时间过长造成奥氏体晶粒粗大的缺陷称为过热。过热的工件在淬火后得到粗大的马氏体组织，易于引起淬火裂纹。因此淬火过热的工件强度降低，尤其是冲击韧性、塑性显著下降，易于产生脆性断裂。轻微的过热可用延长回火时间来补救。严重的过热可采用完全退火或正火使晶粒细化。

淬火加热温度太高，使奥氏体晶界局部熔化或发生晶界氧化的现象称为过烧。过烧使工件性能严重恶化，极易产生热处理裂纹，所以过烧是不允许出现的热处理缺陷，一旦出现过烧则无法补救，只好报废。

（7）冷处理　指将淬火后已冷到室温的工件继续深冷至零下温度，使淬火后保留下来的残余奥氏体继续向马氏体转变，达到减少或消除残余奥氏体的目的。工件经冷处理后，其硬度和耐

磨性得到较大提高，由于残余奥氏体减小或者消除，尺寸稳定性增加。高碳合金工具钢、经过渗碳或碳氮共渗的结构钢零件由于含碳量高，M_f 点低于零摄氏度，因此，淬火时残余奥氏体较多，需要进行冷处理。工件冷处理应在淬火后及时进行，否则容易引起奥氏体的稳定化。

液氮淬火法是常用冷处理方法。将工件直接淬入－196℃的液态氮中。因为液氮的汽化潜热较小，仅为水的1/10，工件淬入液氮后立即被气体包围，没有普通淬火介质冷却的三个阶段，因而变形、开裂较少，冷速比水大五倍。液氮淬火可使马氏体转变相当完全，残余奥氏体量极少，可以同时获得较高的硬度、耐磨性及尺寸稳定性。但成本较高，只适用于形状复杂的零件。

2.1.4 回火

将淬火后的零件加热到低于 A_{c1} 的某一温度并保温，然后冷却到室温的热处理工艺称为回火。回火是紧接淬火的一道热处理工艺，大多数淬火钢都要进行回火。回火的目的是稳定工件组织和尺寸，减小或消除淬火应力，提高钢的塑性和韧性，获得工件所需的力学性能，进而满足不同工件的性能要求。

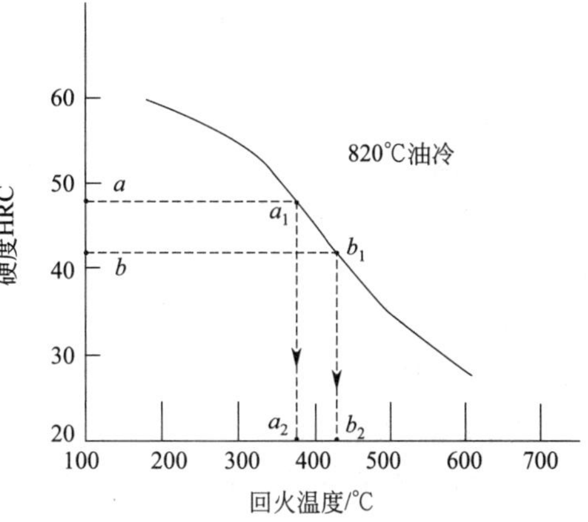

图2.12 45钢回火温度与硬度之间的关系曲线

制定钢的回火工艺时，应根据钢的化学成分、工件的性能要求以及工件淬火后的组织和硬度来正确选择回火温度、保温时间、回火后的冷却方式等，以保证工件回火后能获得所需要性能。

(1) 回火温度的确定　钢回火后的性能主要取决于回火温度，确定回火温度的方法有两种。一是根据各种钢的回火温度-硬度关系曲线（图2.12）或关系表（表2.2）来确定回火温度。

表2.2 常用钢硬度与回火温度关系

要求硬度 HRC	回火温度/℃					
	40 45 40Cr	50 55 45Cr	60 65	T7 T8 T9	T10 T12	65Mn
36～38	420	460	470	470	480	460
＞38～40	400	440	450	450	460	440
＞40～42	380	420	430	430	440	420
＞42～44	360	400	410	410	420	400
＞44～46	340	380	390	390	400	380
＞46～48	320	360	370	370	380	360
＞48～50	300	340	350	350	360	340
＞50～52	280	320	330	330	340	320
＞52～54	250	300	300	310	320	300
＞54～56	220	260	280	290	300	280
＞56～58	—	200	250	270	290	260

另外，可采用经验公式来确定回火温度。如碳素结构钢，回火温度可参考下列公式

$$T=200+11\times(60-\text{HRC}) \tag{2-1}$$

式中，HRC为回火后要求的硬度值。该式适用于最小硬度为30HRC的45钢。将公式用于其他碳钢时，含碳量每增加或减少0.05%，回火温度相应提高或降低10～15℃。

根据工件所要求的力学性能、所用的回火温度的高低，可将回火分为低温、中温和高温回火。

1）低温回火　低温回火温度范围一般为150～250℃，得到回火马氏体组织。低温回火钢大部分是淬火高碳钢和淬火高合金钢。经低温回火后得到隐晶马氏体加细粒状碳化物组织，即回火马氏体。亚共析钢低温回火后的组织为回火马氏体；过共析钢低温回火后的组织为回火马氏体＋碳化物＋残余奥氏体。低温回火的目的是在保持高硬度（58～64HRC）、强度和耐磨性的情况下，适当提高淬火钢的韧性，同时显著降低钢的淬火应力和脆性。在生产中低温回火大量应用于工具、量具、滚动轴承、渗碳工件、表面淬火工件等。

精密量具、轴承、丝杠等零件为了减少在最后加工工序中形成的附加应力，增加尺寸稳定性，可增加一次在120～250℃、保温时间长达几十小时的低温回火，有时称为人工时效或稳定化处理。

2）中温回火　中温回火温度一般为350～500℃，回火组织是在铁素体基体上大量弥散分布着细粒状渗碳体，即回火屈氏体组织。回火屈氏体组织中的铁素体还保留着马氏体的形态。

中温回火后工件的内应力基本消除，具有高的弹性极限和屈服极限、较高的强度和硬度(35℃下45HRC)、良好的塑性和韧性。中温回火主要用于各种弹簧零件及热锻模具。

3）高温回火　高温回火温度为500～650℃，通常将淬火和随后的高温回火相结合的热处理工艺称为调质处理。高温回火后的组织为回火索氏体，即细粒状渗碳体和铁素体。回火索氏体中的铁素体为发生再结晶的多边形铁素体。高温回火后钢具有强度、塑性和韧性都较好的综合力学性能，硬度为25～35HRC，广泛应用于中碳结构钢和低合金结构钢制造的各种受力比较复杂的重要结构零件，如发动机曲轴、连杆、连杆螺栓、汽车半轴、机床齿轮及主轴等。也可作为某些精密工件如量具、模具等的预先热处理。

除上述三种回火方法之外，某些不能通过退火来软化的高合金钢，可以在600～680℃进行软化回火。

（2）回火保温时间的确定　回火保温时间的主要作用是保证组织转变充分进行，尽量降低或消除内应力，与回火温度配合使工件获得所需回火性能。为根据工件材料、工件尺寸、对工件的性能要求和加热炉型确定而定的。对于中温或高温回火的工件，回火保温时间可按下列经验公式计算：

$$t=\alpha D+b$$

式中，t为回火保温时间，min；D为工件有效厚度，mm；b为附加保温时间，min，一般为10～20min；α为加热系数，min/mm，根据炉型而定。对盐浴炉，$\alpha=0.5$～0.8min/mm；对井式回火炉，$\alpha=1.0$～1.5min/mm；对箱式电炉，$\alpha=2.0$～2.5min/mm。

对于以消除应力为主要目的的低温回火，则需要更长的时间，一般在1h以上（视工件尺寸、加热炉型、工件的硬度要求而定）。

（3）回火后冷却方式　一般钢种回火保温后，大都在空气中冷却。重要零件为了避免产生内应力，采用缓慢冷却。对某些回火脆性较明显的合金钢（Cr钢、Cr-Mn钢、Si-Mn

钢)，为了避免回火脆性的产生，在 450～650℃回火后，需油冷、水冷。但是快冷后又增加了工件的内应力，因此，对于重要的工件来说，快冷后应再进行一次低温回火处理，以消除内应力。

2.2　钢的表面热处理

许多机器零件，如齿轮、凸轮、曲轴等在弯曲、扭转载荷下工作，同时受到强烈的摩擦、磨损和冲击。这时应力沿工件断面的分布是不均匀的，越靠近表面应力越大，越靠近心部应力越小。这种工件只需要使一定厚度的表层得到强化，表层硬而耐磨，心部仍可保留高韧性状态。要同时满足这些要求，仅仅依靠选材是比较困难的，用普通的热处理也无法实现。这时可通过表面热处理的手段来满足工件的使用要求。

仅对钢的表面快速加热、冷却，把表层淬成马氏体，使表面获得高硬度和耐磨性，而心部仍保持原来良好的韧性和塑性的热处理方法，称为表面热处理。

按照加热方式，较常用的表面热处理方法有：感应加热表面热处理、火焰加热表面热处理和电接触加热表面热处理、激光加热表面热处理等。

2.2.1　感应加热表面热处理

感应加热表面热处理是用感应电流使工件局部加热的表面热处理工艺。这种热处理工艺常用于表面淬火，也可用于局部退火或回火，有时也用于整体淬火和回火。

(1) 基本原理　感应加热表面热处理时，利用电磁感应原理和电流热效应原理，将工件置于用铜管制成的感应圈中。向感应圈中通交流电时，在它的内部和周围将产生一个与电流频率相同的交变磁场。若把工件置于磁场中，则在工件(导体)内部产生感应电流。由于电阻的作用工件被加热；由于交流电的集肤效应，靠近工件表面电流密度最大，而工件心部电流几乎为零。几秒内工件表面温度就可以达到 800～1000℃，而心部仍接近室温。当表层温度升高至淬火温度时，立即喷液冷却使工件表面淬火。图 2.13 为感应加热表面淬火示意图。

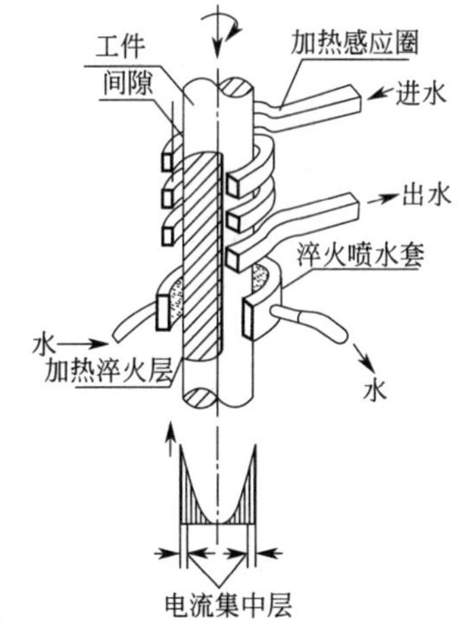

图 2.13　感应加热表面淬火示意图

电流透入工件表层的深度主要与电流频率有关，频率越高，透入层深度越小。对于碳钢，淬硬层深度与电流频率存在以下关系

$$\delta=\frac{500}{\sqrt{f}} \tag{2-2}$$

式中，δ 为淬硬层深度，mm；f 为电流频率，Hz。

从公式可看出，电流频率越大，淬硬层深度越薄。因此，通过改变交流电的频率，可以得到不同厚度的淬硬层。生产中一般根据工件尺寸大小及所需淬硬层的深度来选用感应加热电流频率，见表 2.3。

感应加热电流频率不同，其使用范围也不同。高频加热表面淬火主要用于中小模数齿轮和轴类零件；中频加热表面淬火主要用于曲轴、凸轮和大模数齿轮；工频加热表面淬火主要用于冷轧辊和车轮等。

表 2.3 电流频率与淬硬层深度的关系

类型	电流频率	淬硬层深度/mm	应用
超高频	≥27MHz	0.15	圆盘锯等形状复杂工件
高频	200～300kHz	0.5～2.0	中小型零件，如小模数齿轮、中小直径轴类零件
中频	2500～8000Hz	2～6	大模数齿轮、发动机曲轴、凸轮轴等大直径轴类零件
工频	50Hz	10～15	轧辊、火车车轮等大件

（2）感应加热表面热处理的特点

1）由于感应加热速度极快，过热度增大，使钢的临界点升高，故感应加热淬火温度（工件表面温度）高于一般淬火温度。

2）由于感应加热速度快，奥氏体晶粒不易长大，淬火后获得非常细小的隐晶马氏体组织，使工件表层硬度比普通淬火高 2～3HRC，耐磨性也有较大提高。

3）表面淬火后，淬硬层中马氏体的比体积较原始组织大，因此表层存在很大的残余压应力，能显著提高零件的抗弯、抗扭疲劳强度。小尺寸零件可提高 2～3 倍，大尺寸零件可提高 20%～30%。

4）由于感应加热速度快、时间短，故淬火后无氧化、脱碳现象，且工件变形也很小，易于实现机械化与自动化。

由于以上特点，感应加热表面淬火在热处理生产中得到了广泛的应用。其缺点是设备昂贵，形状复杂的零件处理比较困难。

感应加热淬火后，为了减小淬火应力和降低脆性，需进行 170～200℃的低温回火，尺寸较大的工件也可利用淬火后的工件余热进行自回火。

（3）组织

1）快速加热时钢的相变特点

① 快速加热时，钢的临界温度（A_{c1}，A_{c3}）升高，转变在一个较宽的温度范围内完成。

② 在快速加热时，由于相变在很大的过热度下进行，形核率和长大速度都很大。随过热度的增加，形核率增加得更快，而且由于加热时间短，晶粒来不及长大，所以奥氏体晶粒变得更加细小。

③ 由于加热速度快，扩散来不及充分进行，奥氏体成分（含碳量）往往是不均匀，而且有残存第二相。所以淬火后形成马氏体的含碳量也是不同的。

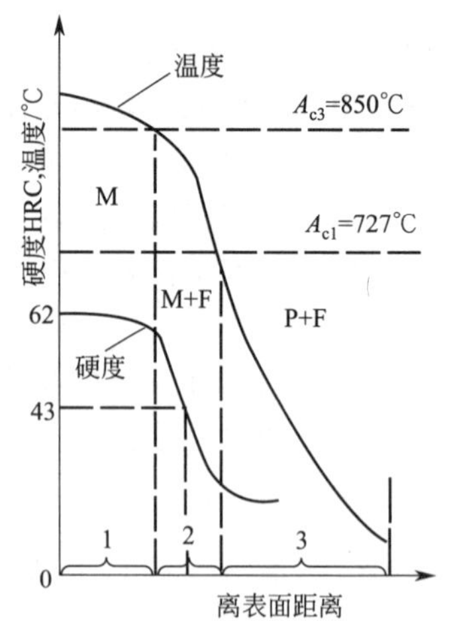

图 2.14 45 钢高频感应淬火后的组织和硬度

2）高频感应淬火后的组织 以亚共析钢为例，在正常感应加热条件下，钢件中沿断面的温度分布以及淬火冷却后相应的组织和硬度分布规律见图 2.14。整个加热层分为 3 个区。1 区为加热温度超过 A_{c3} 的一层，淬火后可得到完全马氏体组织。越靠近表面，温度越高，马氏体组织越粗大，越靠近里面，马氏体则较细，带有隐针状特征。2 区为加热温度处于 A_{c1}～A_{c3} 之间的一层，淬火后得到马氏体和铁素体混合组织。越远离表面，温度越低，铁素体量越大。也称该层为过渡

层。3 区为温度低于 A_{c1} 的一层，由于加热时没有形成奥氏体，因此不会发生马氏体相变，仍保留原始组织。

过共析钢经高频感应加热淬火后，表层组织为马氏体＋碳化物＋残余奥氏体，过渡层为马氏体＋碳化物＋少量屈氏体，心部组织为珠光体＋碳化物。

（4）感应加热适用的钢种与应用举例　感应加热表面淬火一般适用于中碳钢和中碳低合金钢（含碳量 0.4%～0.5%），如 45、40Cr、40MnB 钢等。用于齿轮、轴类零件的表面硬化，提高耐磨性和疲劳强度。表面淬火零件一般先通过调质或正火处理，使心部保持较高的综合力学性能，表层则通过表面淬火＋低温回火获得高硬度（大于 50HRC）、高耐磨性。

例：某机床主轴选用 40Cr 钢制造，制作工艺如下：

下料→锻造成毛坯→退火或正火→粗加工→调质→精加工→高频感应加热淬火→低温回火→研磨→入库。

主轴在制作过程中有两道中间热处理工序，锻造之后毛坯件退火采用完全退火或正火，目的是消除锻造应力，均匀成分，消除带状组织，细化晶粒，调整硬度，改善切削加工性能。调质热处理有两个重要目的，第一个目的是赋予主轴（整体）良好的综合力学性能；第二个目的是调整好表层组织，为感应加热淬火作组织准备。感应加热淬火并低温回火，属于最终热处理，赋予主轴轴颈部位（表层）的耐摩擦、磨损性能和高的接触疲劳强度。

2.2.2　火焰加热表面热处理

（1）定义　火焰加热表面淬火是一种利用乙炔-氧气或煤气-氧气混合气体的燃烧火焰，将工件表面迅速加热到淬火温度，随后以浸水和喷水方式进行激冷，使工件表层转变为马氏体而心部组织不变的工艺方法。图 2.15 为火焰加热表面热处理示意图。

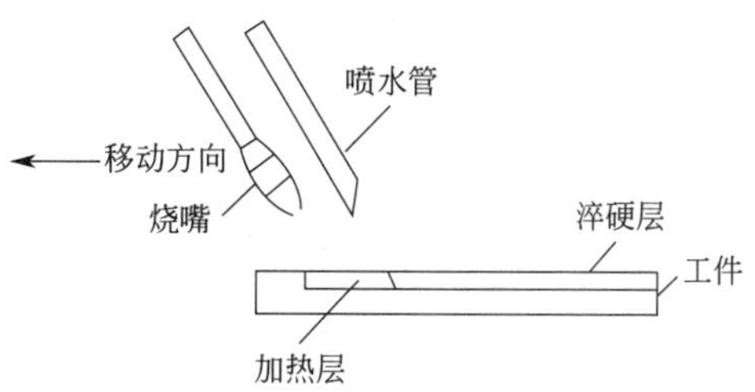

图 2.15　火焰加热表面热处理示意图

（2）特点　火焰加热表面淬火的优点是：1）设备简单、使用方便、成本低；2）不受工件体积大小的限制，可灵活移动使用；3）淬火后表面清洁，无氧化、脱碳现象，变形也小。

其缺点是：1）表面容易过热；2）较难得到小于 2mm 的淬硬层深度，只适用于火焰喷射方便的表层上；3）所采用的混合气体有爆炸危险。

（3）火焰的结构及其特性　火焰淬火可用作燃料的混合气体包括煤气-氧气（1∶0.6）、天然气-氧气（1∶1.2～1∶2.3）、丙烷-氧气（1∶4～1∶5）和乙炔-氧气（1∶1～1∶1.5）。不同混合气体所能达到的火焰温度不同，最高为氧-乙炔焰，可达 3100℃，最低为氧—丙烷焰，可达 2650℃。通常用氧-乙炔焰，简称氧炔焰。乙炔和氧气的比例不同，火焰的温度不同，火焰的性质也不同，可分为还原焰、中性焰或氧化焰。火焰分焰心、还原区及全燃区三区。其中还原区温度最高（一般距焰心顶端 2～3mm 处温度达最高值），应尽量利用这个高温区加热工件。

2.3　钢的化学热处理

化学热处理是将钢件置于一定温度的活性介质中保温，使介质中的一种或几种元素原子渗入工件表层，以改变钢件表层化学成分和组织，进而达到改进表面性能、满足技术要求的热处理工艺。

表面化学成分改变是通过三个基本过程实现的。

1）化学介质的分解。通过加热使化学介质释放出待渗元素的活性原子，例如：渗碳时 $CH_4 \rightarrow 2H_2 + [C]$，释放出碳原子；渗氮时 $2NH_3 \rightarrow 3H_2 + 2[N]$，释放出氮原子。

2）活性原子被钢件表面吸收和溶解，进入晶格内形成固溶体或化合物。活性原子被金属表面吸收的过程可分为物理吸附和化学吸附。

3）原子由表面向内部扩散，形成一定的扩散层。扩散方式主要有固溶体扩散（如渗碳）和相变反应扩散（如渗硼）。

按表面渗入的元素不同，化学热处理可分为渗碳、渗氮、碳氮共渗、渗硼、渗铝等。目前，生产上应用最广的化学热处理是渗碳、渗氮和碳氮共渗。

2.3.1 渗碳

将钢件置于具有足够碳势的介质中加热奥氏体化并保温，使活性碳原子渗入钢的表层的工艺称为渗碳。其目的是通过渗碳及随后的淬火和低温回火，使工件表面具有高的硬度、耐磨性和良好的抗疲劳性能，而心部具有较高的强度和良好的韧性。渗碳用钢主要为低碳钢和低碳合金钢，如 15、20、20Cr、20CrMnTi、20SiMnVB 钢等。

渗碳方法有气体渗碳、固体渗碳和液体渗碳。目前，广泛应用的是气体渗碳法。气体渗碳法是将低碳钢或低碳合金钢工件置于密封的渗碳炉中，加热至完全奥氏体化温度，通常是 900～950℃，并通入渗碳介质使工件渗碳。气体渗碳介质可分为两大类，一是液体介质，如煤油、苯、醇类和丙酮等，使用时直接滴入高温炉罐内，经裂解后产生活性碳原子；二是气体介质，如天然气、丙烷气及煤气等，使用时直接通入高温炉罐内，经裂解后用于渗碳。图 2.16 为气体渗碳装置示意图。

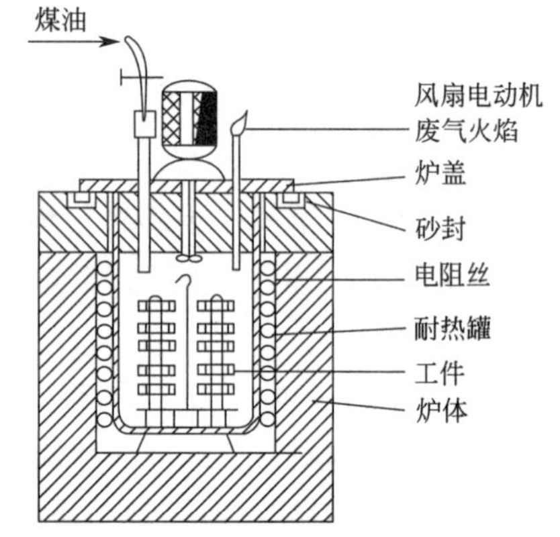

图 2.16　气体渗碳装置示意图

（1）气体渗碳

1）气体渗碳原理　渗碳过程可分为三个阶段。

① 渗碳介质的分解　气体渗碳剂进入渗碳装置并与金属接触时，裂化分解产生活性原子。如滴入煤油时，煤油裂化成烷类 C_nH_{2n+2}、烯类 C_nH_{2n} 及 CO、CO_2、H_2、O_2、N_2 等，这些混合气体又发生一系列反应，生成活性碳原子，如

$$C_nH_{2n+2} \longrightarrow (n+1)H_2 + n[C]$$

$$C_nH_{2n} \longrightarrow nH_2 + n[C]$$

$$2CO \longrightarrow CO_2 + [C]$$

$$CO + H_2 \longrightarrow H_2O + [C]$$

在上述气氛组成中，C_nH_{2n+2}、C_nH_{2n}、CO 为增碳作用气氛，CO_2、H_2、H_2O 为脱碳作用气氛。气氛中，如果 C_nH_{2n+2}、C_nH_{2n}、CO 浓度增加，反应向右进行，有利于活性碳原子的分解，碳势增加，有利于渗碳。反之，CO_2、H_2、H_2O 浓度增加，反应向左进

行，不利于活性碳原子的分解，碳势减小，不利于渗碳。

② 碳原子的吸收　要使活性碳原子被工件吸收，工件表面必须清洁，这样才有利于活性碳原子与工件表面充分接触；活性碳原子被吸收后，CO_2、H_2、H_2O 需及时被驱散，否则增碳反应无法继续下去；同时还需要分解和吸收速度的恰当配合。

③ 碳原子的扩散　碳原子由表面向心部扩散是形成一定深度渗碳层的前提条件。扩散的驱动力是表面与心部间碳浓度梯度。碳在铁中形成间隙固溶体，因此扩散以间隙扩散方式进行。渗碳层的大小主要受扩散系数的影响。同时，扩散时间、渗层碳浓度梯度及渗碳温度对渗碳层也有较大的影响。

2）钢中合金元素对渗碳过程的影响

① 合金元素对表面碳浓度的影响　碳化物形成元素如 Ti、Cr、Mo、W 及含量大于 1% 的 V、Nb 等，都增加工件表面碳浓度。非碳化物形成元素如 Si、Ni、Al 等都降低工件表面碳浓度。当合金元素含量较少时，对表面碳浓度的影响可以忽略。

② 合金元素对渗层深度的影响　合金元素通过影响碳的扩散系数和表面碳浓度来影响碳的扩散速度，从而对渗碳层深度有较大的影响。Mn、Cr、Mo 能略微增加渗层深度，W、Ni、Si 能减小渗层深度。

3）气体渗碳工艺　渗碳用钢一般为含碳量 0.12%～0.25%的低碳钢，或含有 Cr、Mn、Ni、Mo、W、Ti 等合金元素的低碳合金钢。渗前要清理零件表面（去油、去垢、清洗），渗碳时要恰当控制气氛碳势、温度和时间，渗后要及时进行热处理。

钢件表面渗碳后，要求具有最高的表面硬度。这与钢的成分有关，随着钢中含镍铬量的提高，不仅最大硬度对应的表面碳含量下降，而且最大硬度值也下降。这是因为这两个元素能够比较强烈地降低 M_s 和 M_f 点、从而形成较多的残余奥氏体。表面还要有最高的耐磨性和抗磨损疲劳性能。一般认为，渗碳层中有适量的碳化物存在才能有高的耐磨性。因此，工件经渗碳后，其表面含碳量为 0.85%～1.05%。

① 渗碳温度的选择与控制　渗碳温度对分解反应的平衡、碳的扩散速度及钢的组织转变都有较大的影响。渗碳温度可在 900～950℃选择。在该温度范围，渗碳速度较高，奥氏体晶粒也不至于粗化。但对于薄层渗碳，温度可降到 880～900℃，便于控制渗碳层深度；而对于深层渗碳，温度往往提高到 980～1000℃，以缩短渗碳时间。

② 渗碳时间的选择和控制　渗碳时间对渗层深度和碳浓度梯度有较大的影响。一般来说，渗碳时间越长，渗层深度越大。

（2）固体渗碳　渗碳剂由木炭（90%）＋催化剂（$BaCO_3$，$CaCO_3$，Na_2CO_3）组成，呈粒状。将零件埋入渗碳剂中，密封渗碳箱并加热到渗碳温度后，箱中存在的氧与木炭发生反应 $2C+O_2=2CO$ 加入催化剂后，在高温下，催化剂发生分解 $BaCO_3=BaO+CO_2$，所生产 CO_2 与木炭作用即 $CO_2+C=2CO$，生成大量的 CO 在钢件表面分解，从而提供活性碳原子即 $2CO=[C]+CO_2$，或 $2CO+Fe=Fe[C]+CO_2$。

固体渗碳可适用于各种零件，尤其是小量生产的零件；可使用各种最普通的炉子，设备费低；溶后慢冷，有利于渗碳后的切削加工。但是固体渗碳表面含碳量很难精确控制，渗后不能直接淬火；同时渗碳时间长，劳动条件差。因此目前固体渗碳的应用已越来越少。

（3）渗碳后的组织　渗碳后渗层中的含碳量表面最高（约 1.0%），由表及里逐渐降低至原始含碳量。所以渗碳后缓冷组织自表面至心部依次为：过共析组织（珠光体＋碳化物）、共析组织（珠光体）、亚共析组织（珠光体＋铁素体）的过渡层，直至心部的原始组织。对于碳钢，渗层深度规定为：从表层到过渡层一半（50%P+50%α-Fe）的厚度。图 2.17 为低碳钢渗碳缓冷后的显微组织。

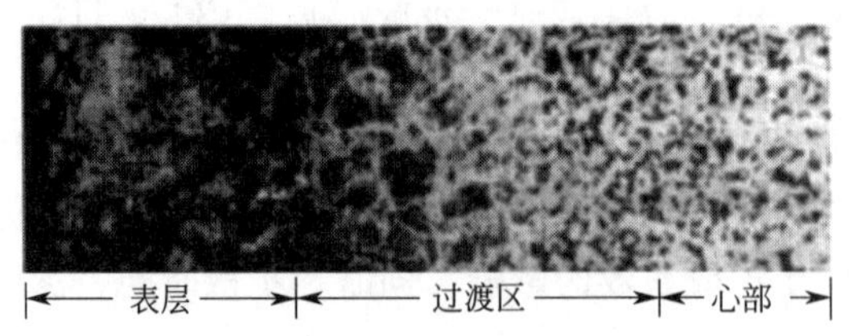

图 2.17　低碳钢渗碳缓冷后的显微组织

根据渗层组织和性能的要求，一般零件表层含碳量最好控制在 0.85%～1.05%，若含碳量过高，会出现较多的网状或块状碳化物，则渗碳层变脆，容易脱落；若含碳量过低，则硬度不足，耐磨性差。

渗碳层含碳量和渗碳层深度通过控制通入的渗碳剂量、渗碳时间和渗碳温度来保证。当渗碳零件有不允许高硬度的部位时，如装配孔等，应在设计图样上予以注明。该部位可采取镀铜或涂抗渗涂料的方法来防止渗碳，也可采取多留加工余量的方法，待零件渗碳后在淬火前去掉该部位的渗碳层。

（4）渗碳后的热处理　工件渗碳后必须进行适当的热处理，否则就达不到表面强化的目的。渗碳后的热处理方法有直接淬火法、一次淬火法和二次淬火法，见图 2.18。

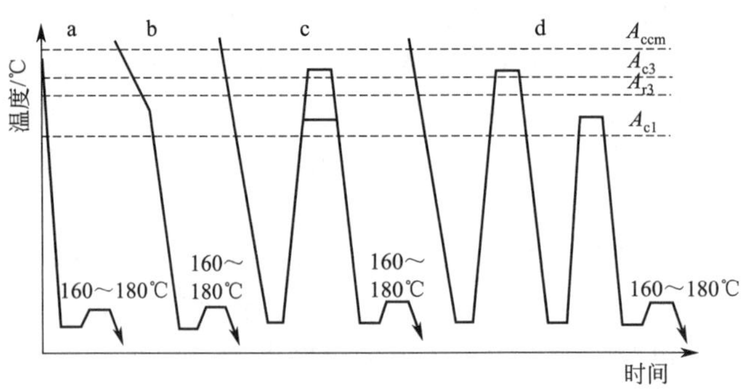

图 2.18　渗碳后热处理示意图

a、b—直接淬火；c—一次淬火；d—二次淬火

工件渗碳后随炉（见图 2.18a）或出炉预冷（见图 2.18b）到稍高于心部成分的 A_{r3} 温度（避免析出铁素体），然后直接淬火，这就是直接淬火法。预冷的目的主要是减少零件与淬火介质的温差，以减少淬火应力和零件的变形。直接淬火法工艺简单、生产效率高、成本低、氧化脱碳倾向小。但因工件在渗碳温度下长时间保温，奥氏体晶粒粗大，淬火后则形成粗大马氏体，性能下降，所以只适用于过热倾向小的本质细晶粒钢，如 20CrMnTi 等。

零件渗碳终了出炉后缓慢冷却，然后再重新加热淬火，这称为一次淬火法（见图 2.18c）。这种方法可细化渗碳时形成的粗大组织，提高力学性能。淬火温度的选择应兼顾表层和心部。如果强化心部，则加热到 A_{c3} 以上，使其淬火后得到低碳马氏体组织；如果强化表层，需加热到 A_{c1} 以上。这种方法适用于组织和性能要求较高的零件，在生产中应用广泛。

工件渗碳冷却后两次加热淬火，即为两次淬火法，见图 2.18d。二次淬火加热温度一般

为 A_{c1} 以上，使渗层获得细小粒状碳化物和隐晶马氏体，以保证获得高强度和高耐磨性。该工艺复杂、成本高、效率低、变形大，仅用于要求表面高耐磨性和心部高韧性的重要零件。

渗碳件淬火后都要在160～180℃范围内进行低温回火。淬火加回火后，渗碳层的组织由高碳回火马氏体、碳化物和少量残余奥氏体组成，其硬度可达到58～64HRC，具有高的耐磨性。心部组织与钢的淬透性及工件的截面尺寸有关。全部淬透时是低碳马氏体；未淬透时是低碳马氏体加少量铁素体或屈氏体加铁素体。

(5) 实例　汽车、机车、矿山机械、起重机械等用的大量传动齿轮都采用渗碳热处理工艺提高其耐磨损性能。例：某汽车变速箱齿轮采用20CrMnTi钢制造，其制造工艺如下：

下料→锻造→正火→粗车并铣齿成形→精铣齿轮→渗碳淬火＋低温回火→研磨→入库。

锻造后正火是中间热处理，目的是降低锻造应力、细化晶粒、均匀化学成分、改善切削加工性能。渗碳淬火并低温回火是最终热处理，目的是提高齿轮的耐磨损性能和抗接触疲劳性能。

2.3.2 渗氮

渗氮俗称氮化，是指在一定温度下使活性氮原子渗入工件表面，形成含氮硬化层的化学热处理工艺。其目的是提高零件表面硬度（可达1000～1200HV）、耐磨性、疲劳强度、热硬性和耐蚀性等。渗氮主要用于耐磨性要求高、耐蚀性和精度要求高的零件，如高速柴油机的曲轴、气缸套、镗床的镗杆、螺杆、精密主轴、套筒、蜗杆、较大模数的精密齿轮、阀门以及量具、模具等。它们在表面受磨损、腐蚀和承受交变应力及动载荷等复杂条件下工作，表面要求具有高的硬度、耐磨性、强度，耐腐蚀、抗疲劳等，而心部要求具有较高的强度和韧性。更重要的是还要求热处理变形小，尺寸精确，热处理后最好不要再进行机加工。这些要求用渗碳是不能完全达到的，而渗氮却可以完全满足这些要求。

常用的渗氮方法有气体渗氮、离子渗氮、氮碳共渗（软氮化）等。生产中应用较多的是气体渗氮。

气体渗氮是将氨气通入加热至渗氮温度的密封渗氮炉中，使其分解出活性氮原子（$2NH_3 \rightarrow 3H_2 + 2[N]$）并被钢件表面吸收、扩散形成一定厚度的渗氮层。氮和许多合金元素如Cr、Mo、Al等均能形成细小的氮化物。这些高硬度、高稳定性的合金氮化物呈弥散分布，可使渗氮层具有更高的硬度和耐磨性，故渗氮用钢常含有Al、Mo、Cr等，常用的渗氮钢，有38CrMoAl、40Cr、40CrNi、35CrMn等钢种。

由于氨气分解温度较低，故通常的渗氮温度为500～580℃。在该温度范围，氮原子在钢中扩散速度很慢，因此，渗氮所需时间很长，渗氮层也较薄。例如38CrMoAl钢制造的轴类零件，要获得0.4～0.6mm的渗氮层深度，渗氮保温时间需50h以上。由于渗氮温度低且渗氮后不再进行热处理，所以工件变形小。为此，精密零件非常适宜进行渗氮处理。为了提高钢件心部的强韧性，需要在渗氮前对工件进行调质处理。

一般零件渗氮工艺路线如下：

锻造→退火→粗加工→调质→精加工→除应力→粗磨→渗氮→精磨或研磨。

(1) 气体渗氮原理　供氮介质为无水氨气或氨＋氢或氨＋氮，渗氮分三个阶段。

1) 氨气分解　$NH_3 = [N] + 3/2H_2$，或 $Fe + NH_3 = Fe(N) + 3/2H_2$。

2）氮原子的吸收　少数被吸收，多数氮原子结合成氮气逸出。表面易生成 ε 化合物，氮原子溶于化合物层，并向内扩散。

3）氮原子的扩散　氮原子的原子半径比碳原子小，扩散系数比 C 原子大。渗氮层深度随时间呈抛物线的关系增加，即符合 $d=kt^{1/2}$。式中 d 为渗层深度，k 为常数，t 为时间。

(2) 渗氮热处理　与渗碳不同，渗氮后不需要热处理。这是由于渗氮是通过氮原子和铁原子或合金元素形成氮化物来强化合金的。而渗碳是通过马氏体相变强化合金的，因此必须经过淬火处理。渗氮钢件的心部性能由渗氮前热处理决定。因此渗氮前热处理对氮化件来说至关重要。

渗氮前热处理一般为调质处理。淬火温度由钢的 A_{c3} 决定；淬火介质取决于钢的淬透性；回火温度的选择不仅要根据对心部的硬度要求，而且还不许考虑对渗氮结果的影响。一般来说，回火温度比渗氮温度高 50℃左右。

(3) 渗氮工艺

1）渗氮温度和时间

① 渗氮温度　渗氮温度影响渗氮层的深度和硬度。渗氮温度降低，表面硬度升高、渗层深度下降。渗氮温度高时，表面有一低硬度层，即白层。白层由 γ'-Fe_4C 和 ε-Fe_2N_{1-x} 组成，其脆性大，硬度低，因此，表面硬度低。

② 渗氮时间　渗氮时间影响渗层深度和硬度。应根据对零件表面硬度的要求选择渗氮时间。渗氮时间越长，渗层越大，表面硬度越高。

2）气体氮势的选择

① 控制氨分解率　用无水纯氨作为氮化介质，利用氨在零件表面的分解而使表面增氮的方法。此法通过改变氨流量以控制氨分解率，从而达到控制气氛的渗氮能力。氨的分解率测定方法为：取 100 份从氮化炉中排出的废气，在保持密封的条件下向此容器中注入水，由于氨可以全部溶入水，因此注入的水占的体积就是废气中含有的氨气的体积，而剩下的那部分空间表示 H_2 和 N_2 所占的体积，它与总体积之比被定义为氨的分解率。选择氨分解率时的基本原则是，欲使气氛氮势高，应选择低分解率；反之，要获得低氮势，则选择高分解率。

② 控制气氛氮势　为了解决渗氮件表面形成白层，采用控制氮势渗氮法。根据渗氮温度及实验图来确定白层生成门槛值，按照比例配制 NH_3+H_2 混合气，通过红外分析控制 NH_3 的流量，从而达到精确控制氮势的目的，避免渗氮件表层出现白层。

(4) 渗氮零件的检验和常见缺陷　渗氮件的技术要求一般有表面硬度、渗层深度、心部硬度、金相组织和变形量等几项。表面硬度检验常用 $HV_{10(kg)}$ 或 $HR_{15}N$（表面洛氏硬度）。渗氮层正常组织为表层无白层或白层很薄，内部无网状、针状和鱼骨状氮化物、波纹状氮化物层不厚，晶粒不粗大，心部无铁素体。

如表面硬度偏低，可能由于表面氮浓度偏低，或氮化前热处理回火温度过高。渗层深度检验也采用渗碳层检验方法，常用是硬度法。心部硬度超差可能是回火温度选择不当。金相组织不合格的原因是气氛氮势过高、氮化温度过高、氮化前热处理时表面脱碳或细化晶粒不够。

(5) 常用渗氮工艺　根据渗氮目的不同，渗氮工艺分为两大类：一类是以提高工件表面硬度、耐磨性及疲劳强度等为主要目的而进行的渗氮，称为强化渗氮；另一类是以提高工件表面耐腐蚀性能为目的的渗氮，称为耐腐蚀渗氮。

1）等温渗氮　该工艺特点是渗氮温度低、变形小、硬度高，适用于对变形要求严格的工件。图2.19为38CrMoAlA钢的等温渗氮工艺曲线。

2）多段渗氮　由于等温渗氮需要很长时间，生产率低。也不能单纯靠提高温度来缩短时间，否则将降低硬度。为了缩短渗氮时间，又要保证渗氮层硬度，常采用多段渗氮工艺。图2.20为两段渗氮工艺曲线。第一段的渗氮温度和氨分解率与等温渗氮相同，目的是使工件表面形成弥散度大的氮化物。第二阶段的温度较高，氨分解率也较高，目的在于加速氮在钢中的扩散，加深渗氮层的厚度，从而缩短总的渗氮时间，并使渗氮层的硬度分布曲线趋于平缓。

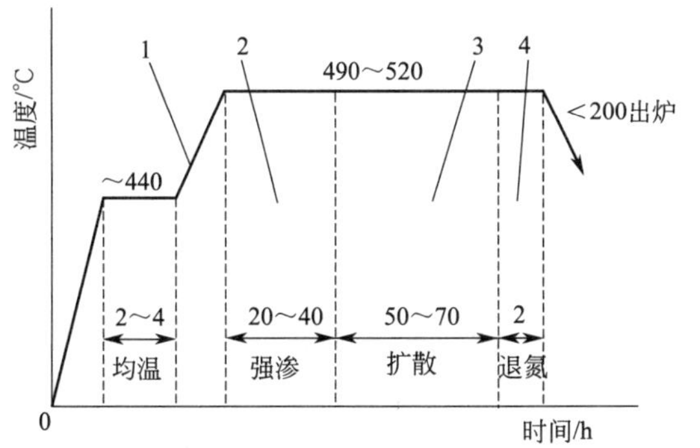

图2.19　38CrMoAlA钢的等温渗氮工艺曲线

1—加热速度＜50℃/h；2—氨分解率18%～30%；3—氨分解率40%～50%；4—氨分解率＞90%

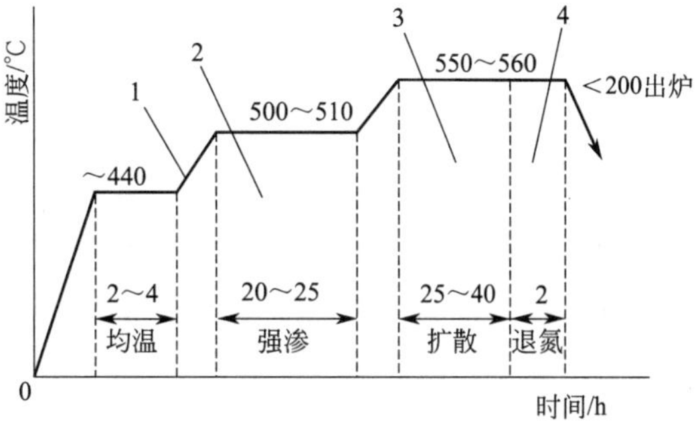

图2.20　38CrMoAlA钢的两段渗氮工艺曲线

1—加热速度＜50℃/h；2—氨分解率18%～30%；3—氨分解率40%～60%；4—氨分解率＞90%

为了使两段渗氮后表面氮浓度有所提高，以提高其表面硬度，在两段渗氮后期再次降低渗氮温度和氨分解率而出现了所谓三段渗氮法。图2.21为三段渗氮工艺曲线。

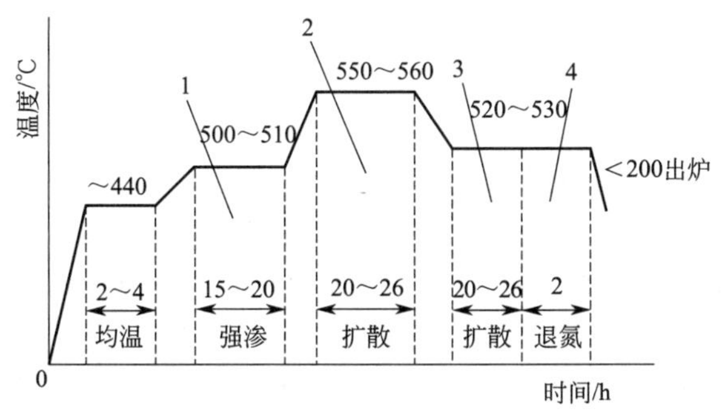

图2.21　38CrMoAlA钢的三段渗氮工艺曲线

1—氨分解率18%～30%；2—氨分解率40%～60%；3—氨分解率30%～40%；4—氨分解率＞90%

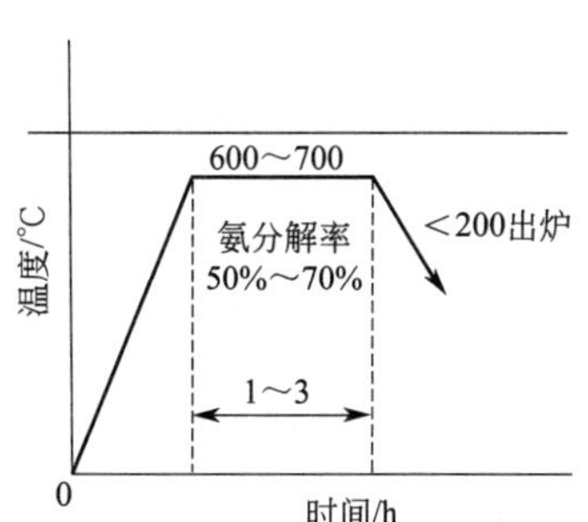

图2.22　钢的耐蚀渗氮工艺曲线

3）耐腐蚀渗氮　耐腐蚀渗氮是为了使工件表面获得0.015～0.06mm厚的致密的化学稳定性高的ε相层，以提高工件的耐腐蚀性。如果渗氮层ε相不完整或有孔隙，工件的耐腐蚀性就下降。

经过耐腐蚀渗氮的碳钢、低合金钢及铸铁零件，在自来水、湿空气、过热蒸汽以及弱碱液中，具有良好的耐腐蚀性能。因此用来制造自来水龙头、锅炉汽管、水管阀门及门把手等，代替铜件和镀银件。但是，渗氮层在酸溶液中没有耐腐蚀性。

耐腐蚀渗氮过程与强化渗氮过程基本相同，只有渗氮温度较高，有利于致密的 ε 相的形成，也有利于缩短渗氮时间。但温度过高，表面含氮量降低，孔隙度增大，因而耐蚀性降低。图 2.22 为耐蚀渗氮工艺曲线。

2.3.3 碳氮共渗

碳氮共渗是同时向钢件表面渗入碳和氮原子的化学热处理工艺，也俗称为氰化。碳氮共渗零件的性能介于渗碳与渗氮零件之间。目前中温（780～880℃）气体碳氮共渗和低温（500～600℃）气体氮碳共渗（即气体软氮化）的应用较为广泛。前者主要以渗碳为主，用于提高结构件（如齿轮、蜗轮、轴类件）的硬度、耐磨性和疲劳性；而后者以渗氮为主，主要用于提高工模具的表面硬度、耐磨性和抗咬合性。

碳氮共渗件常选用低碳或中碳钢及中碳合金钢，共渗后可直接淬火和低温回火，其渗层组织为细片（针）回火马氏体加少量粒状碳氮化合物和残余奥氏体，硬度为 58～63HRC；心部组织和硬度取决于钢的成分和淬透性。

催渗技术作为一种能缩短化学热处理的工艺过程周期和提高渗层质量的方法，能显著地提高生产效率。在碳氮共渗过程中加入稀土，不仅可以活化渗入介质，缩短化学热处理的工艺过程周期，还能使渗层组织结构发生新的变化，改善共渗层组织，起到微合金化作用，使钢共渗层性能得到提高。

气相用稀土碳氮共渗剂的配制原则，是在碳氮共渗剂的基础上加入含稀土的有机溶剂，混溶后的共渗剂按一定要求滴入普通滴注式气体渗碳（氮）炉，即可实现稀土碳氮共渗，也可以将碳氮共渗剂和含稀土的有机溶剂分别滴入炉内来实现稀土碳氮共渗。

2.4 特殊处理技术

2.4.1 可控气氛热处理

在炉气成分可控的热处理炉内进行的热处理称为可控气氛热处理。

实现热处理无氧化加热是减少金属氧化损耗，保证工件表面质量的必备条件。而可控气氛则是实现无氧化加热的主要措施。正确控制热处理炉内的炉气成分，可为某种热处理过程提供元素的来源，金属零件和炉气通过界面反应，其表面可以获得或失去某种元素，也可以对加热过程的工件提供保护，如可使零件不被氧化，不脱碳或不增碳，保证零件表面耐磨性和抗疲劳性。从而可以减少零件热处理后的机加工余量及表面的清理工作。

（1）吸热式气氛　吸热式气氛是气体反应中需要吸收外热源的能量，才能使反应向正方向发生的热处理气氛。因此，吸热式气氛的制备，均要采用有催化剂的高温反应炉产生化学反应。

吸热式气氛可用天然气、液化石油气（主要成分是丙烷）、水煤气、甲醇或其他液体碳氢化合物作原料，按一定比例与空气混合后，通入发生器进行加热，在催化剂的作用下，经吸热而制成。吸热式气氛主要用作渗碳气氛和高碳钢的保护气氛。

（2）放热式气氛　放热式气氛是用天然气、乙烷、丙烷等作原料，按一定比例与空气混合后，依靠自身的燃烧放热反应而制成的气体。由于反应时放出大量热量，故称为放热式

气氛。

放热式气氛是所有制备气氛中最便宜的，主要用于防止热处理加热时工件的氧化，在低碳钢的光亮退火、中碳钢的光亮淬火等热处理过程中普遍采用。

（3）滴注式气氛　用液体有机化合物（如甲醇、乙醇、丙酮、甲酰胺、三乙醇胺等）混合滴入或与空气混合后喷入高温热处理炉内所得到的气氛称为滴注式气氛。它主要用于渗碳、碳氮共渗、软氮化、保护气氛淬火和退火等。

2.4.2　真空热处理

真空热处理是在 0.0133～1.33Pa 真空度的真空介质中对工件进行热处理的工艺。

真空热处理具有无氧化、无脱碳、无元素贫化的特点，可以实现光亮热处理，可以使零件脱脂、脱气，避免表面污染和氢脆；同时可以实现控制加热和冷却，减少热处理变形。提高材料性能；还具有便于自动化、柔性化和清洁热处理等优点。

几乎全部热处理工艺均可以进行真空热处理，如退火、淬火、回火、渗碳、氮化、渗金属等。淬火介质包括气淬、油淬、水淬、硝盐淬火等。

2.4.3　新型表面热处理

（1）高温渗碳　高于常规气体渗碳温度 930℃的渗碳称为高温渗碳。由计算，将温度由 930℃提高至 1050℃达到相同的渗层深度大约可缩短渗碳时间 2/3 以上。显然，采用高温渗碳，节能和缩短工艺周期的效果是显著的。20CrMnTi 钢高温深层渗碳，工件渗层深度为 4mm，使用井式渗碳炉传统工艺方法的总工艺时间为 72h。在上述的炉中采用 1010℃高温渗碳总工艺时间为 16h，提高炉子生产能力 2 倍以上，节约能源达 60％。

（2）深层渗碳　机械零件常规渗碳层深度为 0.8～1.2mm，加机械零件的冷加工裕量，相应深度为 1.3 ~ 1.7mm。渗碳深度大于 1.8mm 零件的渗碳应属于深层渗碳范围。对 16NC6（0.16％C、0.6％ ~ 0.9％Mn、0.9％ ~ 1.2％Cr、1.2％ ~ 1.5％Ni）在单室立式低压渗碳炉内进行，加热时间 7h，渗碳扩散时间 67h，渗层深度达 5.5～6mm。深层渗碳对大模数重载齿轮的生产十分适用，因为作为大型工程机械成套设备的重要基础件的大型齿轮的失效形式，主要是齿面的剥落。

（3）高浓度渗碳　常规渗碳件表面的含碳量一般为 0.8％～1.0％，为此，要求将渗碳工件表面含碳量超过此范围的化学热处理操作称为高浓度渗碳，或称为“过剩渗碳”或“高饱和渗碳”。有些场合，渗碳工件的表面含碳量可高达 2％～4％（质量分数）。

高浓度渗碳表面的组织特征是在常规渗层表面出现相当数量（可达到 20％～50％）弥散均匀分布的细小颗粒状的合金碳化物。高浓度渗碳适用于含一定量 Cr 或 Mo 或 Ni、Cr、Mo 的合金钢。应用于 4118、5120、8620、8720、8822 和 9310 等钢。52100（GCrl5 或 100Cr6）钢也可进行这种处理。

（4）离子渗碳　离子渗碳是将工件装入温度在 900℃以上的真空炉内，在通入碳氢化合物（CH_4 或 C_3H_8）的气氛中加热，同时在工件（阴极）和阳极之间施加高压直流电，产生辉光放电使活化的碳被离子化，在工件附近加速从而轰击工件表面进行渗碳的工艺。

离子渗碳的硬度、疲劳强度、耐磨性等力学性能比传统渗碳方法都高，而且渗碳速度快，特别是对狭小缝隙和小孔能进行均匀的渗碳，渗碳层表面碳浓度和渗层深度容易控制，工件不易产生氧化，表面洁净。

（5）离子渗氮　离子渗氮是在真空室内进行的，工件接高压直流电源的负极，真空钟罩接正极。将真空室的真空度抽到一定值后，充入少量氨气或氢气、氮气的混合气体，当电压调整到 400～800V 时，氨即电离分解成氮离子、氢离子和电子，并在工件表面产生辉光放电现象。正离子受电场作用加速轰击工件表面，使工件升温到渗氮温度，氮离子在钢件表面获得电子，还原成氮原子而渗入钢件表面并向内部扩散，形成渗氮层。

离子渗氮表面形成的氮化层具有优异的力学性能，如高硬度、高耐磨性、良好的韧性和疲劳强度等，使得离子渗氮零件的使用寿命成倍提高。例如，W18Cr4V 刀具在淬火回火后再经 500～520℃离子氮化 30～60min，使用寿命提高 2～5 倍。此外，渗氮速度快，是普通气体氮化的 3～4 倍，无白层或白层很薄，工件变形小。

2.4.4　形变热处理

所谓形变热处理，就是将形变强化与相变强化综合起来的一种复合强韧化处理方法。从广义上来说，凡是将零件的成形工序与组织改善有效结合起来的工艺都叫形变热处理。

形变热处理的强化机理是：奥氏体形变使位错密度升高，由于动态回复形成稳定的亚结构，淬火后获得细小的马氏体，板条马氏体数量增加，板条内位错密度升高，使马氏体强化。此外，奥氏体形变后位错密度增加，为碳化物和氮化物弥散析出提供了条件，获得弥散强化效果。弥散析出的碳化物和氮化物阻止奥氏体长大，转变后的马氏体板条更加细化，产生细晶强化。马氏体板条的细化及其数量的增加、碳氮化物的弥散析出都能使钢在强化的同时得到韧化。

形变热处理可分为在相变前进行形变、在相变中进行形变和在相变后进行形变三种基本类型。这里介绍相变前形变的高温形变热处理和中温形变热处理。

（1）高温形变热处理　高温形变热处理是将钢材加热到奥氏体区域后进行塑性变形，然后立即进行淬火和回火，例如锻热淬火和轧热淬火。此工艺能获得较明显的强韧化效果，与普通淬火相比，强度可提高 10%～30%，塑性可提高 40%～50%，韧性成倍提高。而且质量稳定，工艺简单，还可减少工件的氧化、脱碳和变形，适用于形状简单的零件或工具的热处理，如连杆、曲轴、刀具和模具等。图 2.23 为高温形变热处理示意图。

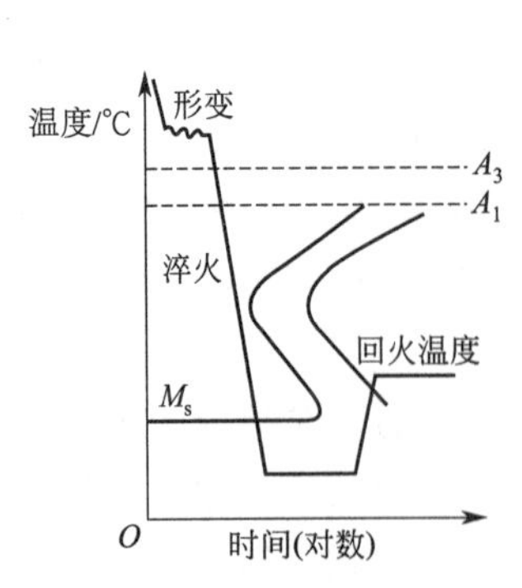

图 2.23　高温形变热处理示意图

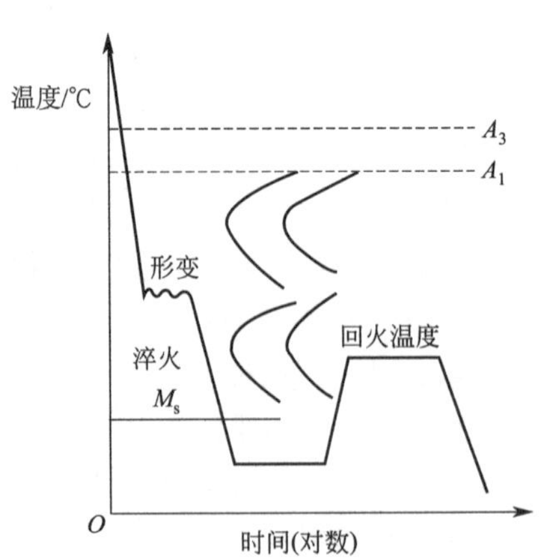

图 2.24　中温形变热处理示意图

（2）中温形变热处理　中温形变热处理是将工件加热到奥氏体区域后急冷至过冷奥氏体的亚稳定区，立即对过冷奥氏体进行塑性变形（变形量为70%～80%），然后再进行淬火和回火。图2.24为中温形变热处理示意图。此工艺与普通淬火比较，可在保持塑性、韧性不降低的情况下，大幅度地提高钢的强度、疲劳强度和耐磨性，特别是强度可提高300～1000MPa。因此它主要用于要求高强度和高耐磨性的零件和工具，如飞机起落架、刃具、模具和重要的弹簧等。

此外，这种方法要求钢材具有较高的淬透性和较长的孕育期，并且由于变形温度较低，要求变形速度快，故需用功率大的设备进行塑性变形。

2.4.5　环保型热处理

在热处理技术中，除注重优质、高效生产外，还有很强的低耗与环保生产的要求。

（1）磨削加热淬火　即为钢件在一定范围内磨削，靠磨削把钢件表面加热到适当温度，然后靠未加热部分的热传导冷却使表面金属变成马氏体而强化。此技术可以代替感应和激光淬火，把一项整体热处理过程转化为加工生产线的一道工序。

（2）Atmopals渗碳工艺　Atmopals渗碳工艺是运用Atmopals微波大气等离子技术对工件进行热处理，此工艺具有高度的灵活性和可控制性，而且降低能耗。

此外，还有离子束表面改性、低压渗碳、VC的热扩散沉积、用二极管激光器进行钢的相变硬化、用振动调质法减少零件畸变等环保热处理新技术。

2.4.6　激光热处理

激光热处理是利用高功率密度的激光束对金属进行表面处理的方法，它可以对材料实现相变硬化（或称做表面淬火、表面非晶化、表面重熔淬火）、表面合金化等表面改性处理，产生用其他表面淬火达不到的表面成分、组织、性能的改变。其基本原理是用高能激光束对工件表面进行扫描，被扫描的部分材料表面急骤升温到相变温度，激光束离开后，被加热的部分又很快通过母体冷却而形成自淬火，其淬火部分呈超细化的结构组织，硬度比淬火前提高约2.5倍，并得到0.2～1mm的淬火层深，从而提高工件的耐磨性能3～5倍。

激光束能量密度高，加热及冷却速度快，淬火处理后硬度极高，仍保持原有尺寸精度和表面粗糙度，具有激光束的强度、大小易于用电子自动控制等诸多优点。

发动机缸体表面淬火可使缸体耐磨性提高3倍以上；热轧钢板剪切机刃口淬火，与同等未处理的刃口相比寿命提高了1倍左右；激光淬火技术还应用在机床导轨淬火、齿轮齿面淬火、发动机曲轴的曲颈和凸轮部位局部淬火以及各种工具刃口激光淬火中。对汽车汽缸、活塞环、轮轴等关键零件进行激光淬火处理，可以大幅度提高其使用性能，而且在经激光热处理后，不必再进行后处理，可直接送到装配线上安装。

2.4.7　气相沉积

（1）化学气相沉积法　化学气相沉积（chemical vapor deposition，简称CVD）法是在高温下将炉内抽成真空或通入氢气，然后通入反应气体并在炉内产生化学反应，使工件表面形成覆层的方法。化学气相沉积方法可进行钛、钽、锆、铌等碳化物和氮化物的沉积。

例如，利用CVD法在零件、刀具、工具和模具的表面沉积一层碳化钛覆层，可大大提高其耐磨性和使用寿命。处理工艺的基本过程是，将工件置于氢气保护气氛中加热到1000℃左右，然后将四氯化钛和碳氢化合物随氢气通入反应室内，在工件表面产生钛和碳的气相化学反应，而生成碳化钛的覆盖层。

由于化学气相沉积具有反应温度高，并需要通入大量氢气，操作不当易产生爆炸，而且工件易产生氢脆，排出的废气含有HCl危害气体等缺点，近年来发展了物理气相沉积方法。

（2）物理气相沉积法　物理气相沉积（physical vapor deposition，简称PVD）法是把金属蒸气离子化后在高压静电场中使离子加速并直接沉积于金属表面形成覆层的方法。它具有沉积温度低、沉积速度快、渗层成分和结构可控制、无公害等特点。物理气相沉积方法较多，比较常用的为真空溅射、真空蒸发、离子镀。

习　题

1. 何谓钢的退火？退火种类及用途如何？

2. 何谓钢的正火？目的如何？有何应用？

3. 在生产中为了提高亚共析钢的强度，常用的方法是提高亚共析钢中珠光体的含量，问应该采用什么热处理工艺？

4. 淬火的目的是什么？淬火方法有几种？比较几种淬火方法的优缺点？

5. 试述亚共析钢和过共析钢淬火加热温度的选择原则。为什么过共析钢淬火加热温度不能超过 A_{ccm} 线？

6. 何谓钢的淬透性、淬硬性？影响钢的淬透性、淬硬性及淬硬层深度的因素是什么？

7. 如何根据钢材淬透性为机械零件合理选材？

8. 回火的目的是什么？淬火后经不同温度回火后工件的性能特点、得到的组织是什么？

9. 有一批45钢普通车床传动齿轮，其工艺路线为锻造→热处理→机械加工→高频淬火→回火。试问锻后应进行何种热处理？为什么？

10. 现有一批45钢普通车床传动齿轮，其工艺路线为锻造→热处理①→机械加工→热处理②→高频淬火→回火。试问热处理①和热处理②应进行何种热处理？为什么？

11. 确定下列钢件的退火方法，并指出退火的目的及退火后的组织：

（1）经冷轧后的20钢板，要求降低硬度；

（2）ZG35的铸造齿轮；

（3）锻造过热的60钢锻坯；

（4）改善T12钢的切削加工性能。

12. 已知某机床的主轴的材料为40Cr钢，其生产工艺路线为：下料→锻造→正火→粗车→调质→精车→锥部整体淬火→回火（43HRC）→粗磨→人工时效→精磨。要求：（1）说明每道热处理工序的作用；（2）分析组织变化的全过程。

13. 有两种高强度螺栓，一种直径为10mm，另一种直径为30mm，都要求有较高的综合力学性能：$R_m \geqslant 800MPa$，$a_k \geqslant 600kJ/m^2$。试问应选择什么材料及热处理工艺？

14. 用T10钢制造形状简单的车刀，其工艺路线为锻造→热处理→机加工→热处理→磨加工。

(1) 写出其中热处理工序的名称及作用。

(2) 指出车刀在使用状态下的显微组织和大致硬度。

15. 什么是形变热处理？形变热处理强化机理是什么？

16. 渗碳和氮化各应用于什么场合？工件经渗碳和氮化化学热处理后，工件的性能有何特点？

17. 从材料、表面层组织、性能特点、应用范围等方面比较各种表面热处理、化学热处理方法的异同。

18. 分级淬火与等温淬火的主要区别是什么？举例说明它们的应用。

19. 在 C 曲线中分别画出获得珠光体、珠光体＋马氏体、贝氏体、马氏体＋贝氏体等组织的冷却工艺曲线。

20. 高速钢淬火后为什么要经 560℃ 三次回火？能否改用一次较长时间的回火？高速钢 560℃ 回火是否为调质处理？

21. 有一 ϕ10mm 的 20 钢制工件，经渗碳热处理后空冷，随后进行正常的淬火、回火处理，试分析工件在渗碳空冷后以及淬火回火后，由表面到心部的组织。

第3章

钢的合金化

3.1 合金元素和铁的作用

3.1.1 钢中的杂质元素

(1) 锰和硅　钢中除了含有铁、碳与合金元素外，还有冶炼过程中带入的一些杂质（如Mn、Si、S、P、非金属类杂质以及某些气体，如N、H、O等）。这些杂质对钢的质量有很大的影响。

锰在钢中作为杂质存在时，一般均小于0.8%。它来自作为炼钢原料的生铁及脱氧剂锰铁。锰有很好的脱氧能力，还能与硫形成MnS，以消除硫的有害作用，改善钢的热加工性能。这些反应产物大部分进入炉渣而被除去，小部分残留于钢中成为非金属夹杂物。此外，在室温下锰能溶于铁素体，对钢有一定强化作用；能溶于渗碳体中形成合金渗碳体。但锰作为少量杂质存在时，它对钢的性能影响不显著。

硅在钢中作为杂质存在时，一般均小于0.4%，硅也来自生铁与脱氧剂。硅的脱氧能力较强，与钢液中的FeO能结成密度较小的硅酸盐以炉渣的形式被除去。脱氧后钢不可避免地残留着少量硅。在室温下硅能溶于铁素体，对钢有一定的强化作用，从而提高钢的强度、硬度和弹性。但硅作为少量杂质存在时，它对钢的性能影响也不显著。

(2) 硫和磷　硫是由生铁及燃料带入钢中的杂质。在固态下，硫在铁中的溶解度极小，而是以FeS的形态存在于钢中。由于FeS的塑性差，使含硫较多的钢脆性较大。更严重的是，FeS与Fe可形成低熔点（985℃）的共晶体，分布在晶界上。当钢加热到约1200℃进行热压力加工时，晶界上的共晶体溶化，晶粒间结合被破坏，使钢材在加工过程中沿晶界开裂，这种现象称为热脆性。为了消除硫的有害作用，必须增加钢中锰含量。锰与硫优先形成高熔点（1620℃）的硫化锰，并呈粒状分布在晶粒内，它在高温下具有一定塑性，从而避免了热脆性。硫化物是非金属夹杂物，会降低钢的力学性能，并在轧制过程中形成纤维组织。因此，通常情况下，硫是有害的杂质，钢中要严格限制硫含量。但硫、锰含量较多的钢，可形成较多的MnS，可改善钢的切削加工性。如在含0.08%～0.45%S和0.70%～1.55%Mn的钢中，可形成较多的MnS，

MnS在切削加工中能起断屑作用，改善钢的切削加工性，这种钢称为易切削钢，应用于标准件的生产。

磷由生铁和燃料带入钢中。在一般情况下，钢中的磷能全部溶于铁素体中，有强烈的固溶强化作用，使钢的强度、硬度增加，但塑性、韧性则显著降低。这种脆化现象在低温时更为严重，故称为冷脆。同时，磷在钢的结晶过程中，容易产生晶内偏析，使局部地区磷含量偏高，导致冷脆转变温度升高，从而发生冷脆。冷脆对在高寒地带和其他低温条件下工作的结构件具有严重的危害性。一般希望冷脆转变温度低于工件的工作温度，以免发生冷脆。此外，磷的偏析还使钢材在热轧后形成带状组织。因此，通常情况下，磷也是有害的杂质，钢中要严格控制磷含量。但磷含量较多对制造炮弹钢以及改善钢的切削加工性是有利的。例如，把磷含量提高到0.05%～0.15%，使铁素体脆化，从而改善钢的切削加工性能，得到易切削钢。在炮弹钢（$w_C=0.60\%\sim0.90\%$、$w_{Mn}=0.60\%\sim1.0\%$）中加入较多磷，可使钢的脆性增大，炮弹爆炸时碎片增多，增加杀伤力。

（3）气体元素

1）氮　钢中氮来自炉料和炉气，碳素钢中的氮含量为0.001%～0.02%。氮能溶于铁中，在α-Fe中的溶解度591℃时为0.1%。因此，氮能固溶于钢中，也能以氮化物和气体形式存在于钢中。

室温下氮在铁素体中溶解度很低，只有0.001%。钢材在室温下长时间放置时，溶于铁素体中，过饱和的氮会以Fe_4N形式析出，从而使钢的强度、硬度升高，而塑性、韧性下降，而使钢变脆，这种现象叫时效脆化。钢中含氮量越高，这种时效倾向就越大。在浇注前向钢中加入Ti、V、Al等元素可使氮以这些元素氮化物的形式被固定，从而消除时效倾向。氮以氮化物质点形式存在于钢中，能阻碍奥氏体晶粒长大，细化钢的晶粒，从而改善钢的力学性能。此外，氮还能以气体形式存在于钢中，产生气泡和疏松。

2）氧　氧在固态钢中的溶解度远低于在钢液中的溶解度（氧在低碳钢液中溶解度为0.03%～0.08%，在室温时其溶解度小于0.0003%），所以在钢液温度降低和凝固时，氧以氧化物的形式析出。

氧在炼钢过程是中用来氧化钢中的杂质元素。但是产生的氧化产物，部分会残留在钢中成为夹杂物，降低钢的各种性能。氧化物夹杂与基体的结合力弱，不易变形，易成为疲劳裂纹源，降低钢的各种性能，如塑性、韧性、强度、疲劳强度等力学性能，并且提高钢的脆性转变温度。氧还会与碳反应生成CO气泡，形成气孔缺陷。如前所述，FeO与FeS的共晶体会造成钢的热脆。所以冶炼优质钢和合金钢必须脱氧并排除脱氧产物。生产中采用合金脱氧、保护浇注、炉外精炼、真空冶炼等技术，目的就是尽量减少钢中的氧。

3）氢　钢中氢主要是由锈蚀潮湿的炉料、炉气和浇注系统的水分带入的。氢以间隙原子形式固溶于铁中，所以氢在固态钢中的溶解度很小，并随温度降低而降低。钢中含氢量很小，一般为0.0005%～0.0025%。

当氢在钢中以原子态溶解时，钢的塑性、韧性降低，易于脆断，引起氢脆。氢还使钢内部产生显微裂纹，使钢基体的连续性遭到破坏。由氢而造成的微裂纹有两类：在钢材试样横向酸蚀面上呈放射状的细裂纹（在钢材断口上呈银亮色的斑点）和氢气泡及显微孔隙在加工时沿轧制方向上被拉长而形成的微裂纹，前者称“白点”，后者称“发纹”。为防止钢中微裂纹的产生，在炼钢和浇注过程中应采取各种工艺措施，尽量降低钢中氢含量。

3.1.2 合金元素

往钢中加入一定量的合金元素，可以改变其工艺性能和使用性能。加入的元素称为合金元素，相应的钢称为合金钢。

常用合金元素有 Si、Mn、Cr、Ni、W、Mo、V、Ti、Nb、Al、Cu、B 等。合金元素加入量可多到 20%~30%（如 Cr），可少至 1%~2%（如 Mn），可微量到 0.005%（如 B）。按合金元素加入量，合金钢可分为低合金钢（合金元素总量低于 5%）、中合金钢（合金元素总量 5%～10%）、高合金钢（合金元素总量大于 10%）。

（1）合金元素在钢中的分布　在平衡状态中，合金元素在钢中存在形式和分布主要有五种。

1）与铁形成固溶体，不与碳形成任何碳化物，如 Ni、Co、Cu、Si、Al、N、B 等。这些元素与碳亲和力很弱，在钢中不和碳化合，而是溶入铁素体内形成合金铁素体，对基体起固溶强化作用。

2）部分固溶于铁素体，另一部分与碳形成碳化物。由于每一种元素固溶于铁素体和形成碳化物的倾向并不相同，因而其在铁素体和碳化物中的含量也有所不同，如 Zr、Ti、Nb、V、W、Mo、Cr、Mn 等。

3）不少元素与钢中的氧、氮、硫形成简单的或复合的非金属夹杂物，如 Al 元素形成 Al_2O_3、AlN、$FeO\cdot Al_2O_3$，Si 形成 $SiO_2\cdot M_xO_y$，Ti 和 Mn 形成 TiN、MnS 等。

4）一些元素彼此作用形成金属间化合物，如 FeSi、FeCr(σ)、Ni_3Ti，Fe_2W 等。

5）有些元素常以游离状态出现，如铜和铅。

退火状态下，非碳化物形成元素绝大部分固溶于基体，碳化物形成元素由碳和本身含量而定，优先形成碳化物，其余溶入基体。

正火状态下，基本与退火态相同。但有些高合金钢淬透性好，正火后形成马氏体或贝氏体，与淬火态相同。

淬火状态下，溶入奥氏体的元素淬火后存在于马氏体、贝氏体或残余奥氏体中，未溶的仍存于碳化物中。

低温回火状态下，置换式合金元素基本上不发生重新分布。当回火温度高于 400℃时，置换式合金元素重新分布，非碳化物形成元素仍留在基体中，碳化物形成元素逐步析出进入碳化物，其程度取决于回火温度和时间。

合金元素溶入基体后，与缺陷相互作用，发生偏聚或内吸附，造成缺陷处浓度大于基体的平均浓度，影响合金性能。

（2）合金元素固溶强化的能力　加入钢中的非碳化物形成元素及过剩的碳化物形成元素都将溶于铁素体，形成合金铁素体。其中原子半径很小的合金元素（如 N、B 等）与铁形成间隙固溶体；原子半径较大的合金元素（如 Mn、Ni、Co 等）与铁形成置换固溶体。

合金元素溶入铁素体后，凡合金元素的原子半径与铁的原子半径相差越大，晶格类型越不相同，必然引起铁素体晶格畸变越大，产生固溶强化越强，使铁素体的强度和硬度提高也越大，但塑性、韧性都有下降趋势。图 3.1 和图 3.2 为几种合金元素对铁素体硬度和韧性的影响。由图可见，Si、Mn、P 能显著提高铁素体的硬度，但当 $w_{Si}>0.6\%$、$w_{Mn}>1.5\%$ 时，将降低其韧性。Cr、Ni 在适量范围内（$w_{Cr}\leqslant 2\%$、$w_{Ni}\leqslant 5\%$），不但可提高铁素体的硬度，而且能提高其韧性。为此，为了获得良好强化效果，在合金结构中的 Cr、Ni、Si 和

Mn 等合金元素要控制在一定含量范围内。

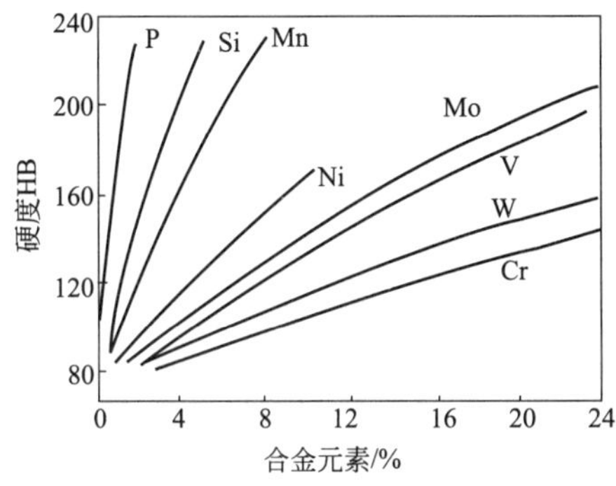

图 3.1 合金元素对铁素体硬度的影响

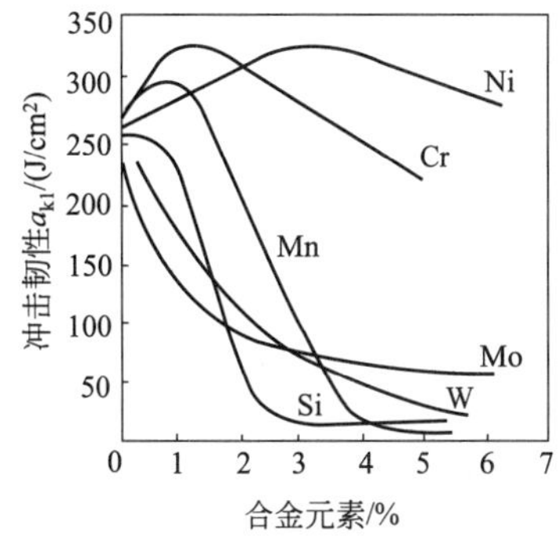

图 3.2 合金元素对铁素体冲击韧性的影响

(3) 合金元素形成化合物的能力　钢中的合金元素，除溶入铁素体外，还能进入渗碳体中，形成合金渗碳体，如 Cr 进入渗碳体形成 $(Fe, Cr)_3C$。当碳化物形成元素超过一定量后，将形成这些元素自己的特殊碳化物，如 V 和碳形成 VC。合金元素是溶入渗碳体，还是形成特殊碳化物，是由它们与碳亲和能力的强弱程度所决定的。作为碳化物形成元素，在元素周期表中都是位于铁左边的过渡族金属元素，离铁越远，则其与碳的亲和力越强，形成碳化物的能力越大。合金元素与碳的亲和力从大到小的顺序为：Zr、Ti、Nb、V、W、Mo、Cr、Mn、Fe。合金元素与碳的亲和力越大，所形成化合物的稳定性、熔点、分解温度、硬度、耐磨性就越高。合金碳化物的种类、性能和在钢中分布状态会直接影响到钢的性能及热处理时的相变。例如，当钢中存在弥散分布的特殊碳化物时，将显著增加钢的强度、硬度与耐磨性，而不降低韧性，这对提高工具的使用性能极为有利。

强碳化物形成元素 Ti、Zr、Nb、V 等，倾向于形成特殊碳化物，如 TiC、ZrC、NbC、NC、VC 等。强碳化物形成元素即使含量较少，只要钢中有足够的碳，就倾向于形成特殊碳化物，即具有简单晶格的间隙相碳化物。这是与渗碳体晶格完全不同的合金碳化物，这类碳化物特别是间隙相碳化物具有较高的熔点、硬度和稳定性，加热到高温时也不容易溶入奥氏体中，也难以聚集长大。如果形成在奥氏体晶界上，会阻碍奥氏体晶粒的长大，提高钢的强度、硬度和耐磨性。但合金碳化物的数量增多时，会使钢的塑性和韧性下降。

中强碳化物形成元素有 W、Mo、Cr 等，可形成渗碳体类型合金碳化物 $(Fe, Cr)_3C$，又可形成特殊碳化物（W，Mo）C、Mo_2C、MoC、W_2C、WC、$Cr_{23}C_6$、Cr_7C 等。只有当其含量较高（>5%）时，才倾向于形成具有复杂晶格的特殊碳化物。这类碳化物的强度、硬度、熔点、耐磨性和稳定性等都比渗碳体高。它们在加热时若能溶入奥氏体中，可以提高钢的高温强度、淬透性和回火抗力等。

弱碳化物形成元素锰，一般形成合金渗碳体 $(Fe, Mo)_3C$，其熔点、硬度和稳定性等都不如上述特殊碳化物，但是它易溶于奥氏体，会对钢的淬透性和回火抗力产生较大的影响。

当钢中同时存在几个碳化物形成元素时，会根据其与碳亲和力的强弱不同，依次形成不同的碳化物。如钢中含 Ti、W、Mo 及有较高的含碳量时，首先形成 TiC，再形成 Fe、W_6C 或 W_2C，最后才形成 $(Fe, Mn)_3C$。

碳化物硬而脆，具有金属键和共价键混合键。碳化物形成元素按从强到弱排列如下：

Ti、Zr、Nb、V、	Mo、W、Cr、	Mn、Fe
强碳化物形成元素	中强碳化物形成元素	弱碳化物形成元素

3.1.3 合金元素对 $Fe-Fe_3C$ 相图的影响

合金元素按对 $Fe-Fe_3C$ 相图的影响分为两类，一类是扩大 γ 相区元素，称为奥氏体稳定化元素，包括 Mn、Ni、Co、C、N、Cu 等。它们使 A_3 点下降，A_4 点上升，从而扩大 γ 相区的存在范围。其中 Mn、Ni、Co 等元素，与γ-Fe 形成无限固溶体，与 α-Fe 形成有限固溶体，见图 3.3(a)；C、N、Cu、Zn 等，与γ-Fe 和 α-Fe 均形成有限固溶体，见图 3.3(b)。另一类是缩小 γ 相区元素，称为铁素体稳定化元素，主要有 Cr、Mo、W、V、Ti、Al、Si、B、Nb、Zr 等，它们使 A_3 点上升，A_4 点下降，从而缩小 γ 相区的存在范围。其中 Si、Cr、W、Mo、P、V、Ti、Al、Be 等元素可与 α-Fe 形成无限固溶体，见图 3.4(a)；B、Nb、Ta、Zr 等元素，与 α-Fe 形成有限固溶体，使奥氏体相区缩小，但不封闭，见图 3.4(b)。

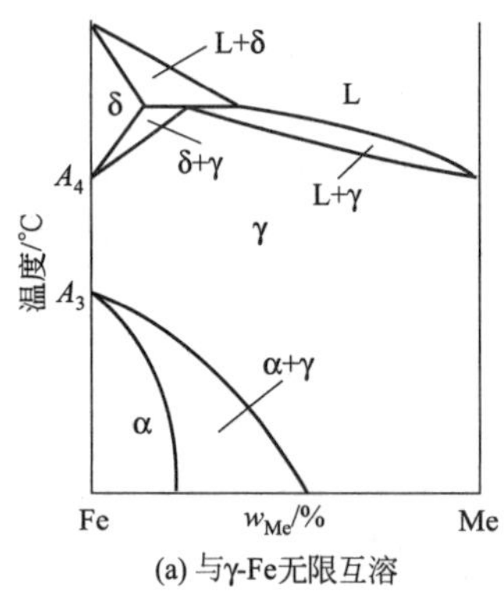

(a) 与γ-Fe无限互溶

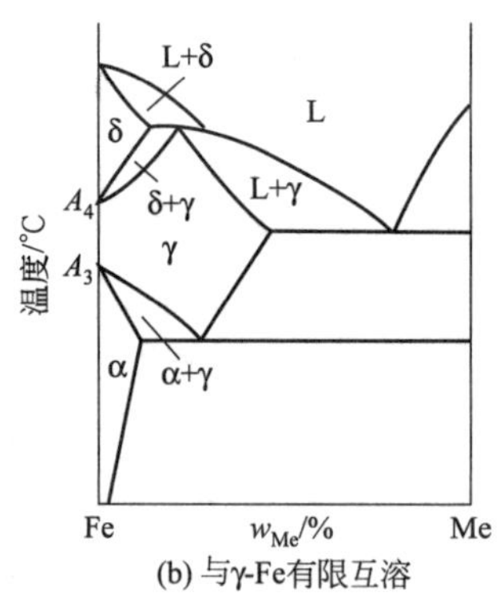

(b) 与γ-Fe有限互溶

图 3.3 扩大 γ 相区示意图

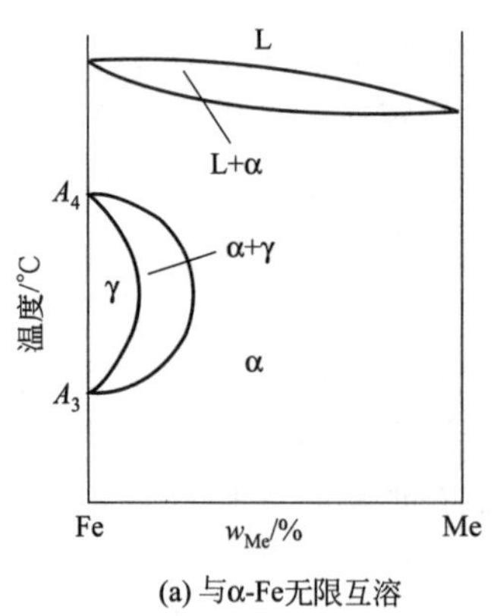

(a) 与α-Fe无限互溶

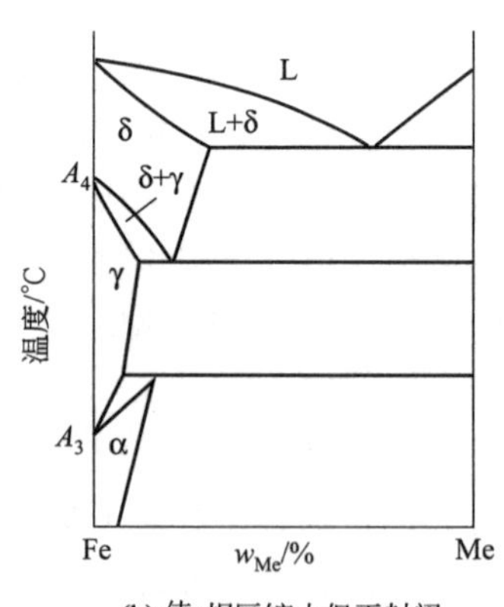

(b) 使γ相区缩小但不封闭

图 3.4 缩小 γ 相区示意图

γ 相区扩大或缩小的结果，相图各特征点位置发生变动，钢的显微组织发生相应变化。Cr 和 Mn 含量对奥氏体相区和 S、E 点的影响分别见图 3.5 和图 3.6。合金元素对铁碳相图的影响主要分两方面。

（1）对奥氏体和铁素体存在范围的影响 扩大 γ 相区元素均扩大铁碳相图中奥氏体存在区域，其中完全扩大 γ 相区元素（如 Ni、Mn）含量较多（如 $w_{Mn} \geqslant 13\%$ 或 $w_{Ni} \geqslant 9\%$）时，

可使钢在室温下得到单相奥氏体组织，称为奥氏体钢。例如 12Cr18Ni9 高镍奥氏体不锈钢和 ZGMn13 高锰耐磨钢等。

缩小 γ 相相区元素均缩小铁碳相图中奥氏体存在区域，其中完全封闭 γ 相区元素（如 Cr、Ti、W、V、Si 等）超过一定含量后（如 $w_{Cr} \geqslant 13\%$），可使钢在包括室温的广大温度范围内获得单相铁素体组织，称为铁素体钢。例如 10Crl7 高铬铁素体不锈钢等。

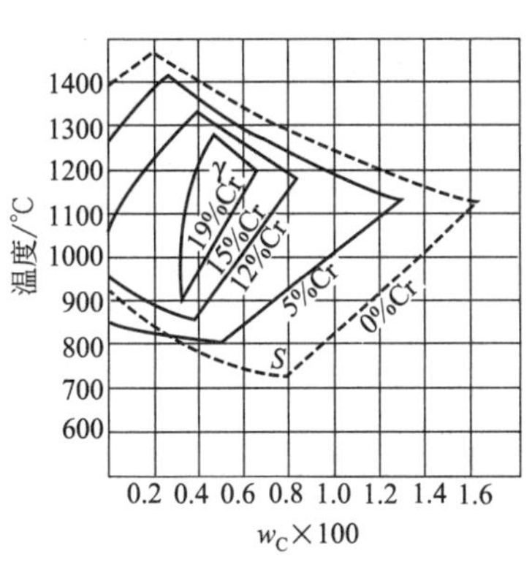

图 3.5 Cr 元素对奥氏体相区及 S、E 点的影响图

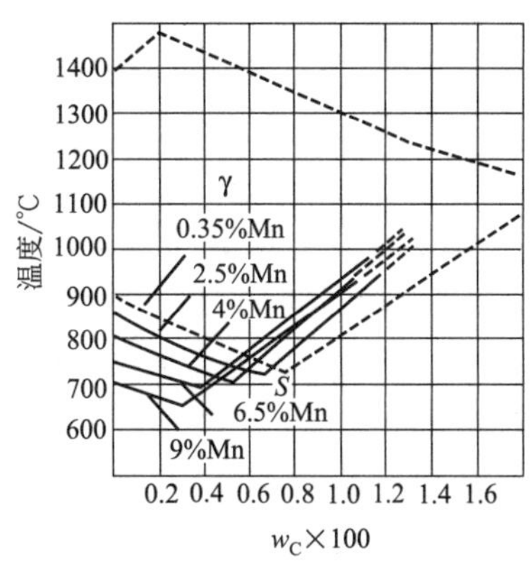

图 3.6 Mn 元素对奥氏体相区及 S、E 点的影响图

（2）对铁碳相图临界点（*S* 点和 *E* 点）的影响 从图 3.5 和图 3.6 中可以看出，凡是扩大 γ 相区的元素，都使 *S*、*E* 点向左下方移动，如 Mn、Ni 等；即这两点的含碳量下降。由于 *S* 点的左移，使碳含量低于 0.77% 的合金钢出现过共析组织，在退火状态下，相同含碳量的合金钢组织中的珠光体量比碳钢多，从而使钢的强度和硬度提高。凡是缩小 γ 相区的元素，都使 *S*、*E* 点向左上方移动，如 Cr、Si、Mo 等。由于 *E* 点的左移，使含碳量低于 2.11% 的合金钢出现共晶组织，成为莱氏体钢，如 W18Cr4V（含碳量为 0.7%～0.8%）。

奥氏体形成元素使 A_1、A_3 线向下移动。铁素体形成元素使 A_1、A_3 线向上移动。合金元素对共析温度的影响见图 3.7。

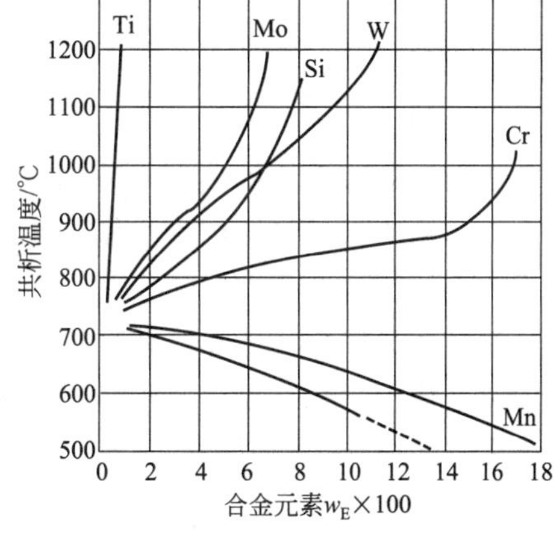

图 3.7 合金元素对共析温度的影响

3.2 合金元素对钢的热处理的影响

合金元素加入铁碳合金后，对相变产生较大影响，这是因为，合金元素能增加铁原子间的结合力，使铁的自扩散速度下降；合金元素自身在固溶体中扩散速度变慢，使碳化物不易析出，析出后也不易聚集长大。因此，在其他条件相同时，合金钢扩散型相变过程比碳钢慢。

3.2.1 合金元素对奥氏体化的影响

（1）碳（氮）化物在奥氏体中的溶解规律 图 3.8 为各种碳化物和氮化物在奥氏体中的

溶解度与加热温度的关系。从图 3.8 中可以看出，碳（氮）化物越稳定，在奥氏体中的溶解度越小。例如，Cr、Mo、V 的碳化物有较大的溶解度，Ti、Nb、Zr 的碳化物溶解度较小。随温度下降，各种碳化物的溶解度降低。稳定性差的碳化物先溶解，稳定性好的碳化物后溶解。一般情况下，Mn、Cr 的碳化物先溶解，Ti、V 的碳化物后溶解。溶解在奥氏体中的弱碳化物形成元素，会降低奥氏体中碳活度，促进稳定性好的碳化物溶解。例如，钢中含有较多的 Mn 和一定量的 V，由于 Mn 元素的存在，使 VC 的溶解温度从 1100℃降低到 900℃。但是，非碳化物形成元素提高奥氏体中碳活度，阻碍碳化物的溶解。

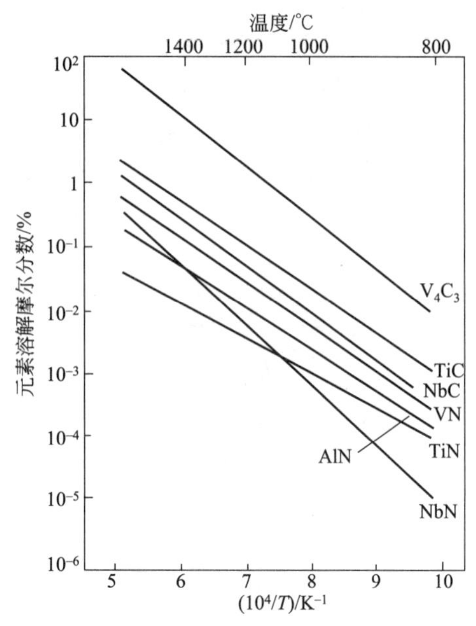

图 3.8 碳化物和氮化物在奥氏体中溶解度与加热温度的关系

（2）合金元素对奥氏体形成的影响 合金元素的加入改变了临界点的温度、S 点的位置和碳在奥氏体中的溶解度，使奥氏体形成的温度条件和碳浓度条件发生了变化。由于奥氏体的形成是一个扩散过程，合金元素原子不仅本身扩散困难，还影响铁和碳原子的扩散，从而影响奥氏体化过程。

扩大奥氏体相区的元素如 Mn、Ni、N 等使 A_{c1} 和 A_{c3} 降低；缩小奥氏体相区的元素如 Cr、Mo、W 等使 A_{c1} 和 A_{c3} 升高。奥氏体的形成速度取决于奥氏体晶核的形成和长大，两者都与碳的扩散有关。非碳化物形成元素 Co 和 Ni 等提高碳在奥氏体中的扩散速度，增大奥氏体的形成速度。Si、Al、Mn 等对碳在奥氏体中的扩散速度影响较小，故对奥氏体的形成速度影响不大。强碳化物形成元素 Cr、Mo、W、V 等与碳的亲和力较大，显著妨碍碳在奥氏体中的扩散，大大减慢了奥氏体的形成速度。

奥氏体形成后，还残留有一些稳定性各不相同的碳化物。要使稳定性高的碳化物分解并溶入奥氏体中，必须提高加热温度和保温时间，加热温度甚至超过其平衡临界点几十或几百摄氏度，才使合金元素溶解于奥氏体中。如含铬的碳化物在 850℃才会大量溶解，含钨、钼的碳化物在 950℃才显著溶解，而含钒、钛、铌的碳化物则在 1050℃左右才溶解。

由于碳化物的不断溶入，不均匀程度更加严重。由于合金元素的扩散很缓慢，因此合金钢应采取较高的加热温度和较长的保温时间使奥氏体成分均匀化，以得到比较均匀的奥氏体，从而充分发挥合金元素的作用。但对需要具有较多未溶碳化物的合金工具钢，则不应采用过高的加热温度和过长的保温时间。

（3）合金元素对奥氏体晶粒长大的影响 合金元素碳化物在高温下越稳定，越不易溶入奥氏体中，而以弥散质点的形式分布于奥氏体晶界上，能阻碍晶界长大，显著细化晶粒。

1）Ti、V、Zr、Nb 等强碳化物形成元素强烈阻止奥氏体晶粒长大的作用显著，W、Mo、Cr 等阻碍奥氏体晶粒长大的作用中等。这些元素溶解在奥氏体中，降低了铁的自扩散系数。其未溶碳化物存在，还奥氏体的晶粒长大起机械阻碍作用。Al 在钢中易形成高熔点 AlN、Al_2O_3 细质点，也能强烈阻止晶粒长大。AlN 在钢中的形状及其含量对奥氏体晶粒度的影响见图 3.9 和图 3.10。Ni、Si、Cu、Co 等阻碍奥氏体晶粒长大的作

用轻微。

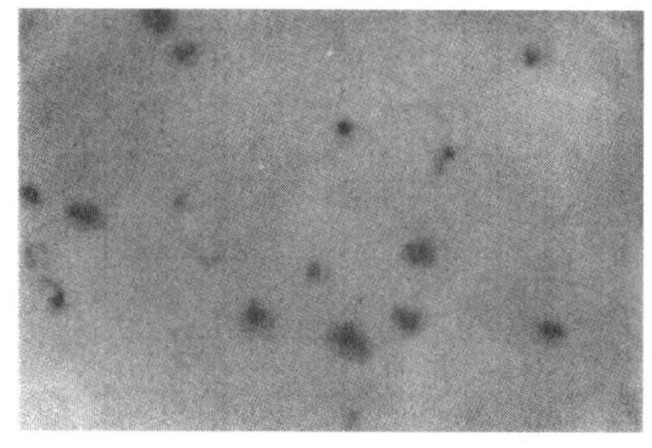

图 3.9　MnNiMo 钢中的 AlN 质点（电解萃取碳复型）

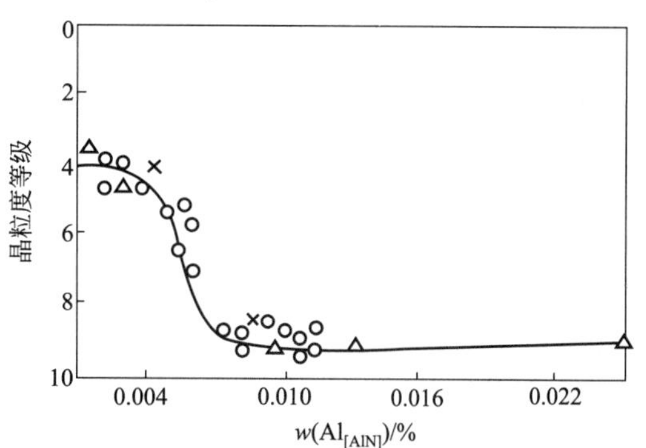

图 3.10　AlN 含量对奥氏体晶粒度的影响

2）C、N、B、P 等元素促进奥氏体晶粒长大。

3）Mn 在低碳钢中细化奥氏体晶粒，在中碳钢和高碳钢中，易在奥氏体晶界偏聚，提高晶界能，促进奥氏体晶粒长大。

4）Al、Si 含量低时，若以化合物存在，阻碍奥氏体晶粒长大；含量高时，溶于 α 相中，促进高温 α 相长大。

5）非碳化物形成元素 Ni、Co、Cu 等对奥氏体晶粒长大影响不大。

3.2.2　合金元素对过冷奥氏体的影响

（1）合金元素对 C 曲线的影响　根据合金元素对 C 曲线形状影响不同，可将其分为三类。

1）非碳化合物形成元素 Ni、Si 和弱碳化形成元素 Mn，都不同程度同时降低珠光体转变和贝氏体转变温度，只是使 C 曲线向右不同程度地移动，但大致保持钢的 C 曲线形状（见图 3.11）。

2）非碳化合物形成元素 Co、Al 不改变 C 曲线形状，但使 C 曲线左移（见图 3.12）。

3）碳化形成元素不仅使 C 曲线右移，而且改变 C 曲线的形状。合金元素对 C 曲线形状的改变大致有五种情况，见图 3.13。

珠光体转变与贝氏体转变曲线部分重合，只有一个“鼻子”，在“鼻子”以上进行珠光体转变，在“鼻子”以下进行贝氏体转变。这类元素有 Ni、Si、Mn，如钴钢、镍钢等。

珠光体转变与贝氏体转变分离。上面的代表珠光体转变，下面的代表贝氏体转变。出现两个“鼻子”。这类元素有 Cr、Mo、W、V，如 40CrNiMo 钢。

只有珠光体转变区，合金元素的作用使贝氏体转变孕育期大大延长，以致贝氏体转变曲线未能在图 3.13(c) 中出现。这类元素为 Cr，如不锈钢 30Cr13 和工具钢 Cr12。

只有贝氏体转变区，合金元素的作用使珠光体转变孕育期大大延长，以致珠光体转变曲线未能在图 3.13(d) 中出现。这类元素有 W、Mo，如 18Cr2Ni4W 钢。

没有珠光体、贝氏体转变区，只析出碳化物。在碳和合金元素含量较高的情况下，珠光体转变和贝氏体转变都被强烈地抑制，同时 M_s 点降到室温下。这类钢奥氏体极其稳定，属于奥氏体钢，元素有 Ni、Mn，如 45Cr14Ni14W2Mo 钢。

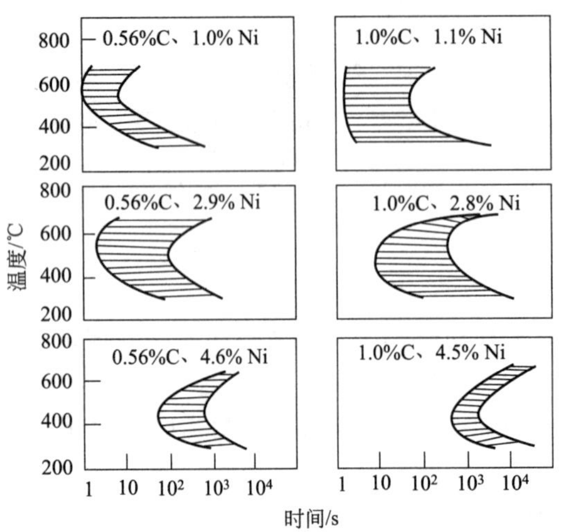

图 3.11　镍对中、高碳钢 C 曲线的影响

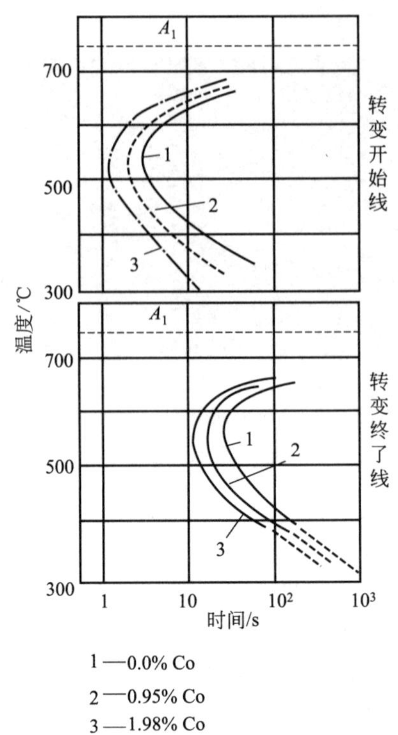

图 3.12　钴对高碳钢 C 曲线的影响

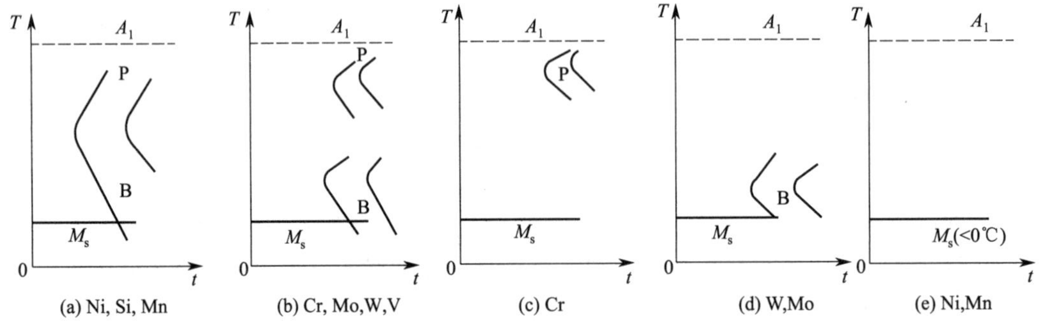

图 3.13　合金元素对钢的 C 曲线的影响

由于合金元素使 C 曲线右移，因而使淬火的临界冷却速度降低，提高了钢的淬透性，这样就可采用较小的冷却速度，甚至在空气中冷却就能得到马氏体，从而避免了由于冷却速度过大而引起的变形和开裂。另一方面由于 C 曲线形状的改变，使某些钢（如 28CrMoNiVB）采取空冷便得到贝氏体组织，具有良好的综合力学性能，而不需采取等温淬火。

（2）合金元素对珠光体转变的影响　珠光体转变时，碳及合金元素需要在铁素体和渗碳体之间进行重新分配，由于合金元素的扩散速度慢，并且使碳的扩散减慢，因此珠光体的形核困难，转变速度低。

含碳化物形成元素的钢发生珠光体转变时，可直接形成特殊碳化物或合金渗碳体。该过程不仅需要碳的扩散和重新分布，还需要碳化物形成元素在奥氏体中的扩散和重新分布。由

于碳原子在奥氏体中的扩散激活能远小于 V、W、Cr、Mn 等置换原子的扩散激活能，所以碳化物形成元素扩散是珠光体转变时碳化物形核的控制因素。

由于渗碳体中不含有 Si 和 Al，因此在渗碳体的形核长大时，Si 和 Al 原子必须扩散开去才能有利于渗碳体形核和长大。这是 Si 和 Al 提高过冷奥氏体稳定性的原因之一。Si 和 Al 在高碳钢中推迟珠光体转变的作用大于在低碳钢中的作用。

强碳化物形成元素主要通过推迟珠光体转变时碳化物的形核和长大来增加过冷奥氏体的稳定性。中强碳化物形成元素，如 W、Mo、Cr 除了推迟珠光体转变时碳化物的形核和长大外，还增加固溶体原子间结合力，降低铁的自扩散，从而减慢奥氏体向铁素体转变。Mn 推迟珠光体转变时的富 Mn 的合金渗碳体 $(Fe, Mn)_3C$ 的形核和长大，同时 Mn 又是扩大 γ 相区的元素，可稳定奥氏体，强烈推迟奥氏体向铁素体转变（见图 3.14）。Ni 对珠光体转变时碳化物的形核和长大影响小，主要表现在推迟奥氏体向铁素体转变。

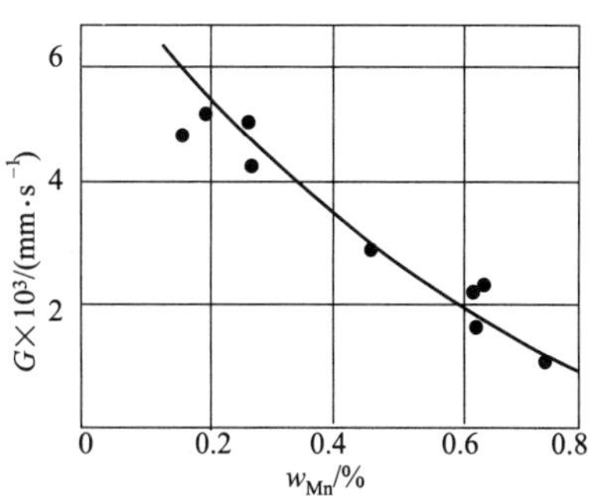

图 3.14 锰含量对珠光体长大速度的影响（680℃等温）

微量 B 元素在晶界上吸附，并形成共格硼相 $(M_{23}C_3B_3)$，显著阻止铁素体的形核，从而增加了过冷奥氏体的稳定性。

两种或多种合金元素的作用强于单一元素的作用。

合金元素总是不同程度地推迟珠光体转变（见图 3.15），使珠光体转变曲线右移。按减缓速度，其排序为：Mo、W、Mn、Cr、Ni、Cu、Si、V、Co。

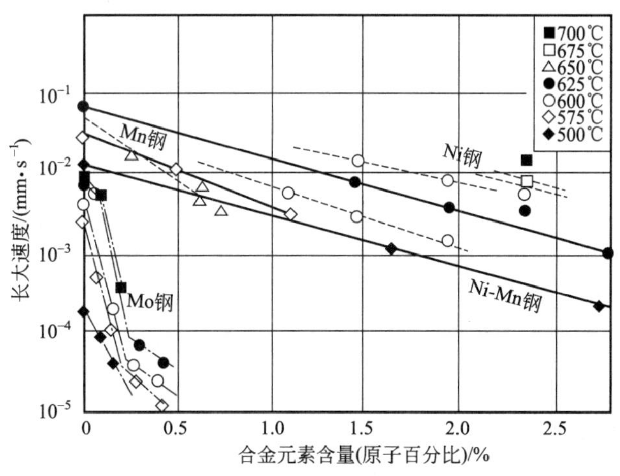

图 3.15 不同转变温度下合金元素对珠光体长大速度的影响

（3）合金元素对贝氏体转变的影响　由于转变温度进一步降低，铁和合金元素几乎不能进行扩散，唯有碳原子可进行短距离的扩散，因此合金元素对贝氏体转变的影响主要体现在对奥氏体向铁素体转变速度和对碳的扩散速度的影响。

贝氏体转变中，合金元素中除 Co 和 Al 加速贝氏体转变外，其他元素如 C、Mn、Ni、Cr、Cu、Mo、Si、W、V 以及少量的 B 都延缓贝氏体的形成。

合金元素的作用首先表现在对贝氏体转变开始温度 B_s 的影响，合金元素 C、Mn、Ni、Cr、V 等都降低 B_s 点，见图 3.16 和图 3.17。在贝氏体和珠光体转变之间出现过冷奥氏体的中温稳定区，形成两个转变C曲线。Mn、Ni、Cr等元素还显著减慢贝氏体转变，因为降低奥氏体向铁素体转变温度，Mn和Ni还阻止碳的扩散。Si对贝氏体转变具有阻止作用；强碳化物形成元素对贝氏体转变具有延缓作用。

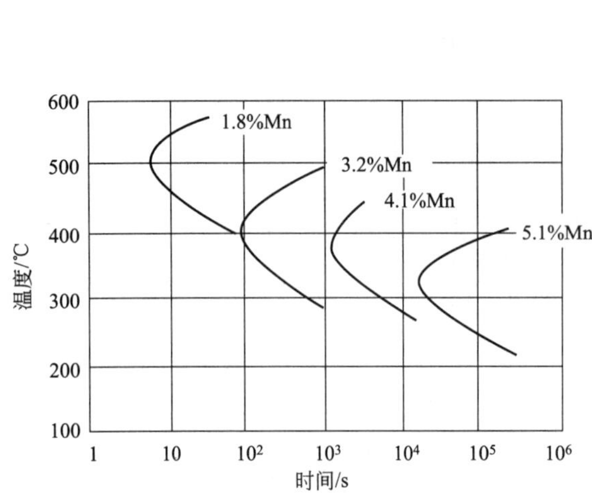

图3.16　0.5%～0.6%C钢中加入不同锰量对贝氏体转变的影响

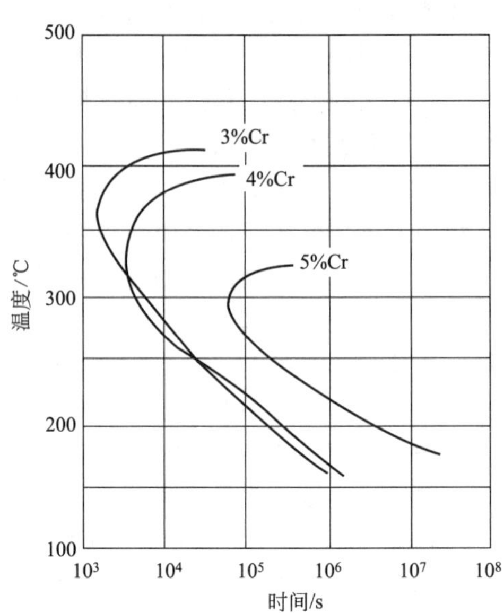

图3.17　1.0%C钢中加入3.0%～5.0%Cr对贝氏体转变的影响

合金元素改变贝氏体转变的动力学过程，增长转变孕育期，减慢长大速度。C、Si、Mn、Ni、Cr的作用较强，W、Mo、V的作用较小。其影响按递减顺序为：Mn、Cr、Ni、Si、W、Mo、V。

（4）合金元素对贝氏体转变的影响机理　贝氏体的长大速度是受碳的脱溶所控制，随着钢中含碳量的增加，形成贝氏体所需要扩散的碳原子数量也增加，因而贝氏体的转变速度减慢。另外，C、Mn、Ni等使奥氏体稳定化元素能降低一定温度下的相变自由能，因此降低了贝氏体转变温度B_s点以及在B_s点以下给定温度的相变驱动力，同时降低贝氏体的形核率和核长大速度，使相变缓慢。Cr、Mn、W、V等碳化物形成元素与碳的亲和力强，会降低碳在奥氏体中的扩散速度，使奥氏体中碳的脱溶发生困难。同时，这些元素在奥氏体内仍与碳形成原子集团，阻碍共格或半共格界面的移动。这些因素都会降低相变的速度。铝是非碳化物形成元素，可减低奥氏体的稳定性。钴在钢中不形成碳化物，对奥氏体的稳定性影响不大，但它提高碳的扩散速度。因此铝和钴均将加速奥氏体向贝氏体转变。

总之，贝氏体转变受两个基本因素所控制，即碳的扩散重新分配和无扩散型的$\gamma \rightarrow \alpha$的多型性转变。除碳本身影响$\gamma \rightarrow \alpha$多型性转变外，合金元素的加入能影响碳的扩散速度以及扩散的途径，从而会在不同程度上改变这两个基本过程。

（5）合金元素对马氏体转变的影响　马氏体转变的形核和长大速度极快。合金元素对马氏体转变动力学影响小，其作用表现在对马氏体点M_s和M_f温度的影响，并影响钢中残余奥氏体量及马氏体的亚结构。

除Co、Al外，所有溶于奥氏体的合金元素都使M_s、M_f点下降（见图3.18），使钢在淬火后的残余奥氏体量增加（见图3.19）。一些高合金钢在淬火后残余奥氏体量可高达

30%～40%，这对钢的性能会产生不利的影响。碳最强烈降低钢的 M_s 点，其次是 Mn、Cr 和 Ni，再次是 V、W、Mo、Si 等。

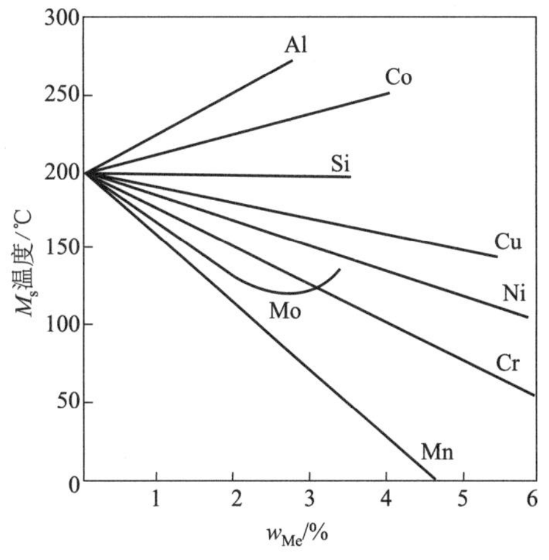

图 3.18　合金元素对 M_s 点的影响

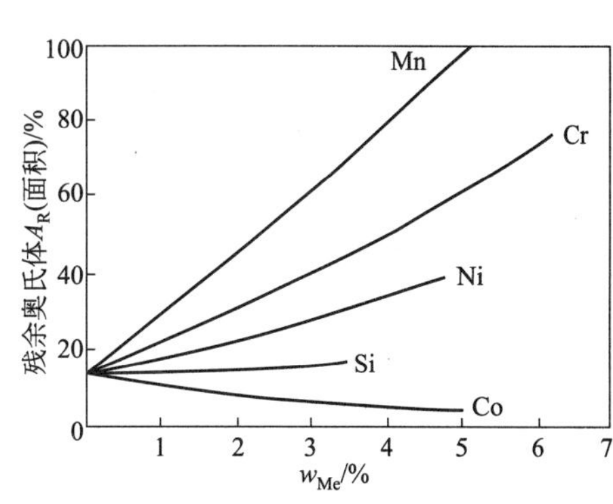

图 3.19　合金元素对残余奥氏体的影响

1%合金元素对钢的 M_s 点的影响见表 3.1。合金元素降低 M_s 点主要是合金元素降低奥氏体的自由能或升高马氏体的自由能。升高 M_s 点的作用则相反。在低合金钢中合金元素对 M_s 点温度的影响用下式表示

$$M_s=539-423w_C-30.4w_{Mn}-17.2w_{Ni}-12.1w_{Cr}-7.5_{Mo} \tag{3-1}$$

随钢中合金元素增加，M_s 点温度不断下降，在室温下保留更多的残留奥氏体，直到 M_s 点低于室温，得到全部奥氏体组织。

表 3.1　1%合金元素对钢的 M_s 点的影响

合金元素	C	Mn	Cr	V	Ni	Mo	W	Cu	Si	Co	Al
ΔM_s/℃	−300	−45	−35	−30	−26	−25	−11	−7	0	+12	+18

钢中合金元素使 M_s 点温度不断下降时，马氏体的形貌和微观结构将发生变化。低碳合金钢中马氏体的金相形貌呈片状，微观上是具有位错亚结构的板条马氏体。高碳高合金钢中马氏体的金相形貌是针状，微观上是具有孪晶亚结构的针状马氏体。合金元素的含量和马氏体转变温度决定钢的滑移和孪生的临界分切应力，从而影响马氏体的亚结构。当 M_s 点温度较高时，由于滑移的临界分切应力较低，在 M_s 点以下形成位错结构的马氏体；当 M_s 点温度较低时，孪生分切应力低于滑移临界分切应力，则马氏体相变以孪生形成孪晶结构的马氏体。在 Fe-C 合金中，分界温度约为 200℃，高于 200℃形成位错亚结构，低于 200℃形成孪晶亚结构。

3.2.3　合金元素对淬火钢回火的影响

（1）提高回火稳定性　回火稳定性，又称回火抗力，指钢在回火过程中随回火温度的升高钢抵抗硬度下降的能力。相同温度回火，硬度下降少的称为回火抗力好。

合金元素固溶于马氏体中，减慢了碳的扩散，从而减慢了马氏体及残余奥氏体的分解过程和阻碍碳化物析出、聚集长大，因而在回火过程中合金钢的软化速度比碳钢慢，即合金钢

具有较高的回火抗力（见图 3.20），在较高的回火温度下仍保持较高的硬度。在回火温度相同时，合金钢的硬度及强度比相同含碳量的碳钢高；而回火至相同硬度时，合金钢的回火温度高，内应力的消除比较彻底，因此，其塑性和韧性比碳钢好。

当回火温度较低时（<250℃），低碳钢在回火时只出现碳原子的偏聚，没有过渡碳化物的析出，因此合金元素对低碳钢组织的影响较小，对回火稳定性的影响也较小。中、高碳钢在低温回火时，析出过渡碳化物 ε 碳化物，但合金元素（Si 除外）对 ε 碳化物的析出无影响，因此合金元素对低、中、高碳钢低温回火后的强硬度影响较弱。Si 虽然促进 ε 碳化物的析出，但硅能溶解到 ε 碳化物中，增加它的稳定性，使其保持到更高温度才溶解，推迟了渗碳体的析出过程，因而只有在更高的回火温度下才开始软化，从而有效提高钢回火抗力，见图 3.21。

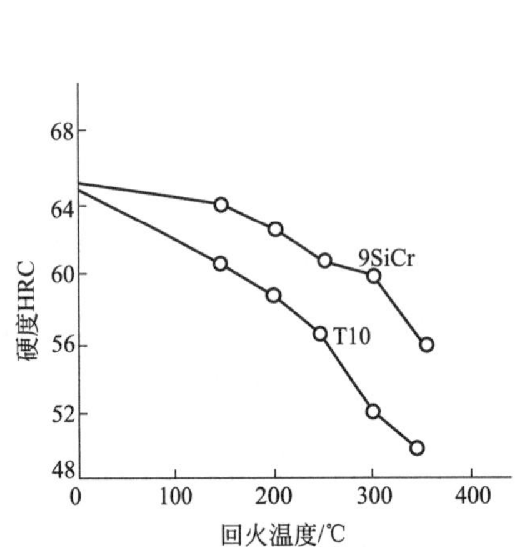

图 3.20　合金钢与非合金钢回火抗力的比较

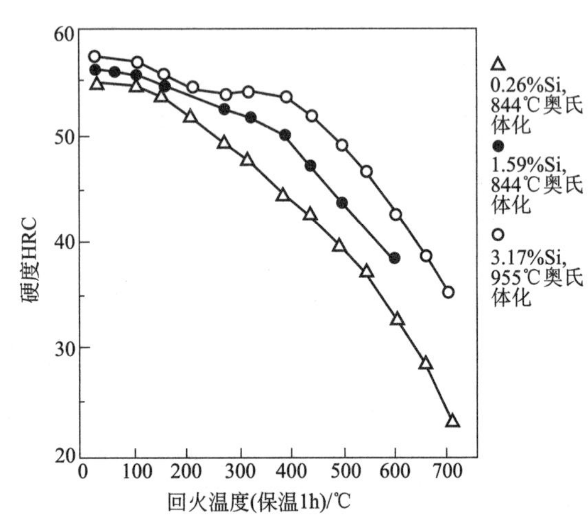

图 3.21　硅对 0.37C-1.7Ni-0.8Cr-0.2Mo 钢回火抗力的影响

钢在高温回火时，合金元素的影响加强，主要原因是合金元素扩散系数较小，降低碳原子的扩散系数；阻碍碳化物的聚集长大、粗化和铁素体晶粒等轴化；引起二次硬化效应。

（2）产生二次硬化现象　若钢中 Cr、W、Mo、V 等元素超过一定量时，除了提高回火抗力外，在 400℃以上还会形成弥散分布的特殊碳化物，使硬度重新升高。在含强碳化物形成元素较多的钢中，马氏体在高温回火时析出合金碳化物有两种途径。一种是碳化物形成元素在渗碳体中富集，当其浓度超过在合金渗碳体中的溶解度时，合金渗碳体在原位转变为合金碳化物。铬钢中合金碳化物析出属于这一类型，这类碳化物颗粒较粗大，强化作用较小，析出温度也较低，见图 3.22(a)。另一种是从 α 相中直接析出合金碳化物，同时伴有渗碳体的溶解。含强碳化物形成元素 V、Ti、Nb 的钢中的碳化物析出属于这一类型。淬火的含 Mo 的钢在 500℃以上时，与基体共格的细小 Mo_2C 颗粒直接从 α 相中析出，合金硬度升高，在 500～600℃硬度达最高值，出现所谓的二次硬化现象［见图 3. 22(b)］。600℃以后硬度下降是由于这些弥散分布的碳化物聚集长大。二次硬化现象对高合金工具钢十分重要，通过 500～600℃回火可使其硬度比淬火态硬度高 5HRC 以上。

产生二次硬化的原因是，在 400℃以下回火时，从马氏体中析出合金渗碳体，使钢的硬度下降，但当回火温度升高到 500～600℃时，会从马氏体中析出特殊碳化物，如 VC、Mo_2C、W_2C 等，析出的碳化物高度弥散分布在马氏体基体上，与基体保持共格关系，增强

了变形抗力，使钢的硬度反而有所提高，这就形成了二次硬化。这种二次硬化实质上是一种弥散硬化。另外，在某些高合金钢淬火组织中，残余奥氏体量较多，而且十分稳定，当加热到 500～600℃时会析出一些特殊碳化物，使奥氏体中的碳及合金元素降低而提高了 M_s 温度，所以在随后的冷却过程中就有部分残余奥氏体转变成马氏体，这也是回火时产生二次硬化的原因之一。高速钢、耐热钢等在高温下具有保持高硬度的能力（称热硬性）主要是由于二次硬化。600℃以后，由于温度较高，碳化物稳定性下降，开始聚集长大，从而使弥散度降低，碳化物与基体的共格关系遭到破坏，弹性应变能减小，强化效果减弱小，硬度下降。

需要注意的是碳素钢不发生二次硬化现象，非（弱）碳化物形成元素不能引起二次硬化。

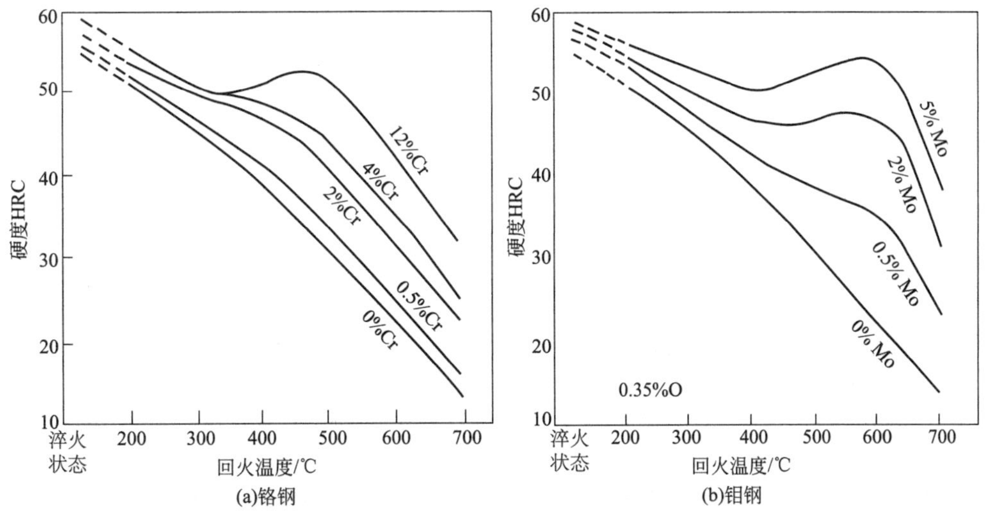

图 3.22　Cr、Mo 碳化物形成元素对回火后硬度的影响

(3) 增大回火脆性　钢淬火后回火的目的是降低脆性，提高韧性，稳定组织。但是在钢回火过程中，其韧性并非单调上升，而是在 200～350℃和 450～650℃出现低谷（见图 3.23）。这种现象称为钢的回火脆性。

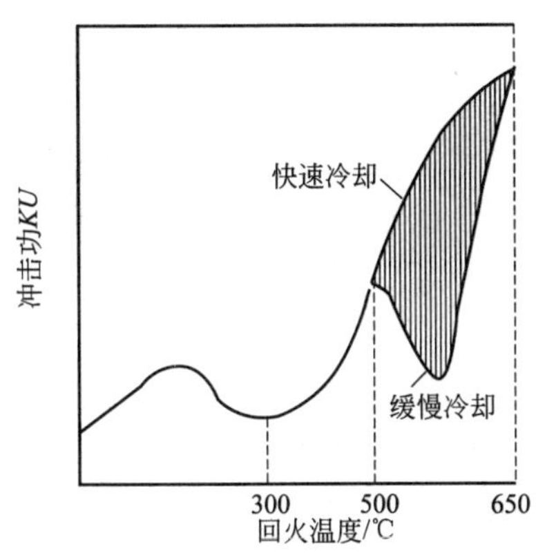

图 3.23　Cr-Ni 钢的回火脆性示意图

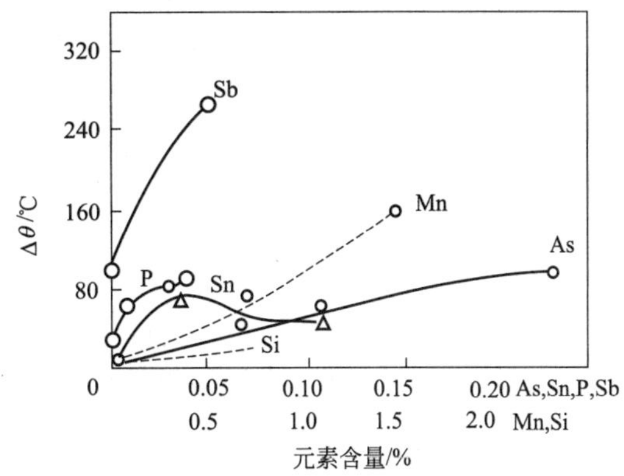

图 3.24　杂质及合金元素对 Ni-Cr 钢在 450℃、168h 回火时回火脆性的影响

对低温回火脆性而言，合金元素中的 Cr、Mn 和 Si，不论单独或共同加入，均促进低温

回火脆性的发展，并使回火脆化的温度移向高温。单独加入 Ni 或 V 对低温回火脆性几乎没有影响。但 Ni-Si、Ni-Mn 或 Ni-Cr 共同加入时，则促进脆化。Mo、W、Ti 和 Al 使低温回火脆性有所减弱，Mo 对低温回火脆性的抑制作用较强。

对高温回火脆性而言，合金元素中的 Cr、Mn、Ni 有促进杂质元素偏聚的作用，从而促进脆化。而 Mo、W、V 和 Ti 可抑制回火脆性的发展。合金元素对回火脆性的影响参见图 3.24，图中 $\Delta\theta$ 表示脆化度。

3.3 钢的微合金化

微合金钢指含有少量钒、铌和（或）钛等碳、氮化合物形成元素的钢种。通常，这些元素以单一方式或以复合方式加入钢中，每种元素的含量应小于 0.10%，而合金化元素的总量小于 0.15%。这些元素加入量很少，在钢的加热和冷却过程中通过溶解-析出行为对钢的力学性能发挥作用。钢的强化机制主要是细晶强化和沉淀强化。钢的控轧控冷工艺对微合金化钢有重要意义，钢的微合金化和控轧控冷技术相辅相成，是微合金化钢设计和生产的重要前提。钢的强韧化起主导作用的是微合金元素析出引起的沉淀相，晶粒细化作用是第二位的，从属的。

3.3.1 微合金钢的强化机制

加入钢中的微合金元素，只有形成碳、氮化物，并通过细化组织和沉淀强化才能对力学性能有显著影响。微合金化钢的主要强化手段主要有以下几种：

（1）固溶强化机制　低碳钢在常温状态属于体心立方晶格结构的材料，原子半径较小的元素如 C、N，通常以间隙方式固溶在 α-Fe 中，多数合金元素的原子如 Nb、V、Ti、Mo、Al 等都以置换方式固溶在 α-Fe 中。固溶造成晶格的畸变，使钢的屈服强度提高。

在近平衡的状态下，如热轧或正火、回火的钢中，α-Fe 中固溶的 C、N 很少，不具有强化作用。置换式固溶强化效果远低于间隙式固溶，置换固溶强化效果大的元素对韧性的危害也较大，所以一般微合金化钢中并不采用置换固溶强化方式。

（2）晶粒细化的强韧化机制　常规热轧状态低碳钢中铁素体晶粒尺寸在 14～20μm，屈服强度提高了 131～148MPa；正火状态铁素体晶粒尺寸为 8～14μm，屈服强度提高了 240MPa；控轧控冷后的铁素体晶粒尺寸可达到 2～5μm，对强度的贡献为 350MPa。如果铁素体晶粒细化到 1μm，钢的屈服强度有可能提高 435MPa。晶粒细化与钢的屈服强度的提高值可用下式表达

$$\Delta R_{eL}=k_y d^{-1/2} \tag{3-2}$$

式中，k_y 为晶粒细化强化系数；d 为铁素体晶粒尺寸。

在所有强韧化机制中，仅有晶粒细化既提高强度，又能改善韧性，所以它是钢中最重要的强化方式。细晶粒度是大多数高强低合金钢获得必要的强度和韧性的基本要求。通过控制轧制或热处理的方法可生产出晶粒度达 10 级左右的低碳钢。这种钢具备优良的力学性能，如果再向钢中加入产生析出硬化的微合金元素，钢的强度还可进一步提高。

晶粒细化强化的本质是晶粒间界的位错塞积，凡是影响晶粒间界的因素，自然也影响晶粒细化的强化效果。晶粒细化对强度有贡献，亚晶和胞壁结构对强度也有作用。研究认为，尺寸在 0.4μm 以下时，胞壁结构的强化是主要的；尺寸在 0.4mm 以上时，则是晶界和亚晶

界对强化起主导作用。

(3) 析出强化机制 微合金元素在钢中能形成碳化物、氮化物或复合的碳氮化物。微合金化钢的析出强化是指在钢的基体内分布的碳、氮化物，还有金属间化合物、亚稳中间相等第二相质点的析出在间界、运动位错之间产生相互作用，导致钢的流变应力和屈服强度提高。

析出相能产生的强化作用主要取决于析出物颗粒的尺寸和析出物的体积分数。析出物越细小，析出物析出数量越多，强化效果越大。在Nb、V、Ti三种微合金元素中，Nb、V和Ti的微细析出相才能起这种作用，所以钢的热机械处理（或控轧控冷）就是要实现细小沉淀相的析出，从而产生强化效果。

(4) 相变强化 微合金化钢多数是屈服强度在490MPa以下，由热机械处理后使用的低碳钢。

钢的性能取决于钢的组织结构（或称为钢的组织及微观精细结构），而组织结构的主导是由相变决定的。最简单的例子是低碳钢在轧制后随冷却条件的变化，有铁素体＋珠光体、铁素体＋贝氏体、马氏体等几种结构。钢的力学性能也随之有很大的变化，从而可以生产出不同强度等级的钢材品种，用于各种不同的用途。这种情况就属于相变强化。

应变和冷却是两个重要的驱动条件，在外力的作用下，如热加工或冷变形，在冷却或在加热的情况下，状态失去了平衡，由高能量状态向低能量状态转变。

3.3.2 铌、钒、钛微合金化元素的特性及作用

Nb、V、Ti、Er、Hf、Ta、Cr、Mo、W等均为难熔金属，具有形成氮化物和碳化物的能力。Nb、V、Ti与Fe原子的半径差很小，其氮化物和碳化物为面心立方结构，与钢的面心立方结构或体心立方基体有共格性，在一定的条件下既可以溶入又可以析出。

Ti的氮化物在钢水凝固阶段形成，不溶于奥氏体，因此能在钢的热加工加热过程和焊接时的焊缝中控制晶粒尺寸，另外由于形成TiN，可以消除钢中自由氮，对抗时效有好处。V的氮化物和碳化物在奥氏体中几乎完全溶解，对控制奥氏体晶粒不起作用。V的化合物仅在$\gamma \rightarrow \alpha$相变过程中或相变之后析出，析出物非常细小，有十分显著的析出强化效果。Ti的碳化物和Nb的氮化物、碳化物可在高温奥氏体区内溶解，又可在低温奥氏体区内析出。

钢中微合金化元素的选用主要取决于微合金碳化物或氮化物的溶解度。Nb、V、Ti、Al的碳、氮化合物溶度积随温度的变化，见图3.25。例如，因为碳化钒在钢中的溶解度相对较高，因此钒被用来提高含碳量较高的钢的强度，同时，氮化钒还可非常有效地提高氮含量高的钢的强度（见图3.26）。钒对热轧后相变特性的影响极小、甚至没有，这样就可在较大的精轧温度范围内轧出性能合格的钢。这一点对型钢轧制尤为有益。相反，铌就对相变有很大的影响，它会使钢中形成脆性微结构。

固溶的溶质原子对扩散控制的反应或相变有拖曳作用，从而将再结晶过程推向较高的温度，而碳化物和氮化物的析出既促进相变的生核，又阻滞二次晶粒的长大。因此，含Nb、Ti的微合金化钢再结晶温度较高，具有较细的奥氏体晶粒。V微合金化钢再结晶温度较低，V-Ti复合又可充分发挥对多次再结晶新晶界的阻滞作用。

析出强化作用取决于析出物数量和粒子尺寸，也取决于共格质点与基体之间晶格常数的差别。在含碳量约0.14%时，析出强化对合金的屈服强度的提高作用为：Nb＞Ti＞V。与

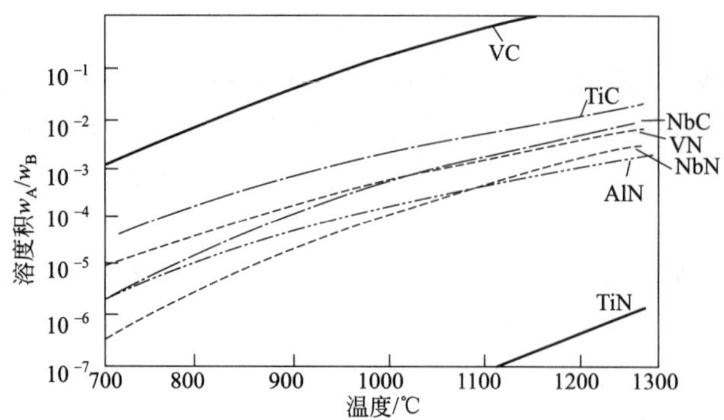

图 3.25 微合金碳化物、氮化物的溶度积

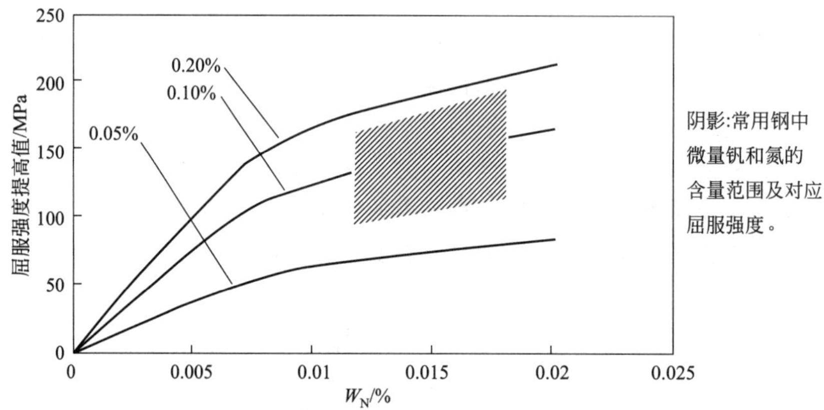

图 3.26 热轧板卷中钒和氮由于氮化钒的析出而产生的屈服强度的提高值

V 相比，要达到相同的弥散强化效果，用 1/2 的 Nb 就可以。强化效果又受到在奥氏体中形成析出物倾向的制约，形变促进这种倾向，所以 NbC 具有的强化效果在较低含碳量的钢中更明显。

表 3.2 中列出了各种微合金化元素的不同作用。这些微合金化元素使热轧后碳锰钢中产生很好的析出强化，而钒在这方面尤其突出。同时，这些微合金化元素还具有正火热处理后细化晶粒的作用。此外，不同的微合金化元素在不同工艺阶段中的作用不同。如，添加钒可使高碳钢中产生析出强化；铌可减少热轧过程中的再结晶，细化了晶粒；少量的钛可十分有效地对奥氏体内高温下的晶粒进行细化。

表 3.2 微合金化元素的作用

微合金元素	热轧后析出强化	正火后析出强化	影响热轧过程中的再结晶	正火时细化晶粒	高温奥氏体化过程中细化晶粒	影响热轧后的相变特性
钒	碳化钒、氮化钒	碳化钒	—	氮化钒	—	—
铌	碳氮化铌	—	铌、碳氮化铌	碳氮化铌	—	铌
钛	碳化钛	—	—	碳化钛	氮化钛	—

由于铌可以降低热轧过程中奥氏体再结晶速度，它可在高强度低合金钢的控轧中用来加强晶粒的细化。在实际生产中，通常在中厚板以及热轧带钢轧机上采用此工艺，铌是生产控轧管线钢中重要的微合金化元素，并通常与其他微合金化元素复合使用。微合金化和先进的加工技术使钢种得到了改善。对含铌钢进行控制轧制，并向钢中加钒以提高强度，可使晶粒

细化。通过添加多种微合金并配以控轧后的加速冷却，钢的性能得到更大的提高。

钛可使钢在奥氏体范围内的高温下保持细的晶粒度。钛通常与钒和铌复合使用来获得细的晶粒度，而无须在热轧中通过控制冷却来降低精轧温度。研究表明，钢中钛的加入量必须加以严格控制，使钢中最大程度地形成细小的氮化钛颗粒，而不形成粗大的颗粒，以免对钢的断裂特性造成不良影响。

3.3.3 控制轧制与控制冷却技术

（1）控制轧制技术　控制轧制就是一种通过细化铁素体晶粒而产生强韧性钢的新型工艺技术。如前所述，在普低钢（普通低合金钢）中加入微量的 Nb、V 等合金元素可以产生显著的沉淀强化效应，但同时也使钢的冷脆倾向增大。所以还必须采取相应的韧化措施，即采用控制轧制和控制冷却工艺。

控制轧制是将加入微合金化元素的普低钢加热到高温（1250～1350℃）进行轧制，但必须将终轧温度控制在 A_{r3} 附近。控制轧制本质上是一种形变热处理，其主要目的是细化晶粒组织，从而提高热轧钢的强韧性。对于含铌、钛的微合金钢，在高于 1200℃时，钢中的铌、钛的碳氮化物部分溶解于奥氏体，在随后的轧制过程中析出，起抑制再结晶和控制奥氏体晶粒长大的作用；在轧制完毕的冷却过程中，又有部分弥散的碳化物析出，起沉淀强化作用。未溶的铌、钛的碳化物和氮化物起阻止钢坯的奥氏体晶粒过度长大的作用。控制轧制通常由三个阶段组成。第一阶段是高温下在再结晶区变形，使粗大的奥氏体多次变形和再结晶而细化，但这时由奥氏体 A 转变的铁素体 F 仍然较粗大；第二阶段是在紧靠 A_{r3} 以上的低温无再结晶区变形，在伸长而未再结晶的奥氏体内形成变形带，而且使铁素体在变形带以及晶界上形核，从而形成细小的铁素体 F；第三阶段是在奥氏体-铁素体两相区变形，此时铁素体发生变形并形成亚结构。变形之后的冷却过程中，未再结晶的奥氏体转变为等轴的铁素体晶粒，同时变形的铁素体产生亚结构。

必须指出的是，通过奥氏体的反复再结晶来细化晶粒并不能无限地进行下去。为此需要控制变形形成一定的变形带去分裂奥氏体晶粒。

常规热轧和控制轧制之间的差别在于：常规热轧的铁素体形核只在奥氏体晶界上形成；而控制轧制过程中，奥氏体晶粒被形变带划分为几个部分，使得铁素体形核不仅发生在奥氏体晶界上，而且还在奥氏体的晶内。这样大大提高了形核率，从而细化了晶粒。

控制轧制工艺有传统的控制轧制和再结晶控制轧制两种。

1）传统的控制轧制　当控制轧制在低于再结晶终止温度下变形时，已变形的奥氏体或者发生再结晶但晶粒来不及长大，或者仅达到回复状态未发生再结晶。奥氏体在形变道次时间终了时，实际上仍保持加工状态的薄饼形晶粒。随后通过控制冷却使得铁素体在奥氏体晶界和晶内滑移并带上多处形核，得到极细小的铁素体晶粒。加入的微合金化元素是为了在热加工时应变诱导析出，阻碍奥氏体再结晶，升高奥氏体的再结晶温度。只有 Nb(C，N）是最理想的应变诱导析出相；TiN 由于沉淀温度太高，不能成为应变诱导析出相；而 VN 和 VC 沉淀的温度太低，也不能用来抑制奥氏体再结晶，只能用作沉淀强化相。据此发展了低于再结晶温度控制轧制的 Nb-V 复合钢，其中铌主要用来在高温变形时产生应变诱导析出相 Nb(C，N)，细化奥氏体晶粒；而钒主要用来产生沉淀强化相 V(C，N)。

2）再结晶控制轧制　当控制轧制在高于再结晶终止温度下变形时，奥氏体要发生再结晶，因此必须抑制热变形后再结晶奥氏体的粗化和避免应变诱导析出。如加入微合金化元素钛（0.010%～0.020%）使钢在凝固后的冷却过程中析出稳定弥散的TiN质点，可以抑制经反复形变再结晶细化的奥氏体晶粒长大，当反复多道次形变和再结晶后，奥氏体晶粒得到细化。由于终轧温度高（高于950℃），形变不能诱导V(C，N)相产生，所以不能升高再结晶温度，阻碍奥氏体再结晶。微合金化元素钒只作为低温析出的沉淀强化相。此外还可采用Ni-Mo复合微合金化的方法，如利用未溶的Nb(C，N)质点钉扎晶界作用和钼、铌的晶界偏聚，产生对晶界迁移的拖曳作用，抑制奥氏体再结晶时的晶粒长大，低温析出弥散的Nb(C，N)产生沉淀强化。再结晶控制轧制工艺特别适合在不能进行低温轧制的低功率轧机上实施，或者在锻造时使用。

（2）控制冷却工艺　控制冷却工艺对获得细小的铁素体晶粒和沉淀强化相极为重要。对于截面较厚的钢材，冷却速度过慢时，析出的先共析铁素体将长大，珠光体团和片层也粗化，这就降低了钢的强度和韧性。对于微合金化钢，冷却速度慢时，发生相间沉淀的温度较高，沉淀相过于粗大，减弱了沉淀强化效应。根据钢材截面的厚度不同，控制冷却可以采用强制风冷、喷雾、喷水等措施来控制冷却速度。在连轧钢板生产过程中，控制钢板的卷取温度也很重要，卷取温度一般控制在600～650℃，使钢板在600℃以下冷却速度减慢，以便改善钢材的塑性和韧性。

目前控制轧制在冶金厂广泛采用，主要用于生产钢板、钢带和钢棒等。经常采用的是粗轧-待温-终轧工艺，即在高温快速再结晶区内轧几道，待温度降低一些再进行终轧。待温主要是保证终轧在无再结晶区或两相区进行。

3.4 合金元素对钢工艺性的影响

3.4.1 热处理工艺性

（1）淬透性　钢材的化学成分是影响淬透性最重要的因素之一。凡是在钢中引起C曲线右移或左移的合金元素，都对淬透性有着极大的影响。使C曲线右移的元素将提高钢的淬透性；使C曲线左移的元素将降低钢的淬透性。例如，45钢与40Cr钢中的含碳量差不多，但由于前者不含铬，后者含约1%铬，在同等的热处理条件下，它们的淬透性就明显不同：45钢的淬透深度只有3.5～9.5mm，而40Cr钢的淬透深度达到25～32mm。

必须指出，合金元素提高钢的淬透性的前提是合金元素溶于奥氏体。淬火成马氏体时，碳钢和合金钢具有相近的综合力学性能，因此合金化主要是提高淬透性。

1）马氏体淬透性　Mn、Mo、Cr对增加淬透性的作用最强，Si与Ni次之。为了提高结构钢的淬透性，不仅要提高过冷奥氏体在珠光体区的稳定性，而且要提高钢在贝氏体区的稳定性。这种淬透性严格说来应称为马氏体淬透性。

采用提高过冷奥氏体稳定性的强碳化物形成元素（如Cr、Mo等）与强化铁素体的元素（如Ni、Mn、Si等）的配合，可以在很大程度上提高马氏体的淬透性。这几种元素同时加入钢中的效应，往往比单个元素的作用的总和要大好多倍。多种合金化对淬透性的影响不是简单的加和关系，而是相互补充，相互加强。

如果仅用强碳化物元素Cr或Mo来合金化，则在珠光体转变区（600～650℃）和贝氏体转变区（大致在300～350℃）都各有一个奥氏体不稳定区域。相反，如果用Ni或Mo来

合金化，在珠光体转变区（大致在 450～550℃）也有一个奥氏体不稳定区域。但是如果采用上述两种元素的配合，将使奥氏体不论在 600～650℃的温度范围内还是在 300～350℃温度范围都有很高的稳定性。可见，最有效的合金化是将强弱不同的碳化物形成元素和非碳化物形成元素有效组合起来。

因此，在结构钢中，一方面含有 Cr、Mo 等碳化物形成元素，另一方面含有非碳化物元素（如 Ni、Si）及弱碳化物元素（Mn），这种配合，可以大大地提高过冷奥氏体的稳定性，从而显著地提高淬透性。

合金元素按提高马氏体淬透性的作用从大到小排列：B、Mn、Mo、Cr、Si、Ni。

2）贝氏体淬透性　在某些场合，希望仅提高钢在珠光体区域的稳定性，来保证一定截面下的钢件在一定冷却速度下获得贝氏体组织，以适应金属构件和机械制造上某些工件综合力学性能的需要。

钢中含 0.3%Mo 以上就能显著地推迟珠光体转变，而对贝氏体转变的影响却很小，因此要得到贝氏体，Mo 是不可缺少的元素。但是为了使较大截面的钢在空气冷却条件下获得单一的贝氏体，还必须加入能够强烈阻止多边形铁素体析出而对贝氏体转变影响不大的元素，最有效的方法是加 B 元素。

此外，在 0.5%Mo-B 的基础上适当提高 C 含量，再加入适量的 Mn 或 Cr，还可以保证正火后得到各种不同综合力学性能的中碳贝氏体钢，这有利于发展贝氏体型大截面用钢。

（2）淬硬性　淬硬性是指钢在淬火时的硬化能力，即理想淬火条件下，以超过临界冷却速度所形成的马氏体组织能够达到的最高硬度。主要取决于马氏体中的含碳量，碳含量越高，则钢的淬硬性越高。其他合金元素的影响比较小。0.6%C 的钢淬火时达到最高硬度，继续提高含碳量，由于残余奥氏体量增大，碳钢硬度增大不大，合金钢硬度下降。淬火硬度与含碳量之间的关系：$HRC=30+50w_C$。

3.4.2　成形加工性

（1）冷成形性　冷态成形包括许多不同的冷成形工艺，如深冲、拉延成形和弯曲等。钢的冷态成形工艺性能优劣与其成分、组织和冷变形工艺参量有关。

溶解在固溶体中的合金元素，一般将提高钢的冷加工硬化程度，使钢承受塑性变形后很快地变硬变脆，这对钢的冷加工是很不利的。因此，对于那些需要经受大量塑性变形加工的钢材，在冶炼时应限制其中各种残存合金元素的量，特别要严格控制 S、P 等。C、Si、P、S、Ni、Cr、V、Cu 等元素都会使钢材的冷态压延性能恶化。

（2）热压力加工性　热压力加工性能通常由热加工时钢的塑性和变形抗力、可加工温度范围、抗氧化能力、对锻造加热和锻后冷却的要求等来评价。合金元素溶入固溶体中或在钢中形成碳化物，都能使钢的热变形抗力提高和塑性明显降低，容易发生锻裂现象。但有些元素（如 V+Nb，Ti 等），其碳化物在钢中呈弥散状分布时，对钢的塑性影响不大。合金元素一般都降低钢的导热性并提高钢的淬透性，因此为了防止开裂，合金钢锻造时加热和冷却都必须缓慢。

（3）切削加工性（切削性能）　金属的切削性能是指金属被切削的难易程度和加工表面的质量。为了提高钢的切削性能，可在钢中加入一些能改善切削性能的合金元素，最常用的元素是 S，其次是 Pb 和 P。硫在钢中与锰形成球状或点状硫化锰夹杂，破坏了金属基体的连续性，使切削抗力降低，切屑易于碎断。在易切削钢中硫的质量分数可达 0.08%～0.30%。铅在钢中完全不溶，以 2～3pm 的极细质点均匀分布于钢中，使切屑易断，同时起润滑作用，改善了钢的切削性能，在易切削钢中铅的质量分数控制在 0.10%～0.30%。少量的磷溶入铁素体中，可提高其硬度和脆性，有利于获得良好的加工表面质量。

（4）合金元素对焊接性能的影响　钢的焊接性能，主要取决于它的淬透性、回火性和碳的质量分数。合金元素对钢材焊接性能的影响，可用焊接碳当量来估算。我国目前所广泛应用的普通低合金钢，其焊接碳当量可按下述经验公式计算。

$$w_{Ceq}=w_C+\frac{1}{6}w_{Mn}+\frac{1}{5}w_{Cr}+\frac{1}{15}w_{Ni}+\frac{1}{4}w_{Mo}+\frac{1}{5}w_V+\frac{1}{24}w_{Si}+\frac{1}{2}w_P+\frac{1}{13}w_{Cu} \tag{3-3}$$

对厚度为 15mm、50mm 的 200 个钢种（从碳钢到强度等级为 1000MPa 级的高强度合金钢），以低氢焊条进行常温下的 Y 型坡口拘束焊接，可用钢材焊接裂纹敏感性指数估计钢材出现焊接裂纹可能性的指标，其计算公式为

$$P_{cm}=w_C+\frac{1}{20}w_{Mn}+\frac{1}{20}w_{Cr}+\frac{1}{60}w_{Ni}+\frac{1}{15}w_{Mo}+\frac{1}{10}w_V+\frac{1}{30}w_{Si}+\frac{1}{60}w_H+\frac{1}{20}w_{Cu}+5w_B+\frac{1}{600}t \tag{3-4}$$

式中，w_i 为某合金元素质量分数，i 为某合金元素；t 为钢板厚度。

（5）合金元素对铸造性能的影响　钢的铸造性能主要由铸造时金属的流动性、收缩特点、偏析倾向等来综合评定。它们与钢的固相线和液相线温度的高低及结晶温度区间的大小有关。固、液相线的温度越低和结晶温度区间越窄，铸造性能越好。

合金元素的作用主要取决于其对状态图的影响。另外，一些元素如 Cr、Mo、V、Ti、Al 等，在钢中形成高熔点碳化物或氧化物质点，增大了钢液的黏度，降低其流动性，使铸造性能恶化。

3.5 钢的分类及牌号

3.5.1 钢的分类

钢是以铁为基体、碳为主要元素的多元合金，此外还有硅、锰、硫、磷等。为了保证其韧性和塑性，含碳量一般不超过 1.7%。钢的品种繁多，其成分、性能和用途各不相同。为了便于生产、管理和使用，必须对钢进行分类、命名和编号。

按照硫、磷含量，钢分为普通钢（$w_P \leqslant 0.045\%$，$w_S \leqslant 0.050\%$）和优质钢（$w_P \leqslant 0.035\%$，$w_S \leqslant 0.035\%$）。

按化学成分，钢分为碳素钢和合金钢两大类。其中碳素钢又分为低碳钢（$w_C \leqslant 0.25\%$）、中碳钢（$w_C = 0.25\% \sim 0.60\%$）和高碳钢（$w_C \leqslant 0.60\%$）。合金钢又可分为低合金钢（合金元素总含量小于 5%）、中合金钢（合金元素总含量为 5%～10%）和高合金钢（合金元素总含量大于 10%）。

按用途，钢可分为建筑和工程用钢、机器零件用钢、工具钢、特殊性能钢和专业用钢。其中建筑和工程用钢包括普通碳素结构钢、低合金结构钢和钢筋钢。

机器零件用钢包括调质结构钢、表面硬化结构钢、易切结构钢、冷塑性成形用钢、弹簧钢和轴承钢。其中表面硬化结构钢包括渗碳钢、渗氨钢、表面淬火用钢；冷塑性成形用钢包括冷冲压用钢、冷镦用钢。

工具钢包括碳素工具钢、合金工具钢和高速工具钢。特殊性能钢分为不锈耐酸钢、耐热钢、电热合金钢、耐磨钢、低温用钢和电工用钢，其中耐热钢包括抗氧化钢、热强钢、气阀钢。

专业用钢指如桥梁用钢、船舶用钢、锅炉用钢、压力容器用钢、农机用钢等。

也可把钢进行综合分类，分成普通钢和优质钢。普通钢包括碳素结构钢（如Q195、Q235、Q255、Q275等）、低合金结构钢（如Q390、Q420、Q860等）和特定用途的普通结构钢。优质钢包括优质结构钢、工具钢和特殊性能钢。优质结构钢又包括优质碳素结构钢、合金结构钢、弹簧钢、易切钢、轴承钢以及特定用途优质结构钢；工具钢包括碳素工具钢、合金工具钢和高速工具钢；特殊性能钢则包括不锈耐酸钢、耐热钢、电热合金钢、电工用钢、高锰耐磨钢。

按成形方法，钢可分为锻钢、铸钢、热轧钢和冷拉钢。

按金相组织，钢分为退火状态的钢（如亚共析钢、共析钢、过共析钢、莱氏体钢）、正火状态的钢（如珠光体钢、贝氏体钢、马氏体钢、奥氏体钢）。根据室温组织分为铁素体钢、马氏体钢、奥氏体钢和双相钢。

按冶炼方法，钢分为平炉钢、转炉钢、电炉钢。平炉钢包括酸性平炉钢和碱性平炉钢；转炉钢包括酸性转炉钢、碱性转炉钢、底吹转炉钢、吹转炉钢和顶吹转炉钢。电炉钢包括电弧炉钢、电渣炉钢、感应炉钢、真空自耗炉钢和电子束炉钢。

3.5.2 钢的牌号

我国钢的牌号一般采用汉语拼音字母、化学元素符号和阿拉伯数字相结合的方法表示。

采用汉语拼音字母表示钢产品的名称、用途、特性和工艺方法时，一般从代表钢产品名称的汉字的汉语拼音中选取第一个字母。采用汉语拼音字母，原则上只取一个，一般不超过两个。常用钢产品的名称及符号见表3.3。

表3.3 常用钢产品的名称及表示符号（GB/T 221—2008）

产品名称	采用的汉字及汉语拼音字母或英文单词			采用字母	位置
	汉字	汉语拼音字母	英文单词		
碳素结构钢	碳素结构钢	—	—	Q	牌号头
低合金结构钢	低合金结构钢	—	—	Q	牌号头
热轧光圆钢筋	热轧光圆钢筋	—	hot rolled plain bars	HPB	牌号头
热轧带肋钢筋	热轧带肋钢筋	—	hot rolled ribbed bars	HRB	牌号头
细晶粒热轧带肋钢筋	热轧带肋钢筋+细	—	hot rolled ribbed bars+fine	HRBF	牌号头
冷轧带肋钢筋	冷轧带肋钢筋	—	cold rolled ribbed bars	BRB	牌号头
预应力混凝土用螺纹钢筋	预应力、螺纹、钢筋	—	prestressing、screw、bars	PSB	牌号头
焊接气瓶用钢	焊瓶	Han Ping	—	HP	牌号头
管线用钢	管线	—	line	L	牌号头
船用锚链钢	船锚	Cuan Miao	—	CM	牌号头
煤机用钢	煤	Mei	—	M	牌号头
锅炉和压力容器用钢	容	Rong	—	R	牌号尾
锅炉用钢(管)	锅	Guo	—	G	牌号尾
低温压力容器用钢	低容	Di Rong	—	DR	牌号尾
桥梁用钢	桥	Qiao	—	Q	牌号尾
耐候钢	耐候	Nai Hou	—	NH	牌号尾
高耐候钢	高耐候	Gao Nai Hou	—	GNH	牌号尾

续表

产品名称	采用的汉字及汉语拼音字母或英文单词			采用字母	位置
	汉字	汉语拼音字母	英文单词		
汽车大梁用钢	梁	Liang	—	L	牌号尾
高性能建筑结构用钢	高建	Gao Jian	—	GJ	牌号尾
低焊接裂纹敏感性钢	低焊接裂纹敏感性	—	crack free	CF	牌号尾
保证淬透性钢	淬透性	—	hardenability	H	牌号尾
矿用钢	矿	Kuang	—	K	牌号尾
船用钢	国际符号				
车辆车轴用钢	辆轴	Liang Zhou	—	LZ	牌号头
机车车辆用钢	机轴	Ji Zhou	—	JZ	牌号头
非调质机械结构钢	非	Fei	—	F	牌号头
碳素工具钢	碳	Tan	—	T	牌号头
高碳铬轴承钢	滚	Gun	—	G	牌号头
钢轨钢	轨	Gui	—	U	牌号头
冷镦钢	铆螺	Mao Luo	—	ML	牌号头
焊接用钢	焊	Han	—	H	牌号头

（1）碳素结构钢和低合金高强度钢牌号表示方法　这类钢通常分为通用钢和专用钢两大类。

1）通用钢　采用代表屈服强度的拼音字母“Q”。钢的牌号由代表屈服强度的字母、屈服强度数值（单位为 MPa）、质量等级符号、脱氧方法等符号，按顺序组成。例如，碳素结构钢牌号 Q235AF，Q235BZ；低合金高强度钢牌号 Q345C，Q345D。

碳素结构钢的牌号组成中，镇静钢符号“Z”和特殊镇静钢符号“TZ”可以省略，例如：质量等级分别为 C 级和 D 级的 Q235 钢，其牌号表示应为 Q235CZ 和 Q235DTZ，但可以省略为 Q235C 和 Q235D。

2）专用钢　一般采用代表钢屈服强度的符号“Q”、屈服强度数值和规定的代表产品用途的符号等表示。例如，压力容器用钢牌号表示为 Q345R；耐候钢其牌号表示为 Q340NH。

（2）优质碳素结构钢和优质碳素弹簧钢牌号表示方法　优质碳素结构钢采用两位阿拉伯数字（以万分之几计表示平均含碳量）或阿拉伯数字和元素符号。

较高锰含量的优质碳素结构钢，在表示平均含碳量的阿拉伯数字后加锰元素符号。例如，平均含碳量为 0.50%，锰含量为 0.70%～1.00%的钢，其牌号表示为 50Mn。

优质碳素弹簧钢牌号的表示方法与优质碳素结构钢牌号表示方法相同。

（3）合金结构钢和合金弹簧钢牌号表示方法

1）合金结构钢　牌号采用阿拉伯数字和标准的化学元素符号表示。两位阿拉伯数字表示平均含碳量（以万分之几计），放在牌号头部。

合金元素含量表示方法为：平均含量小于 1.50%时，牌号中仅标明元素，一般不标明含量；平均合金元素含量为 1.50%～2.49%、2.50%～3.49%、3.50%～4.49%、4.50%～5.49%……时，在合金元素后相应写成 2、3、4、5……例如，碳、铬、锰、硅的平均含量分别为 30%、0.95%、0.85%、1.05%的合金结构钢，S、P 含量分别≤0.030%，其牌号表示为 30CrMnSi。

专用合金结构钢牌号应在牌号头部（或尾部）加表 3.3 中规定代表产品用途的符号。

2）合金弹簧钢　牌号的表示方法与合金结构钢相同。例如，碳、硅、锰的平均含量分别为 0.60%、1.75%、0.75%的弹簧钢，其牌号表示为 60Si2Mn。

(4) 易切削钢牌号表示方法 易切削钢采用标准化学元素符号、规定的符号和阿拉伯数字表示。阿拉伯数字表示平均含碳量（以万分之几计）。

1）加硫易切削钢和加硫、磷易切削钢，在符号“Y”和阿拉伯数字后不加易切削元素符号。例如，平均含碳量为0.15%的易切削钢，其牌号表示为Y15。

2）较高含锰量的加硫或加硫、磷易切削钢，在符号“Y”和阿拉伯数字后加锰元素符号。例如，平均含碳量为0.40%，锰含量为1.20%～1.55%的易切削钢，其牌号表示为Y40Mn。

3）含钙、铅等易切削元素的易切削钢，在符号“Y”和阿拉伯数字后加易切削元素符号，例如Y15Pb、Y45Ca。

(5) 非调质机械结构钢牌号表示方法 非调质机械结构钢，在牌号头部分别加符号“YF”和“F”表示易切削非调质机械结构钢和热锻用非调质机械结构钢，牌号表示方法的其他内容与合金结构钢相同。例如YF35V、F45V。

(6) 工具钢牌号表示方法 工具钢分为碳素工具钢、合金工具钢和高速工具钢三类。

1）碳素工具钢 采用标准化学元素符号、规定的符号和阿拉伯数字表示。阿拉伯数字表示平均含碳量（以千分之几计）。

① 普通含锰量碳素工具钢，在工具钢符号“T”后为阿拉伯数字。例如，平均含碳量为0.80%的碳素工具钢，其牌号表示为T8。

② 较高含锰量的碳素工具钢，在工具钢符号“T”和阿拉伯数字后加锰元素符号，例如T8Mn。

2）合金工具钢和高速工具钢 合金工具钢、高速工具钢牌号表示方法与合金结构钢牌号表示方法相同，采用标准规定的合金元素符号和阿拉伯数字表示，但一般不标明平均含碳量数字。例如，平均含碳量为1.60%，铬、钼，钒含量分别为11.75%、0.50%、0.22%的合金工具钢，其牌号表示为Cr12MoV；平均含碳量为0.85%，钨、钼、铬、钒含量分别为6.00%、5.00%、4.00%、2.00%的高速工具钢，其牌号表示为“W6Mo5Cr4V2”。

若平均含碳量小于1.00%时，可采用一位阿拉伯数字表示含碳量（以千分之几计）。例如，平均碳含量为0.80%，锰含量为0.95%，硅含量为0.45%的合金工具钢，其牌号表示为8MnSi。

低铬（平均铬含量＜1.00%）合金工具钢，在含铬量（以千分之几计）前加数字“0”。例如，平均含铬量为0.60%的合金工具钢，其牌号表示为“Cr06”。

(7) 塑料模具钢牌号表示方法 塑料模具钢牌号除在头部加符号“SM”外，其余表示方法与优质碳素结构钢和合金工具钢牌号表示方法相同。例如，平均含碳量为0.45%的碳素塑料模具钢，其牌号表示为SM45；平均含碳量为0.30%，铬含量为1.70%，钼含量为0.42%的合金塑料模具钢，其牌号表示为SM3Cr2Mo。

(8) 轴承钢牌号表示方法 轴承钢分为高碳铬轴承钢、渗碳轴承钢、高碳铬不锈轴承钢和高温轴承钢等四大类。

1）高碳铬轴承钢 在牌号头部加符号“G”，但不标明含碳量。铬含量以千分之几计，其他合金元素按合金结构钢的合金元素含量表示。例如，平均含铬量为1.50%的轴承钢，其牌号表示为GCr15。

2）渗碳轴承钢 采用合金结构钢的牌号表示方法，另在牌号头部加符号“G”，例如G20CrNiMo。

3）高碳铬不锈轴承钢和高温轴承钢　采用不锈钢和耐热钢的牌号表示方法，牌号头部不加符号“G”。例如：高碳铬不锈轴承钢 95Cr18 和高温轴承钢 10Cr14Mo。

（9）不锈钢和耐热钢的牌号表示方法　不锈钢和耐热钢牌号采用标准规定的合金元素符号和阿拉伯数字表示，为切削不锈钢、易切削耐热钢时在牌号头部加“Y”。

用两位或三位阿拉伯数字表示碳含量最佳控制值（以万分之几或十万分之几计）。只规定碳含量上限的不锈钢和耐热钢，当碳含量上限不大于 0.10%时，以其上限的 3/4 表示碳含量；当碳含量上限大于 0.10%时，以其上限的 4/5 表示碳含量。对碳含量不大于 0.030%的超低碳不锈钢，用三位阿拉伯数字表示碳含量最佳控制值（以十万分之几计）。规定碳含量上限和下限的不锈钢和耐热钢，以平均碳含量×100 表示。合金元素含量表示方法同合金结构钢。钢中有意加入的 Nb、Ti、Zr、N 等合金元素，虽然含量很低，也应在牌号中标出。

例如，碳含量不大于 0.08%，铬含量为 18.00%～20.00%，镍含量为 8.00%～11.00%的不锈钢，牌号为 06Cr19Ni10。碳含量不大于 0.030%，铬含量为 16.00%～19.00%，钛含量为 0.10%～1.00%的不锈钢，牌号为 022Cr18Ti。碳含量为 0.15%～0.25%，铬含量为 14.00%～16.00%，锰含量为 14.00%～16.00%，镍含量为 1.50%～3.00%，氮含量为 0.15%～0.30%的不锈钢，牌号为 20Cr115Mn15Ni2N。碳含量为 0.95%～1.10%，铬含量为 16.00%～18.00%，钼含量为 0.4%～0.7%的不锈钢，牌号为 102Cr17Mo。碳含量不大于 0.25%，铬含量为 24.00%～26.00%，镍含量为 19.00%～22.00%的耐热钢，牌号为 20Cr25Ni20。

（10）焊接用钢牌号表示方法　焊接用钢包括焊接用碳素钢、焊接用合金钢和焊接用不锈钢等，其牌号表示方法是在各类焊接用钢牌号头部加符号“H”，例如 H08、H08Mn2Si、H12Cr18Ni9。

（11）电工用硅钢　电工用硅钢包括冷轧无取向硅钢、冷轧取向硅钢和热轧硅钢。

1）冷轧无取向硅钢　牌号表示方法为：数字 W 数字。前面的数字为厚度值乘以 100 倍得的数字，“W”表示冷轧无取向硅钢的“无”，后面的数字表示铁损值乘以 100 倍得到的数字。这里的铁损值是指在频率为 50Hz、波形为正弦的磁感峰值为 1.5T 的单位质量铁损值。例如，铁损值为 4.7W/kg，厚度为 0.5mm 的冷轧无取向硅钢，其牌号为 50W470。

2）冷轧取向硅钢　牌号表示方法为：数字 Q 数字。前面的数字为厚度值乘以 100 倍得的数字，“Q”表示冷轧取向硅钢的“取”，后面的数字表示铁损值乘以 100 倍得到的数字。这里的铁损值是指在频率为 50Hz、波形为正弦的磁感峰值为 1.7T 的单位质量铁损值。例如，铁损值为 1.33W/kg，厚度为 0.3mm 的冷轧取向硅钢，其牌号为 30Q133。

3）热轧硅钢　按硅含量的多少分为低硅钢（$w_{Si} \leqslant 2.8\%$）、高硅钢（$w_{Si} > 2.8\%$），其表示方法为：DR 数字-数字。“DR”表示热轧硅钢，后面的数字表示铁损值乘以 100 倍得到的数字，再后面的数字表示厚度值乘以 100 倍得到的数字。这里的铁损值是指用 50Hz 反复磁化和按正弦形变化的磁感应强度最大值为 1.5T 时的单位质量铁损值。例如，铁损值为 5.1W/kg，厚度为 0.5mm 的热轧硅钢，其牌号为 DR510-50。家用电器用热轧硅钢薄板的牌号用 JDR＋铁损值＋厚度值来表示，如 JDR540-50。

3.5.3 钢铁及合金牌号统一数字代号体系

统一数字代号有利于现代化的数据处理设备进行存储和检索，便于生产和使用。统一数

字代号由固定的 6 位符号组成，左边第一位用大写的拉丁字母作前缀（“I”和“O”除外），后接 5 位阿拉伯数字。每个统一数字代号只适用于一个产品牌号。统一数字代号的结构形式见图 3.27。

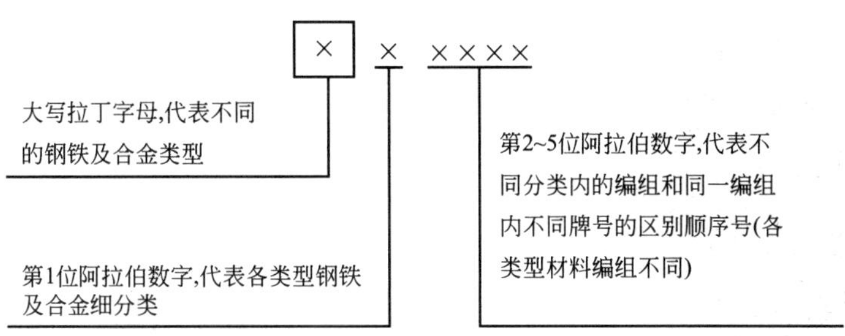

图 3.27　钢铁及合金牌号统一数字代号表示方法示意图

钢铁及合金的类型及每个类型产品牌号统一数字代号如表 3.4 所示。各类型钢铁及合金的细分类和主要编组及其产品牌号统一数字代号详见国标 GB/T 17616—2013。

表 3.4　钢铁及合金的类型与统一数字代号

钢铁及合金的类型	统一数字代号	钢铁及合金的类型	统一数字代号
合金结构钢	A×××××	杂类材料	M×××××
轴承钢	B×××××	粉末及粉末冶金材料	P×××××
铸铁、铸钢及铸造合金	C×××××	快淬金属及合金	Q×××××
电工用钢和纯铁	E×××××	不锈钢和耐热钢	S×××××
铁合金和生铁	F×××××	工模具钢	T×××××
高温合金和耐蚀合金	H×××××	非合金钢	U×××××
金属功能材料	J×××××	焊接用钢及合金	W×××××
低合金钢	L×××××		

习　题

1. 为什么说钢中的 S、P 杂质元素在一般情况下总是有害的？
2. 合金元素对 F-Fe_3C 相图的 S、E 点有什么影响？
3. 试述钢在退火态、淬火态及淬火-回火态下，不同合金元素的分布状况。
4. 哪些合金元素能显著提高钢的淬透性？提高钢的淬透性有何作用？
5. 第一类回火脆性和第二类回火脆性是在什么条件下产生的？如何减轻或消除？
6. 为什么 W、Mo、V 等元素对珠光体转变阻止作用大，而对贝氏体转变影响不大？
7. 试解释为什么 4Cr13 属于过共析钢，Cr12 属于莱氏体钢。

第4章

结构钢

4.1 工程结构钢

工程结构钢是专门用来制造工程结构件的一大类钢种，主要用来制造各种大型金属结构，如桥梁、船舶、屋架、锅炉及压力容器等。工程结构钢包括碳素结构钢和低合金高强度钢两种。低合金高强度钢是指在含碳量低于0.25%的碳素结构钢基础上，通过添加一种或多种少量合金元素（低于3%），使钢的强度明显高于碳素钢的一类工程结构用钢。

低合金高强度钢有多种分类方法，按屈服强度可分为Q295、Q345、Q390、Q420、Q460等不同等级的钢种；按用途可分为结构钢、耐腐蚀钢、低温用钢、耐磨钢、钢筋钢、钢轨钢、其他专业用钢等；按显微组织可分为铁素体-珠光体钢、微珠光体钢、针状铁素体钢、低碳回火马氏体钢、低碳贝氏体钢和双相钢。

4.1.1 工程结构钢的基本要求

一般说来，工程构件的服役特点是不做相对运动，长期承受静载荷作用，有一定的使用温度和环境要求。如寒冷的北方，构件在承载的同时，还要长期经受低温的作用；桥梁或船舶则长期经受大气或海水的浸蚀；电站锅炉构件的使用温度则可达到250℃以上。因此工程结构钢要求具有足够的强度、良好的焊接性和成形工艺性及一定的耐蚀性。

(1) 足够的强度与韧性　工程结构钢力学性能的要求是弹性模量大，以保证构件有更好的刚度；有足够的抗塑性变形及抗破断的能力，即尽可能高的屈服强度、较高的低温韧性、较高的疲劳强度、较小的缺口敏感性及冷脆倾向性等。

(2) 良好的焊接性和成形工艺性　为了制成各种构件，需要将钢厂供应的棒材、板材、型材、管材、带材等钢材先进行必要的冷变形，制成各种部件，然后用焊接或铆接的方法连接起来，因而要求钢材必须具有良好的冷变形性和可焊性。

(3) 良好的耐蚀性　工程结构钢可能长期处于一定环境介质中，因此，要求具有一定的耐大气腐蚀及海水腐蚀性能要求，以防止由于腐蚀引起的构件截面减少而使金属结构件过早失效；并保证其能够在各种气候条件下使用，即具有耐候性。

4.1.2　低合金高强度钢的合金化

目前工业上广泛应用的低合金高强度钢大多是在热轧态或正火态供应的。这类钢常用的合金化元素为C、Si、Mn、Nb、V、Ti、Al等，是具有铁素体-珠光体显微组织的低碳低合金钢。合金元素通过固溶强化、析出弥散强化、细化晶粒强化、增加珠光体含量这四种机制来提高钢的强度。

(1) 合金元素对低合金高强度钢力学性能的影响　常用合金元素溶入铁素体中，都使铁素体的强度和硬度有所提高。合金元素对低合金高强度钢固溶强化效果的影响见图4.1，按每加入1%合金元素提高屈服强度的数值，其强化效果由大到小依次为：C(2940MPa)、P(680MPa)、Sn(124MPa)、Si(83MPa)、Cu(38MPa)、Mn(32MPa)、Mo(11MPa)。随着含碳量的增加，钢中珠光体含量相应增加，由于珠光体有大量脆性的片状渗碳体，韧脆转变温度较高，因而含碳量增加会使钢的冲击韧性值显著下降，脆性转变温度急剧升高。图4.2为钢的韧脆转变温度与含碳量的关系，由图可见，0.11%C钢的韧脆转变温度在−50℃左右，而0.3%C的钢韧脆转变温度在50℃左右。

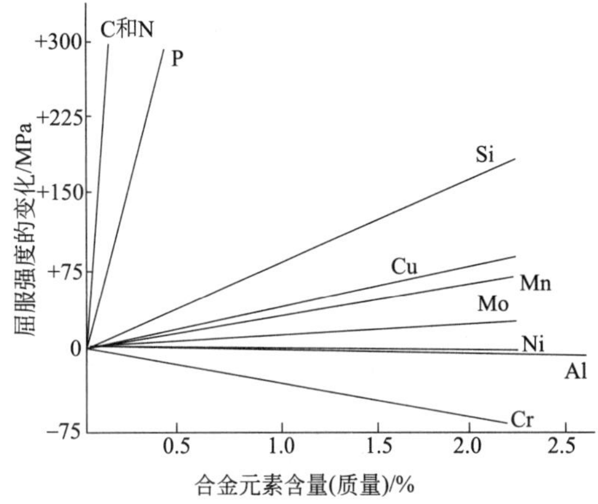

图4.1　合金元素对低合金高强度钢固溶强化效果的影响

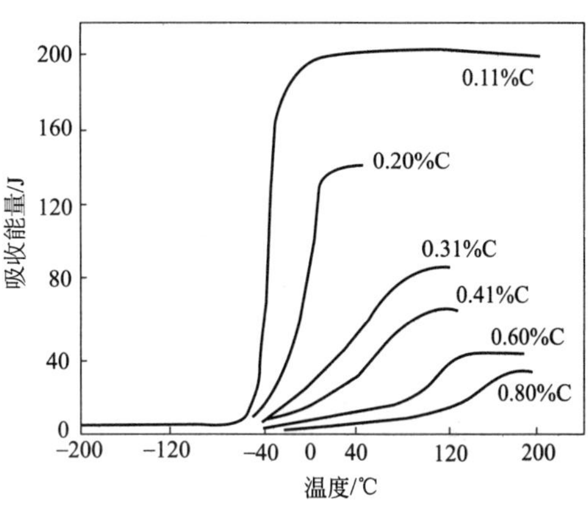

图4.2　钢的韧脆转变温度与含碳量的关系

磷和氧的含量即使很少，也会引起脆性转变温度升高；硅不仅使铁素体的冲击韧性明显下降，而且当硅含量超过1.0%时，还会使钢的脆性转变温度急剧升高；锰在1%以内时，对钢的冲击韧性并无损害，且使钢的脆性转变温度略有下降，但随着锰含量的进一步增高，钢的韧性会较明显地降低。镍能提高铁素体的冲击韧性，并使脆性转变温度略有下降，因此，不少国家一直采用低碳镍钢作为低温用钢。

由于含碳量增大后，钢的焊接性能和冷脆性能会显著恶化，故其含量被严格限制在低碳范围。磷含量大时会引起冷脆，故其用量也受到限制。锡、铜较贵，一般用得不多。因此，最常用的起固溶强化作用的元素是硅和锰。由于硅、锰含量增大后，钢的塑性和韧性下降，故钢中含锰量最多不超过2.2%，含硅量一般不超过0.8%，特殊者不超过1.5%。

细化晶粒是提高钢强度和韧度的一个重要的方法。采用细化晶粒的方法，R_{eL}每提高15MPa，可使韧脆转变温度下降10℃，如图4.3所示。从粗晶粒到很细的晶粒时，钢强度从154 MPa提高到386MPa，也使韧脆转变温度从0℃以上下降150℃左右。细化晶粒是既能使钢强化又能改善韧度的唯一方法。

强碳化物形成元素，如 Ti、Nb、V 等，在钢中易形成熔点高、稳定性好、不易聚集长大的碳化物和氮化物，它们弥散分布在奥氏体晶界上，强烈阻止奥氏体晶粒长大。弱或非碳化物形成元素，如 Cr、Mn、Ni 等，在加热时固溶在奥氏体中，能增大冷却时奥氏体的过冷能力，使奥氏体在较低温度下转变，产生细的铁素体晶粒和细珠光体。合理利用两类元素的互补作用，可使钢的晶粒细化，强度提高。

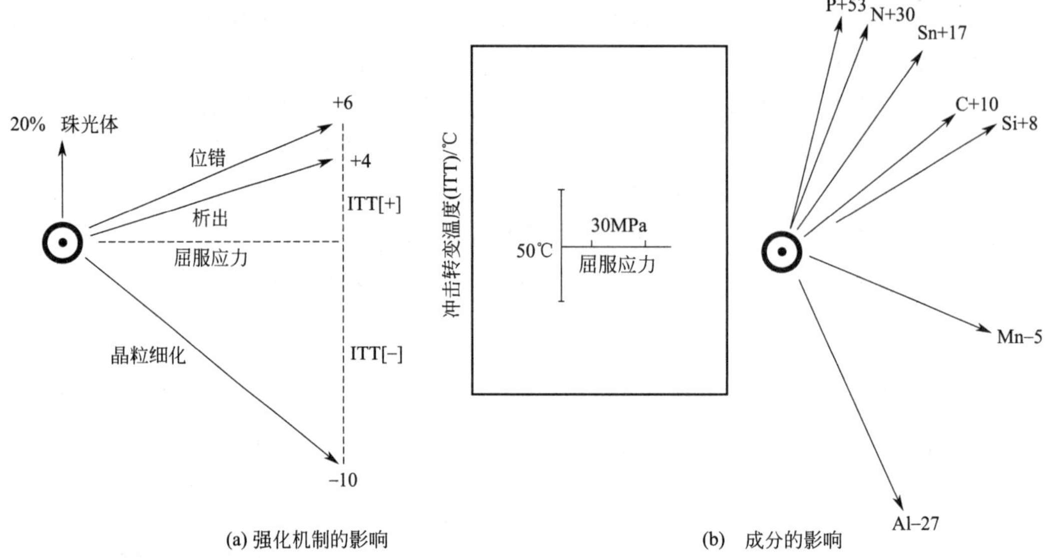

图 4.3 铁素体-珠光体钢的各种强化机制和成分对屈服强度和韧脆转变温度的影响

ITT—冲击转变温度（impact transition temperature），又称为脆性转变温度

由于强碳化物形成元素 V、Ti、Nb 等在钢中优先形成碳、氮化物，因此冷却时在铁素体中易析出它们的碳化物和氮化物。这些碳、氮化物能起弥散强化作用，使钢的强度进一步提高。由于为获得这种弥散强化所需要的合金元素含量非常微小（例如 0.05%～0.12%V、0.03%～0.15%Ti、0.03%～0.10%Nb 单独或联合加入），所以这种合金化被称为“微合金化”。

由于合金元素改变铁碳相图中 S 点和 E 点的成分，因此钢中铁素体和珠光体两种组织的相对含量也改变。珠光体量越多，钢的强度和硬度就越高，塑性和韧性就越差，因此，不应靠增多珠光体量去达到强化的目的。通常铁素体-珠光体钢中，铁素体约占 75%～90%，珠光体约占 10%～25%，有时甚至更少。

（2）合金元素对焊接性和耐大气腐蚀性的影响　钢的焊接性是指在简单可行的焊接条件下，钢材焊接后不易生裂纹，并获得良好的焊缝区的性能。焊缝通常由即熔化区、热影响区和未受热影响的基体三个部分组成。对于熔化区，为了防止熔融金属在凝固过程中发生热裂，或者在冷却到 200℃以下时发生冷裂，要求对钢和焊条的硫磷含量加以限制，一般都应在 0.05%以下。对于含磷量高的钢种，应当采取缓冷措施，防止过激冷却。合金含量越高，越应缓冷。

对于热影响区，由于在焊接时被加热到 A_{c3} 以上，焊接后立即受到基材的快速冷却，因而会产生很大的热应力和组织应力，有时甚至发生马氏体转变，使硬度明显升高，塑性剧烈下降，甚至出现开裂现象。热影响区的这种开裂倾向主要决定于钢的淬硬性和淬透性，而这两者又主要取决于钢的含碳量和合金元素的本性及其含量。含碳量越高和提高淬透性的合金元素越多，钢的焊裂倾向就越大，其中，含碳量的影响尤为严重。微合金化对焊接性能不致产生明显的不良影响，这是微合金化的优越性。

Cu、P元素能显著提高钢的耐大气腐蚀性。Cu元素沉积在钢的表面，具有正电位，成为附加阴极，使钢在很小的阳极电流下达到钝化状态。P在钢中可以起固溶强化的作用，也可以提高耐蚀性能。Ni和Cr都能促进钢的钝化，减少电化学腐蚀。加入微量的稀土金属也有良好的效果。必须指出的是，钢中同时加入这几种元素，则提高耐蚀性的效果更佳。

4.1.3 铁素体-珠光体钢

此类钢含碳量多低于0.25%，服役时的显微组织由片状珠光体和多边形铁素体组成，珠光体占10%～25%，铁素体占75%～90%，R_m 约314～687MPa，R_{eL} 约196～441MPa。该类钢包括碳素工程结构钢和低合金高强度钢，通常在热轧状态下使用。

（1）碳素工程结构钢　这类钢主要保证力学性能，故其牌号为体现其力学性能，用Q+数字表示，其中“Q”为“屈”字的汉语拼音字首，数字表示最小屈服强度数值，例如Q275表示最小屈服强度为275MPa。牌号后面标注的字母A、B、C、D，则表示钢材质量等级不同，含S、P的量依次降低，钢材质量依次提高。若在牌号后面标注字母“F”则为沸腾钢，标注“Z”为镇静钢，标注“TZ”为特殊镇静钢。例如Q235AF表示屈服强度不低于为235MPa的A级沸腾钢，Q235CZ表示屈服强度不低于为235MPa的C级镇静钢。

碳素工程结构钢一般情况下都不经热处理，而在供应状态下直接使用。通常Q195、Q215、Q235钢含碳量低，焊接性能好，塑性、韧性好，有一定强度，常轧制成薄板、钢筋、焊接钢管等，用于桥梁、建筑等结构和制造普通螺钉、螺母等零件。Q275钢含碳量稍高，强度较高，塑性、韧性较好，可进行焊接，通常轧制成形钢、条钢和钢板作结构件以及制造简单机械的连杆、齿轮、联轴器、销等零件。碳素工程结构钢的牌号、化学成分见表4.1，力学性能见表4.2。

（2）低合金高强度钢　低合金高强度钢也称为普通低合金钢（简称普低钢），主要用于大型工程结构，如大型桥梁、大型压力容器及大型船舶等。使用这类钢可以减轻结构重量、提高使用的可靠性并节约钢材。低合金高强度钢中含碳量低，合金元素以Mn为基础，适当加入Al、V、Ti、Nb、Cu、P及稀土元素等。低合金高强度钢的化学成分有如下特点。

表4.1　碳素工程结构钢的牌号和化学成分

牌号	等级	厚度/mm	脱氧方法	化学成分（质量分数）/%，不大于				
				C	Si	Mn	P	S
Q195	—	—	F、Z	0.12	0.30	0.50	0.035	0.040
Q215	A	—	F、Z	0.15	0.35	1.20	0.045	0.050
	B							0.045
Q235	A	—	F、Z	0.22	0.35	1.40	0.045	0.050
	B			0.20				0.045
	C		Z	0.17			0.040	0.040
	D		TZ				0.035	0.035
Q275	A	—	F、Z	0.24	0.35	1.50	0.045	0.050
	B	≤40	Z	0.21			0.045	0.045
		＞40		0.22				
	C	—	Z	0.20			0.040	0.040
	D		TZ				0.034	0.034

注：F表示沸腾钢，Z表示镇静钢，TZ表示特殊镇静钢。

表 4.2　碳素工程结构钢的力学性能

牌号	等级	屈服强度 R_{eH}/ MPa,不小于						抗拉强度 R_m /MPa	伸长率 A / %,不小于					冲击试验(V 型缺口)	
		厚度(或直径)/ mm							厚度(或直径)/ mm					温度 /℃	冲击吸收功/J, 不小于
		≤16	>16~40	>40~60	>60~100	>100~150	>150~200		≤40	>40~60	>60~100	>100~150	>150~200		
Q195	—	195	185	—	—	—	—	315~430	33	—	—	—	—	—	—
Q215	A	215	205	195	185	175	165	335~450	31	30	29	27	26	—	—
	B													20	27
Q235	A	235	225	215	215	195	185	370~500	26	25	24	22	21	—	—
	B													20	27
	C													0	
	D													−20	
Q275	A	275	265	255	245	225	215	410~540	22	21	20	18	17	—	—
	B													20	27
	C													0	
	D													−20	

1）低碳　这类钢中碳的质量分数一般小于 0.2%，主要是为了获得较好的塑性、韧性、焊接性能。

2）主加合金元素主要是 Mn，基本上不加 Cr 和 Ni　Mn 属于复杂立方点阵，其点阵类型和原子尺寸与 α-Fe 相差较大，因而 Mn 的固溶强化效果较大。Mn 是促使奥氏体长大的元素，但在构件用钢中，由于基体组织为铁素体加少量的珠光体，Mn 能降低钢的 A_{r1} 温度，降低奥氏体向珠光体转变的温度范围，并减缓其转变速度，因而表现出细化珠光体和铁素体的作用。晶粒细化既可以使钢的屈服强度升高，又可使脆性转变温度下降，有利于钢的韧性提高。Mn 含量在 1%~1.5%范围内可促进铁素体在形变时发生交滑移，使[112]〈111〉滑移系在低温下仍起作用，同时，锰还使三次渗碳体难于在铁素体晶界析出，减少了晶界的裂纹源，改善钢的冲击韧性。但应注意 Mn 的含量控制在 2%以内。

此外，Mn 的加入还可使 Fe-Fe_3C 相图中的 S 点左移，使基体中珠光体数量增多，因而可使钢在相同的含碳量下，强度提高。

3）辅加合金元素 Al、V、Ti、Nb 等　在普通低合金高强度钢中加入 Al，形成 AlN 的细小质点以细化晶粒，既可提高其强度，又可降低其韧脆转变温度。例如，在 0.15C-1.8Mn 钢中，用 Al 脱氧正火可使 R_{eL} 达到 425~475MPa，而韧脆转变温度下降到−70℃。另外，加入微量的 V、Ti、Nb 等元素既可产生沉淀强化作用，还可细化晶粒，从而使强韧性得以改善。必须指出，这类合金元素形成的碳化物在高温轧制时可以溶解，使细化晶粒的效果消失，韧脆转变温度上升。所以必须控制轧制温度，以发挥 V、Ti、Nb 的沉淀强化作用和细化晶粒作用。

4）加入一定量的 Cu 和 P　其目的是改善这类钢的耐大气腐蚀性能，

5）加入微量稀土元素　可以脱硫去气，净化钢材，并改善夹杂物的形态与分布，从而改善钢的力学性能和工艺性能。

我国低合金高强度钢的牌号是按屈服强度的高低来分类的，按照交货状态又可分为热轧、正火、正火轧制、热机械轧制四种，根据质量要求分为 B、C、D、E、F 共 5 个级别，其化学成分分别见表 4.3~表 4.5，力学性能见表 4.6。低合金高强度钢碳当量也有要求，碳当量计算可参考式(3-3)。

表 4.3　热轧低合金高强度钢的牌号及化学成分　　单位：%

牌号	等级	C d≤40	C d>40	Si	Mn	P	S	Nb	V	Ti	Cr	Ni	Cu	Mo	N	B
		≤														
Q355	B	0.24		0.55	1.60	0.035	0.035	—	—	—	0.30	0.30	0.40	—	0.12	—
	C	0.20	0.22			0.030	0.030									
	D					0.025	0.025								—	
Q390	B	0.20		0.55	1.70	0.035	0.035	0.05	0.13	0.05	0.30	0.50	0.40	0.10	0.015	—
	C					0.030	0.030									
	D					0.025	0.025									
Q420	B	0.20		0.55	1.70	0.035	0.035	0.05	0.13	0.05	0.30	0.80	0.40	0.20	0.015	—
	C					0.030	0.030									
Q460	C	0.20		0.55	1.80	0.030	0.030	0.05	0.13	0.05	0.30	0.80	0.40	0.20	0.015	0.004

注：d 为公称厚度或直径（mm）。

表 4.4　正火、正火轧制低合金高强度钢的牌号及化学成分　　单位：%

牌号	等级	C	Si	Mn	P	S	Nb	V	Ti	Cr	Ni	Cu	Mo	N	Al
		≤			≤					≤					≥
Q355N	B	0.20	0.50	0.90～1.65	0.035	0.035	0.005～0.05	0.01～0.12	0.006～0.05	0.30	0.50	0.40	0.10	0.015	0.015
	C				0.030	0.030									
	D				0.030	0.025									
	E	0.18			0.025	0.020									
	F	0.16			0.020	0.010									
Q390N	B	0.20	0.50	0.90～1.70	0.035	0.035	0.01～0.05	0.01～0.20	0.006～0.05	0.30	0.50	0.40	0.10	0.015	0.015
	C				0.030	0.030									
	D				0.030	0.025									
	E				0.025	0.020									
Q420N	B	0.20	0.60	1.0～1.70	0.035	0.035	0.01～0.05	0.01～0.20	0.006～0.05	0.30	0.80	0.40	0.10	0.015	0.015
	C				0.030	0.030									
	D				0.030	0.025								0.025	
	E				0.025	0.020									
Q460N	C	0.20	0.60	1.0～1.70	0.030	0.030	0.01～0.05	0.01～0.20	0.006～0.05	0.30	0.80	0.40	0.10	0.015	0.004
	D				0.030	0.025								0.025	
	E				0.025	0.020									

表 4.5　热机械轧制低合金高强度钢的牌号及化学成分　　单位：%

牌号	等级	C	Si	Mn	P	S	Nb	V	Ti	Cr	Ni	Cu	Mo	N	B	Al
		≤								≤						≥
Q355M	B	0.14	0.50	1.60	0.035	0.035	0.01～0.05	0.01～0.12	0.006～0.05	0.30	0.50	0.40	0.10	0.15	—	0.015
	C				0.030	0.030										
	D				0.030	0.025										
	E				0.025	0.020										
	F				0.020	0.010										
Q390M	B	0.15	0.50	1.70	0.035	0.035	0.01～0.05	0.01～0.12	0.006～0.05	0.30	0.50	0.40	0.10	0.015	—	0.015
	C				0.030	0.030										
	D				0.030	0.025										
	E				0.025	0.020										
Q420M	B	0.16	0.50	1.70	0.035	0.035	0.01～0.11	0.01～0.12	0.006～0.05	0.30	0.80	0.40	0.20	0.015	—	0.015
	C				0.030	0.030										
	D				0.030	0.025								0.025		
	E				0.025	0.020										

续表

牌号	等级	C	Si	Mn	P	S	Nb	V	Ti	Cr	Ni	Cu	Mo	N	B	Al
		≤								≤						≥
Q460M	C	0.16	0.60	1.70	0.030	0.030	0.01～0.11	0.01～0.12	0.006～0.05	0.30	0.80	0.40	0.20	0.015	—	0.015
	D				0.030	0.025								0.025		
	E				0.025	0.020										
Q500M	C	0.18	0.60	1.80	0.030	0.030	0.01～0.11	0.01～0.12	0.006～0.05	0.60	0.80	0.55	0.20	0.015	0.004	0.015
	D				0.030	0.025								0.025		
	E				0.025	0.020										
Q550M	C	0.18	0.60	2.00	0.030	0.030	0.01～0.11	0.01～0.12	0.006～0.05	0.80	0.80	0.80	0.30	0.015	0.004	0.015
	D				0.030	0.025								0.025		
	E				0.025	0.020										
Q620M	C	0.18	0.60	2.60	0.030	0.030	0.01～0.11	0.01～0.12	0.006～0.05	1.00	0.80	0.80	0.30	0.015	0.004	0.015
	D				0.030	0.025								0.025		
	E				0.025	0.020										
Q690M	C	0.18	0.60	2.00	0.030	0.030	0.01～0.11	0.01～0.12	0.006～0.05	1.00	0.80	0.80	0.30	0.015	0.004	0.015
	D				0.030	0.025								0.025		
	E				0.025	0.020										

4.1.4 微珠光体低合金高强度钢

微珠光体低合金高强度钢是在低合金高强度钢基础上，加入适量的微合金化合金元素，如钛、铌、钒等，运用控制轧制和控制冷却生产工艺制得的一种低合金高强度钢。该类钢通过化学成分和制备工艺的最佳配合达到了铁素体型钢的最佳强化效果，即细化晶粒强化和沉淀强化的最佳组合。

微合金化元素在珠光体低合金高强度钢中的作用首先表现在抑制奥氏体形变再结晶。在热加工过程中，通过应变诱导析出钛、铌、钒的氮化物，沉淀在晶界、亚晶界和位错上起钉扎作用，有效地阻止了奥氏体再结晶的晶界和位错运动，从而抑制再结晶过程的进行。例如在高温区，铌以固溶原子对晶界迁移有拖曳作用，在较低温度奥氏体区，应变诱导析出的Nb（C，N）粒子对晶界有钉扎作用。此外，铌还可以偏聚在奥氏体晶界，增强晶界原子间的结合力，对再结晶晶界起拖曳作用。微合金化元素Nb、V、Ti延缓轧制时奥氏体再结晶能力的比较由强到弱的顺序是Nb、Ti、V。

其次，微合金化元素能够阻止奥氏体晶粒的长大。在锻造和轧制过程中，每一道次再结晶完成后，都要发生晶粒长大。微合金元素对钢加热时奥氏体晶粒长大的影响见图4.4。钛和铌形成的TiN和Nb（C，N），在高温下非常稳定，其弥散分布对高温下的晶粒长大有强烈的抑制作用。微量铌（w_{Nb}≤0.06%）形成的Nb（C，N）在1250℃也未完全溶于奥氏体，在轧制过程中1150℃以下又有部分铌重新析出，因而阻止奥氏体晶粒长大作用可达1150℃。微量钛（w_{Ti}≤0.02%）以TiN从高温固态钢中析出，呈弥散分布，对阻止奥氏体晶粒长大很有效。Nb、V、Ti对正火状态的低合金钢的晶粒度的影响顺序以Nb最为有效，Ti次之，V则基本上不起细化晶粒的作用。

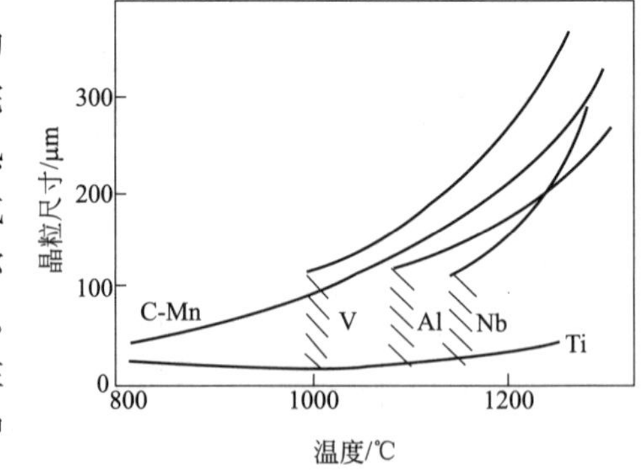

图4.4 微合金元素对钢加热时奥氏体晶粒长大的影响

表 4.6 低合金高强度钢的力学性能

牌号	等级	上屈服强度 R_{eH}/MPa，≥										抗拉强度 R_m/MPa									伸长	伸长率 A/%，≥						
		公称直径或厚度/mm																				公称直径或厚度/mm						
		≤16	>16～40	>40～63	>63～80	>80～100	>100～120	>120～150	>150～200	>200～250	>250～400	≤40	>40～63	>63～80	>80～100	>100～120	>120～150	>150～200	>200～250	>250～450	方向	≤40	>40～63	>63～100	>100～150	>150～200	>200～250	>250～400
Q355	BC	355	345	335	325	315	295	295	285	275	—	470～630				450～600				—	纵	22	21	20	18	17		
	D										265									450～600	横	20	19	18		17		
Q390	BCD	390	380	360	340	340	320	320	—	—	—	490～650				470～620		—	—	—	纵	21	20		19	—	—	—
																					横	20	19		18	—	—	—
Q420	BC	420	410	390	370	370	350	350	—	—	—	520～680				500～650		—	—	—	纵	20	19			—	—	—
Q460	C	460	450	430	410	410	390	390	—	—	—	550～720				530～700		—	—	—	纵	18	17			—	—	—
Q355N	BC DEF	355	345	335	325	315	295	295	285	275	—	470～630				450～600				—	—	22		21				—
Q390N	BC DE	390	380	360	340	340		320	310	300	—	490～650				470～620				—	—	20		19				
Q420N	BC DE	420	400	390	370	360		340	330	320	—	520～680				500～650				—	—	19		18				—
Q460N	CDE	460	440	430	410	400		380	370	370	—	540～720				530～710			510～6900	—	—	17					16	—
Q355M	BC DEF	355	345	335	325	325	320	—	—	—	—	470～630	450～610	440～600	440～600	430～590	—	—	—	—	—	22				—	—	—
Q390M	BC DE	390	380	360	340	340	335	—	—	—	—	490～650	480～640	470～630	460～620	450～610	—	—	—	—	—	20				—	—	/
Q420M	BC DE	420	400	390	380	370	365	—	—	—	—	520～680	500～660	480～640	470～630	460～620	—	—	—	—	—	19				—	—	/
Q460M	CDE	460	440	430	410	400	385	—	—	—	—	540～720	530～710	510～690	500～680	490～660	—	—	—	—	—	17				—	—	/
Q500M	CDE	500	490	480	460	450	—	—	—	—	—	610～770	600～760	590～750	540～730	—	—	—	—	—	—	17				—	—	/
Q550M	CDE	550	540	530	510	500	—	—	—	—	—	670～830	620～810	600～790	590～780	—	—	—	—	—	—	16				—	—	/
Q620M	CDE	620	610	600	580	—	—	—	—	—		710～880	690～880	670～860	—	—	—	—	—	—	—	15				—	—	—
Q690M	CDE	690	680	670	650	—	—	—	—	—		770～940	750～920	730～900	—	—	—	—	—	—	—	14				—	—	—

再次，微合金化元素能够形成沉淀相促进沉淀强化作用。钛和铌的碳化物和氮化物有足够低的固溶度和高的稳定性。钒的氮化物也有这样的性能。微合金化钢中的沉淀强化相主要是低温下析出的Nb(C,N) 和 VC。当 w_{Nb}≤0.04%时，其细化晶粒对屈服强度的贡献大于沉淀强化的作用；当 w_{Nb}>0.04%时，其沉淀强化作用对屈服强度的贡献大于细化晶粒的作用。微合金化元素钒的沉淀强化对屈服强度的作用最大，而钛的作用处于铌和钒之间。

此外，微合金化元素能够改善钢的显微组织。钛、钒、铌等合金碳化物和氮化物随奥氏体化温度的升高有一定的溶解量，如 Nb(C,N) 在 1150℃溶于奥氏体的铌约 0.03%，而 V(C,N) 更易溶于奥氏体。在轧制加热时，溶于奥氏体的微合金化元素提高了过冷奥氏体的稳定性，降低了发生先共析铁素体和珠光体的温度范围，低温下形成的先共析铁素体和珠光体组织更细小，并使相间沉淀 Nb(C,N) 和 V(C,N) 的粒子更细小。

Ti 在微合金化钢中的作用与 Nb 相似，因为碳化钛与碳氮化铌的热力学性质很接近。应该指出，钢材生产过程中 V、Nb、Ti 作为溶质的碳氮化物发生反复溶解和析出，前一阶段的变化将影响下一阶段的冶金反应，因而 V、Nb、Ti 在钢中作用的实际情况非常复杂。

调整合金成分为 w_C≤0.20%、w_{Si}≤0.80%、w_{Mn}≤2.00%、w_{Cu}≤0.50%、w_{Cr}≤1.50%、w_{Ni}≤2.00%、w_{Mo}≤0.70%、w_B≤0.0050%、w_V≤0.12%、w_{Nb}≤0.12%、w_{Al}≤0.06%和 w_{Ti}≤0.05%，并对钢进行调质处理，可使钢的屈服强度达到 960MPa，分别得到 Q800、Q860 和 Q960 钢。

4.1.5 针状铁素体型钢、低碳贝氏体钢和双相钢

具有铁素体-珠光体组织的低合金钢和微合金化钢的屈服强度的极限约为 460MPa。若要求更高强度和韧性的配合，就需要考虑选择其他类型组织的低合金钢，如低碳贝氏体、低碳马氏体钢。主要是适当降低钢的含碳量以改善韧性，由此造成的强度损失可加入合金元素，通过控制轧制和控制冷却后形成低碳贝氏体或马氏体的相变强化的方法得到补偿。配合加入微合金化元素，可以细化晶粒并进一步提高韧性。下面主要讲授针状铁素体钢、低碳贝氏体钢以及铁素体-马氏体双相钢。

(1) 针状铁素体钢　针状铁素体钢是钢材在控制轧制后空冷过程中，通过切变和扩散相变形成的由位错列阵和位错胞组成的非等轴铁素体钢。相变开始发生的温度范围较上贝氏体的高。这类钢的显微组织是低碳或超低碳的针状铁素体，与低碳贝氏体很相似，但由于含 C 量极低，故铁素体板条的相界上不存在碳化物。

针状铁素体钢的典型钢种为 Mn-Mo-Nb 钢，其化学成分范围为 w_C≤0.10%，w_{Mn}=1.6%～2.0%，w_{Mo}=0.2%～0.6%，w_{Nb}=0.04%～0.06%，有时还加 0.06%V 和 0.01%Ti。选择低含碳量是为了 Nb 的碳化物沉淀（仅要求 0.01%～0.02%C），增加含碳量将损害韧性。然而为了便于炼钢，含碳量一般不低于 0.06%。高于这一水平，碳的偏析将引起韧性的下降，这是由于高碳区往往成为断裂的微孔形核核心。Mn 含量根据钢板厚度（轧制时的冷却速度）和要求的强度水平决定，一般为 1.4%～2.2%。Mn 能推迟铁素体-珠光体相变，降低 B_s 点，使细晶粒的针状铁素体在 450℃以下形成。Mn 同时也是一个固溶强化的元素。Mo 含量也是根据钢板厚度（冷却速度）而确定的，一般为 0.15%～0.6%。Mo 能有效地推迟铁素体相变而不影响贝氏体相变；Mo 与 Mn 联合使用有利于得到细晶粒的针状铁素体而不是粗大的多边形铁素体。当 Mo 被 Cu-Ni-Cr 代替时，通过控制轧制，也

可以得到针状铁素体。Nb的含量一般为0.04%～0.06%，通过沉淀相Nb(C,N)的析出能有效地产生沉淀强化，并且在奥氏体热轧时，沉淀相Nb(C,N)也可以细化晶粒。

这类钢通常用碱性氧气转炉冶炼，用铝脱氧，并且硫含量很低（约0.05%）；或者用稀土处理，控制硫化物的形态，提高横向冲击性能。这类钢通过控制轧制和控制冷却，可以达到高强韧性。通常将钢的板坯加热到1150～1260℃范围，然后控制轧制成钢板，终轧温度等于或低于760℃，轧后空冷。显微组织是细晶粒（ASTM12级或更细）的多边化铁素体、30%以上的针状铁素体片（高位错密度的细小的亚结构）、高度弥散的渗碳体质点、少量岛状的马氏体-奥氏体块（通常小于整个组织体积的5%）和细而弥散的Nb(C,N)质点。这类钢由于缺乏足够的碳，从而显示出连续的应力-应变曲线。这种力学行为与铁素体-珠光体钢相比，在许多场合是十分有利的。例如在管线建设中，轧材可以精确地就位成形。这类钢的屈服强度一般大于470MPa，伸长率大于20%，室温冲击吸收功大于64J。

这类钢不仅具有良好的低温韧性，而且还具有良好的焊接性能，已成功地应用于制造寒带输送石油和天然气的管线。

（2）低碳贝氏体钢　低碳贝氏体钢在轧制或正火后控制冷却，直接得到低碳贝氏体组织，与相同含碳量的铁素体-珠光体组织钢相比，具有更高的强度和良好的韧性。利用贝氏体相变强化，钢的屈服强度可达到490～780MPa。

低碳贝氏体钢中的主加合金元素是能显著推迟先共析铁素体和珠光体转变，而对贝氏体转变推迟较少的钼和硼。在此基础上再加入锰、铬、镍等元素，进一步推迟先共析铁素体和珠光体转变，并使B_s点下降，以获得下贝氏体组织。另外，通过微合金化，充分发挥铌、钛、钒的细化晶粒和沉淀强化的作用。低碳贝氏体钢的化学成分范围一般为0.10%～0.20%C、0.30%～0.60%Mo、0.60%～1.60%Mn、0.001%～0.005%B、0.04%～0.10%V、0.010%～0.06%Nb或Ti，并经常添加0.4%～0.7%Cr。14MnMoV和14MnMoVBRE钢是我国发展的典型的低碳贝氏体钢，其屈服强度为490MPa级，主要用于制造容器的板材和其他钢结构。钢板厚小于14mm时，在热轧态即可得到贝氏体；钢板厚大于14mm时，需要正火处理。为了消除内应力，还需要高温回火。这类钢的焊接性能不如铁素体-珠光体钢好，厚板在焊接前需要预热至150℃以上，单层板焊后可用工频感应加热以消除焊缝残余应力。

为了提高钢的室温和低温韧性，改善焊接性，发展了超低碳贝氏体钢，钢的含碳量降低到0.02%，并加入0.01%Ti使之成为Mn-Mo-Nb-Ti-B超低碳贝氏体钢。由于含碳量很低，消除了碳对于贝氏体组织韧性的不利影响。这种钢的强化主要通过细晶强化，位错及亚结构强化，铌、钛、钡微合金元素析出强化，以及沉淀强化等方式来保证，钢的强韧性匹配好。通过控制轧制和控制冷却可以得到高位错密度的细小贝氏体组织。这种钢可在0℃以下服役。常见的为全部粒状的贝氏体，全部为板条状的贝氏体和全部为粒状贝氏体加上板条状贝氏体三种不同的类型的低碳贝氏体钢。

（3）铁素体-马氏体双相钢　对汽车压力加工件来说，传统的低合金高强度钢没有具备足够的冷成形性。因而需要把传统的低合金高强度的显微组织，即铁素体加珠光体改成铁素体加马氏体（实际上还包含少量奥氏体）的双相组织，即20%左右的马氏体呈小岛状或纤维状分布在80%左右的铁素体基体上。这种铁素体-马氏体双相显微组织使钢中的碳在奥氏体发生转变而析出先共析铁素体时，集中在奥氏体中，当奥氏体转变成马氏体（含碳量偏高）时，将引起体积和形状变化，并且铁素体相中的间隙碳原子相对较为贫化。在一定冷却条件或应变诱发下的马氏体相变，将在马氏体区域产生残余应力，在铁素体中激发出高密度的可动位错（由于铁素体中的碳、氮量极低，位错不易被钉扎）。因此这种组织的双相钢具有较低的屈服强度，且能连续屈服（无屈服平台和上、下屈服点）。在屈服发生以后，铁素体中的位错运动互相缠结，因而继续塑性变形所需应力迅速增加，表现为高的应变硬化速率。此外，强韧的马氏体岛或纤维和很细的铁素体晶粒及结合牢固的马氏体/铁素体界面，使得塑性变形主要发生在铁素体相中，所以表现为高的均匀伸长率和高的强度。

由于双相组织既可以通过亚临界温度范围内的退火获得，也可以通过热轧后的控制冷却来获得，因此生产上通常又把双相钢分为退火双相钢和热轧双相钢。并且它们在合金化上也有明显的区别。

1）退火双相钢　退火双相钢也称热处理双相钢。将钢加热到亚临界温度范围（即在 $\gamma+\alpha$ 两相区）内，形成20%左右的奥氏体，然后空冷或快冷即可得到铁素体加马氏体组织。当钢长时间在 $\gamma+\alpha$ 两相区内退火时，钢中的合金元素将在奥氏体和铁素体之间重新分配，其中奥氏体形成元素碳、锰等将富集于奥氏体中，这样就提高了奥氏体的稳定性，从而抑制了珠光体的转变，保证钢中的奥氏体在空冷条件下得到马氏体。必须指出的是，退火双相钢的化学成分可以在很大范围内变动，从普通低碳钢到低合金钢均可。在箱式炉中进行亚临界温度退火时，由于冷却速度较低，因而要求钢的合金元素含量较高。一般低合金高强度钢则可采用冷却较快的连续退火工艺，如 $w_{Mn}>1.0\%$ 且 $w_{Si}=0.5\%\sim0.6\%$ 的低合金钢在生产上容易实现。其中 Si 在铁素体中有强烈的固溶强化效应。许多双相钢中的 Si 含量均较一般低碳钢高，Si 溶于铁素体产生固溶强化，但这种情况下的强化并不降低钢的延性。此外这类钢中还可加入稀土元素以控制硫化物的形态。亚临界退火温度也必须选择适当并加以控制，因为亚临界温度的高低决定了奥氏体的量和奥氏体中合金元素的浓度及奥氏体的稳定性。温度过低，形成的奥氏体数量较少；温度过高，将出现过多的和贫化的奥氏体，其淬透性将不足以抑制珠光体的形成。

2）热轧双相钢　热轧双相钢在热轧状态下，通过控制冷却，使钢形成80%左右的铁素体，发生多边化，碳和其他合金元素在剩余的奥氏体岛中富集，提高奥氏体的稳定性，而避免形成珠光体和贝氏体，最后得到铁素体加马氏体的双相组织。显然这个工艺过程要求精确控制钢的化学成分和冷却速度。通常这类钢比一般低合金钢含有较多的合金元素，其典型的化学成分范围是0.04 %～0.10%C、0.8%～1.8%Mn、0.9%～1.5%Si、0.3%～0.4%Mo、0.4%～0.6% Cr，以及微合金元素 V 等。极低含量的碳和合金元素 Si 提高钢的临界点 A_3，促使形成要求含量的多边化先共析铁素体；加入 Mn、Mo、Cr 是为了防止卷板时剩余奥氏体转变为珠光体和贝氏体，保证最终冷却到低温得到马氏体。其生产工艺为1150～1250℃加热，870～925℃终轧，空冷到455～635℃卷板。

双相钢可以在原低合金钢模具上进行汽车薄板的冲压成形，同时保证表面光洁，无吕德斯带，并在少量变形后就提高了强度。同时，还有热轧非冲压双相钢，用于冷镦钢、冷拔钢、Ⅳ级螺纹钢筋薄壁无缝钢管等产品。钢材经热轧后控制冷却，得到铁素体加马氏体双相组织钢，然后经冷拔、冷镦等工艺制成成品。由于冷却条件良好，可以使用较少的合金元素以降低成本，如用于高速线材轧制生产散卷并控制冷却得到的双相钢丝用钢09Mn2Si和07Mn2SiV、热轧双相冷镦钢棒用钢08SiMn2、薄壁双相无缝钢管用钢07MnSi等。

4.1.6 低合金高强度钢发展趋势

以控制轧制技术和微合金化冶金学为基础，开发了许多低合金高强度钢。低合金高强度钢的主要发展方向有以下几个方面。

(1) 低碳、超低碳和高纯净化　随着工艺技术的进步，如采用顶底复吹转炉冶炼，可使钢的含碳量控制在0.02%～0.03%，精炼的应用可生产出$w_C=0.002\%\sim0.003\%$、$w_S<0.001\%$、$w_P<0.003\%$、$w_N<0.003\%$、$w_O=2\sim3$ppm（百万分之一）和$w_H<1$ppm的洁净钢。

(2) 微合金化钢技术　含Nb微合金化钢、Nb-V和Nb-Ti复合微合金钢几乎占有近20年来新开发微合金化钢全部牌号的75%和微合金化钢总产量的60%。微量Ti（≤0.015%）的作用十分有益，Ti的微处理不仅改变钢中硫化物的形态，而且TiO_2或Ti_2O_3成为奥氏体晶内铁素体晶粒生核的质点，Nb-Ti复合微合金化构成超深冲汽车板IF钢的冶金基础，还显著改善了Nb钢连铸的裂纹敏感性。

(3) 采用控制轧制和控制冷却工艺　在再结晶控轧的基础上，应变诱导相变和析出的非再结晶控轧，以及两相区形变，已成为目前控轧厚钢板生产主要方向。薄板坯连铸连轧流程和薄带连铸工艺的实用化，使低合金钢生产进入了又一个新境界。

(4) 超细晶粒化和计算机控制以及性能预报　通过加大轧制变形、铁素体的应变诱导析出、低温轧制和采用合适的冷却速度，可得到微米级的铁素体晶粒尺寸，大大提高钢的强度。可以认为低合金高强度钢的组织细微化是今后发展的方向。

随着计算材料学的发展，可以通过计算机建立各种模型，达到预测材料的组织和性能的目的。从而大大减少实验研究工作和缩短研究时间，加速新产品的开发。

4.2 机器零件用钢

机器零件用钢是在优质碳素结构钢的基础上发展起来的，是指用于制造各种机械零件所用的钢种，普遍用来制造各种齿轮零件、轴（杆）类零件、弹簧、轴承及高强度结构件等，广泛应用在汽车、拖拉机、机床、工程机械、电站设备、飞机及火箭等装置上。这些零件的尺寸虽差别很大，但其服役条件却是十分相似的，主要是承受拉伸、压缩、扭转、剪切、弯曲、冲击、疲劳、摩擦等力的作用，或者是它们中的多种载荷的交互作用，在零件的截面上产生拉、压、切等应力。服役环境是大气、水和润滑油，温度在－50～100℃范围之间。机器零件要求结构紧凑、运转快速准确以及零件间有合适的公差配合等，由此便决定机器零件用钢在性能上要求与工程构件用钢有所不同。机器零件用钢对力学性能要求通常是多方面的，即不但要求强度和韧性以保证机器零件体积小、结构紧凑及安全性好，而且还要求有良好的疲劳性能与耐磨性等。

机器零件用钢根据热处理强化状态特点可分为整体强化态钢和表面强化态钢。根据钢的生产工艺和用途可分为调质钢、弹簧钢、轴承钢、低碳马氏体钢、超高强度钢、渗碳钢、渗氮钢，感应加热淬火钢等。

4.2.1 概述

(1) 机器零件用钢的特点　由于机器零件的服役条件复杂，所以，这些零部件的破坏情况也是各式各样的。

1）过载变形和断裂　特别是在承受动载荷的情况下，由于不正常的超负荷，当应力超过构件的屈服强度时，构件就要发生变形；当应力超过该材料的断裂强度时，构件就要发生断裂。

2）疲劳破坏　承受交变载荷的构件，若在高于一定应力的情况下长期工作，就容易发生疲劳断裂。

3）脆性断裂　如果钢材的塑性和韧性不足，则在承受突然冲击或过载时，钢件不能发生相应的塑性形变以吸收部分冲击能量而松弛钢件所受的应力，因此钢件会在只发生少量形变或甚至不发生形变的情况下突然脆断，造成严重的破坏事故。

4）腐蚀破坏　钢件与腐蚀介质长期接触，特别是有应力作用的情况下，逐渐会被腐蚀进而损坏。

由此看来，对机械制造结构钢性能的最基本要求是，在零件整个截面上具有足够高的屈服强度和抗拉强度，以防止过载变形和断裂；具有高的疲劳强度以防止交变负荷下的疲劳破坏；在零件整个截面上具有足够的塑性和韧性，以防止冲击或过载下的突然断裂；具有一定的耐蚀性。

此外，还应要求钢材在加工过程中具有良好的工艺性能，如冷形变性能、焊接性能等。

因此对机器零件用钢必须进行热处理强化以充分发挥钢材的性能潜力。机器零件用钢的使用状态通常为淬火加回火态，即强化态，满足机器零件结构紧凑、运转快速、安全可靠以及零件间公差配合合适等方面的要求。机器零件对工艺性能的要求主要是便于制造加工。通常，机器零件的制造工艺流程为：型材→改锻→预先热处理→切削加工→最终热处理→磨削等。其中以切削加工性能和热处理工艺性能为机器零件用钢的主要工艺性能。

（2）机器零件用钢的合金化特点　机器零件用钢中加入的合金元素主要有Cr、Mo、Si、Ni、Mn、W、V、Ti、B和Al等，或者是单独加入，或者是几种同时加入。它们在钢中的主要作用是：提高钢的淬透性，降低钢的过热敏感性，提高回火稳定性，抑制第二类回火脆性，改善钢中非金属夹杂物的形态和提高钢的工艺性能等。

1）提高钢的淬透性　马氏体相变及其随后的回火是综合利用了固溶强化、晶界强化、位错强化和第二相强化，获得马氏体已成为钢的重要强化手段。在相同硬度的条件下，淬火回火钢的$R_{p0.2}$、A、Z远高于未淬透（或未淬火）的钢，前者的冲击韧性和疲劳强度也显著优于后者。非马氏体组织的出现对淬火低温回火钢的危害尤大，它不但降低钢的强度，使塑性、韧性恶化，而且显示出明显的冷脆倾向，特别是当亚共析钢淬火后出现铁素体时，使脆性转变温度显著提高。对于淬火高温回火钢来说，尽管马氏体和非马氏体组织经高温回火后的硬度相近，但非马氏作组织使钢的塑性和韧性，特别是冷脆倾向明显变差，并降低钢的疲劳强度。这就是机器零件用钢必须具备足够淬透性的重要原因。由此可见，合金元素的作用首先是通过淬透性来影响钢的力学性能，只要提高了淬透性，钢的力学性能就能得到改善。

钢中加入一种合金元素，往往难于全面改进性能，所以重要的合金钢都含有好几种合金元素。根据合金元素的作用可以将其分为主加元素和辅加元素两类。主加元素是指这些元素分别地或复合地加入钢中，对增大钢的淬透性和提高钢的综合力学性能起主导作用，Si、

Mn、Cr、Ni等元素属于此类。辅加元素则是加入含有主加元素的钢中，降低钢的过热敏感性与回火脆性，改善夹杂物的形态，进一步提高钢的淬透性，改善钢材性能。Mo、W、V、Ti、B、RE等属于此类。辅加元素在钢中的质量分数不高，通常在千分之几范围内变动。

2）含碳量的选择和回火温度的确定　碳是机器零件用钢中的重要的元素，它不但直接决定了马氏体的硬度，而且对马氏体的形态及其回火后的性能都有很大影响。回火是热处理的最后一道工序。回火温度的确定就决定了钢的最后组织状态。因此，回火工艺决定了零件的使用性能和寿命。淬火钢在回火处理时，其力学性能的一般变化规律是：随着回火温度的升高，强度下降，塑性升高；韧性的变化比较复杂，分别在第一类和第二类回火温度范围内出现谷值。钢中碳的含量不同，其力学性能的变化也存在着各自的特殊性。淬火钢经低温回火后，低碳（合金）钢的组织为位错马氏体、少量残余奥氏体和弥散分布的碳化物，它在具有很高强度的同时还具有良好的塑性和韧性，缺口敏感性低，脆性转变温度下降到－60℃以下，使用上比较安全可靠。对于中碳（合金）钢来说，$w_C=0.4\%$时，淬火后得到的是位错马氏体和孪晶马氏体的混合组织，若也在低温回火，尽管强度很高，但断裂韧性下降，有较高的缺口敏感性。如果在高温（550～600℃）上回火，其组织为回火索氏体，则可获得良好的综合力学性能，在仍具有较高强度的同时，塑性、韧性得到明显改善，断裂形式为微孔聚集型，脆性转变温度很低。当出现第二类回火脆性时，钢的韧性即受到很大损害。对于$w_C=0.6\%\sim0.7\%$的碳钢或合金钢，若在300℃以下回火，由于未能消除淬火内应力和高碳马氏体的固有脆性，所以都呈现脆性断裂。当在350℃附近回火时，其弹性极限和屈服强度均达到峰值，并具有很高的疲劳强度。此时的组织为回火屈氏体。

钢的耐磨性和接触疲劳强度与钢的表面硬度有关，表面硬度越高，则其耐磨性越好，接触疲劳强度也越高。为了保证钢有较好的耐磨性和接触疲劳强度，钢淬火后应进行低温回火。马氏体的硬度与钢中含碳量有关，随着钢中含碳量增大，马氏体的硬度也随之提高，当钢中$w_C=1.0\%$时，淬火低温回火后，其组织为回火马氏体和粒状碳化物。由于碳化物具有很高的硬度，所以此钢具有很高的耐磨性和接触疲劳强度。如果进一步增加钢中含碳量，在组织中出现网状碳化物或条状碳化物时，便使接触疲劳强度下降。所以轴承钢中的$w_C=1.0\%$，就可以保证轴承对耐磨性和接触疲劳强度的要求。

3）提高钢的切削加工性　钢的切削加工性能是一种重要的工艺性能，对于大批量生产显得尤为重要，有时为了提高切削速度，发挥自动机床的加工能力，延长刀具使用寿命，常常不得不牺牲一部分使用性能而保证钢材的切削加工性能。

常用改善钢的切削加工性能的合金元素有S、Te、Pb、Se或Ca等。或者单独加入，或者同时加入其中的几个元素。这些元素加入钢中之后，与钢中其他元素形成非金属夹杂物或金属间化合物，如MnS、CaS、MnTe、PbTe、MnSe、PbSe、$2CaO\cdot Al_2O_3\cdot SiO_2$等。还有的是以其本身金属态存在，如Pb。这些夹杂物不溶于或几乎不溶于铁中，在钢锭压延时，沿延伸方向伸长，成为条状或纺锤状。它们的硬度一般均很低，类似无数个微小缺口，破坏钢的连续性，减少切削时把金属撕裂所需要的能量，切屑易断，减少刀具磨损，显著提高了切削加工性能。另一方面，由于这些夹杂物以细小条状或纺锤状形态存在，不会显著影响钢的纵向力学性能。

钢的硬度和组织对钢的切削加工性能也有明显影响。一般认为，当钢的硬度为179～

229HB时，其切削性能最佳。低碳钢的硬度太低，切削时容易粘刀，应采用正火处理，提高片状珠光体的数量，改善切削性能。高碳钢由于硬度高而难于加工，为此应进行球化处理，使硬度降低。具体地说，对于过共析钢可采用球化退火，对于亚共析用可采用退火或正火继而进行高温回火处理。

4.2.2 整体强化态钢

整体强化态钢均承受拉、压、扭等交变应力，大部分是整体受力。其主要的失效形式是疲劳破坏，主要的性能指标是疲劳强度、抗拉强度、冲击韧性和断裂韧性等。总体是要求具有良好的综合力学性能。这些钢主要是制造轴、杆、轴承等机器零件。这类钢主要有调质钢、弹簧钢、轴承钢、低碳马氏体钢、超高强度钢等。

(1) 调质钢　经过调质处理使用的结构钢称为调质钢。碳素调质钢，如35、40、45钢等，在完全淬透的情况下，调质后的强度约为800MPa，可以满足力学制造上的一般需要。对于要求高水平的综合力学性能的零件，如连杆、高强螺栓、飞机发动机轴等，要求整个截面都有较高的强韧性。但碳素调质钢其淬透性低，热处理变形大等缺点限制了它在这些重要机件上的应用。为此需要通过加入合金元素来解决这些矛盾。合金元素的加入虽然可以提高淬透性，但也带来了一些问题，如高强钢的冲击韧性问题、高温回火脆性问题等。常用调质钢的化学成分、热处理和力学性能见表4.7。

1) 调质钢的化学成分特点　调质钢具有如下的化学成分特点。

① 中碳，含碳量在0.25%～0.5%，多为0.4%左右。若碳质量分数过低，则淬回火后强度、硬度不能满足性能要求；而若碳质量分数过高，则钢的塑性、韧性过低。对于一些要求以强度为主的调质钢，用上限的碳质量分数，对一些以塑性为主的调质钢，用下限的碳质量分数。

② 主加元素Mn (w_{Mn}<2%)、Si (w_{Si}<2%)、Cr (w_{Cr}<2%)、Ni (w_{Ni}<4.5%)、B (w_B<0.004%) 等的主要作用是提高淬透性，如40钢的水淬临界直径仅为10～15mm，而40CrNiMo钢的油淬临界直径则超过了70mm。除了B以外，这些元素能溶入固溶体起固溶强化作用，Ni还能提高钢的韧性。Cr、Mo、W、V等可阻碍碳化物在高温回火时的聚集长大，保持钢的高硬度；同时还阻碍α相的再结晶，保持细小的晶块结构，也能使钠保持足够高的强度。

③ 辅加元素为Mo、W、V、Ti等强碳化物形成元素，其中Mo、W的主要作用是抑制含Cr、Ni、Mn、Si等合金调质钢的高温回火脆性，次要作用是进一步提高了淬透性；V、Ti的主要作用是形成碳化物阻碍奥氏体晶粒长大，起细晶强韧化和弥散强化作用。几乎所有的合金元素均提高了调质钢的回火稳定性。

钢中的杂质元素P、Sn、Sb、As等，在原奥氏体晶界的平衡偏聚引起晶界脆化，引起高温回火脆性。当它们的含量超过十万分之几，就可能使钢产生高温回火脆化倾向。特别是在450～550℃范围工作的钢，对此尤为敏感。碳素结构钢对高温回火脆性不敏感，但合金元素Cr、Mn、Ni、Si等的加入强烈促进钢的高温回火脆化倾向。除了合金元素Mo、W和Ti可减轻合金调质钢对高温回火脆性的敏感性外，稀土元素能和杂质元素形成稳定的化合物，如LaP、LaSn、CeP、CeSb等金属间化合物，也可大大降低甚至消除钢的高温回火脆性。若采用稀土元素和合金元素对钢进行复合合金化，则效果更佳，可解决长时间在450～550℃范围内工作的部件的高温回火脆化问题。

表 4.7 常用调质钢的化学成分、热处理和力学性能

牌号	化学成分(质量分数)/%							热处理/℃		毛坯尺寸/mm	力学性能,不小于				
	C	Mn	Si	Cr	Ni	Mo	其他	淬火	回火		R_m/MPa	R_{eL}/MPa	A/%	Z/%	KU_2/J
45	0.42～0.50	0.50～0.80	0.17～0.37	—	—	—	—	830～840 水	580～640 空	<100	650	350	17	38	36
45Mn2	0.42～0.49	1.40～1.80	0.20～0.40	—	—	—	—	830～840 油	580～640 水、油	25	900	750	10	45	48
40MnB	0.37～0.40	1.10～1.40	0.20～0.40	—	—	—	B0.001～0.0035	850 油	500 水、油	25	1000	800	10	45	48
40MnVB	0.37～0.40	1.10～1.40	0.20～0.40	0.70～1.00	—	—	V0.05～0.10 B0.001～0.004	850 油	500 水、油	25	1000	800	10	45	48
35SiMn	0.32～0.40	1.10～1.40	1.10～1.40	—	—	—	V0.07～0.12	900 水	590 水、油	25	900	750	15	45	48
40Cr	0.37～0.45	0.50～0.80	0.20～0.40	0.80～1.10	—	—	—	850 油	500 水、油	25	1000	800	9	45	48
38CrSi	0.35～0.43	0.30～0.60	1.00～1.30	1.30～1.60	—	—	—	900 油	600 水、油	25	1000	850	12	50	56
40CrMn	0.37～0.45	0.90～1.20	0.20～0.40	—	—	—	—	840 油	520 水、油	25	1000	850	9	45	48
30CrMnSi	0.27～0.34	0.80～1.10	0.90～1.20	0.80～1.10	—	—	—	880 油	520 水、油	25	1100	900	10	45	40
35CrMo	0.32～0.40	0.40～0.70	0.20～0.40	0.80～1.10	—	0.15～0.25	—	850 油	550 水、油	25	1000	850	12	45	64
38CrMoAl	0.35～0.42	0.30～0.60	0.20～0.40	1.35～1.65	—	0.15～0.25	Al0.70～1.10	940 水、油	640 水、油	30	1000	850	14	50	72
40CrNi	0.37～0.44	0.50～0.80	0.20～0.40	1.00～1.40	—	—	—	820 油	500 水、油	25	1000	800	10	45	56
37CrNi3	0.34～0.41	0.30～0.60	0.40～0.70	1.20～1.60	3.00～3.50	—	—	820 油	500 水、油	25	1150	1000	10	5	/
35SiMn2MoV	0.32～0.42	1.55～1.85	0.60～0.90	—	—	0.40～0.50	V0.05～0.10	870 水、油	650 空	—	1100	950	12	50	64
40CrMnMo	0.37～0.45	0.90～1.20	0.20～0.40	0.90～1.20	—	0.20～0.30	—	850 油	600 水、油	25	1000	800	10	45	64
25Cr2Ni4W	0.21～0.28	0.30～0.60	0.17～0.37	1.35～1.65	4.00～4.50	—	W0.80～1.20	850 油	550 水	25	1100	950	11	45	72
40CrNiMo	0.37～0.44	0.50～0.80	0.20～0.40	0.60～0.90	1.25～1.75	0.15～0.25	—	850 油	600 水、油	25	1000	850	12	55	80
45CrNiMoV	0.42～0.49	0.50～0.80	0.20～0.40	0.80～1.10	1.30～1.80	0.20～0.30	V0.10～0.20	850 油	460 油	—	1500	1350	7	35	32

碳素调质钢淬透性低，热处理变形大，需要通过加入合金元素来解决这些矛盾。合金元素的加入，也有一个由单一元素到复合元素的发展历程。这样反映在淬透性上，从小到大；反映在性能上，则由单一性能到优良综合力学性能，从而可以满足机器零件制造上不同零件在不同受荷状态的需要。例如调质钢从 40→40Mn→40CrMn→40CrMnMo 或从 40→40Cr→40CrNi→40CrNiMo 的发展过程，每加入一种合金元素，既起到其本身的特殊作用，又起到元素之间的交互作用，从而使合金化达到改善组织、性能的目的。

2）调质钢的热处理特点　调质钢零件在机械加工后的最终热处理为调质处理，即淬火后进行高温回火，以获得所需的组织（回火索氏体）和性能（最佳的综合性能）。调质钢淬透时调质后的屈服强度约为 800MPa，冲击功在 64J 以上。

必须指出，调质钢仅进行淬火时，其塑性低、内应力大，不能直接使用。因此，必须进行回火，以便消除应力，增加韧性，调整强度。回火是使调质钢的性能定型化的重要工序，对于要求综合力学性能（高的塑性、韧性和适当的强度）的机器零件，必须在 500～650℃下进行高温回火。由于高温回火慢冷时容易产生第二类回火脆性，因此对回火脆性敏感性较大的钢，回火后必须迅速冷却（如用水冷或油冷），以抑制回火脆性的发生；当要制造大截面零件时，由于快冷难以抑制回火脆性的发生，所以必须选择含有 Mo、W 等回火脆性敏感性较低的调质钢。

通常用调质钢制造的零件，除了要求较高的强度、韧性、塑性配合以外，往往还要求某些部位（如轴类零件的轴颈或花键部分）有良好的耐磨性。为此，在调质处理后，一般还要在局部部位进行高频感应表面淬火。

3）典型调质钢及其应用　合金调质钢的钢种很多，按淬透性的高低可分为低、中、高淬透性三类。

① 低淬透性合金调质钢，其油淬临界直径最大为 30～40mm。这类钢的淬透性较低，通常只用于制造一般尺寸的重要零件。典型钢种是 40Cr、40CrV、40MnB、40MnV、38CrSi、40MnVB 等。40MnB、40MnVB 是为节约 Cr 而发展的代用钢，40MnB 的淬透性稳定性较差，切削加工性能也差一些。

② 中淬透性合金调质钢，其油淬临界直径最大为 40～60mm。这类钢含有较多的合金元素，加入 Mo 不仅使淬透性显著提高，而且可防止回火脆性。典型钢种是 35CrMo、40CrMn、40CrNi、30CrMnSi 等，主要用于制造截面较大的零件，例如曲轴、连杆等。35CrMo、40CrMn 等钢可用于 500℃以下的较高温度下服役的零件如汽轮机转子、叶轮等。

③ 高淬透性合金调质钢，其油淬临界直径最大为 60～100mm。这类钢多半是铬镍钢，较多的 Cr 和 Ni 的适当配合可大大提高钢的淬透性，并获得优良的机械性能，加 Mo 还可消除回火脆性。典型钢种是 37CrNi3、40CrMnMo、40CrNiMo、25Cr2Ni4W 等。40CrNiMo 钢主要用于制造大截面、重载荷的重要零件，如航空发动机轴、汽轮机主轴、叶轮等。

（2）弹簧钢　弹簧的主要作用是吸收冲击能量，缓和机器的振动和冲击作用，或储存能量使机件完成事先规定的动作，保证机器和仪表的正常工作。因此弹簧必须具有高的屈服强度和较高的疲劳强度，以免产生塑性变形并防止过早的疲劳破断。

弹簧大体上可以分为冷成形弹簧与热成形弹簧两大类。冷成形弹簧是通过冷变形或热处理，使钢材具备一定性能之后，再用冷成形方法制成的一定形状的弹簧。冷成形的弹簧在冷成形之后要进行 200～400℃的低温回火。冷成形通常只能制造小型弹簧，热成形弹簧一般用于制造大型弹簧或形状复杂的弹簧。钢材在热成形之前并不具备弹簧所要求的性能，在热

成形之后，进行淬火及中温回火，可以获得所要求的性能。碳素弹簧钢由于淬透性低，一般只能用于制造截面直径小于12～15mm的小弹簧。为了满足大型弹簧对弹簧钢的淬透性和力学性能的高要求，在碳素弹簧钢的基础上发展了合金弹簧钢。

合金弹簧钢通常按合金元素的种类和多少分为两类。一类是以合金元素Si、Mn合金化的弹簧钢，代表性的钢种为65Mn和60Si2Mn等，其淬透性显著高于碳素弹簧钢，可用于制造截面尺寸较大的弹簧。Si、Mn的复合合金化，其性能又高于单用Mn的钢，这类钢主要用于汽车、拖拉机和机车上的板簧和螺旋弹簧等。另一类是含Cr、W、V等合金元素的弹簧钢，代表性的钢种为50CrV。Cr和V的复合加入，不仅提高弹簧钢的淬透性，而且使其有较高的高温强度、韧性和较好的热处理工艺性能。因此，这类钢可用于制造350～400℃下承受重载的大型弹簧，如阀门弹簧、高速柴油机的气门弹簧等。常用弹簧钢的牌号和化学成分见表4.8，热处理和力学性能见表4.9。

表4.8 常用弹簧钢的牌号和化学成分 单位:%

牌号	C	Si	Mn	Cr	V	Ni	Cu	P	S	其他
65	0.62～0.70	0.17～0.37	0.50～0.80	≤0.25	—	≤0.35	≤0.25	≤0.030	≤0.030	—
70	0.67～0.75	0.17～0.37	0.50～0.80	≤0.25	—	≤0.35	≤0.25	≤0.030	≤0.030	—
80	0.77～0.85	0.17～0.37	0.50～0.80	≤0.25	—	≤0.35	≤0.25	≤0.030	≤0.030	
85	0.82～0.90	0.17～0.37	0.50～0.80	≤0.25	—	≤0.35	≤0.25	≤0.030	≤0.030	
65Mn	0.62～0.70	0.17～0.37	0.90～1.20	≤0.25	—	≤0.35	≤0.25	≤0.030	≤0.030	—
70Mn	0.67～0.75	0.17～0.37	0.90～1.20	≤0.25	—	≤0.35	≤0.25	≤0.030	≤0.030	—
28SiMnB	0.24～0.32	0.60～1.00	1.20～1.60	≤0.25	—	≤0.35	≤0.25	≤0.025	≤0.020	B:0.0008～0.0035
40SiMnVBE	0.39～0.42	0.90～1.35	1.20～1.60	—	0.09～0.12	≤0.35	≤0.25	≤0.020	≤0.012	B:0.0008～0.0035
55SiMnVB	0.52～0.60	0.70～1.00	1.00～1.30	≤0.35	0.08～0.16	≤0.35	≤0.25	≤0.025	≤0.020	B:0.0008～0.0035
38Si2	0.35～0.42	1.50～1.80	0.50～0.80	≤0.25	—	≤0.35	≤0.25	≤0.025	≤0.020	—
60Si2Mn	0.56～0.64	1.50～2.00	0.70～1.00	≤0.35	—	≤0.35	≤0.25	≤0.025	≤0.020	—
55CrMn	0.52～0.60	0.17～0.37	0.65～0.95	0.65～0.95	—	≤0.35	≤0.25	≤0.025	≤0.020	—
60CrMn	0.56～0.64	0.17～0.37	0.70～1.00	0.70～1.00	—	≤0.35	≤0.25	≤0.025	≤0.020	—
60CrMnB	0.56～0.64	0.17～0.37	0.70～1.00	0.70～1.00	—	≤0.35	≤0.25	≤0.025	≤0.020	B:0.0008～0.0035
60CrMnMo	0.56～0.64	0.17～0.37	0.70～1.00	0.70～1.00	—	≤0.35	≤0.25	≤0.025	≤0.020	Mo:0.25～0.35

续表

牌号	C	Si	Mn	Cr	V	Ni	Cu	P	S	其他
55SiCr	0.51～0.59	1.20～1.60	0.65～0.95	0.50～0.80	—	≤0.35	≤0.25	≤0.025	≤0.020	—
60Si2Cr	0.56～0.64	1.40～1.80	0.40～0.70	0.70～1.00	—	≤0.35	≤0.25	≤0.025	≤0.020	—
56Si2MnCr	0.52～0.60	1.60～2.00	0.70～1.00	0.20～0.45	—	≤0.35	≤0.25	≤0.025	≤0.020	—
52SiCrMnNi	0.49～0.56	1.20～1.50	0.70～1.00	0.70～1.00	—	0.50～0.70	≤0.25	≤0.025	≤0.020	—
55SiCrV	0.51～0.59	1.20～1.60	0.50～0.80	0.50～0.80	0.10～0.20	≤0.35	≤0.25	≤0.025	≤0.020	—
60Si2CrV	0.56～0.64	1.40～1.80	0.40～0.70	0.90～1.20	0.10～0.20	≤0.35	≤0.25	≤0.025	≤0.020	—
60Si2MnCrV	0.56～0.64	1.50～2.00	0.70～1.00	0.20～0.40	0.10～0.20	≤0.35	≤0.25	≤0.025	≤0.020	—
50CrV	0.46～0.54	0.10～0.37	0.50～0.80	0.80～1.10	0.10～0.20	≤0.35	≤0.25	≤0.025	≤0.020	—
51CrMnV	0.47～0.55	0.10～0.37	0.70～1.10	0.90～1.20	0.10～0.25	≤0.35	≤0.25	≤0.025	≤0.020	—
52CrMnMoV	0.48～0.56	0.10～0.37	0.70～1.10	0.90～1.20	0.10～0.20	≤0.35	≤0.25	≤0.025	≤0.020	Mo:0.15～0.30
30W4Cr2V	0.26～0.34	0.10～0.37	≤0.40	2.00～2.50	0.50～0.80	≤0.35	≤0.25	≤0.025	≤0.020	W:4.00～4.50

表 4.9 常用弹簧钢的热处理和力学性能

牌号	热处理			力学性能				
	淬火温度/℃	淬火介质	回火温度/℃	R_m/MPa	R_{eL}/MPa	A/%	$A_{11.3}$/%	Z/%
65	840	油	500	980	785	—	9.0	35
70	830	油	480	1030	835	—	8.0	30
80	820	油	480	1080	930	—	6.0	30
85	820	油	480	1130	980	—	6.0	30
65Mn	830	油	540	980	785	—	8.0	30
70Mn	790(正火)	—	—	785	450	8.0	—	30
28SiMnB	900	水或油	320	1275	1180	—	5.0	25
40SiMnVBE	880	油	320	1800	1680	9.0	—	40
55SiMnVB	860	油	460	1375	1225	—	5.0	30
38Si2	880	水	450	1300	1150	8.0	—	35
60Si2Mn	870	油	440	1570	1375	—	5.0	20
55CrMn	840	油	485	1225	1080	9.0	—	20
60CrMn	840	油	490	1225	1080	9.0	—	20
60CrMnB	840	油	490	1225	1080	9.0	—	20
60CrMnMo	860	油	450	1450	1300	6.0	—	30
55SiCr	860	油	450	1450	1300	6.0	—	25
60Si2Cr	870	油	420	1765	1570	6.0	—	20
56Si2MnCr	860	油	450	1500	1350	6.0	—	25
52SiCrMnNi	860	油	450	1450	1300	6.0	—	35
55SiCrV	860	油	400	1650	1600	5.0	—	35

续表

牌号	热处理			力学性能				
	淬火温度/℃	淬火介质	回火温度/℃	R_m/MPa	R_{eL}/MPa	A/%	$A_{11.3}$/%	Z/%
60Si2CrV	850	油	410	1860	1665	6.0	—	20
60Si2MnCrV	860	油	400	1700	1650	5.0	—	30
50CrV	850	油	500	1275	1130	10.0	—	40
51CrMnV	850	油	450	1350	1200	6.0	—	30
52CrMnMoV	860	油	450	1450	1300	6.0	—	35
30W4Cr2V	1075	油	600	1470	1325	7.0	—	40

1）弹簧钢的化学成分特点　常用弹簧钢的合金化元素不仅能提高钢的淬透性，而且，当合理配合再加上适当的热处理时，还可以增加回火稳定性，使其具有足够的塑、韧性。合金化的目的是降低脱碳敏感性，故减少了钢中 Si 含量，在中截面弹簧钢中加入微量 B，在大截面弹簧钢中加入了少量 Mo。此外，钢中加入少量 V、Nb，在于细化晶粒，提高强韧性。

① 弹簧钢的含碳量较高，以保证高的弹性极限与疲劳极限。碳素弹簧钢的含碳量一般为 0.8%～0.9%，合金弹簧钢的含碳量为 0.45%～0.7%。含碳量过低，达不到高的屈服强度的要求；含碳量过高，钢的脆性很大。

② 加入 Si、Mn，提高淬透性、强化铁素体（因为 Si、Mn 固溶强化效果最好)、提高钢的回火稳定性，使其在相同的回火温度下具有较高的硬度和强度。其中 Si 的作用最大，但 Si 含量高时增大 C 石墨化的倾向，且在加热时易于脱碳；Mn 则易于使钢过热。

③ 加入 Cr、W、V、Nb，克服硅锰弹簧钢的不足。Cr、W、V、Nb 为碳化物形成元素，可以防止过热和脱碳，从而保证重要用途弹簧具有高的弹性极限和屈服极限。55SiMnMoV、55SiMnMoVNb、55SiMnVB 和 60SiMnBRE 就是一组在 Si-Mn 钢基础上，加微量 Mo、V、Nb、B 和稀土元素的优质弹簧钢。

此外，由于弹簧钢的纯度对疲劳强度有很大影响，因此，弹簧钢均为优质钢（$w_P \leqslant$ 0.030%，$w_S \leqslant$0.030%）。

2）弹簧钢的热处理特点　热成形弹簧钢的热处理是在热成形之后于 830～870℃进行油冷淬火，然后再于 420～520℃左右进行中温回火，获得回火屈氏体，渗碳体以细小的颗粒分布在相的基体上。由于马氏体分解产生的 α 相已发生回复，高碳马氏体的孪晶结构已经消失，相变引起的内应力已经大幅度下降。

必须指出，如果簧径太大或簧板太厚而使淬火时发生淬不透时，则其弹性极限将下降，同时疲劳强度也将降低。所以弹簧的尺寸必须要和选用钢材的淬透性相适应。回火时应考虑弹性参数和韧性参数的平衡，即既要保证足够的弹性又要保证一定的韧性。若回火温度过低，虽然弹性参数提高，但韧性太差，弹簧易发生断裂；若回火温度过高，虽然韧性较高，但弹性太差，弹簧易产生永久变形。在实际生产中，可根据钢材的表面状态调整回火温度，如钢材表面质量较好（经过磨削)，可选用下限回火温度，以保证高的弹性；如表面质量欠佳，则可选用上限回火温度，以提高钢的韧性，降低弹簧对表面缺陷的敏感性。

此外，热处理加热过程中必须严格控制炉气并尽量缩短加热时间，以防止或尽量减少表面的氧化与脱碳。弹簧在热处理后通常还要进行喷丸处理，使表面强化并在表面产生残余压应力以提高疲劳强度。

(3) 滚动轴承钢　滚动轴承通常由内套、外套、滚动体（如滚珠、滚轮、滚针）和保持架四部分组成。其中除保持架用低碳钢（08 钢）薄板冲制而成，其余三个部分均由轴承钢制造。滚动轴承运转时，内外套圈与滚动体之间呈点或线接触，很小的接触面上承受很大的压应力（高达 1800～5000MPa）和交变载荷（应力交变次数高达几万次每分钟以上）。同时，滚动体与套圈之间不但有滚动摩擦，而且有滑动摩擦。有时在强大的冲击载荷作用下，轴承也可损坏；在特殊条件条件下工作的轴承，常与大气、水蒸气及腐蚀介质相接触，进而产生腐蚀。因此对轴承钢的性能要求是高的弹性极限、高的接触疲劳强度、高的硬度和耐磨性，一定的冲击韧性和抵抗大气、润滑油化学腐蚀的能力。此外，对于精密轴承，还要求具有良好的尺寸稳定性和组织稳定性。按照成分和实用场合，轴承钢分为高碳铬轴承钢、渗碳轴承钢、高碳铬不锈轴承钢和高温轴承钢等四大类。

1）高碳铬滚动轴承钢

① 高碳铬滚动轴承钢的化学成分特点　为了保证轴承钢有高的硬度和耐磨性，轴承钢的含碳量很高，一般为 0.95%～1.15%，属于过共析钢。轴承钢中的碳一部分存在于马氏体基体中以强化马氏体，另一部分形成足够数量的碳化物以获得所要求的耐磨性。但过高的含碳量会增加碳化物分布的不均匀性，且易生成网状碳化物而降低其性能。

加入合金元素铬，提高钢的淬透性，形成合金渗碳体，提高轴承钢的耐腐蚀性能。合金渗碳体 $(Fe,Cr)_3C$ 在淬火加热时溶解较慢，可减少过热倾向，经热处理后可以得到较细的组织，且碳化物能以细小质点均匀分布于钢基体组织中，既可提高钢的回火稳定性，又可提高钢的硬度，进而提高钢的耐磨性和接触疲劳强度。适宜的铬含量为 0.40%～1.65%。因为当铬含量高于 1.65%以后，则会使残余奥氏体增加，使钢的硬度和尺寸稳定性降低，同时还会增加碳化物的不均匀性，降低钢的韧性。

制造大型轴承时，轴承钢中还需加入更多的合金元素以提高淬透性，通常加入硅、锰、钒等合金元素以进一步提高淬透性。适量的 Si（0.40%～0.60%）还能明显地提高钢的强度和弹性极限；钒一部分溶于奥氏体，提高淬透性，另一部分形成碳化钒 VC，提高钢的耐磨性并防止过热。通常无铬钢中都含有钒。

降低 S、P 含量，提高冶金质量。由于轴承钢的接触疲劳性能对钢材的微小缺陷十分敏感，所以夹杂物的种类、尺寸和形态、大小和分布都对轴承钢的性能有重要影响。通常要求 S 含量＜0.02%，P 含量≤0.027%。危害性最大的是氧化物，其次是硅酸盐。由于夹杂物的多少主要取决于钢的冶金质量和铸造工艺，所以轴承钢一般采用电渣重熔、电炉冶炼及真空冶炼等技术。常用轴承钢的牌号和化学成分见表 4.10。

表 4.10　常用高碳轴承钢的牌号和化学成分　　单位：%

牌号	C	Si	Mn	Cr	Mo	Ni	Cu	Al	Pb	As	As+Sn+Sb
G8Cr15	0.75～0.85	0.15～0.35	0.20～0.40	1.30～1.65	≤0.10	≤0.25	≤0.25	≤0.050	≤0.002	≤0.04	≤0.075
GCr15	0.95～1.05	0.15～0.35	0.25～0.45	1.40～1.65	≤0.10	≤0.25	≤0.25	≤0.050	≤0.002	≤0.04	≤0.075
GCr15SiMn	0.95～1.05	0.45～0.75	0.95～1.25	1.40～1.65	≤0.10	≤0.25	≤0.25	≤0.050	≤0.002	≤0.04	≤0.075
GCr15SiMo	0.95～1.05	0.65～0.85	0.20～0.40	1.40～1.65	0.30～0.40	≤0.25	≤0.25	≤0.050	≤0.002	≤0.04	≤0.075
GCr18Mo	0.95～1.05	0.20～0.40	0.25～0.45	1.65～1.95	0.15～0.25	≤0.25	≤0.25	≤0.050	≤0.002	≤0.04	≤0.075

注：1. 优质钢中 $w_P \leqslant 0.025\%$、$w_S \leqslant 0.020\%$、$w_O \leqslant 0.0012\%$、$w_{Ti} \leqslant 0.0050\%$。

2. 高级优质钢中 $w_P \leqslant 0.020\%$、$w_S \leqslant 0.020\%$、$w_{Ca} \leqslant 0.0010\%$、$w_O \leqslant 0.0009\%$、$w_{Ti} \leqslant 0.0030\%$。

3. 特级优质钢中 $w_P \leqslant 0.015\%$、$w_S \leqslant 0.015\%$、$w_{Ca} \leqslant 0.0010\%$、$w_O \leqslant 0.0006\%$、$w_{Ti} \leqslant 0.0015\%$。

② 高碳铬滚动轴承钢的热处理特点　由于高碳铬滚动轴承钢是过共析钢，并且对碳化物的形状和分布要求较高，因此必须预先进行球化退火，以降低钢的硬度，退火后硬度一般为 207～229HB。这样，可改善切削加工性能，更重要的是获得细球状珠光体和均匀分布的细粒状碳化物，为最终热处理作组织准备。球化退火工艺一般为将钢材在 790～800℃加热 2～3h，缓冷至 710～720℃并保温 3～4h，再缓冷至 650℃，出炉空冷。

高碳铬滚动轴承钢的最终热处理是淬火加低温回火。淬火温度要求十分严格，对 GCr15 钢，淬火加热温度为 820～840℃。温度过高会引起过热，晶粒长大，使钢的韧性和疲劳强度下降，且易淬裂和变形；温度过低，则奥氏体中溶解的铬和碳的含量不够，钢淬火后硬度不足。马氏体的含碳量在 0.45%～0.5%时，轴承钢既具有高硬度，又有良好的韧性，还具有最高的接触疲劳寿命。GCr15 钢的淬火组织为隐晶马氏体上分布细小均匀分布的粒状碳化物（7%～9%）和少量残余奥氏体。淬火后应立即回火，以消除内应力，提高韧性，稳定组织和尺寸；回火温度一般为 150～160℃，保温时间为 2～4h。为使回火性能均匀一致，回火温度也要严格控制，最好在油中进行。

轴承钢经淬火及回火后的组织为极细的回火马氏体、均匀分布的细粒状碳化物以及少量的残余奥氏体，硬度为 62～66HRC。

轴承在淬火及回火后的磨削加工过程中，还会产生磨削应力，因此通常还要进行一次附加回火（回火温度为 120～150℃，回火时间为 2～3h）以稳定组织和尺寸。对于精密轴承，为了保证能长期存放和使用中不变形，在淬火后要立即进行冷处理，以使钢中未转变的残余奥氏体进一步发生转变；再在磨削加工后进行附加回火（回火温度为 120～150℃，回火时间为 5～10h）。

③ 高碳铬滚动轴承钢的应用　常用的高碳铬滚动轴承钢通常根据其合金元素的种类分为两类。即铬轴承钢和添加 Mn、Si、Mo、V 的轴承钢。铬轴承钢的典型代表是 GCr15，由于淬透性不是很高，因此多用于制造中小型轴承。添加 Mn、Si、Mo、V 的轴承钢，如在铬轴承钢中加入 Mn、Si 可提高淬透性，如 GCr15SiMn 钢等，主要用于制造大型轴承；为了节约 Cr，可以加入 Mo、V，得到不含铬的轴承钢，如 GSiMnMoV、GSiMnMoVRE 钢等，其性能和用途与 GCr15 相近。高碳铬轴承钢虽为轴承专用结构钢，但也可用于制造精密量具、冷冲模、机床丝杠等耐磨件。

2）渗碳轴承钢

轧钢机械、矿山挖掘机械、建筑机械等一些受冲击负荷较大的机械使用的轴承，不仅要求其表面硬度高、耐磨性好，具有较高的接触疲劳强度，还要求心部有一定的韧性、足够的强度和硬度。渗碳轴承钢主要包括 G10CrNi3Mo、G20CrMo、G20CrNiMo、G20CrNi2Mo、G20Cr2Ni4、G20Cr2Mn2Mo 及 G23Cr2Ni2Si1Mo。这类钢经渗碳、淬火及低温回火处理后，表面有高的硬度、耐磨性和接触疲劳强度，而心部具有很高的冲击韧性。用渗碳轴承钢制造轴承，加工工艺性能好，可以采用冷冲压技术，提高材料的利用率，再经渗碳、淬火及回火处理后，在零件的表面形成有利的残余压应力，提高轴承的使用寿命。

3）高碳高铬不锈钢　对于石油机械、造船工业及食品工业中使用的轴承常在酸、碱、盐等腐蚀介质中，因此要求轴承具有良好的化学稳定性，故而常采用高碳高铬不锈钢制造，如 G95Cr18（0.9%～1.0%C、17.0%～19.0%Cr、≤0.8%Si、≤0.8%Mn、≤0.03%S 和≤0.04%P）、G65Cr15Mo、G102Cr18Mo 等。由于这类钢属于莱氏体钢，在铸态组织中有一次和二次复杂碳化物 Cr_7C_3。故在预先热处理，即球化退火前必须进行反复锻打以使粗大的碳化物破碎并均匀分布，退火组织为铁素体加碳化物 Cr_7C_3。并且合金元素含量很高，钢的导热性能下降，因此淬火加热（1050～1100℃）要进行预热（850～880℃），淬火组织为含高铬的合金马氏体加残余奥氏体加未溶碳化物 Cr_7C_3，淬火后要低温回火（150～160℃）。由于淬火组织中含有约30%～40%的残余奥氏体，为了提高硬度和增加尺寸稳定性，常在淬火后在－75～－80℃进行冷处理和附加回火（120～150℃）。冷处理可使残余奥氏体减少到5%～10%，硬度提高到59～63HRC，附加回火的目的在于消除磨削应力，以保证足够的尺寸稳定性。

4）高温轴承钢　燃气轮机、航空及航天工业中所用轴承的工作温度往往超过300℃，因此对所用轴承的材料要求有足够的高温硬度、高温强度、耐磨性、抗氧化性及一定的耐腐蚀性能、良好的尺寸稳定性和高温下的寿命。在更高温度下使用的轴承必须采用高温轴承钢，如GW18Cr5V、GW9Cr4V2Mo、GCr4Mo4V、GW6Mo5Cr4V2、GW2Mo9Cr4VCo8等，其中GW6Mo5Cr4V2钢为高速钢。这类钢的成分特点是含有大量的W、Mo、Cr、V等碳化物形成元素，经淬火后可获得高合金化的高碳马氏体，具有良好的回火稳定性，并在高温回火后产生二次硬化现象，因此能在高温下保持高硬度、高耐磨性和良好的接触疲劳强度。

GCr4Mo4V钢是目前航空发动机上最常用的高温轴承钢，可在430℃下工作（此时的最高硬度为54HRC）或在315℃下长期工作（此时的最高硬度为57HRC）。GCr4Mo4V钢的淬火加热温度为1100～1140℃，在油中淬火。加热温度较高时，钢中的碳化物 $(Fe,Mo)_3C$、VC等大部分溶于奥氏体，淬火后得到合金程度和含碳量都比较高的马氏体，因而具有比较高的回火稳定性。经过530～560℃的二次回火（每次2h）可使残余奥氏体发生分解并使马氏体中析出高度弥散的碳化物（VC和 Mo_2C）质点，因而具有高的硬度（61～65HRC）。

（4）低碳马氏体钢　低碳马氏体钢通常根据其合金元素的多少又可分为低碳低合金马氏体钢和低碳中合金马氏体钢两类。

1）低碳低合金马氏体钢　低碳低合金结构钢淬火后形成板条马氏体＋板条相界残余奥氏体薄膜＋板条内部自回火或低温回火析出的细小分散碳化物，可实现强度、韧性、塑性的最佳配合。当溶有少量碳和合金元素的奥氏体自高温淬火至室温而形成位错型板条马氏体时，会伴随着如下几种强化机制。首先，由于快速冷却，马氏体的含碳量和合金元素含量达到饱和状态，从而造成相当程度的固溶强化效应。马氏体转变过程中伴随着容积的改变和滑移过程而产生了大量的位错，其密度随马氏体中碳的增加而增加，故产生明显的位错强化效应。由于位错型板条马氏体是由细小的板条（亚晶）和较大的板条束（晶块）所组成的，因此它们分别以小角度晶界和大角度晶界的方式对强化作出了贡献。这种晶界强化效应与固溶强化和位错强化相比，其强化效果相对较弱。最后，由于低碳低合金钢的 M_s 温度较高，在奥氏体转变为马氏体时，因自回火作用会有细小碳化物在马氏体中析出，因而还有第二相强化的作用。由此可见，低碳马氏体的强化实际上综合了固溶强化、位错强化、细晶强化及第二相强化四种强化效果，强化作用十分显著。

将低碳合金钢（如低合金高强度钢16Mn、常用的渗碳钢以及低碳珠光体热强钢）淬火可以获得低碳马氏体组织。由于低碳马氏体状态下的钢在静载下具有良好的强度和塑性、韧性的配合，即使C含量提高到0.25%，这种优良性能仍然存在，同时低碳马氏体的冷脆倾

向性小，其冷脆转变温度为 $T_C \leqslant -60 \sim 70℃$，因此，对在严寒地带室外服役的机件及低温下要求高强度和高韧性的机件，采用低碳马氏体强化是很合适的。此外，低碳马氏体钢不仅在静载下具有低的缺口敏感性，而且还具有低的疲劳缺口敏感性。

低碳马氏体表现出较高的韧性和塑性，其机制一般认为由于板条马氏体的亚结构为位错型，所以分布比较均匀，而且不含或含很少的孪晶亚结构。板条马氏体的板条束细化对强化效果贡献虽然小于其他强化机制，但对提高韧性有较大的贡献，因为板条束是脆性断裂的最小断裂单元，板条束的宽度越小，钢的脆性转变温度越低；奥氏体晶粒越细，淬火得到的马氏体的板条束的宽度也越窄，韧性也越好。此外，板条马氏体的板条束是平行长成的，板条马氏体的相界还常常存在连续或不连续的残余奥氏体薄膜，这种塑性的第二相的存在也促进实现低碳马氏体性能的优化。因为这种沿马氏体板条相界呈薄膜分布的奥氏体可以使裂纹分支，增加能量消耗；也可以钝化裂纹，导致应力集中下降，应力作用下诱导残余奥氏体向马氏体转变而释放应力。

常用的低碳合金钢淬火获得低碳马氏体后，可以满足机械制造工业中大量常用零件的淬透性和使用性能的要求。然而对于一些特定的零件，在保证力学性能的同时，还要满足工艺性能的要求。为此，我国研制了低碳马氏体高强度冷镦螺栓用钢 15MnVB（15MnB）和石油机械用钢 20SiMn2MoV（25SiMn2MoV）等。

15MnVB 钢是一种以冷镦法制造 M20 以下的高强度螺栓用的低碳马氏体钢。由于中小直径的螺栓通常采用冷镦成形六角螺栓头，采用搓丝或滚丝工艺加工螺纹，这就要求螺栓用钢具有良好的冷镦、搓丝等加工工艺性能。15MnVB 钢的设计采用了 Mn-V-B 的合金化措施，经 880℃淬火加 200℃回火可获得板条马氏体加板条相界残余奥氏体薄膜以及自回火和回火析出的弥散碳化物组织，既具有较高的强度又具有良好的韧性和低的冷脆转化温度。这种钢制造的螺栓的静强度比 40Cr 螺栓提高了三分之一以上，从而使螺栓承载能力提高了45%～70%，而螺栓的缺口偏斜敏感性并未显著提高，这不仅显著改进了汽车螺栓的质量，而且还能满足大功率新型汽车的设计要求。

采用 15MnVB 钢还可使螺栓的工艺性能获得显著改善。如冷拔、冷镦不易开裂，冷拔模具、冷镦模具、搓丝板、滚丝轮等不易损坏，使工模具寿命提高 20%～30%。同时低碳马氏体螺栓用钢的回火温度低，也节省了电力和炉用耐热材料，并缩短了热处理的生产周期，提高了生产效率。

此外，钢厂生产 15MnVB 钢时的冶金工艺质量也得到了提高，并且简化了生产流程。15MnVB 钢的裂纹敏感性小，钢锭不需要红送（即红热状态至开坯厂）或退火，这给生产带来了很大的方便。15MnVB 钢可以取消酸洗、研磨工序，这也为提高生产率创造了条件。同时，由于低碳马氏体钢塑性好、脱碳倾向小，因而钢材的合格率也大大提高。在 15MnVB 钢的基础上，为了节约成本，不用微量元素 V，制成 15MnB 钢，其过热敏感性小，晶粒度和低温韧性也都表现良好，已用于标准件行业以代替 35CrMo 钢制造高强度螺栓。

20SiMn2MoV 和 25SiMn2MoV 钢中，加入 Si、Mn、Mo，既能强化马氏体，又能保证较高的淬透性。与此同时，Si、Mn 可以保证板条相界残余奥氏体的数量及其稳定性，而且，Si 还可以阻止 Fe_3C 的形核与长大，并推迟回火马氏体脆性的发生。少量 V 则可以细化奥氏体晶粒，改善韧性。20SiMn2MoV 钢的预先热处理工艺为 920～940℃正火，690～720℃高温回火，空气冷却，硬度小于 269HB，其切削性能稍差。20SiMn2MoV 和

25SiMn2MoV 钢都具有较高的综合力学性能，已用于制造某些石油机械产品的重要零件，并为制造有效截面在 ϕ100mm 左右的机器零件提供了合适的低碳马氏体钢种。

2）低碳中合金马氏体钢　在低碳低合金马氏体钢的基础上进一步提高合金元素的含量还可增加强度或韧性。从强化、韧化和保证所需要的组织结构三个方面综合考虑，Si、Mn、Ni 和 Mo 是这类钢成分设计时主要考虑的元素。此外，从改善淬透性和提高耐蚀性来考虑，加入 1%左右的 Cr 也是必要的。而加入 V 则在于细化晶粒，改善强韧性。低碳中合金马氏体钢是合金化与强韧性机理综合运用的典型例子之一。

从强化效果而言，碳原子进入八面体间隙位置造成的强化效果最大，而低碳马氏体钢正好缺乏这种最有效的因素。如果把低碳马氏体钢的含碳量适当提高，则可望在回火过程中有更多的碳化物弥散析出，从而有可能较大幅度提高屈服强度。但是，当钢中含碳量大于 0.3%时，淬火后形成的马氏体中不可避免地要出现较多的孪晶亚结构，这有损于钢的韧性并可能增加淬火裂纹敏感性。为此，含碳量只能控制在 0.25%左右。合金元素的置换固溶也能产生一定的强化，并且这种强化作用对韧性的损害不像碳那么强烈，因而也是一种有效的强化途径。由于 Si、Mn、Ni 和 Mo 对铁素体有相对较大的固溶强化效果，所以在低碳中合金马氏体超高强度结构钢中，首先考虑加入 Si、Mn、Ni 和 Mo 元素。

要使结构钢在高强度下获得高韧性，必须在合金化强化马氏体的同时，使其亚结构基本上保持位错型。合金元素影响马氏体亚结构的一般规律为：缩小 A 相区的元素（如 Cr、Mo、W、V 等）只形成位错马氏体，而扩大 A 相区的元素（如 C、Mn、Ni）在含量低时也只形成位错马氏体，只有加入量较高时，才能形成孪晶马氏体。因此，这类钢通常采用多组元、少含量的合金化原则，以优化马氏体的亚结构。另外，在马氏体板条相界出现稳定的残余奥氏体薄膜也会保证钢的高韧性。通常，扩大 A 相区的合金元素均有利于在板条相界产生残余奥氏体薄膜，其中以 Mn、Ni 为典型代表，因此低碳中合金马氏体超高强度钢在考虑 Mn、Ni 的固溶强化的同时，也通过加入 Mn、Ni 保证残余奥氏体薄膜的出现。

提高钢的韧性的另一个重要措施是在保证必要强度的情况下，尽可能提高回火温度，以使塑性、韧性得到较大的恢复。为此，必须抑制回火马氏体的脆性。从防止回火脆性的角度考虑，这类钢中应加入石墨化元素，如 Si、Ni、Al 等能有效地阻止 Fe_3C 的形核与长大，并稳定残余奥氏体；前面已经指出 Si、Ni 还可以强化马氏体。加入 Mo 既可引起固溶强化，也可以抑制回火脆性。此外，采用精选原料、真空熔炼和细化晶粒（添加 0.2%V）的办法，以减少轧制元素的含量或改变其分布，也有利于改善钢的韧性。

（5）超高强度钢　抗拉强度超过 1500MPa 或屈服强度超过 1380 MPa 的合金结构钢称为超高强度钢。超高强度钢是在合金结构钢的基础上发展起来的，主要用于制造飞机起落架和主梁、固体火箭发动机壳体、高速离心机旋转筒体和其他承受高应力的结构部件。

这类钢具有很高的强度、比强度和疲劳强度。在静载荷和动载荷条件下，能承受很高的工作应力，从而可减轻结构重量。为保证极高的强度，此类钢充分利用了马氏体强化、细晶强化、化合物弥散强化与溶质固溶强化等多种机制的复合强化作用。

一般以断裂韧性作为评价超高强度钢韧性的指标。高的断裂韧性使超高强度钢在复杂的环境下能承受高的工作应力，不致发生低应力脆断。而改善韧性的关键是提高钢的纯净度（降低杂质硫、磷质量分数和非金属夹杂物体积分数）、细化晶粒并减小对碳的固溶强化的依赖程度（故超高强度钢一般是中低碳，甚至是超低碳钢）。

超高强度钢通常按化学成分和强韧化机制分为：低合金超高强度钢、二次硬化型超高强度钢、马氏体时效钢和超高强度不锈钢等四类。

1）低合金超高强度钢　低合金超高强度钢是在合金调质钢基础上发展起来的，其中含碳量为 0.30%～0.45%，合金元素含量在 5%左右。通过淬火和回火或者等温淬火处理，可获得回火马氏体或下贝氏体＋回火马氏体的混合组织，以得到高强度和良好的韧性。

回火马氏体的强度与钢中碳的含量成线性增加的关系，当钢中含碳量每增加 0.10%时，钢的强度约增加 300MPa，如钢中含碳量为 0.30%时，钢的强度可获得 1700MPa 左右。必须指出的是，含碳量增加时，虽然能增加钢的强度，但是钢的塑性和韧性是下降的，同时工艺性能（如加工性、焊接性）也随之恶化。因此通过增加含碳量来提高钢的强度受对钢的韧性和塑性要求的限制，一般在 0.30%～0.45%范围内。

常加入的合金元素有 Ni、Cr、Mo、V、Ti、Nb、Al、Si、Mn 等，其作用是提高钢的淬透性、固溶强化、细化晶粒和提高回火马氏体与铁素体的稳定性。此外，Mo 能防止第二类回火脆性，Si 可以增加钢的抗回火稳定性，并能使回火马氏体脆性温度移向高温区。钢中加入 1%～2%的硅，可以使回火马氏体脆性温度提高到 350℃。这样就可以把这类钢的回火温度提高到 300～320℃，从而可以在保证高强度的同时，适当改善塑性和韧性。此外，这类钢中还可以加入 V、Nb 等合金元素，以细化奥氏体晶粒，从而细化淬火后的马氏体，有效地提高钢的塑性和韧性。

通常采用电弧炉或真空感应炉冶炼铸成电极再经真空自耗重熔的方法降低钢中气体和非金属夹杂物，提高钢的纯净度，改善断裂韧性。

此类钢典型牌号有 30CrMnSiNi2（N31）、30Si2MnCrMoV（D406A）、40CrNi2Mo（4340）、42CrNi2Si2MoV（300M）、45CrNiMo1V（D6AC）等，主要用于制造飞机结构件，如主起落架的支柱、轮叉、机翼主梁，固体火箭发动机壳体、炮筒以及高压气瓶和高强度螺栓等。

以 40CrNi2Mo 钢为例，其合金元素的配合有效地提高钢的淬透性和较好的韧性。钢中的铬和锰主要是提高淬透性，镍和铬的组合可有效地提高淬透性并能很好改善回火马氏体的韧性。在 40CrNi2Mo 钢的基础上加入钒和硅并提高钼含量得到的 40CrNi2Si2MoV 中，钒可以细化奥氏体晶粒，硅可提高钢的回火稳定性，将回火温度由 200℃提高到 300℃以上，可改善韧性。故 40CrNi2Si2MoV 钢有高的淬透性和强韧性，特别是大截面钢材。经过真空感应炉冶炼和电渣重熔成锭，再经过两次镦粗拔长开坯，由于钢的纯净度大大提高，在大截面上钢的横向力学性能得到改善，纵向和横向的断裂韧性基本一致。40CrNi2Si2MoV 钢可用于制造大型飞机的起落架等重要结构材料。

2）二次硬化型超高强度钢　二次硬化型超高强度钢系指通过淬火＋高温回火后，析出特殊合金碳化物而达到弥散强化（二次硬化）效果的超高强度钢。主要包括 Cr-Mo-V 型中合金超高强度钢、高韧性 9Ni-4Co 型和 10Ni-14Co 型高韧性超高强度钢。

① H 型（Cr-Mo-V 型）中合金超高强度钢　该类钢是从铬含量为 5%的工具钢移植而来的，由于它在高温回火下有很高的强度和较满意的塑、韧性，抗热性好，组织稳定，主要用于飞机起落架和骨架零件、炮弹和火箭壳体、高应力螺杆、弹簧以及高速转子和轴等。

典型牌号有 4Cr5MoSiV（H11）和 4Cr5MoSiV1（H13），主要用于热挤压模具和制造飞机、发动机承受中温强度的零部件、紧固件等。4Cr5MoSiV 的淬透性很高，一般零件经 1100℃奥氏体化后，在空冷条件下即可获得马氏体组织；经 500℃左右回火，析出碳化物

Cr_7C_3 和（Mo，Cr）$_3$C，发生二次硬化效应。钢的抗拉强度可达 1960MPa，具有较高的中温强度，在 400～500℃范围内使用，钢的瞬时抗拉强度仍可保持 1300～1500MPa，屈服强度约为 1100～1200MPa，主要用于热作模具。4Cr5MoSiV1 钢是在 4Cr5MoSiV 的基础上提高了 C 和 V 的质量分数而发展起来的。随 V 质量分数的增加，使钢中 VC 的数量增加，提高了耐磨性，其他性能与 4Cr5MoSiV 钢相似。

断裂韧度低是此类钢的主要缺点，因此当用于制造屈服强度大于 1380 MPa 的结构件时，应特别注意避免表面有尖角或小裂口存在，如电镀时应防止氢脆产生。

② 9Ni-4Co 型（Ni-Co-Cr-Mo 型）超高强度钢　钢中 $w_{Ni}\approx 9\%$，$w_{Co}\approx 4\%$，并含有 Cr、Mo、V 等合金元素。增加钢的碳质量分数，可提高钢的强度，但韧性降低。按碳质量分数的不同，又可分为 0.20%、0.25%、0.30%和 0.45%四种钢，常用的是 9Ni-4Co-20 钢和 9Ni-4Co- 30 钢。经 820～850℃奥氏体化后，在空冷条件下可形成低碳马氏体组织，经 500℃左右回火产生二次硬化效应，获得较高强度和较高韧性。

30Ni9Co4CrMo 钢经淬火后于 550℃回火，其抗拉强度为 1520～1650MPa，断裂韧性 K_{IC} 可达 $100MPa \cdot m^{1/2}$ 以上。30Ni9Co4CrMo 和 20Ni9Co4CrMo 钢的焊接性好，具有良好的热稳定性，适于 370℃以下长期使用。

③ 10Ni-14Co 型超高强度钢　其典型钢号是 16Ni10Co14Cr2Mo1（AF1410）钢，Ni 在钢中的作用主要是稳定奥氏体。从奥氏体状态冷至 M_s 点温度均不发生相变，即使原截面零件在缓慢的冷速下也只形成单相马氏体组织，因而没有淬透性不足的问题。Co 的作用主要是升高 M_s 点温度和降低 Mo 在马氏体中的固溶度，增强 Mo 的强化效应，在回火过程中能抑制和延缓特殊合金碳化物的析出，阻止析出相的集聚长大。Mo 是主要的二次硬化元素，Mo 质量分数增加，则二次硬化峰值提高。Cr 与 Mo 共存时，有利于提高韧性。

这是可焊接的高合金二次硬化型超高强度钢，加热至 830℃奥氏体化后，在空冷条件下形成高位错密度板条马氏体，经 510℃时效析出细小弥散分布的合金碳化物 M_2C 取代 Fe_3C，从而获得高强度、高韧性。其抗拉强度达 1620MPa 以上、断裂韧性 K_{IC} 大于 $143MPa \cdot m^{1/2}$，耐应力腐蚀性能好，应力腐蚀开裂临界断裂因子 K_{ISCC} 值高达 $84MPa \cdot m^{1/2}$，比一般超高强度钢高 3 倍以上，常用于制造飞机重要受力构件，如海军飞机着陆钩等。

16Ni10Co14Cr2Mo1 钢为超纯净和超细晶粒度钢，实际晶粒度大于 10 级。由于钢的纯净度对其断裂韧性 K_{IC} 和抗应力腐蚀性能具有明显影响，钢中除 S、P 质量分数极低外，还要求 $w_O<0.002\%$、$w_N<0.0015\%$。因此对冶炼和锻造工艺都有特殊要求。一般采用真空感应炉熔铸电极再经真空自耗重熔。其热变形加工性能很好，锻造开坯温度 980～1175℃，为控制晶粒长大，最终成品锻造温度应不超过 980℃。

3）马氏体时效钢　马氏体时效钢是铁-镍基超低碳高合金超高强度钢通过马氏体相变和时效析出金属间化合物而达到强化效果的超高强度钢。

马氏体时效钢的高强度来源于合金元素的固溶强化、马氏体相变的冷作硬化和时效析出金属间化合物的沉淀强化。由于马氏体时效钢的强化效应是由置换元素在马氏体中固溶及沉淀析出所造成的，且这些置换元素大都是铁素体形成元素，因此要能够得到马氏体基体，必须加入扩大 A 相区的元素，主要是镍。镍的加入可以保证马氏体的形成，从而增加基体的强度，并降低其他合金元素在基体中的溶解度；同时，镍能降低点阵中位错运动抗力和位错

与间隙元素之间交互作用能量，促进应力松弛，从而减少脆性断裂倾向。此外，镍的加入还有利于马氏体中的沉淀相的均匀形核与成长，这种均匀沉淀将促进良好的塑性变形特性和高的延性。

随着镍含量的增加，M_s 点也会下降，因此要降低残余奥氏体含量，还必须控制镍的加入量，同时加入一定量的钴。因为钴不仅能升高 M_s 点，而且还能增加钢中扩大 A 相区的能力，降低点阵中位错运动抗力和位错与间隙元素之间交互作用能量。Co 的这个效应有利于板条马氏体的形成，甚至在其他元素处于高浓度的情况下，也可形成板条马氏体。马氏体中高密度的位错及其比较均匀的分布，提供了大量潜在的形核位置和保证了较高的扩散速度，从而保证时效过程中获得细小的沉淀物。由于马氏体时效钢的板条马氏体的强度并不高，因此还必须加入合金元素以形成金属间化合物的沉淀硬化相。常加入的有镍、钛、铝、钼、铌等，可形成 Ni_3Al、Ni_3Ti、Ni_3Mo 和 Fe_2Mo 相等。钼和钴的复合加入，使沉淀强化效应进一步加强，因为钴减小含钼强化相的溶解度，使更多的强化相在时效过程中析出；钼还可以降低马氏体时效钢的回火脆性。钛的加入除了形成沉淀相以外，还会与残余碳或氮形成钛的碳氮化合物而细化钢的组织，但它们常沉淀在奥氏体晶界中，引起各向异性效应，并降低钢的塑性。铝对马氏体也有一定的强化效应，然而它损害时效前后的延性。

为了提高马氏体时效钢的塑性和韧性，马氏体时效钢在冶炼过程中还必须严格控制钢中杂质元素的含量。严格控制碳、氮、硫、磷、硅等杂质的含量，钢的强度越高，对杂质的控制应越严格。

常用的马氏体时效钢为含钴的 18Ni（200）、18Ni（250）、8Ni（300）和 18Ni（350）。在此基础上还开发无钴马氏体时效钢（如 Fe15Ni6Mo4Cu1Ti、Fe18Ni4Mo117Ti、T250、T300、G50 等）或节镍钴马氏体时效钢（12Ni-3Mn3Mo-TiAlV）。

马氏体时效钢具有强度高、屈强比高、热处理工艺简单和断裂韧性高等优点。在固溶状态下，钢的屈服强度约为 800～900MPa，断后伸长率约为 20%，断面收缩率为 70%～80%，具有良好的冷塑性变形性能，适用于深冲零件。对冷作件可直接时效处理，进一步提高其强度。其热处理过程中零件变形小，常用于制造高精度工模具。在固溶状态下焊接性好，焊丝成分应大致与基体相似。采用氩气保护焊接工艺，焊前不需预热，焊后通过时效处理提高焊缝接头强度，焊接强度系数可达 95%以上。适用于制造固体火箭发动机壳体、高压气瓶等。

4）超高强度不锈钢　它是在不锈钢基础上发展起来的，具有较高的强度和耐蚀性。依据其组织和强化机制的不同，也可分为马氏体沉淀硬化不锈钢、半奥氏体沉淀硬化不锈钢和马氏体时效不锈钢等。由于其 Cr、Ni 合金元素质量分数较高，故其价格也很昂贵，通常用于对强度和耐蚀性都有很高要求的零件。

4.2.3 表面强化态钢

表面强化态钢用来制造表面要求硬度高且耐磨和心部要求良好强韧性的零件，这可通过某种热处理工艺达到要求。由于零件表层往往还具有较高的残余压应力，因此其疲劳性能有显著的提高。这些零件主要是在滑动、滚动磨损下工作，接触疲劳是其主要的失效形式。通常用来制造齿轮、凸轮以及其他磨损件。

表面强化手段也有很多，如既改变表面化学成分又改变组织的渗碳、渗氮、渗硼等热处理工艺，不改变表面化学成分但改变组织的感应加热淬火、火焰淬火等。属于这类钢的有渗碳钢、渗氮钢、感应加热淬火钢等。下面讲述渗碳钢。

表面高硬度、高耐磨性的获得通常采用渗碳处理，再经淬火和低温回火，因此称这类钢为渗碳钢。渗碳钢是在碳素渗碳钢的基础上发展起来的。碳素渗碳钢存在淬透性较低、强度较低、渗碳过程中晶粒粗化严重等缺陷，不能满足高速旋转的机械零件（如汽车、拖拉机上的变速齿轮，内燃机上的变速齿轮、活塞销等）对力学性能的要求。通过加入合金元素，形成的合金渗碳钢具有更好的性能。

（1）渗碳钢的化学成分特点　这类钢的含碳量一般较低，一般为 0.12%～0.25%，目的是保证心部有良好的韧性。研究表明，渗碳钢心部过低的含碳量易于造成表面硬化层剥落，适当提高心部碳含量可使其强度增加，从而避免剥落现象。所以近年来有提高渗碳钢的含碳量的趋势，但通常也不能太高，否则会降低其韧性。

加入合金元素 Cr、Mn、Ni、Si、B 等可以提高钢的淬透性，从而提高机件的强度和韧性。Cr 是碳化物形成元素，在渗碳后于表层形成碳化物，提高硬度和耐磨性。

由于通常的渗碳温度高达 930℃左右，对于用 Mn、Si 脱氧的钢，奥氏体晶粒会发生急剧长大。为了防止奥氏体晶粒的长大，常加入少量强碳化物形成元素 V、Ti、Mo、W 等阻止奥氏体的晶粒长大，同时还可增加渗碳层硬度，进一步提高耐磨性。在航空发动机齿轮用渗碳钢中，常加入 Ni，可提高渗层和心部的韧性，并降低韧—脆转变温度。

必须指出，渗碳钢中的合金元素还影响着渗碳速度、渗层深度和表层碳浓度。非碳化物形成元素，如 Ni、Si、Co 等，一方面加速 C 在 950℃奥氏体中的扩散，另一方面又降低 C 在奥氏体中的溶解度并降低渗碳层中的最大含碳量。碳化物形成元素虽然降低 C 在奥氏体中的扩散系数，但由于在钢的表层能强烈地形成碳化物，因此能够提高表层的最大碳浓度。合金元素对渗层深度的影响取决于其对扩散系数和表层碳浓度的影响。表 4.11 为常用渗碳钢的化学成分、热处理工艺和力学性能。

（2）渗碳钢的热处理特点　渗碳钢零件在机械加工前一般要进行预先热处理。首先将钢件在 A_{c3} 线以上加热进行正火，然后根据合金钢的淬透性不同再分别进行退火（对珠光体钢）和高温回火（对马氏体钢）。正火的目的是细化晶粒，减少组织中的带状程度并调整好硬度，便于机械加工。经过正火后的钢材具有等轴状晶粒。对珠光体钢通常用在 800℃左右的一次退火代替正火，可得到相同的效果，即既细化晶粒又改善切削加工性能；对马氏体钢，则必须在正火之后，再在 A_{c_1} 以下温度进行高温回火，以获得回火索氏体组织，这样可使马氏体钢的硬度由 380～550HB 降低到 207～240HB，以顺利地进行切削加工。

在机械加工到只留有磨削余量时，进行渗碳处理，渗碳处理后再进行最终热处理（淬火和低温回火），以获得所需的组织和性能。通常零件的渗碳表面为高碳回火马氏体加细小的碳化物，因而具有很高的硬度（60～62HRC）和耐磨性。零件的非渗碳表面和基体部分（心部）依钢的淬透性的大小分别为经受回火的低碳马氏体或低碳马氏体加贝氏体（40～48HRC），也可以是屈氏体（25～40HRC），这些组织使基体具有更好的强、硬度与韧、塑性的配合，心部的冲击吸收功一般都高于 56J。

表 4.11　常用渗碳钢的化学成分、热处理工艺和力学性能

分类	牌号	化学成分/%					热处理温度/℃				力学性能,不小于			
		C	Mn	Si	Cr	其他	渗碳	预处理	淬火	回火	R_m/MPa	R_{eL}/MPa	A/%	Z/%
低淬透性	15	0.12～0.19	0.35～0.65	0.17～0.37	—	—	930	890±10	770～800 水	200	500	300	15	55
	20	0.17～0.24	0.35～0.65	0.17～0.37	—	—	930	—	790 水	180	500	280	25	55
	20Mn2	0.17～0.24	1.40～1.80	0.20～0.40	—	—	930	850～870	770～800 水	200	820	600	10	47
	20Cr	0.17～0.24	0.50～0.80	0.20～0.40	0.70～1.00	—	930	880 水、油	800 水、油	200	850	550	10	40
	20MnV	0.17～0.24	1.30～1.60	0.20～0.40	—	V0.07～0.12	930	—	880 水、油	200	800	600	10	40
	20CrV	0.17～0.24	0.50～0.80	0.20～0.40	0.80～1.10	V0.10～0.20	930	880	800 水、油	200	850	600	12	45
中淬透性	20CrMn	0.17～0.24	0.90～1.20	0.20～0.40	0.90～1.20	—	930	—	850 油	200	950	750	10	45
	20CrMnTi	0.17～0.24	0.80～1.10	0.20～0.40	1.00～1.30	Ti0.06～0.12	930	880 油	860 油	200	1100	850	10	45
	20Mn2TiB	0.17～0.24	1.50～1.80	0.20～0.40	—	Ti0.06～0.12 B0.001～0.004	930	—	860 油	200	1150	950	10	45
	20SiMnVB	0.17～0.24	1.30～1.60	0.50～0.80	—	V0.07～0.12 B0.001～0.004	930	860～880 油	780～800 油	200	1200	1000	10	45
高淬透性	12CrNi3	0.10～0.17	0.30～0.60	0.20～0.40	0.60～0.90	Ni1.50～2.00	930	—	860 油 780 油	200	950	700	11	50
	12Cr2Ni4	0.10～0.17	0.30～0.60	0.20～0.40	1.25～1.75	Ni3.25～3.75	930	—	860 油 780 油	200	1100	850	10	50
	15CrMn2SiMo	0.13～0.19	0.20～0.40	0.40～0.70	0.40～0.70	Mo0.40～0.50	930	880～920 空	860 油	200	1200	900	10	45
	18Cr2Ni4W	0.17～0.24	0.30～0.60	0.20～0.40	1.35～1.65	Ni4.00～5.00 W0.80～1.20	930	950 空	850 空	200	1200	850	10	45
	20Cr2Ni4	0.17～0.24	0.30～0.60	0.20～0.40	1.25～1.75	Ni3.25～3.75	930	880 油	780 油	200	1200	850	10	45

合金渗碳钢渗碳后的热处理工艺（最终热处理）一般是渗碳后直接淬火，再低温回火。采用这种工艺的零件通常只要求表面有高硬度和高耐磨性，而对基体性能要求不高。如果除要求表面高硬度、高耐磨性外，对基体性能还有较高要求，渗碳后先进行空冷（即正火处理）使组织细化，而后再按渗碳后的表面成分进行淬火并低温回火。这种工艺主要用于渗碳后容易过热的钢种，如 20Cr、20Mn2 等。当对零件表面和基体性能的要求都很严格时，渗碳空冷后，必须进行两次淬火。第一次按钢的基体成分加热淬火，加热温度较高（870℃左右），目的是细化心部组织并消除表面渗碳层中的网状渗碳体；第二次按高碳钢的成分进行（表面）淬火，目的是使表面获得细小的马氏体加粒状碳化物组织，以满足表面高性能的要求。最后进行低温回火，起消除应力、稳定组织和稳定尺寸的作用。这类热处理工艺主要用于航空发动机齿轮的热处理。

（3）典型渗碳钢及其应用　合金渗碳钢按淬透性的高低可分为低、中、高淬透性三类。

1）低淬透性合金渗碳钢　这类钢的淬透性低，抗拉强度通常为 800～1000MPa，通常用于制造受冲击载荷较小的，且对于心部要求不高的小型渗碳件，如小齿轮、活塞销、套筒、链条等。典型钢种是 20Cr、20Mn2 等。

2）中淬透性合金渗碳钢　这类钢有良好的力学性能和工艺性能，淬透性较高，由于含有 Ti，其过热敏感性小，抗拉强度通常为 1000～1200MPa。典型钢种是 20CrMnTi、20Mn2TiB、20MnVB、20SiMnVB 等。20CrMnTi 钢齿轮可在渗碳后预冷到 875℃直接淬火。先预冷再淬火是为了减少淬火变形，同时在预冷过程中渗碳层中析出一些二次渗碳体，使得淬火后的渗碳层中的残余奥氏体的数量减少。经过这种热处理，20CrMnTi 钢可以获得耐磨性较高的渗碳层，而且心部具有较高的强度和良好的韧性。因此这种钢大量用于制造承受高速、中载并要求抗冲击和耐磨损的零件，特别是汽车、拖拉机上的重要齿轮及离合器轴等。20Mn2TiB、20MnVB 是为节约 Cr 而发展的代用钢，但其淬透性不够稳定，热处理变形稍大且缺乏规律。

3）高淬透性合金渗碳钢　其抗拉强度通常大于 1200MPa。典型钢种是 12Cr2Ni4、15CrMn2SiMo、18Cr2Ni4W、20Cr2Ni4 等。这类钢由于含有较多的 Cr 和 Ni 等合金元素，渗碳层后表层的 C 含量又很高，这样就导致了马氏体转变温度的大幅度下降。若渗碳后直接淬火，渗碳层中将保留大量的残余奥氏体，使表面硬度下降。为了减少残余奥氏体的数量，通常可以采用三种方法。一是淬火后进行冷处理（－60～－100℃），使残余奥氏体继续转变为马氏体。二是渗碳及正火后进行一次高温回火（600～620℃），使碳化物从马氏体和残余奥氏体中进一步析出（高淬透性钢在正火时就可通过淬火形成马氏体），随后再加热到较低温度［A_{c_1}＋(30～50)℃］进行淬火，这些碳化物不再溶入奥氏体中，从而减少了奥氏体中的碳及合金元素含量，使马氏体转变温度有所升高，淬火后残余奥氏体的数量就自然减少。最后再进行低温回火，以消除内应力并提高渗层的强度和韧性。若将上述两种减少奥氏体的方法同时采用，效果更好。三是在渗碳后进行喷丸强化，也可以有效地使渗层中的残余奥氏体转变为马氏体。由于这类钢含有较多的 Ni，使得钢具有很好的韧性，特别是低温冲击韧性，因此主要用于制造大截面、高载荷的重要齿轮和耐磨件，如飞机、坦克中的重要齿轮及曲轴等。

目前碳氮共渗用钢大多沿用如上所述的渗碳钢，但对碳氮共渗钢而言还要更加注意表面残余奥氏体含量以及力求使碳和氮原子同时渗入等问题。通常碳氮共渗用钢常加入 Cr、Mo、B 等元素而不用 Ni 合金化，对 Mn 的含量也宜加以限制。为了提高碳氮共渗温度而不

降低氮的浓度，可加入0.2%Al，Al能促进氮的渗入，并使碳氮共渗温度提高到875～880℃。典型的钢号为20Cr2MoAlB。

4.2.4 高锰钢

高锰钢是指含10%～14%Mn和0.9%～1.4%C的合金钢。由于这种钢含有大量的奥氏体化元素，在铸造条件下共析转变难以充分进行，因此其铸态组织为奥氏体加碳化物。铸造成形后，性质硬而脆（420HB，$A=1\%\sim2\%$）。固溶处理后可以得到单相奥氏体组织，这种奥氏体组织软且有很高的韧性，并具有低的屈服强度（硬度为180～220HB，冲击吸收功大于120J，$R_{p0.2}=250\sim400$MPa，$R_m=800\sim1000$MPa，$A=35\%\sim55\%$，$Z=40\%\sim50\%$，$KU_2=144$J）。这种组织的钢在冲击载荷及高压力的作用下，其表面层将迅速产生加工硬化，从而产生高耐磨的表面层，而内层仍然保持优良的冲击韧性，因此即使零件磨损到很薄，仍能承受较大的冲击载荷而不破裂。

高锰钢冷作硬化的本质是通过大量形变在奥氏体基体中产生大量层错、形变孪晶、ε-马氏体和α-马氏体，成为位错运动的障碍。经强烈冲击后，钢的表面硬度极大地提高到500HB左右，而心部仍为保持韧性的奥氏体，所以能承受强有力的冲击载荷而不破裂。高锰钢中含碳量自1.0%增至1.5%时，表面硬化后的硬度增加，耐磨性可提高2～3倍，强度亦提高，但冲击韧性下降，增加开裂倾向，故含碳量为1.15%～1.25%最合适。锰可以扩大γ相区，增加奥氏体的稳定性。通常Mn与C含量的比值应为9～11，以保证获得奥氏体的组织。对于耐磨性要求较高、冲击韧性要求略低、形状不太复杂或壁薄的零件，含碳量可选1.2%～1.3%，锰含量为11%～14%，w_{Mn}/w_C取低限；相反，对于冲击韧性要求较高、耐磨性要求略低、形状复杂或壁厚的零件，含碳量可选0.9%～1.1%，锰含量为10%～13%，w_{Mn}/w_C可取高限。

高锰钢中加入2.0%～4.0%Cr或适量的Mo和V，能形成细小的碳化物，提高屈服强度、冲击韧性和抗磨性。加入稀土金属元素可以进一步提高钢液的流动性，增加钢液充填铸型的能力，减少热裂倾向，显著细化奥氏体晶粒，延缓铸后冷却时在晶界上析出碳化物；稀土元素还能显著提高高锰钢的冷作硬化效应及韧性，提高使用寿命。

高锰钢在铸造状态下，其组织中含有大量的沿晶界析出的网状碳化物，从而显著降低了钢的强度、韧性和抗磨性能。为此必须对高锰钢进行热处理，通常将钢加热到单相奥氏体相区的温度范围保温，使碳化物充分溶入奥氏体，然后水冷，获得单相奥氏体组织。这种固溶处理又称水韧处理。需要注意的是，如果从高温慢冷，或者在400～800℃温度区间等温保温，那么将会使奥氏体发生$\gamma\rightarrow\gamma+\alpha+$碳化物的反应，得不到所要求的组织状态。

常用的铸造高锰钢牌号、化学成分及经水冷处理后的力学性能如表4.12所示。对于ZGMn13的水冷处理加热温度通常为1050～1080℃。值得注意的是在高锰钢中加入稀土元素可显著减少晶界的网状碳化物，其加热温度可降低到1000～1030℃，如ZGMn13RE钢。另外，欲细化高锰钢的奥氏体晶粒，可先将铸件在610～650℃保温12h，让奥氏体发生共析分解，然后再加热到1050℃水韧处理，通过相变细化奥氏体晶粒。

水韧处理后的高锰钢受到冲击载荷后，表面会产生加工硬化，而内部仍是高塑性的奥氏体。因此它兼有高硬度、高耐磨性及高的塑性，可以广泛地用于制造要求耐磨及耐冲击的一些零件。如用于制造挖掘机的铲斗、各种碎石机的颚板、衬板以及所有耐磨的零件。在碎石机械中用高锰钢做颚板材料时，它的耐磨性特别好。当颚板受到冲击应力时，表面层的硬度迅速提高，即使在表面层磨损以后，新暴露出的表面又会呈现同样高的硬度，一直可以使用到尺寸报废。高锰钢还大量用于制造挖掘机、拖拉机、坦克等的履带板、主动轮和履带支承滚轮等。

表 4.12　铸造高锰钢的牌号、化学成分及部分经水冷处理后的力学性能

牌号	化学成分(质量分数)/%				力学性能,不小于				硬度 HBW①
	C	Mn	Si	其他	R_m/MPa	R_{eL}/MPa	A/%	KU_2/J	≤
ZG120Mn7Mo1	1.05～1.35	6～8	0.3～0.9	Mo:0.9～1.2	—	—	—	—	—
ZG110Mn13Mo1	0.75～1.35	11～14	0.3～0.9	Mo:0.9～1.2	755	—	30	147	300
ZG100Mn13	0.90～1.05	11～14	0.3～0.9	—	735	—	35	—	229
ZG120Mn13	1.05～1.35	11～14	0.3～0.9	—	637	—	20	184	—
ZG120Mn13Cr2	1.05～1.35	11～14	0.3～0.9	Cr:1.5～2.5	735	390	20	147	300
ZG120Mn13W1	1.05～1.35	11～14	0.3～0.9	W:0.9～1.2	—	—	—	—	—
ZG120Mn13Ni3	1.05～1.35	11～14	0.3～0.9	Cr:3～4	—	—	—	—	—
ZG90Mn14Mo1	0.70～1.00	13～15	0.3～0.6	Mo:1.0～1.8	—	—	—	—	—
ZG120Mn17	1.05～1.35	16～19	0.3～0.9	—	—	—	—	—	—
ZG120Mn17Cr2	1.05～1.35	16～19	0.3～0.9	Cr:1.5～2.5	—	—	—	—	—

① HBW 为布氏硬度的一种。

此外，在铁路交通运输工业中，高锰钢用于铁道上的辙岔、辙尖、转辙器及小半径转弯处的轨条等。用高锰钢制造这些零件时，不仅由于它具有良好的耐磨性，而且由于材质坚韧，不易突然断裂。由于高锰钢是非磁性的，也可以用于既耐磨又抗磁化的零件，如吸料器的电磁铁罩。选用高锰钢做耐磨零件时，应先了解其工作条件。在无压力的条件下，由于无加工硬化现象，高锰钢并不比其他具有相同硬度的钢更为耐磨。

4.2.5　零件材料选择基本原则

在机械零件产品的设计与制造过程中，选择金属材料时，不仅要考虑材料的性能是否能够适应零件的工作条件，使零件经久耐用，而且要求材料有较好的加工工艺性能和经济性，以便提高零件的生产率，降低成本，减少消耗等。选材中要注意到材料的化学物理性能、力学性能和工艺性能，如密度、弹性模量、强度、韧性、耐蚀性、耐磨性、高温和低温强度、焊接性、淬透性、热处理变形量、可锻性、切削性、经济性等。选用材料要根据产品批量，从力学性能、工艺和经济三方面来考虑。

(1) 材料的力学性能　在设计零件并进行选材时，应根据零件的工作条件和损坏形式找出所选材料的主要力学性能指标，这是保证零件经久耐用的先决条件。如汽车、拖拉机或柴油机上的连杆螺栓，在工作时整个截面不仅承受均匀分布的拉应力，而且承受周期变动的拉应力，其损坏形式除了由于强度不足而引起的过量塑性变形外，多数情况下是由于疲劳破坏而造成断裂。因此对连杆螺栓材料的力学性能除了要求有高的屈服极限和强度极限外，还要求有高的疲劳强度。由于是整个截面均匀受力，因此材料的淬透性也需考虑。

生产中常用的检验性能的方法是检验硬度，因为硬度检验可以不破坏零件，而且硬度与其他力学性能之间存在一定关系。

(2) 材料的工艺性能　用金属材料制造零件的基本加工方法，通常有铸造、压力加工、焊接和机械加工。材料的工艺性能的好坏对零件加工生产有直接的影响。在小批量生产时，工艺性能的好坏并不显得突出；在大批量生产时，工艺性能则可以成为决定性的因素。在设计零件时，也要注意热处理工艺性，如其结构形状复杂，应选用淬透性好的钢材，如变形较小的油淬钢。

一般说来，碳钢的锻造、切削加工等性能较好，其力学性能可以满足一般零件工作条件的要求，但其强度还不够高，淬透性较差。所以，制造大截面、形状复杂和高强度的淬火零件，常选用淬透性好、强度高的合金钢。但是合金钢的锻造、切削加工等性能较差。

通过改变工艺规范、调整工艺参数、改进刀具和设备、变更热处理方法等途径，可以改善金属材料的工艺性能。

(3) 材料的经济性能　在满足使用性能的前提下，选用零件材料时还应注意降低零件的总成本。零件的总成本包括材料本身的价格和与生产有关的其他一切费用。

在金属材料中，碳钢和铸铁的价格是比较低廉的，因此在满足零件力学性能的前提下宜选用碳钢和铸铁，其不仅具有较好的加工工艺性能，而且可降低成本。低合金钢由于强度比碳钢高，总的经济效益比较显著，有扩大使用的趋势。

(4) 零件工艺性能分析　完成同一功能的零部件，可以设计出不同的结构，其中某些结构易于加工并可保证加工精度，也有某些结构则难于加工，甚至无法加工，所以设计人员必须了解工艺。每个零件应该选择哪种工艺流程，各个零件图所标注的尺寸、公差、表面粗糙度和技术条件，都直接影响工艺流程的优劣和生产周期的长短。根据零件图和零件材料的特性，可选择切削加工、铸造、锻造、钣金、冲压、挤压等一种或几种工艺。以上每个工艺都有其造价最合理的经济精度，所以零件图和材料确定后，也就在一定程度上确定了采用哪种工艺。

当零件的形状比较复杂、尺寸较大时，用锻造往往难以实现，如果采用铸造或焊接，在结构上也要适应铸造或焊接的要求。至于选用铸造还是焊接，采用模锻还是自由锻。如果零件的生产批量小，所花的木模和模具费超过了机械加工所能节约的费用，则不如采用焊接件或自由锻造件。如果生产批量较大，采用铸件或模锻件较为有利。

如果零部件的其他性能都满足，只是材料的焊接性能不好，而又没有合适的焊接性能好的材料，则可以改变连接方式。例如，由焊接改为螺纹连接或其他连接。有时，产品的交货日期也影响制造工艺的选择，如果交货日期紧迫，常常采用焊接件而不用铸件。

当零件用冷拔工艺制造时，应考虑材料的伸长率，并考虑冷加工硬化对材料力学性能的影响。钢与某些非铁金属经过冷作硬化后，硬度、屈服极限和强度极限都有相当大提高，而其提高程度又和加工过程中的截面收缩率有关，截面收缩率越大，提高程度越大。

同样的结构材料，如果采用先进而合理的热处理工艺，则强度性能可以成倍地提高，至于采用何种热处理工艺，必须考虑具体条件。对于切削加工的零件，应根据零件的几何形状、加工面种类和加工位置来确定采用一种或几种切削工艺，如车、铣、钻、镗、磨等。同样的孔，采用车、镗还是磨削作为最后的工序，要根据加工精度和表面粗糙度决定。在自动机床上进行大批量生产的零件，应该考虑材料的被切削性能，使易于断屑，减少刀具磨损量，提高生产率和加工精度。

习 题

1. 简述构件用钢一般的服役条件、加工特点和性能要求。

2. 为什么普通低合金钢中基本上都含有不大于1.8%的Mn?

3. 为什么贝氏体普通低合金钢多采用0.5%Mo和微量硼作为基本合金元素?

4. 什么是微合金化钢?微合金化元素的主要作用是什么?

5. 在汽车工业上广泛应用的双相钢，其成分、组织和性能特点是什么?为什么能在汽车工业上大量应用，发展很快?

6. 在低合金高强度钢中大多采用微合金元素铌、钛、矾，它们的主要作用是什么?

7. 为什么说淬透性是评定结构钢性能的重要指标?

8. 调质钢中常用哪些元素?这些合金元素各起什么作用?

9. 机器零件用钢和构件用钢对使用性能和工艺性能上的要求有什么不同?

10. 低碳马氏体钢在力学性能和工艺性上有哪些突出优点?在应用上应注意些什么问题?

11. 弹簧钢的主要性能要求是什么?为什么弹簧钢中含碳量一般为0.5%～0.75%?

12. 有些普通弹簧冷卷成形后为什么要进行去应力退火?车辆用板簧淬火后，为什么要用中温回火?

13. 滚动轴承钢常含哪些合金元素?各起什么作用?为什么Cr含量限制在一定范围?

14. 在使用状态下，滚动轴承钢的最佳组织是什么?在工艺上如何保证?

15. 高锰钢有什么特点?如何获得这些特点?在什么情况下适合使用这类钢?

16. 各类超高强度钢是在哪些钢的基础上发展起来的?各有什么优缺点?

17. 设计马氏体时效钢的基本依据是什么?

第5章

工具钢

工具钢主要用于制造各种刃具、模具和量具。工具钢分为碳素工具钢、合金工具钢和高速工具钢（高速钢）三类。合金工具钢是在碳素工具钢的基础上发展起来的，根据合金元素的多少可进一步分为低合金工具钢和高合金工具钢。按其用途可分为刃具钢、模具钢和量具钢。

工具钢在使用性能和工艺性能上也有许多共同的要求。如高硬度、高耐磨性，刃具若没有足够的硬度便不能进行切削加工；刃具、模具在应力的作用下，其形状和尺寸都会发生变化而使成形零件的形状和尺寸不符合设计要求；工具钢若没有良好的耐磨性会使其使用寿命大为下降，并且使加工或成形的零件精度的稳定性降低。当然不同用途的工具钢也有各自的特殊性能要求。例如，刃具钢除要求高硬度、高耐磨性外，还要求红硬性及一定的强度和韧性；冷作模具钢在要求高硬度、高耐磨性的同时，还要求有较高的强度和一定的韧性；热作模具钢则要求有高的韧性和耐热疲劳性及一定的硬度和耐磨性；对于量具钢，在要求高硬度、高耐磨性的基础上，还要求高的尺寸稳定性。

工具钢对钢材的纯度要求较高，S、P含量一般严格限制在0.02%～0.03%以下，属于优质钢或高级优质钢。钢材出厂时，其化学成分、脱碳层、碳化物不均匀程度等均应符合国家标准的有关规定，否则会影响工具的使用寿命。

5.1 概述

大多数工具钢是在承受很大局部压力和强烈磨损条件下工作的，所以工具钢的主要矛盾是韧度和耐磨性之间的合理平衡。如量具钢是用来度量工件尺寸的工具，由于量具在使用过程中经常受到工件的摩擦与碰撞，而量具本身又必须具备非常高的尺寸精确性和恒定性，因此要求量具材料具有高的硬度和高的耐磨性，以保证在长期使用过程中不致被很快磨损而失去其精度；具有高的尺寸稳定性，以保证量具在使用和存放过程中保持其形状和尺寸的恒定；具有一定的耐腐蚀性能和一定的韧性。刃具钢是指用来制造各种切削加工工具的钢种，要求刃具具有较高的硬度和耐磨性，其硬度一般应在60HRC以上，加工软材料时可为45～

55HRC。刃具在服役过程中还承受弯曲、扭转、剪切、冲击等负荷的作用，因此还要求刃具有足够的塑性和韧性，以防止使用过程中崩刃或折断。此外刃具还受到工件和切屑的强烈摩擦作用，在切削过程中，这种摩擦功和被去除材料的塑性变形功将以热的形式释放出来，使刃具的温度升高。切削速度越快，刃具的温升越高，因此要求刃具具有高的红硬性。

钢的红硬性是指，钢在受热条件下仍能保持足够高的硬度和切削能力的性质。红硬性可以用多次高温回火后在室温条件下测得的硬度值来表示。所以红硬性是钢抵抗多次高温回火软化的能力，实质上这是一个回火抗力的问题。

碳素工具钢的淬透性低、红硬性差、耐磨性不够高。当工具断面尺寸大于 15mm 时，水淬后只有工件表面层有高硬度，故不能做形状复杂、尺寸较大的工具；当工作温度超过250℃时，硬度和耐磨性迅速下降而使刃具失去正常工作的能力。碳素工具钢由于不含合金元素，淬火及回火后的碳化物属于渗碳体型，硬度虽然可达 62HRC，但耐磨性不足。所以碳素工具钢只能用来制造小型工具，用作刃具时，常用来加工切削量小、切削速度较低或硬度低的软金属或非金属软材料。此外，碳素工具钢在热处理时，由于要考虑获得马氏体组织，通常都在强烈的淬火介质（如水、盐水、碱水等）中冷却，因而淬火时产生的应力大，容易引起较大的变形甚至开裂，故而淬火后应及时回火；同时，碳素工具钢在热处理加热过程中，特别是球化退火的加热中，还容易发生石墨化和脱碳，这都将使碳素工具钢的性能恶化。所以，对于重负荷、尺寸较大、形状复杂、工作温度超过 200℃的工具，碳素工具钢不能满足要求，因此发展了合金工具钢。

5.1.1 合金工具钢成分与性能特点

(1) 含碳量　为了保证合金工具钢具有高的硬度和高的耐磨性，其含碳量一般为0.75%～1.5%。

(2) 合金元素　加入的合金元素主要为 Cr、Mn、Si、W 和 V 等。其中 Cr、Mn、Si 主要是提高钢的淬透性，同时强化马氏体，提高回火稳定性；溶入渗碳体，形成合金渗碳体时，还有利于提高钢的耐磨性。

Cr 是碳化物形成元素，当其含量小于 3%时，只形成合金渗碳体并部分溶于固溶体。Cr 在低合金工具钢中的良好作用在于提高过冷奥氏体的稳定性，因而增加淬透性，从而可采用较缓和的冷却介质，减小热应力引起的变形；同时由于它既存在于渗碳体中，又存在于固溶体中，因而既能阻止渗碳体型碳化物的聚集、长大，又能提高马氏体的分解温度，从而有效地提高了钢的回火抗力。Cr 还能防止 Si 的石墨化倾向。当 Cr 含量大于 1.4%，而含碳量又大于 1%～1.2%时，将会增加碳化物的不均匀性。同时，由于 Cr 含量升高，则珠光体转变温度和碳化物在奥氏体中的溶解温度升高，从而提高淬火加热温度，使钢的脱碳倾向增加。此外，过高的 Cr 含量，还降低马氏体转变温度 M_s 点，因而增加残余奥氏体数量，使钢淬火前后的尺寸变化减小。因此，过共析钢中 Cr 的添加量一般控制在 1%左右。所以低合金工具钢中的 Cr 含量通常在 0.5%～1.5%。

Si 加入钢中不能形成碳化物，只溶于固溶体，增加了珠光体和中温转变区过冷奥氏体的稳定性。同时 Si 在回火过程中阻碍马氏体第二阶段的分解和渗碳体的聚集，因而提高了钢的回火稳定性。Si 对马氏体点 M_s 的影响很小，基本上不增加残余奥氏体的数量，从而增加了工具的稳定性。但 Si 是石墨化元素，在高碳钢中，高温加热时容易引起脱碳和促进石墨化，必须同时添加 W、Cr、Mn 等，减少脱碳倾向。

Mn 也提高钢的淬透性，并且淬火后有较多的残余奥氏体可减少钢的变形量，但 Mn 增加钢的过热倾向。

W 和 V 在工具钢中能形成较稳定的碳化物，提高钢的硬度和耐磨性，并防止钢在加热时过热，保持晶粒细化。在含 1%C 的钢中，当 W 含量大于 1%时，开始形成特殊碳化物 $M_{23}C_6$；而当 W 含量大于 5%时，在钢中形成 M_6C 型碳化物，虽有利于提高钢的耐磨性，但碳化物不均匀性增加使韧性下降。钢中少量的 V（0.1%～0.2%）就能形成 VC，当加热到 1000～1100℃时，这种碳化物将少量溶于奥氏体，因此 V 比其他合金元素更为有效地阻止晶粒长大，从而降低钢的过热敏感性。此外，V 在过共析钢中能够阻止网状碳化物的形成并增加 350～400℃回火后的韧性。

5.1.2 合金工具钢的热加工及热处理

含碳量较高的和碳化物较多的工具钢（如 Cr06、Cr2 等）由于碳化物分布不均匀，尤其是大规格的钢材，需要通过反复镦粗拔长的方法进行锻造。终锻温度要在 A_{rcm} 以下，但不低于 800℃，然后快冷至 500～600℃再缓冷，以防止开裂。

合金工具钢的热处理与碳素工具钢基本相同，包括热加工后粗加工前的预先热处理（通常也采用球化退火）和精加工前的淬火与低温回火。球化退火温度过高会增加钢的氧化和脱碳倾向；退火温度过低，则碳化物过细，退火后钢的硬度太高且碳化物网不易消除。等温退火可以缩短退火时间，并且退火组织比较均匀一致。退火加热和等温时间与毛坯尺寸、装炉量及炉子的类型有关。值得指出的是，如果热加工质量不高，会使钢材中存在很多的网状碳化物，等温球化退火不能使之完全球化。为此，可在球化退火前先进行加热温度高于 A_{cm} 的正火。9SiCr 和 Cr2 钢的正火温度分别为 900～920℃和 930～950℃。

合金工具钢的最终热处理也采用淬火加低温回火。与碳素工具钢相比不同的是，由于合金元素的加入改变了钢的临界点，增加了钢的淬透性，降低了钢的过热敏感性以及提高了钢的回火稳定性等。因此淬火加热温度一般较高，加热温度范围稍宽，脱碳倾向增大；由于合金工具钢的导热性变差，对于形状复杂、截面尺寸大的工件，在淬火加热前往往先在 600～650℃左右进行预热，然后再淬火加热；为了保证合金碳化物较充分地溶入奥氏体，合金工具钢的淬火加热保温时间应比碳素工具钢适当延长。由于淬透性提高，所以淬火时的冷却介质可用油或熔盐等，少数淬透性较低的钢，如 Cr06、W 等仍需采用水淬。与碳素工具钢相比，合金工具钢要获得同样硬度的回火温度也稍微提高，一般为 160～200℃。

5.1.3 典型合金工具钢及其应用

合金工具钢通常可分为两个体系：一个体系是针对提高钢的淬透性的要求而发展的，如 9SiCr 和 Cr2 等钢。其中 Cr2 钢与 GCr15 相近，但冶金质量要求比后者低。对于 9SiCr 钢，由于 Si 的加入，因而具有较高的淬透性和回火稳定性，碳化物分散细小，热处理时变形也小；此外 Si 还能强化铁素体，提高钢的强度，但会使这种钢在热加工和热处理时脱碳倾向较大，退火后的硬度较高，不利于切削加工。9SiCr 钢适宜的淬火加热温度为 850～870℃，淬火后，不仅硬度可达 64HRC，而且还可以获得高的强度和挠度。淬火温度高于 880℃时，会使奥氏体晶粒显著长大，残余奥氏体量增多，强度降低，增加使用过程中的尺寸不稳定性。当 9SiCr 钢材的直径不超过 40mm 时，在热介质中冷却仍可得到较高的硬度。

9SiCr 钢在热浴中的分级温度为 180℃左右（低于 M_s 点以下），停留时间视工件大小而定，一般为 2～5min。分级淬火可以减少淬火应力、减少变形并提高工件的力学性能。9SiCr 应在保证硬度的前提下控制钢的回火温度，以获得更好的力学性能。在 175～200℃ 回火，硬度下降很少。由于淬火马氏体转变为回火马氏体，消除了大部分淬火应力，因此提高了力学性能。通常情况下，低合金工具钢的回火温度中比碳素工具钢的偏高一点。回火时间一般取 90min。9SiCr 钢适宜于制造形状复杂、变形小的刃具，特别是薄刃刃具，如板牙、丝锥、钻头等。也可以用于制造冲模、打印模和搓丝板等。

合金工具钢的另一个体系是针对提高钢的耐磨性的要求而发展的，如 Cr06 和 W 等钢。Cr06 钢与 GCr6 相近，钢中含碳量比较高（1.30%～1.45%），淬火后硬度及耐磨性比较高，这种钢中的碳化物比较多，但冷轧成薄钢带后，碳化物分布均匀，适于制造剃刀和刀片。W 钢淬火后的硬度和耐磨性均较碳素工具钢为好，韧性也较好，热处理时的变形小，水中淬火不易产生裂纹。冶金条件（脱氧）及杂质含量对 W 钢的淬透性影响很大，尤其是 Cr 含量，因为 Cr 与 W 的相互作用，显著提高了钢的淬透性。W 钢的回火稳定性不高。

上述合金工具钢的使用性能要求均是以高耐磨性为主，为此均采用较高含碳量的过共析钢乃至莱氏体钢。这类钢基本上满足了工具钢的一般要求。但对于一些要求耐冲击的刃具和部分模具，如切边模、冲裁模等，其刃口单薄，使用时又受冲击负荷的作用，则应以要求高的冲击韧性为主，上述钢种则一般不能满足要求。为了提高这类工具的韧性，发展了耐冲击工具用钢，解决耐磨性和韧性的矛盾。采取的措施是：首先，降低含碳量，以避免由于一次及二次碳化物析出而引起的钢的韧性的下降，可采用亚共析钢；其次，加入 Si、Cr 等合金元素，以提高钢的回火稳定性和回火温度（240～270℃ 回火），这样可使淬火应力得到充分地消除，从而提高冲击功，又不降低硬度。此外，这类钢中还加入 W 等难熔碳化物形成元素，以细化晶粒、提高韧性。

可以看出，合金工具钢解决了淬透性低、耐磨性不足等问题。但由于合金元素数量不多，故其红硬性仍然不高，不能满足高速切削的生产要求，如使用温度高于 300℃时，硬度值已降低到 60HRC 以下。

5.2 刃具钢

刃具钢是用来制造各种切削加工工具的钢种。刃具的种类繁多，如车刀、刨刀、钻头、丝锥及板牙等，其中车刀最具有代表性。

5.2.1 刃具钢的工作条件及性能要求

刃具在切削过程中，刀刃与工件表面金属相互作用，使切屑产生变形与断裂，并从工件整体上剥离下来。故刀刃本身不但承受弯曲、扭转、剪切应力和冲击、振动等负荷作用，还要受到工件和切屑的强烈摩擦作用。切屑层金属的变形以及刃具与工件、切屑的摩擦而产生的大量的摩擦热，使刃具温度升高。切削速度越快，则刃具的温度越高，有时刀刃温度可达 600℃左右。对温度升高的影响最大的是切削速度。

刀刃的失效形式有多种，有刀刃处受压弯曲、有受强烈振动或冲击时崩刃、有刃具整体

折断等。但刃具较普遍的失效形式是磨损。因此，刃具钢应具有如下使用性能。

（1）为了保证刀刃能犁入工件并防止卷刃，刃具的硬度应高于被切削材料，故刃具钢应是以高碳马氏体为基体的组织。

（2）为了保证刃具的使用寿命，应当要求有足够的耐磨性。高的耐磨性不仅决定于高硬度，同时也决定于钢的组织。在马氏体基体上分布着弥散的碳化物，尤其是各种合金碳化物能有效地提高刃具钢的耐磨损能力。

（3）在切削加工过程中，刃具承受着冲击、振动等作用，应当具有足够的塑性和韧性，防止其使用中崩刃或折断。

（4）为了使刃具能承受切削热的作用，防止在使用过程中因温度升高而导致硬度下降，应要求刃具有高的红硬性。

应当指出，上述四点是对刃具钢的一般使用性能要求，而视使用条件的不同可以有所侧重。例如尺寸小、精度不高、形状简单的量规、塞规、样板等，用碳素工具钢就可以满足其耐磨性和尺寸稳定性；锉刀不一定需要很高的红硬性，而钻头工作时，因其刃部散热非常困难，所以对红硬性要求很高。

此外，除使用性能外，还应考虑工具钢的工艺性能。例如切削加工性能与磨削性能好，具有良好的淬透性、较小的淬火变形及裂纹敏感性等各项要求都是工具钢合金化及其选材的基本依据。

通常按照使用情况及相应的性能要求不同。将刃具钢分为碳素刃具钢、合金刃具钢和高速钢三类。

5.2.2　碳素刃具钢

刃具钢最基本的性能要求是高硬度和高耐磨性。高硬度是保证进行切削的基本条件，高耐磨性可保证刃具有一定的寿命，即耐用度。最先发展起来的是碳素刃具钢，其含碳量范围为 0.65%～1.35%，属高碳钢，包括亚共析钢、共析钢和过共析钢。刃具常用的碳素工具钢的成分、牌号和用途见表 5.1。

表 5.1　刃具常用碳素工具钢的牌号、成分和用途

牌号	化学成分(质量分数)/%			硬度		应用举例
	C	Si	Mn	退火态 HB(≤)	淬火后 HRC(≥)	
T7	0.65～0.74	≤0.35	≤0.40	187	62	承受冲击、韧性较好且硬度适当的工具，如扁铲、手钳、大锤、木工工具
T8	0.75～0.84	≤0.35	≤0.40	187	62	承受冲击、韧性较好且硬度适当的工具，如扁铲、手钳、大锤、木工工具
T8Mn	0.80～0.90	≤0.35	0.40～0.60	187	62	承受冲击、韧性较好且硬度适当的工具，如扁铲、手钳、大锤、木工工具，但淬透性较大。可制断面较大的工具
T9	0.85～0.94	≤0.35	≤0.40	192	62	韧性中等且硬度高的工具，如冲头、木工工具、凿岩工具
T10	0.95～1.04	≤0.35	≤0.40	197	62	不受剧烈冲击且高硬度、耐磨的工具，如车刀、刨刀、丝锥、钻头、手锯条
T11	1.05～1.14	≤0.35	≤0.40	207	62	不受剧烈冲击且高硬度、耐磨的工具，如车刀、刨刀、丝锥、钻头、手锯条

续表

牌号	化学成分(质量分数)/%			硬度		应用举例
	C	Si	Mn	退火态 HB(≤)	淬火后 HRC(≥)	
T12	1.15～1.24	≤0.35	≤0.40	207	62	不受剧烈冲击且高硬度、耐磨的工具，如锉刀、刮刀、丝锥、精车刀、量具
T13	1.25～1.35	≤0.35	≤0.40	217	62	不受冲击且高硬度、耐磨的工具，如锉刀、刮刀、丝锥、精车刀、量具；要求更高、耐磨的工具如刮刀、锉刀

注：淬火后硬度不是指应用举例中各种工具的硬度，而是指碳素工具钢材料在淬火后的最低硬度。

碳素刃具钢的热处理工艺为淬火＋低温回火。一般亚共析钢采用完全淬火，淬火后的组织为细针状马氏体。过共析钢采用不完全淬火，淬火后的组织为隐晶马氏体＋未溶碳化物。且由于未溶碳化物的存在，钢的韧性较低，脆性较大，在使用中脆断倾向性大。在碳素刃具钢正常淬火组织中还不可避免地会有数量不等的残余奥氏体存在。

碳素刃具钢有两个缺点：一个是淬透性低，工具断面尺寸大于 15mm 时，水淬后只有工件表面层有高硬度，故不能做形状复杂、尺寸较大的刃具；二是红硬性差，当工作温度超过 250℃时，硬度和耐磨性迅速下降，进而失去正常工作的能力。碳素刃具钢不含有合金元素，淬火回火后碳化物属于渗碳体型，其硬度虽然可达 62HRC，但耐磨性不足。

碳素刃具钢淬透性低，为了淬火后获得马氏体组织，淬火时工件要在强烈的淬火介质（如水、盐水、碱水等）中冷却，因而淬火时产生的应力大，将引起较大的变形甚至开裂。故而淬火后应及时回火。碳素刃具钢由于含碳量高，在加热过程中易氧化脱碳，一般用盐浴炉或在保护气氛条件下加热。

由于碳素刃具钢淬透性低、红硬性差、耐磨性不够高，所以只能用来制造切削量小、切削速度较低的小型刃具，常用来加工硬度低的软金属或非金属材制。碳素刃具钢成本低，在生产中应尽量考虑选用。

5.2.3 合金刃具钢

合金刃具钢是在碳素刃具钢的基础上加入某些合金元素而发展起来的，其目的是克服碳素刃具钢的淬透性低、红硬性差、耐磨性不足的缺点。合金刃具钢的含碳量为 0.75%～1.5%，合金元素总量则在 5%以下，所以又称低合金刃具钢。加入的合金元素为 Cr、Mn、Si、W、V 等，其中 Cr、Mn、Si 主要是提高钢的淬造性，同时强化马氏体基体，提高回火稳定性；W 和 V 还可以细化晶粒；Cr、Mn 等可溶入渗碳体，形成合金渗碳体，有利于钢耐磨性的提高。Si 使钢在加热时易脱碳和石墨化，使用中应注意。如 Si、Cr 同时加入钢中，则能降低钢的脱碳和石墨化倾向。常用的合金刃具钢的钢号、成分、热处理规范见表 5.2。

合金刃具钢主要从提高淬透性和耐磨性两个方面考虑而加入不同的合金元素，从而形成两个系列的合金刃具钢。

针对提高钢的淬透性的要求，发展了 Cr、Cr2、9SiCr 和 CrWMn 等钢。其中 9SiCr 钢在油中淬火，淬透直径可达 40～50mm，适宜制造薄刃或切削刀在心部的工具，如板牙、滚丝轮、丝锥等。

表 5.2 常用的合金刃具钢的钢号、成分、热处理规范

钢号	化学成分(质量分数)/%					热处理规范				
						淬火			回火	
	C	Mn	Si	Cr	W	温度/℃	介质	硬度 HRC	温度/℃	硬度 HRC
9SiCr	0.85～0.95	0.3～0.6	1.2～1.6	0.95～1.25	—	820～860	油	≥62	150～200	61～63
8MnSi	0.75～0.85	0.8～1.10	0.3～0.6	—	—	800～820	油	≥60	160～180	60～62
Cr06	1.30～1.45	≤0.40	≤0.40	0.5～0.7	—	780～810	水	≥64	160～180	63～65
Cr2	0.95～1.10	≤0.40	≤0.40	1.30～1.65	—	830～860	油	≥62	150～170	60～62
9Cr2	0.80～0.95	≤0.40	≤0.40	1.30～1.70	—	820～850	油	≥62	130～150	62～65
W	1.05～1.25	≤0.40	≤0.40	0.10～0.30	0.8～1.20	800～830	水	≥62	150～180	59～61

CrWMn 钢是常用的合金刃具钢，经热处理后硬度可达 64～66HRC，且有较高的耐磨性。CrWMn 钢淬火后，有较多的残余奥氏体，使其淬火变形小，故有低变形钢之称。生产中常用调整淬火温度和冷却介质配合，使形状复杂的薄壁工具达到微变形或不变形。这种钢适于做截面尺寸较大、要求耐磨性高、淬火变形小，但工作温度不高的拉刀、长丝锥等，也可做量具、冷变形模具和高压油泵的精密部件（柱塞）等。

针对提高耐磨性的要求，发展了 Cr06、W 钢。

合金刃具钢的热处理与碳素刃具钢基本相同，也包括加工前的球化退火和成形后的淬火与低温回火，回火温度一般为 160～200℃。合金刃具钢为过共析钢，一般采用不完全淬火。淬火加热温度要根据工件形状、尺寸及性能要求等选定并严格控制，以保证工件质量。另外，合金刃具钢导热性较差，对于形状复杂、截面尺寸大的工件，在淬火加热前往往先在 600～650℃左右进行预热，然后再淬火。一般采用油淬、分级淬火或等温淬火。少数淬透性较低的钢（如 Cr06、W 钢）采用水淬。

合金刃具钢解决了淬透性低、耐磨性不足等缺点，主要用于制作截面尺寸较大且形状复杂的刃具、精密的刃具、切削刃在心部的刃具、切削速度较大的刃具等。但由于合金刃具钢所加合金元素数量不多，仍属于低合金范围，故其红硬性虽比碳素刃具钢高，但仍满足不了生产要求。如回火温度达到 250℃时，硬度值已降到 60HRC 以下。因此要想大幅度提高钢的红硬性，靠合金刃具钢难以解决，故发展了高速钢。

5.2.4 高速钢

（1）高速钢的化学成分特点与合金碳化物的类型　高速钢的主要合金元素除了碳以外，主要为 W、Mo、Cr、V、Co 等，其成分大致为 0.7%～1.65%C、0%～22% W、0%～10% Mo、约 4%Cr、1%～5% V 及 0%～12%Co。高速钢中含有的其他合金元素（如 Al、Nb、Ti、Si 及稀土元素）一般不超过 2%。常用高速钢的牌号及化学成分见表 5.3。

表 5.3 常用高速钢的牌号及化学成分

牌号	化学成分(质量分数)/%						
	C	Mn	Si	Cr	V	W	Mo	Co(或 Al)
W3Mo3Cr4V2	0.95～1.03	≤0.40	≤0.45	3.80～4.50	2.20～2.50	2.70～3.00	2.50～2.90	—
W4Mo3Cr4VSi	0.83～0.93	0.20～0.40	0.70～1.00	3.80～4.40	1.20～1.80	3.50～4.50	2.50～3.50	—
W18Cr4V	0.73～0.83	0.10～0.40	0.20～0.40	3.80～4.50	1.00～1.20	17.20～18.70	—	—
W2Mo8Cr4V	0.77～0.87	≤0.40	≤0.70	3.50～4.50	1.00～1.40	1.40～2.00	8.00～9.00	—
W2Mo9Cr4V2	0.95～1.05	0.15～0.40	≤0.70	3.50～4.50	1.75～2.20	1.50～2.10	8.20～9.20	—
W6Mo5Cr4V2	0.80～0.90	0.15～0.40	0.20～0.45	3.80～4.50	1.75～2.20	5.50～6.75	4.50～5.50	—

续表

牌号	化学成分(质量分数)/%							
	C	Mn	Si	Cr	V	W	Mo	Co(或 Al)
W6Mo6Cr4V2	1.00～1.10	≤0.40	≤0.45	3.80～4.50	2.30～2.60	5.90～6.70	5.50～6.50	—
W9Mo3Cr4V	0.77～0.87	0.20～0.40	0.20～0.40	3.80～4.40	1.30～1.70	8.50～9.50	2.70～3.30	—
W6Mo5Cr4V3	1.15～1.25	0.15～0.40	0.20～0.45	3.80～4.50	2.70～3.30	5.90～6.70	4.70～5.30	—
W6Mo5Cr4V4	1.25～1.40	≤0.40	≤0.45	3.80～4.50	3.70～4.20	5.20～6.00	4.20～5.00	—
W6Mo5Cr4V2Al	1.05～1.15	0.15～0.40	0.20～0.60	3.80～4.40	1.75～2.20	5.50～6.75	4.50～5.50	Al:0.80～1.20
W12Cr4V5Co5	1.50～1.60	0.15～0.40	0.15～0.40	3.75～5.00	4.50～5.25	11.75～13.00	—	Co:4.75～5.25
W6Mo5Cr4V2Co5	0.87～0.95	0.15～0.40	0.20～0.45	3.80～4.50	1.70～2.10	5.90～6.70	4.70～5.20	Co:4.50～5.00
W6Mo5Cr4V3Co8	1.23～1.33	≤0.40	≤0.70	3.80～4.50	2.70～3.20	5.90～6.70	4.70～5.30	Co:8.00～8.80
W7Mo4Cr4V2Co5	1.05～1.15	0.20～0.60	0.15～0.50	3.75～4.50	1.75～2.25	6.25～7.00	3.25～4.25	Co:4.75～5.75
W2Mo9Cr4VCo8	1.05～1.15	0.15～0.40	0.15～0.65	3.50～4.25	0.95～1.35	1.15～1.85	9.00～10.00	Co:7.75～8.75
W10Mo4Cr4V3Co10	1.20～1.35	≤0.40	≤0.45	3.80～4.50	3.00～3.50	9.00～10.00	3.20～3.90	Co:9.50～10.50

注：w_P≤0.030%，w_S≤0.030%。

高速钢中的碳在淬火加热时可以溶入基体相中，提高了基体中碳的浓度，这样既可提高钢的淬透性，又可获得高碳马氏体，进而提高了硬度。碳还可以与合金元素 W、Mo、Cr、V 等形成合金碳化物，提高钢的硬度、耐磨性和红硬性。

高速钢中含碳量必须与合金元素含量相匹配，过高或过低都对其性能有不利影响，所以高速钢中的含碳量一般都限制在较窄的成分范围。研究发现，合金元素及含碳量满足合金碳化物分子式中定比关系时，钢淬火及回火时的合金碳化物的沉淀对钢的硬化（二次硬化）效果最好，这被称为定比碳规律（也称为平衡碳理论）。我们希望在保证适当韧性的前提下，通过成分配比和热处理获得尽可能高的室温硬度。由于合金碳化物较硬，从提高高速钢的硬度考虑，希望所有的碳都与合金元素化合成合金碳化物，这便是定比碳规律的思路。研究结果指出，合金元素形成碳化物引起的钢硬度增加远大于其固溶于 α-Fe 中固溶强化引起的硬度增加；退火后残余碳化物引起的钢硬度增加远小于回火析出的碳化物硬化效应引起的硬度增加。例如 4%Cr 全部固溶及全部以 Cr_7C_3 析出使钢在 538℃ 回火后，维氏硬度分别为 62HV 及 245HV；2%V 全部以残余 V_4C_3 方式存在及全部在 593℃ 回火析出的维氏硬度分别增加 145HV 及 450HV。这说明高速钢热处理时，要选择尽可能高的淬火温度，即不出现晶粒长大及晶界熔化的最高温度，使尽可能多的残余碳化物溶解，在随后回火时有尽可能多的碳化物析出，从而获得尽可能高的室温硬度。很明显，当合金元素高于化学比时，形成碳化物后的合金元素余量只能起固溶强化作用，并且合金元素的扩散距离短，合金化合物易于聚集长大；当合金元素低于化合比时，形成合金碳化物后多余的碳以 Fe_3C 方式析出。因此，成分符合定比碳规律时，二次硬化效果应较好。总之，高速钢有较高的含碳量，既保证淬透性，又保证淬火后有足够的碳化物相。高速钢一般含碳量在 1% 左右，最高可达 1.65%。

W 和 Mo 是造成高速钢红硬性的主要合金元素。对 W18Cr4V 高速钢，退火状态时，W 以（Fe，Wo，Mo)$_6$C 形式存在。在淬火加热时，一部分（Fe，Wo，Mo)$_6$C 溶入奥氏体，淬火后存在于马氏体中。W 原子与 C 原子结合力较强，能提高回火马氏体的分解温度；W 原子的半径大，增加 Fe 原子的自扩散激活能，因而使高速钢中的马氏体加热到 600～625℃ 附近时仍比较稳定。在回火过程中，有一部分 W 以 W_2C 的形式弥散析出，引起二次硬化；在淬火加热时未溶解的（Fe，Wo，Mo)$_6$C 能阻止高温下奥氏体晶粒长大。由此可见，W

含量的增加可提高钢的红硬性并减小过热敏感性，但当W的含量大于20%后，钢中碳化物的不均匀性增加，强度、塑性降低；若W含量减少，则碳化物的总量将减少，钢的熔点下降，从而影响红硬性。为了弥补W含量减少引起的不利影响，通常可以用Mo代替部分W或适当增加V的含量。此外，W的大量加入，强烈地降低了钢的热导率，因此高速钢的加热和冷却必须缓慢进行。Mo在高速钢中的作用与W相似，如以1%的Mo代替2%W，钨系高速钢演变为钨钼系高速钢。钨钼系高速钢中的碳化物细小，分布均匀（Mo降低钢的结晶温度，同时凝固区间又窄，因而铸态组织细化），具有较好的强度、韧性和良好的耐磨性，在950～1150℃温度范围内有良好的热塑性，便于热加工。但碳化钼不如碳化钨稳定，因而含钼高速钢的脱碳倾向稍大，并且晶粒易于长大，因而淬火炉的气氛及温度的控制要求较严。

V能显著提高高速钢的红硬性、硬度和耐磨性，同时V还能细化晶粒，降低钢的过热敏感性。例如在W18Cr4V钢中，V大都存在于$(Fe, Wo, Mo, V)_6C$化合物中，当V含量大于2%时，可形成VC。$(Fe, Wo, Mo, V)_6C$中的V在加热时部分溶于奥氏体，淬火后存在于马氏体中，增加了马氏体的回火稳定性，从而提高了钢的红硬性，在回火时以细小的VC析出，产生弥散硬化。VC的硬度较高，能提高钢的耐磨性，但给磨削加工造成困难。

Cr主要也存在于$(Fe, Wo, Mo, Cr, V)_6C$中，使$(Fe, Wo, Mo, Cr, V)_6C$的稳定性下降，同时一部分Cr还形成$Cr_{23}C_6$，它的稳定性更低，所以淬火加热时，几乎全部溶于奥氏体中，从而增加钢的淬透性。此外Cr还能使高速钢在切削过程中的抗氧化作用增强，利用Cr氧化膜的致密性防止粘刀，降低磨损。

W6M5Cr4V2高速钢的回火组织中，基体的化学成分与低合金热强钢的成分大致相同，可以借鉴热强钢的某些合金化原理来理解高速钢中合金元素的作用。为了提高高速钢的红硬性，第一个条件是需要细小弥散、坚硬而不易长大的合金碳化物；第二个条件是需要α-Fe中存在与位错结合较强的溶质原子，通过第二相粒子和位错气团这两种方式阻止变形的进行。在高速钢中，V_4C_3、Mo_2C、W_2C、$Cr_{23}C_6$、Cr_7C_3等满足了第一个条件，而基体中的溶质W、Mo、V则满足了第二个条件。

Co是非碳化物形成元素，但在碳化物Mo_2C中仍有一定的溶解度。Co能增加回火时Mo_2C的形核速度，减缓了Mo_2C的长大速度，这可用Co增加基体中C的活度和降低W及Mo在α-Fe中的扩散系数来解释。因为Co在界面上富集，增加了C的活度，对Mo_2C的形成有利；但Co使C的浓度梯度下降，使C的扩散流减小，又不利于Mo_2C的加厚。Mo_2C的加厚取决于C及Mo的扩散，Co降低Mo在α-Fe中的扩散系数，从而控制了Mo_2C加厚因素。正是由于Co增加了C的活度，因而含钴高速钢的脱碳倾向较大，在淬火加热时，宜采用还原气氛，防止氧化和脱碳。Co对回火过程中碳化物形核长大的影响，使合金碳化物以更细小弥散的状态析出，从而满足了增加高速钢红硬性的第一个条件。由于Co在退火状态下大部分溶于α-Fe中，因此Co可提高高速钢的熔点，从而使淬火温度提高，使奥氏体中溶解更多的W、Mo、V等合金元素，强化了基体，即也满足了提高红硬性的第二个条件。此外，Co与W还可以形成CoW金属间化合物，产生弥散强化效果，阻止其他碳化物聚集长大。总之，由于Co能提高高速钢的红硬性并加强二次硬化的效果，所以高性能高速钢中一般都含有5%～12%的Co。

除Co高速钢以外，几乎所有的高速钢在退火状态下都含有M_6C、$M_{23}C_6$、MC三种类型的碳化物。典型的 M_6C 型碳化物是 Fe_4W_2C。其中 Fe 和 W 可以相互置换，形成 Fe_3W_3C 或 Fe_2W_4C。此外，钢中含有的 Cr、Mo、V 可溶解在 M_6C 中，Mo、V 可置换 W；Cr 可置换 Fe、W，这就使 M_6C 稳定性不同。如 Cr 溶入 M_6C 中，使 M_6C 稳定性下降，在加热过程中，奥氏体中可溶入更多的 M_6C，从而更好地发挥 W、Mo 的作用。M_6C 的硬度为 73.5～77HRC。典型的 $M_{23}C_6$ 碳化物为 $Cr_{23}C_6$，其稳定性较差，淬火加热时，全部溶入奥氏体中，增加钢的淬透性。典型的 MC 碳化物为 VC，它的稳定性高，即使在淬火加热温度下也不能全部溶解。VC 的最高硬度可达 83～85HRC，在高温回火过程中析出，使高速钢产生弥散强化，从而使钢具有高的耐磨性。

此外，高速钢在回火过程中，还会析出 M_2C 型碳化物。当回火温度超过 500℃时，自马氏体中析出 W_2C、Mo_2C，引起钢的弥散硬化；当回火温度超过 650℃时，则析出 M_6C 及 M_7C_3，它们容易聚集长大，使钢的硬度下降。W18Cr4V 高速钢退火状态的碳化物总量约为 30%，其中 M_6C 型碳化物约占 18%，$M_{23}C_6$ 型碳化物约占 8%，MC 型碳化物约占 1%。在淬火状态下只有 M_6C 和 MC，650℃回火时有 M_2C 和 MC 析出。

必须指出的是高速钢退火态含有的碳化物的稳定程度是不一样的，在淬火加热过程中，M_7C_3 首先溶解，$M_{23}C_6$ 其次，M_6C 及 MC 只部分溶解。其中溶入奥氏体中的碳化物可增加钢的红硬性及淬透性，而未溶入奥氏体的碳化物则可细化晶粒，增加钢的耐磨性能。因此高速钢中碳化物的类型、分布状态对钢的工艺性能及刃具质量均有重要的影响。表 5.3 为我国国家标准规定的高速钢钢棒用钢牌号和化学成分。

(2) 高速钢的铸态组织及热加工　虽然高速钢成分差异较大，但主要合金元素大体相同，都属于高合金莱氏体钢。当含碳量为 0.7%～0.8%时，室温平衡组织为莱氏体＋珠光体＋碳化物（组成相为 $\alpha+M_6C+Fe_3C$）。在铸锭中，由于合金元素来不及扩散，在结晶及固态相变过程中的转变不能完全进行，因而在铸锭中得不到平衡组织。从合金元素对 C 曲线的影响效果来看，C 曲线大大右移，淬火临界冷却速度大为降低，故已有一定量的马氏体形成。所以铸锭铸态组织常常为鱼骨状莱氏体（Ld）＋δ 共析体(黑色)＋马氏体 M(白亮色)及残余奥氏体 $\gamma_{残}$ 组成，见图 5.1。

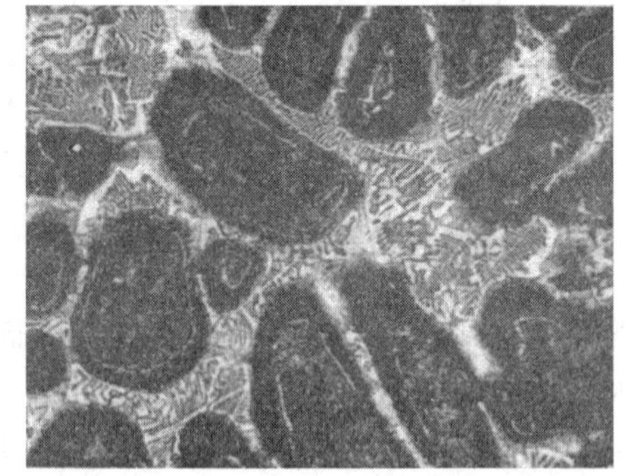
图 5.1　高速钢的铸态组织图

高速钢铸态组织中的碳化物数量很多（一般含量可达 18%～27%），且分布极不均匀。虽然铸锭组织经过开坯和轧制，但碳化物的不均匀性仍然非常显著。这种碳化物的不均匀性对高速钢的力学性能和工艺性能及所制造的刃具的使用寿命均有很大影响。如碳化物呈带状、网状、大颗粒、大块堆积时，可使刃具的力学性能出现各向异性，降低钢的强度、韧性和塑性；碳化物不均匀分布程度高时，锻造过程中会出现塑性下降、应力集中而导致开裂，并降低刃具的切削性能，使刃具过早崩刃和磨损。

为了改善高速钢的不均匀性，首先要改善高速钢中原始碳化物分布的状态，采取的主要措施为：向钢液中加入合金元素 Zr、Nb、Ti 及 Ce 等变质剂，增加结晶核心数量以细化共晶碳化物；在钢液结晶过程中，加超声振荡或电磁搅拌，采用连续铸造法。由于冷却迅速，共晶碳化物析出时间短，所以形成很细的组织。

对于高速钢铸态组织不均匀这类缺陷，不能用热处理的方法进行矫正，必须采用反复锻

造方法，将共晶碳化物和二次碳化物打碎，使其均匀分布在基体中。高速钢仅锻造一次是不够的，往往要经过二次、三次甚至多次的镦粗、拔长，锻造比越大越好。实际上，高速钢的反复镦拔，总的锻造比达 10%左右时，效果最佳。钨系高速钢的始锻温度一般为 1140～1180℃，终锻温度为 900℃左右；钼系及钨钼系高速钢的始锻温度要低一些，为了减少氧化与脱碳，可以降低至 1000℃左右，终锻温度为 850～870℃。终锻温度太低会引起锻件开裂，而终锻温度太高（大于 1000℃）会造成晶粒的不正常长大，出现萘状断口。高速钢的导热性能较差，锻造加热过程中，一般应在 850～900℃以下缓慢进行；锻造或轧制后为防止产生过多的马氏体组织，应缓慢冷却，以防止产生过高的应力和开裂。高速钢锻造后的退火组织见图 5.2。

用粉末冶金法制造高速钢，可获得细小、均匀分布的碳化物，提高刃具的寿命。

（3）高速钢的热处理 高速钢的热处理通常包括锻后或机械加工前的球化退火和成形后的淬火回火处理。高速钢锻造以后必须进行球化退火（预先热处理），其目的不仅在于降低钢的硬度，以利于切削加工，而且也为最终热处理作组织上的准备。

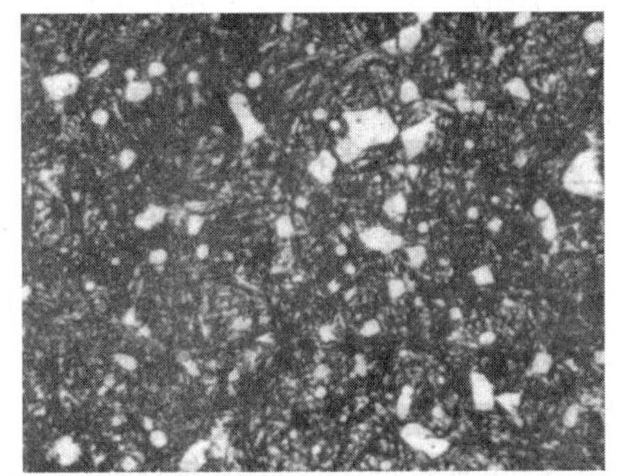

图 5.2 高速钢锻造后的退火组织

高速钢的球化退火工艺有普通球化退火和等温球化退火两种，如图 5.3 所示。W18Cr4V 钢退火温度为 860～880℃，即略超过 A_1 温度，保温 2～3h。这样溶入奥氏体中的合金元素不多，奥氏体的稳定性较小，易于转变为软组织。如果加热温度太高，奥氏体内溶入大量的碳及合金元素，其稳定性增大，反而对退火不利。W6Mo5Cr4V2 钢的退火温度，则采用上述温度的下限。为了缩短退火时间，可以采用等温球化退火，即在 860～880℃保温，迅速冷却至 720～750℃保温后冷至 500℃出炉。W18Cr4V 钢退火后的组织为索氏体基体上分布着均匀细小的碳化物颗粒（见图 5.2），其中碳化物为 M_6C 型、$M_{23}C_6$ 型及 MC 型。退火后的硬度为 207～255HB。某些对表面光洁度有要求的刃具，可在退火后进行一次调质处理，然后再进行切削加工。

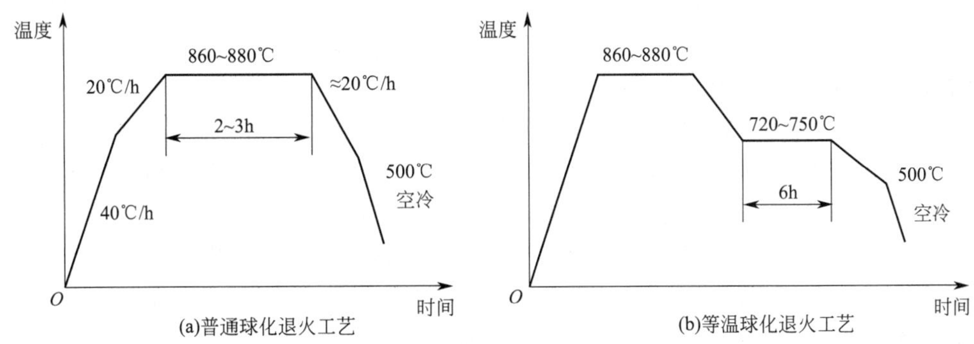

图 5.3 高速钢退火工艺曲线

高速钢的优越性只有在正确地淬火及回火之后才能发挥出来。淬火加热温度越高，合金元素溶入奥氏体的数量越多，淬火之后马氏体的合金元素亦越高。只有合金元素含量高的马氏体才具有高的红硬性。对高速钢红硬性作用最大的合金元素（W、Mo、V）只有在

1000℃以上时，其溶解度才急剧增加，温度超过1300℃时，虽然可继续增加这些合金元素的含量，但此时奥氏体晶粒急剧长大，甚至在晶界处发生局部熔化现象，使淬火钢的韧性大大下降。在不发生过热的前提下，高速钢的淬火温度越高，其红硬性则越好。

因为高速钢的导热性差，而淬火温度又极高，所以常常分两段或三段加热，即先在800～850℃预热，然后再加热到淬火温度。大型刃（工）具及复杂刃（工）具应当采用两次预热（三段加热），第一次在500～600℃，第二次在800～850℃。此外，高速钢采用先预热还可缩短在高温处理停留的时间，这样可减少氧化脱碳及过热的危险性。

W18Cr4V钢过冷奥氏体转变时，由于奥氏体合金度高，分解速度较缓慢，珠光体转变区间为A_1～600℃，转变开始到终了时间最快为1～10h。从600℃～B_s（360℃）间为过冷奥氏体中温稳定区，B_s到175℃间为贝氏体转变区间，但转变进行不到底。M_s（220℃）以下为马氏体转变区间。淬火后约含有70%的隐晶马氏体和20%～25%残留奥氏体。在冷却过程中中温停留或慢冷，将发生奥氏体热稳定化，使M_s点下降，残留奥氏体量增多。

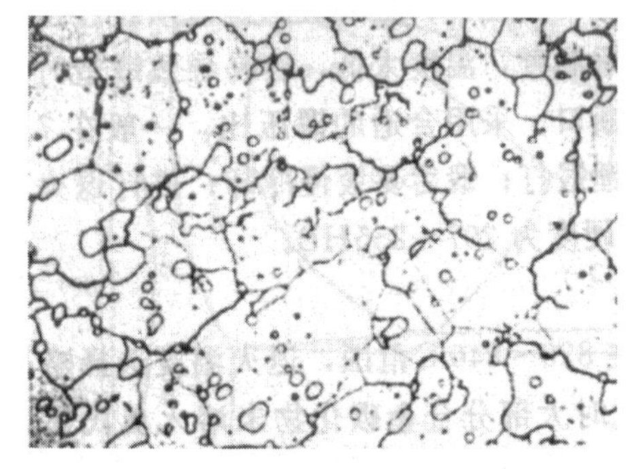
图5.4 W18Cr4V高速钢正常淬火组织

高速钢的淬火冷却通常在油中进行，但对形状复杂、细长杆件或薄片零件可采用分级淬火和等温淬火等工艺。冷却速度太慢时，在800～1000℃温度范围内会有碳化物自奥氏体中析出，对钢的红硬性产生不良影响；分级淬火可使残余奥氏体量增加20%～30%，使工件变形、开裂倾向减小，使钢的强度、韧性提高。高速钢的正常淬火组织为马氏体（60%～65%）+碳化物（10%）+残余奥氏体（25%～30%）（见图5.4）。必须强调，对于分级淬火的分级温度停留时间一般不宜太长，否则二次碳化物可能大量析出，对钢的性能不利。

高速钢的等温淬火和分级淬火相比，其主要差别是淬火组织中除马氏体、碳化物及残余奥氏体外，等温淬火组织中还含有下贝氏体。等温淬火可进一步减小工件变形，并提高韧性。故有时也称为无变形淬火。等温淬火所需时间较长，随等温时间的不同，所获得的下贝氏体含量不等，在生产中通常只能获得40%的下贝氏体。而等温时间过长可大大增加残余奥氏体的含量，这需要在等温淬火后进行冷处理或采用多次回火来消除残余奥氏体，否则将会影响回火后的硬度及热处理质量。

为了消除淬火应力，稳定组织，减少残余奥氏体的数量，达到所需要的性能，高速钢一般进行三次560℃保温1h的回火处理。在高速钢回火过程中，过剩碳化物不发生变化，只有马氏体和残余奥氏体发生转变，从而引起钢的性能的变化。

在150～400℃范围内回火时，约在270℃自马氏体中析出ε碳化物，然后逐步转变为Fe_3C并聚集长大，相应地硬度有所下降；由于析出的Fe_3C的聚集和大部分淬火应力的消除，高速钢强度、塑性增加。在400～500℃回火温度范围内，马氏体中的Cr向碳化物中转移，渗碳体型的碳化物逐渐转变为弥散的富Cr的M_6C型合金碳化物，使钢的硬度又逐渐上升。在500～600℃，钢的硬度、强度和塑性均有提高，而在550～570℃时可达到硬度、强度的最大值。在此温度区间，自马氏体中析出弥散的钨（钼）及钒的碳化物（W_2C、Mo_2C、VC）使钢的硬度大幅度地提高，这种现象称为二次硬化。与此同时，在500～600℃时，还发生残余奥氏体的压应力松弛，且由其中析出了部分碳化物，使残余奥氏体中

合金元素及含碳量下降，M_s 点升高。这种贫化了的残余奥氏体，在回火后的冷却过程中，又转变为马氏体，使钢的硬度也有所提高，这种现象称为二次淬火。但其硬化效果不如二次硬化显著。高速钢经过 560℃回火后，马氏体中仍有 0.25%左右的碳，仍具有较高的硬度。所以高速钢多采用硬化效果最高的温度 550～570℃回火。

必须指出的是，由于高速钢中残余奥氏体的数量较多，因此经一次回火后仍有 10%的残余奥氏体未转变，再经两次回火，才能使其低于 5%。第一次回火只对淬火马氏体起回火作用，而回火冷却过程中转变成的二次马氏体，产生了新的内应力。经第二次回火，可使二次马氏体得到回火，同时，在回火冷却过程中未转变的残余奥氏体转变为马氏体，第二次回火后，又会产生新的内应力，就需要进行第三次回火。正常回火后的组织为回火马氏体＋碳化物，硬度为 63～66HRC。由于经高速钢淬火且在室温停留 30～60min 以后残余奥氏体会迅速稳定化，因而冷处理最好立即进行，然后再进行一次回火处理，以消除冷处理产生的应力。高速钢在回火过程中应当注意，每次回火后必须冷却到室温才能再进行下一次回火，否则易产生回火不足的现象。

高速钢在热处理操作时，必须严格控制淬火加热及回火温度，淬火、回火保温时间，淬火、回火冷却方法。如果热处理工艺参数控制不当，易产生过热、过烧、萘状断口、硬度不足及变形开裂等缺陷。

（4）典型高速钢及其应用　高速钢通常可以分为通用型高速钢和高性能高速钢两大类。通用型高速钢又可分为钨系、钼系和钨钼系，典型的钢种为 W18Cr4V（简称 18-4-1）、W2Mo9Cr4V2 和 W6Mo5Cr4V2（简称 6-5-4-2）。

W 系高速钢（18-4-1）具有很高的红硬性，可以制造在 600℃以下工作的工具。但在使用过程中发现 W 系高速钢的脆性较大，易于产生崩刃现象。其主要是由碳化物不均匀性较大所致。为此发展了以 Mo 为主要合金元素的 Mo 系高速钢。从保证红硬性的角度来看，Mo 与 W 的作用相似，常用的钢种为 W2Mo8Cr4V（M1）和 Mo8Cr4V2（M10）。Mo 系高速钢具有碳化物不均匀性小和韧性较高等优点，但其脱碳倾向性较大，晶粒长大倾向性较大，对热处理要求较高。故要求严格控制淬火加热温度，其淬火加热温度略低于 W 系高速钢，一般为 1175～1220℃。综合 W 系和 Mo 系高速钢的优点，开发的 W-Mo 系高速钢既有较小的脱碳倾向性与较低的过热敏感性，又有碳化物分布均匀且韧性较高的优点，近年来获得了广泛应用。常用的 W-Mo 系高速钢为 6-5-4-2（M2）。

高性能高速钢，也称为特殊用途高速钢，可分为高碳高钒（如 W12Cr4V4Mo）、高钴（如 W2Mo9Cr4VCo8）和超硬型（如 W2Mo10Cr4VCo8）三类。

为了提高钢的红硬性和耐磨性而形成了高碳高钒高速钢，如 W6Mo5Cr4V3 钢。增加 V 含量会降低钢的可磨削性能，使高钒钢应用受到一定限制。通常约含 3%V 的钢尚可允许制造较复杂的刃具，而含 4%～5%V 时，则只宜制造形状简单或磨削量小的刃具。高钴高速钢是为适应提高红硬性的需要而发展起来的，典型的高钴高速钢为 W7Mo4Cr4V2Co5 和 W2Mo9Cr4VCo8 等。Co 含量的增加虽然可以显著提高高速钢的红硬性和切削寿命，但 Co 过高会使钢脆性及脱碳倾向性增大，例如含 10%Co 的高速钢已不适于制造形状复杂的薄刃工具。超硬型高速钢是为了适应加工难切削材料（如耐热合金等）的需要，在综合高碳高钒高速钢与高碳高钴高速钢优点的基础上发展起来的。这种钢经过热处理后硬度可达 68～70HRC，具有很高的红硬性与切削性能。典型钢种为 W2Mo10Cr4VCo8（M42）和 W6Mo5Cr4V2Co12（M44）等。

加 Al 的超硬高速钢典型的牌号为 W6Mo5 Cr4V2Al、W6Mo5Cr4V5SiNbAl 及 W10Mo4Cr4V3Al 等。这种钢经热处理后硬度可达 67～70HRC。加 Al 高速钢还具有力学性能好、碳化物偏析小及可磨削性能好等优点。

为了避免形变、简化热处理工艺并节能，可在热轧或锻造等生产过程中利用高温状态下的余热对高速钢进行淬火硬化处理，使高速钢硬度达到要求，成形后不用再进行热处理。这类高速钢称为预硬化高速钢，其牌号和交货硬度成分见表 5.4。

表 5.4　预硬化高速钢的牌号、成分和交货硬度

牌号	化学成分/w_B%										交货硬度 HRC
	C	Mn	Si	P	S	Cr	V	W	Mo	Co 或 Al	
W6Mo5Cr4V2	0.80～0.90	0.15～0.40	0.20～0.45	≤0.030	≤0.030	3.80～4.40	1.75～2.20	5.50～6.75	4.50～5.50	—	58～66
W6Mo5Cr4V2Co5	0.87～0.95	0.15～0.40	0.20～0.45	≤0.030	≤0.030	3.80～4.50	1.70～2.10	5.90～6.70	4.70～5.20	Co:4.50～5.00	60～66
W2Mo9Cr4VCo8	1.05～1.15	0.15～0.40	0.20～0.45	≤0.030	≤0.030	3.50～4.25	0.95～1.35	1.15～1.85	9.00～10.00	Co:7.75～8.75	60～68
W6Mo5Cr4V3	1.15～1.25	0.15～0.40	0.20～0.45	≤0.030	≤0.030	3.80～4.50	2.70～3.20	5.90～6.70	4.70～5.20	—	60～66
W6Mo5Cr4V2Al	1.05～1.15	0.15～0.40	0.20～0.60	≤0.030	≤0.030	3.80～4.40	1.75～2.20	5.50～6.75	4.50～5.50	Al:0.080～1.20	60～67
W6Mo5Cr4V3Co8	1.23～1.33	≤0.40	≤0.70	≤0.030	≤0.030	3.80～4.50	2.70～3.20	5.90～6.70	4.70～5.30	Co:8.00～8.80	64～68

高速钢广泛用于制造尺寸大、切削速度快、负荷重及工作温度高的各种机加工工具。如车刀、刨刀、拉刀、钻头等。此外，高速钢已开始在模具方面应用。轧辊以及高温弹簧、高温轴承和以高温强度、耐磨性能为主要要求的零件，都是高速钢可以发挥作用的领域。

5.3　模具钢

模具是机械、汽车、航空航天、无线电仪表、电机电器等工业部门中制造零件的主要加工工具。模具的质量直接影响压力加工产品的质量和生产成本。而模具的质量与使用寿命除了靠合理的结构设计和加工精度外，主要取决于模具材料的性能。只有合理地设计模具材料的化学成分、组织结构，才能获得所需的性能。为此，要对模具的工作条件、失效形式及其对钢材的性能要求进行综合分析，寻找失效的主要因素，确定合适的材料种类和热处理工艺，以提高模具的使用寿命。模具钢是用来制造冷冲模、热锻模、压铸模等模具的钢种。根据模具的使用性质通常分为冷作模具钢和热作模具钢两大类。

5.3.1　冷作模具钢

冷作模具钢包括拉延、拉丝和压弯模、冲裁模（落料、冲孔、修边模、冲头、剪刀模等）、冷镦模和冷挤压模等，其工作温度一般不超过 300℃。

冷作模具在服役时，模具的工作部分承受很大的压应力、弯曲力、冲击力及摩擦力。因此冷作模具钢的主要失效形式是磨损，有时也因断裂、崩刃和变形超差而提前失效。可见，冷作模具钢对性能的要求与刃具钢有一定的相似性，即要求模具有高的硬度和耐磨性、高的抗弯强度和足够的韧性，以保证冲压过程的顺利进行。但是，模具形状及加工工艺比较复

杂，摩擦面积大，磨损可能性大，修磨困难，因此要求模具钢具有更高的耐磨性；模具服役时承受冲击力大，且形状复杂易于产生应力集中，所以要求有较高的韧性；此外，模具尺寸大、形状复杂，所以模具钢要求较高的淬透性、较小的变形及较小的开裂倾向性。

总之，冷作模具钢在淬透性、耐磨性与韧性等方面的要求要较刃具钢高一些，而在红硬性方面却要求较低或基本上没有要求。

（1）低合金冷作模具钢　冷作模具钢在服役条件和性能要求等方面和量具钢、刃具钢有相似之处，因此量具钢、刃具钢也可用于制造部分冷作模具。例如小冲头、剪落钢板的剪刀等，可选用T7、T8、T10、T12等碳素工具钢制造。用这类钢制造的优点是可加工性好、价格便宜、来源容易；但其淬透性低、耐磨性差、淬火变形大。因此这类钢只适于制造一些尺寸小、形状简单、轻负荷的工具以及要求硬化层不深并保持高韧性的冷镦模等。常用合金冷作模具钢的牌号、化学成分见表5.5。

对于尺寸稍大、形状复杂、轻负荷的冷作模具，常用9Mn2V、CrWMn低合金模具钢及9SiCr、GCr15等制造。这些钢在油中淬火的淬透直径大体上可达40mm以上。其中9Mn2V钢是一种不含Cr的冷作模具钢，可代替或部分代替含Cr的钢。9Mn2V钢的碳化物不均匀性和淬火开裂倾向性比CrWMn钢小，脱碳倾向性比9SiCr钢小，而淬透性比碳素工具钢大，其价格只比后者高约30%，因此是一个值得推广使用的钢种。但9Mn2V钢的冲击韧性不高，在实际使用中发现有碎裂现象，其回火稳定性也较差，回火温度一般不超过180℃，在200℃回火时抗弯强度及韧性开始出现低值。9Mn2V钢可在硝盐、热油等冷却能力较为缓和的淬火介质中淬火，对于一些变形要求严格而硬度要求又不很高的模具，可采用奥氏体等温淬火。

表5.5　常用合金冷作模具钢的牌号、化学成分

牌号	化学成分（质量分数）/%							
	C	Si	Mn	Cr	W	Mo	V	其他
9Mn2V	0.85～0.95	≤0.40	1.70～2.00	—	—	—	0.10～0.25	—
9CrWMn	0.85～0.95	≤0.40	0.90～1.20	0.50～0.80	0.50～0.80	—	—	—
CrWMn	0.90～1.05	≤0.40	0.80～1.10	0.90～1.20	1.20～1.60	—	—	—
MnCrWV	0.90～1.05	0.10-0.40	1.05～1.35	0.50～0.70	0.50～0.70	—	0.05～0.15	
7CrMn2Mo	0.65～0.75	0.10-0.50	1.80～2.50	0.90～1.20	—	0.90～1.40	0.30～0.55	
5Cr8MoVSi	0.48～0.53	0.75～1.05	0.35～0.50	8.00～9.00	—	1.25～1.70	0.15～0.30	
7CrSiMnMoV	0.65～0.75	0.85～1.15	0.65～1.05	0.90～1.20	—	0.20～0.50	0.15～0.30	—
Cr8Mo2SiV	0.95～1.03	0.80～1.20	0.20～0.50	7.80～8.30	—	2.00～2.80	0.25～0.40	
Cr4W2MoV	1.12～1.25	0.40～0.70	≤0.40	3.50～4.00	1.90～2.60	0.80～1.20	0.80～1.10	—
6Cr4W3Mo2VNb	0.60～0.70	≤0.40	≤0.40	3.80～4.40	2.50～3.50	1.80～2.50	0.80～1.20	Nb0.20～0.35
6W6Mo5Cr4V	0.55～0.65	≤0.40	≤0.60	3.70～4.30	6.00～7.00	4.50～5.50	0.70～1.10	—
W6Mo5Cr4V2	0.80～0.90	0.15～0.40	0.20～0.45	3.80～4.40	5.50～6.75	4.50～5.50	1.75～2.20	
Cr8	1.60～1.90	0.20-0.60	0.20-0.60	7.50～8.50	—	—		
Cr12	2.0～2.30	≤0.40	≤0.40	11.50～13.00	—	—	—	—
Cr12W	2.0～2.30	0.10-0.40	0.30-0.60	11.00～13.00	0.60～0.80	—	—	
7Cr7Mo2V2Si	0.68～0.78	0.70～1.20	≤0.40	6.50～7.50	—	1.90～2.30	1.80～2.20	
Cr5Mo1V	0.95～1.05	≤0.50	≤1.00	4.75～5.50	—	0.90～1.40	0.15～0.50	—
Cr12MoV	1.45～1.70	≤0.40	≤0.40	11.00～12.50	—	0.40～0.60	0.15～0.30	—
Cr12Mo1V1	1.40～1.60	≤0.60	≤0.60	11.00～13.00	—	0.70～1.20	≤1.10	Co≤1.00

注：w_P≤0.030%，w_S≤0.030%。

CrWMn 钢具有较高的含碳量，一方面满足了与碳化物形成元素形成一定量的过剩碳化物的需要；另一方面在淬火加热时又有足够的 C 溶入奥氏体，从而保证钢有高的硬度和耐磨性。Cr 的加入主要是增加钢的淬透性，尤其与 W 一起加入时作用更大；W 还可以形成一些不易溶解的碳化物，阻止奥氏体晶粒长大；Mn 除增加淬透性外，还可使 M_s 点大大降低，增多残余奥氏体的数量。故 CrWMn 钢也用作冷作模具钢。

低合金冷作模具钢的热处理和前面讲述的量具钢、刃具钢类似，这里不再赘述。但是对于含 W 的钢种，如 CrWMn 钢等，其预先热处理有时不采用球化退火，而采用高温正火（CrWMn 钢的正火温度为 970～990℃），这是由于退火温度过高或时间过长时会使钨转变成难熔的 WC，从而使淬火效果降低。

(2) 高铬冷作模具钢　高铬冷作模具钢简称高铬钢，其中含有 1.4%～2.3%C 和 11%～13%Cr，有时还加入少量的 Mo 和 V。高碳以保证获得高硬度和高耐磨性；高碳高铬主要是形成大量的 $(Cr, Fe)_7C$ 型碳化物（退火态时，这类钢中含有碳化物的体积分数为 16%～ 20%）。在铬的各类碳化物中，Cr_7C 型碳化物的硬度最高，为 2100HV，极大地提高了模具钢的耐磨性，同时铬还显著提高钢的淬透性。添加 Ti、Mo、V 并适当减少含碳量，除了能进一步提高钢的回火稳定性，增加淬透性外，还能减少并细化共晶碳化物，细化晶粒，改善韧性。

高碳高铬钢的组织和性能与高速钢有许多相似之处，也属于莱氏体钢。铸态组织和高速钢相似，有网状共晶莱氏体存在，必须通过轧制或锻造破碎共晶碳化物，以减少碳化物的不均匀分布。

高碳高铬钢锻造后通常采用等温球化退火进行软化。钢中大量铬的存在，使得 A_1 温度升高到 800～820℃，所以等温球化退火一般加热到 850～870℃，保温 3～4h；等温退火则为 720～740℃保温 6～8h，炉冷至 500℃以下，出炉空冷。高碳高铬钢等温球化退火后的组织与高速钢的退火组织相似，为索氏体型珠光体＋粒状碳化物。退火后硬度为 207～267HB。

高碳高铬钢的最终组织和性能（硬度、强度、塑性、回火稳定性、淬火回火时的体积变形）与淬火温度有极大的关系。因为奥氏体的合金化程度以及稳定性与淬火温度有关。对 Cr12MoV 钢，当加热到 A_{c_1} 温度（约为 810℃）以上时，原始组织中的索氏体和碳化物转变为奥氏体和碳化物，随着加热温度的升高，合金碳化物 $(Cr, Fe)_7C$ 继续向奥氏体中溶解，增加了奥氏体中 C 和 Cr 的浓度，因而得到较高的淬火硬度。淬火温度升高到 1050℃时，硬度达到最大值。若淬火温度再升高，由于奥氏体中合金元素含量增多，因此 M_s 点下降，从而导致残余奥氏体含量增加，例如 1100℃淬火，残余奥氏体含量高达 80%以上，硬度急剧下降。正确选择淬火温度，保存一定量的残余奥氏体可以部分甚至完全抵消淬火时马氏体转变所产生的尺寸增大，使变形量最小甚至无变形。

奥氏体无论在珠光体转变区还是在贝氏体转变区都具有较高的稳定性，因而这类钢的临界淬火冷却速度小，淬透性高，用油淬、盐浴分级冷却甚至空气冷却均可淬硬。在正常淬火加热条件下，截面为 200～300mm 的 Cr12 钢可淬透，截面为 300～400mm 的 Cr12MoV 钢可完全淬透。在生产实际中，为了减少变形，模具一般采用油淬，也可以采用空气预冷油淬或热油冷却以及采用 300～380℃或 160～180℃硝盐分级冷却。

高碳高铬钢的热处理与合金刃具钢类似，通常有两种工艺方法。一是一次硬化法，即采用较低的淬火温度进行低温回火。选用较低的淬火温度，晶粒较细，钢的强度和韧性较好。

通常Cr12MoV钢选用980～1030℃淬火，如希望得到较高的硬度，淬火温度可取上限。Cr12钢的淬火温度选用950～980℃。这样处理后，钢中的残余奥氏体含量在20%左右。回火温度一般在200℃左右。回火温度升高时，硬度降低，但强度和韧性提高。一次硬化法使钢具有高的硬度和耐磨性，较小的热处理变形。大多数Cr12型钢制冷变形模具均采用一次硬化法工艺。

二是二次硬化法，即采用高的淬火温度，然后进行多次高温回火，以达到二次硬化。这样可以获得高的回火稳定性，但钢的强度和韧性较一次硬化法有所下降，工艺上也较复杂。为了得到二次硬化，Cr12MoV钢选用1050～1080℃的淬火温度，淬火后钢中有大量残余奥氏体，硬度比较低。然后采用较高的温度（490～520℃）回火并多次进行（常用3～4次），硬度可以提高到60～62HRC。硬度的提高主要是由于残余奥氏体在回火过程中转变为马氏体。为了减少回火次数，对尺寸不大、形状简单的模具，可以进行冷处理（−78℃）。和高合金刃具钢一样，高碳高铬钢在室温停留一定时间（30～50min）后残余奥氏体会迅速稳定化，因而冷处理应在淬火后立即进行，随后再在490～520℃回火，硬度可提高到60～61HRC。二次硬化法适于工作温度较高（400～500℃）且受荷不大或淬火后表面需要氮化的模具。

（3）中铬冷作模具钢　中铬冷作模具钢简称高碳中铬钢，其含碳量相对低，铬含量也低，属于过共析钢。但由于凝固时偏析的原因，故在铸态下仍有部分莱氏体共晶。钢中加入W（或Mo）与V，其作用与高碳高铬钢相同。钢中的碳化物也是以Cr_7C_3型为主，并有少量的合金渗碳体及M_6C和MC型碳化物。钢中的碳化物分布较为均匀，退火态含有15%左右的碳化物。所以这类钢耐磨性好和热处理变形小，适用于制造既要有耐磨性又要有一定韧性的模具。

Cr4W2MoV钢由于含有较多的W、Mo和V，能细化奥氏体晶粒，所以其具有较高的淬透性、较好的回火稳定性及综合力学性能，用于制造硅钢片冲模等，其使用寿命比Cr12MoV钢提高1～3倍以上。但这种钢的锻造温度范围较窄，锻造时易开裂，应严格控制锻造温度和操作规程。其热处理和高碳高铬钢相似，最终热处理也有两种方式：在考虑硬度和强韧性要求时，可采用较低的淬火加热温度（960～980℃），经低温（260～300℃）回火两次，每次1h；要求热稳定性好以及需要进行化学热处理时，则采用较高的淬火加热温度（1020～1040℃），经500～540℃回火三次，每次1～2h，可以得到较高的硬度和良好的力学性能，变形亦较小。

（4）其他冷作模具钢　冷镦模和厚板冲剪模要求模具钢兼有良好的耐磨性和较高的韧性。典型的高韧性、高耐磨性的冷作模具钢种有8Cr8Mo2V2Si、Cr8Mo2V2WSi、7Cr7Mo2V2Si等。我国常用的是7Cr7Mo2V2Si钢，其主要成分为0.68%～0.78%C、0.70%～1.20%Si、6.50%～7.50%Cr、1.90%～2.30%Mo、1.8%～2.0%V。这类钢的合金元素含量（质量分数）约为12%，淬透性较好，热处理变形小。在退火状态，钢中碳化物以VC为主，还有少量$M_{23}C_6$和M_6C碳化物。随淬火温度升高，碳化物逐渐溶于奥氏体。当温度超过1180℃时，奥氏体晶粒明显长大，故淬火温度应为1100～1150℃。此时剩余碳化物为3%VC，由于VC的硬度高达2093HV，提高了钢的耐磨性。由于剩余碳化物总量不高，钢的韧性较好。经1150℃淬火，奥氏体晶粒度为8级，并含有不超过15%（体积分数）的残余奥氏体。淬火回火时在500～550℃间出现二次硬化峰，这是由VC析出和残余奥氏体分解产生的。对要求强韧性好的模具，采用低淬火温度1100℃加热，550℃回火

2～3次。若要制造高耐磨性和在冲击负荷下工作的模具，在1150℃淬火，560℃回火2～3次。这类钢用来制造冷镦模、冷冲模及冲头、冲剪模、冷挤压模等。

可采用粉末冶金法，用水雾化法将钢水雾化成细小的粉末。由于快速凝固，每颗粉粒中的高合金莱氏体得到了细化，显著改善了烧结后钢的韧性。这种方法还可以生产用传统方法难以获得的高碳高合金冷作模具钢。粉末冶金法可使高碳高钒冷作模具钢（2.45%C，10%V，5%Cr，1.3%Mo）中含有更多的硬质碳化物VC，从而具有更高的耐磨性。

另一种粉末冶金冷作模具钢是钢结硬质合金。钢结硬质合金是以钢基体为黏结剂，以一种或几种碳化物为硬质相，经配料、压制和烧结而成的，兼有硬质合金和钢的优点，可以克服硬质合金加工困难、韧性差等缺点，在退火后可以进行切削加工，也可以进行锻造或焊接等。钢结硬质合金既有较高的强度和韧性，又有类似硬质合金的高硬度和高耐磨性等优点，可以用于制造标准件的冷锻模及硅钢片冲模等，与钢相比，其寿命可提高几倍到几十倍。钢结硬质合金按硬化相的不同，可分为WC系和TiC系两大系列。常用的基体成分有碳钢、钼钢、铬-钼钢、奥氏体不锈钢和高速钢等。

5.3.2 热作模具钢

热作模具主要包括锤锻模、热挤压模和压铸模三类。热作模具服役时与热态金属直接接触，因此带来两个方面的影响：一是模腔表面金属受热（锤锻模模腔表面可达300～400℃，热挤压模可达500～800℃，压铸模模腔温度与压铸材料的熔点及浇注温度有关，对于黑色金属高达1000℃以上），使模腔表面硬度和强度显著降低；二是模腔表面金属在反复热、冷的作用下出现热疲劳（龟裂）。因此，对热作模具钢的要求一方面是有高的高温硬度、高的热塑性变形抗力，实际上反映了钢的高回火稳定性；另一方面是有高的热疲劳抗力。

（1）热作模具钢的化学成分、热处理工艺特点　热作模具钢的化学成分与合金调质钢相似，一般采用含碳量为0.3%～0.6%的中碳钢，这样可以保证钢具有足够的韧性。含碳量过低会导致钢的硬度和强度下降；含碳量过高，钢的导热性能低，对抗热疲劳不利。加入Cr、Mn、Ni、Si、W、V等合金元素可以在强化铁素体基体和增加淬透性的同时提高钢的回火稳定性，并在回火过程中产生二次硬化效应，从而提高钢的高温强度和热塑性变形抗力。这些合金元素的加入还可以提高钢的临界点，并使模面在交替受热与冷却过程中不致发生容积变化较大的相变，从而提高钢的热疲劳抗力。为了防止回火脆性，钢中还常加入Mo、W等合金元素。表5.6列出了常用的热作模具钢的牌号和化学成分。

热作模具钢的一般为亚共析钢，只有部分合金元素含量高的属于过共析钢。为了获得热作模具所要求的力学性能，要进行淬火及高温回火。经淬火及高温回火后，基体组织为回火屈氏体或回火索氏体组织，可以保证较高的韧性；合金元素W、Mo、V等碳化物在回火过程中析出，产生二次硬化，使模具钢在较高的温度下仍能保持相当高的硬度。

（2）典型热作模具钢及应用

1）锤锻模具用钢　锤锻模的截面尺寸相对较大（可达400mm），在服役时承受冲击负荷的作用。因此，这类钢不但对力学性能要求较高，特别是对塑性变形抗力及韧性要求较高，而且对钢的淬透性也有较高要求，以保证整个模具组织和性能均匀。5CrNiMo和5CrMnMo钢是使用十分广泛的锤锻模用钢。5CrNiMo钢经淬火并在500～600℃回火后，具有较高的硬度（40～48HRC）和高的强度及冲击功（R_m= 1200～140MPa，KU_2=32～

56J)。该钢在 500℃时的高温强度极限较高 (R_m = 900MPa),当回火温度超过 500~550℃时,钢的强度下降较快,而塑性、韧性迅速升高。5CrNiMo 钢适于制造形状复杂、冲击负荷重且要求高强度和较高韧性的大型模具。5CrMnMo 钢与 5CrNiMo 钢的性能相近,但韧性稍低 (KU_2≈16~32J)。此外,5CrMnMo 钢的淬透性和热疲劳性能也稍差,它适于代替 5CrNiMo 钢制造受力较轻的中、小型锻模。

表 5.6 常用的热作模具钢的牌号和化学成分

牌号	化学成分(质量分数)/%							
	C	Si	Mn	Cr	Mo	W	V	其他
5CrMnMo	0.50~0.60	0.25~0.60	1.20~1.60	0.60~0.90	0.15~0.30	—	—	
5CrNiMo	0.50~0.60	≤0.40	0.50~0.80	0.50~0.80	0.15~0.30	—	—	
4CrNi4Mo	0.40~0.50	0.10~0.40	0.20~0.50	1.20~1.50	0.15~0.35	—	—	
4Cr2NiMoV	0.35~0.45	≤0.40	≤0.40	1.80~2.20	0.45~0.60	—	≤0.30	
5CrNi2MoV	0.50~0.60	0.10~0.40	0.60~0.90	0.80~1.20	0.35~0.55	—	0.05~0.15	—
5Cr2NiMoVSi	0.46~0.54	0.60~0.90	0.40~0.60	1.20~2.00	0.80~1.20		0.30~0.50	
8Cr3	0.75~0.85	≤0.40	≤0.40	3.20~3.80	—	—	—	—
4Cr5W2VSi	0.32~0.42	0.80~1.20	≤0.40	4.50~5.50	—	1.60~2.40	0.60~1.00	—
3Cr2W8V	0.30~0.40	≤0.40	≤0.40	2.20~2.70	—	7.50~9.00	0.20~0.50	—
4Cr5MoSiV	0.33~0.43	0.80~1.20	0.20~0.50	4.75~5.50	1.10~1.60	—	0.30~0.60	—
4Cr5MoSiV1	0.32~0.45	0.80~1.20	0.20~0.50	4.75~5.50	1.10~1.75	—	0.80~1.20	—
4Cr3Mo3SiV	0.35~0.45	0.80~1.20	0.25~0.70	3.00~3.75	2.00~3.00	—	0.25~0.75	—
5Cr4Mo3SiMnVAl	0.47~0.57	0.80~1.10	0.80~1.10	3.80~4.30	2.80~3.40	—	0.80~1.20	Al:0.30~0.70
4CrMnSiMoV	0.35~0.45	0.80~1.10	0.80~1.10	1.30~1.50	0.40~0.60	—	0.20~0.40	—
5Cr5WMoSi	0.50~0.60	0.75~1.10	0.20~0.50	4.75~5.50	1.15~1.65	1.00~1.50	—	—
4Cr5MoWVSi	0.32~0.40	0.80~1.20	0.20~0.50	4.75~5.50	1.25~1.60	1.10~1.60	0.20~0.50	—
3Cr3Mo3W2V	0.32~0.42	0.60~0.90	≤0.65	2.80~3.30	2.50~3.00	1.20~1.80	0.80~1.20	—
5Cr4W5Mo2V	0.40~0.50	≤0.40	≤0.40	3.40~4.40	1.50~2.10	4.50~5.30	0.70~1.10	—
4Cr5Mo2V*	0.35~0.42	0.25~0.50	0.40~0.60	5.00~5.50	2.30~2.60	—	0.60~0.80	
4Cr3Mo3V@	0.28~0.35	0.10~0.40	0.15~0.45	2.70~3.20	2.50~3.00	—	0.40~0.70	
4Cr5Mo3V@	0.35~0.40	0.30~0.50	0.30~0.50	4.80~5.20	2.70~3.20	—	0.40~0.60	
3Cr3Mo3Vco3@	0.28~0.35	0.10~0.40	0.15~0.45	2.70~3.20	2.60~3.00	—	0.40~0.70	Co:2.50~3.00

注:1. w_P≤0.030%,w_S≤0.030%。

2. * 表示 w_P≤0.020%,w_S≤0.008%。

3. @表示 w_P≤0.030%,w_S≤0.020%。

2) 热挤压模具钢 热挤压模具钢要求有高的热稳定性,较高的高温强度、耐热疲劳性以及高的耐磨性。这类钢基本上可以分为 Cr 系、W 系和 Mo 系三类,其中应用较广泛的是 Cr 系和 W 系。

Cr 系热作模具钢一般含有约 5%Cr,并加入 W、Mo、V、Si。由于钢中含有 5%Cr 和 1%Mo,钢的淬透性较高,故尺寸很大的模具淬火时也可以采用空冷。这类钢淬火及高温回火后具有高的强度和韧性。Cr 和 Si 不仅提高了钢的临界点,有利于提高钢的抗热疲劳性能,还使得这类钢具有良好的抗氧化性能。此外,钢中的 V 可增强钢的二次硬化效果。典型的 4Cr5MoSiV1 钢在 450℃以上,有先共析碳化物析出的 C 曲线,所以在淬火冷却过程中应以较快的冷却速度迅速冷却到 400~450℃,以防止先共析碳化物的析出。4Cr5MoSiV1 钢有较高的临界点,A_{c_1} 为 875℃,A_{cm} 为 935℃。由于含较多的钒,钢有良好的抗过热敏感性。淬火硬度随淬火温度升高而增高，到 1050～1070℃时达到最高值。超过此温度范围后硬度很少增加，而奥氏体晶粒开始长大。所以 4Cr5MoSiV1 钢的淬火温度为 1020～1050℃，奥氏体晶粒度为 8～10 级，含有少量剩余 M6C 和 MC 型碳化物和一定量的残余奥氏体。钢回火硬化峰在 550℃左右，进一步升高回火温度，硬度迅速下降。当回火温度为 620～630℃时，仍能保持 45HRC 左右的硬度。钢的回火温度为 580～600℃，硬度为 48～50HRC，R_m=1600～1800MPa，R_{eL}=1400～1500MPa，A=9%～12%，Z=45%～50%，KU_2=32～40J。

如果进一步降低这类钢中的杂质含量，还可以显著改善钢的抗热疲劳性能和韧性。4Cr5MoSiVl 钢中磷的质量分数从 0.03%降到 0.01%，冲击韧性提高 1 倍；若进一步降至 0.001%，则可提高冲击韧性 2 倍。另外，提高钢的横向韧性和塑性，提高其等向性，使其与纵向性能接近，则可大幅度提高模具的使用寿命。

Cr 系热作模具钢主要用于制作尺寸不大的热锻模、铝及铜合金的压铸模、钢及铜合金的热挤压模、热剪切模、精密锻造模及各种冲击和急冷条件下工作的模具，成为主要的热作模具钢钢种。

W 系热作模具钢具有高的热稳定性，含 W 量越高，热稳定性越高。典型的是 3Cr2W8V 钢。Cr 增加钢的淬透性，使模具具有较好的抗氧化性能；W 提高热稳定性和耐磨性；V 可增强钢的二次硬化效果。这种钢由于含有大量的合金元素，使得共析点 S 大大左移，因此其 C 含量虽然很低，但已属过共析钢。较低的含碳量可以保证钢的韧性和塑性；碳化物形成元素 W 和 Cr 能提高钢的临界点，因而提高钢的抗热疲劳性能，同时在高温下比低合金热作模具钢具有更高的强度和硬度。

3Cr2W8V 钢的始锻温度为 1080～1120℃，终锻温度为 900～850℃，锻压后先在空气中较快地冷却到 700℃，随后缓冷。退火工艺为 830～850℃保温 3～4h 后，以≤40℃/h 的冷速炉冷至≤400℃，出炉空冷，也可以采用等温退火，硬度为 241HB。退火态组织为铁素体基体上分布着 M_2C 和 $M_{23}C_6$。最终热处理工艺采用淬火及高温回火，淬火加热一般采用 800～850℃预热，1080～1150℃淬火加热。要求较好的高温力学性能时（如压铸模），则采用上限加热温度，使合金碳化物充分溶解，以保证高硬度和高的热硬性；承受一定冲击载荷，要求有较好韧性时（如热锻模），则采用下限淬火温度。淬火时的冷却可采用油冷。为了减少变形，也可进行分级淬火。淬火后的组织为马氏体、过剩碳化物（6%左右）和残余奥氏体，硬度为 50～55HRC。回火温度一般采用 560～600℃，回火两次。为避免回火脆性，回火后应采用油冷，然后再经 160～200℃补充回火。回火后组织为回火马氏体＋过剩碳化物，硬度为 40～48HRC。这类钢主要用于制造高温下承受高应力但不承受冲击负荷的压铸模、热挤压模和顶锻模等。

3）压铸模用钢　压铸模用钢的使用性能基本与热挤压模相近，即要求高的回火稳定性与高的热疲劳抗力。因此，通常其所选用的钢种大体上与热挤压模相同，如 3CrW8V 和 4Cr5W2SiV 等。钢种的选用要考虑压铸合金的类型，如对熔点较低的 Zn 合金压铸模，可选用 40Cr、30CrMnSi 及 40CrMo 等；对 Al 和 Mg 合金压铸模，则可选用 4Cr5W2SiV、4Cr5MoSiV 等；对 Cu 合金，多采用 3Cr2W8V；对黑色金属压铸模，多采用高熔点的钼合金和镍合金，或者对 3Cr2W8V 钢进行 Cr-Al-Si 三元共渗。

5.3.3 塑料模具用钢

塑料制品大多采用模压成形，模具的结构形式和质量对塑料制品的质量和生产效率有直接影响。

压制塑料有两种类型，即热塑性塑料和热固性塑料。热固性塑料如胶木粉等，都是在加热、加压下进行压制并永久成形的。胶木模周期地承受压力并在 150～200℃温度下持续受热。热塑性塑料加聚氯乙烯等，通常采用注射模塑法。塑料加热后，以软化状态注射到较冷的塑模中，施加压力，从而使之冷硬成形。注射模的工作温度为 120～260℃，工作时通水冷却模腔，故受热、受力及受磨损程度较轻。值得注意的是，含有氯、氟的塑料在压制时析出有害的气体，对模腔有较大的侵蚀作用。

为此，要求塑料模具钢料纯净，夹杂物少、偏析少，表面光洁度高；表面耐磨抗蚀，有一定的表面硬化层，表面硬度一般在 45HRC 以上；有足够的强度和韧性；热处理变形小，以保证互换性和配合精度。塑料模具的制造成本高，材料费用只占模具成本的极小部分。因此选用钢材时，应优先选用工艺性能好、性能稳定和使用寿命较长的钢种。常用塑料模具钢的牌号及化学成分见表 5.7。

表 5.7　常用塑料模具钢的牌号及化学成分

牌号	C	Si	Mn	P	S	Cr	Mo	Ni	V	Al	其他
SM45	0.42～0.48	0.17～0.37	0.50～0.80	≤0.030	≤0.030	—	—	—	—	—	—
SM50	0.47～0.53	0.17～0.37	0.50～0.80	≤0.030	≤0.030	—	—	—	—	—	—
SM55	0.52～0.58	0.17～0.37	0.50～0.80	≤0.030	≤0.030	—	—	—	—	—	—
3Cr2Mo	0.28～0.40	0.20～0.80	0.60～1.00	≤0.030	≤0.030	1.40～2.00	0.30～0.55	—	—	—	—
3Cr2MnNiMo	0.32～0.40	0.20～0.40	1.10～1.50	≤0.030	≤0.030	1.70～2.00	0.25～0.40	0.85～1.15	—	—	—
4Cr2Mn1MoS	0.35～0.45	0.30～0.50	1.40～1.60	≤0.030	0.05～0.10	1.80～2.00	0.15～0.25	—	—	—	—
8Cr2MnWMoVS	0.75～0.85	≤0.40	1.30～1.70	≤0.030	0.08～0.15	2.30～2.60	0.50～0.80	—	0.10～0.25	—	W:0.70～1.10
5CrNiMnMoVSCa	0.50～0.60	≤0.45	0.80～1.20	≤0.030	0.06～0.15	0.80～1.20	0.30～0.60	0.80～1.20	0.15～0.30	—	Ca:0.002～0.008
2CrNiMoMnV	0.24～0.30	≤0.30	1.40～1.60	≤0.025	≤0.015	1.25～1.45	0.45～0.60	0.80～1.20	0.10～0.20	—	—
2CrNi3MoAl	0.20～0.30	0.20～0.50	0.50～0.80	≤0.030	≤0.030	1.20～1.80	0.20～0.40	3.00～4.00	—	1.00～1.60	—
1Ni3MnCuMoAl	0.10～0.20	≤0.45	1.40～2.00	≤0.030	≤0.015	—	0.20～0.50	2.90～3.40	—	0.70～1.20	Cu:0.80～1.20
06Ni6CrMoVTiAl	≤0.06	≤0.50	≤0.50	≤0.030	≤0.030	1.30～1.60	0.90～1.20	5.50～6.50	0.08～0.16	0.50～0.90	Ti:0.90～1.30
00Ni18Co8Mo5TiAl	≤0.03	≤0.10	≤0.15	≤0.030	≤0.030	≤0.60	4.50～5.00	17.50～18.50	—	0.05～0.15	Co:8.50～10.00 Ti:0.80～1.10
20Cr13	0.16～0.25	≤1.00	≤1.00	≤0.010	≤0.003	12.00～14.00	—	≤0.60	—	—	—
40Cr13	0.36～0.45	≤0.60	≤0.80	≤0.030	≤0.030	12.00～14.00	—	≤0.60	—	—	—
4Cr13NiVSi	0.36～0.45	0.90～1.20	0.40～0.70	≤0.010	≤0.003	13.00～14.00	—	0.15～0.30	0.25～0.35	—	—

续表

牌号	C	Si	Mn	P	S	Cr	Mo	Ni	V	Al	其他
2Cr17Ni2	0.12～0.22	≤1.00	≤1.50	≤0.030	≤0.030	15.00～17.00	—	1.50～2.50	—	—	—
3Cr17Mo	0.33～0.45	≤1.00	≤1.50	≤0.030	≤0.030	—	0.80～1.30	≤1.00	—	—	—
3Cr17NiMoV	0.32～0.40	0.30～0.60	0.60～0.80	≤0.025	≤0.005	16.00～18.00	1.00～1.30	0.60～1.00	0.15～0.35	—	—
95Cr18	0.90～1.00	≤0.80	≤0.80	≤0.030	≤0.030	17.00～19.00	—	≤0.60	—	—	—
90Cr18MoV	0.85～0.95	≤0.80	≤0.80	≤0.030	≤0.030	17.00～19.00	1.00～1.30	≤0.60	0.07～0.12	—	—

（1）冷挤压成形的塑料模　可用工业纯铁和10、15、20、20Cr钢制造，其加工工艺路线为：锻造－退火－粗加工－冷挤压成形－高温回火－加工成形－渗碳－淬火－回火－抛光－镀铬－装配。

（2）中小型，且不很复杂的模具　可用T7、T10、9Mn2V、CrWMn、Cr2钢等。对于大型塑料模具，可采用4Cr5MoSiV或PDAHT-1钢（0.8%～0.9% C、1.8%～2.2% Mn、≤0.35%Si、0.9%～1.1%Cr、1.2%～1.5%Mo、0.1%～0.3%V），在要求高耐磨性时也可采用Cr12MoV钢。其加工工艺路线为：锻造—退火—粗加工—调质或高温回火—精加工—淬火—回火—钳工抛光—镀铬—抛光—装配。

（3）复杂、精密模具　使用18CrMnTi、12CrNi3和12Cr2Ni4等渗碳钢，其加工工艺路线同（1）。

（4）压制会析出有害气体并与钢起强烈反应的塑料　可采用马氏体不锈钢20Cr13或30Cr13钢。模具加热温度为在950～1000℃油淬，并在200～220℃回火，热处理后其硬度为45～50HRC。这类模具不需要镀铬。

塑料模具在淬火加热时应注意保护，防止表面氧化脱碳。热处理后最好先镀铝，以防止腐蚀、防止黏附，这样既易于脱模，又可提高耐磨性。

5.3.4　表面硬化技术在模具钢中的应用

一般的模具经淬火、回火处理后便可满足要求。但对要求高精度、高硬度、高耐磨性和高耐蚀性的模具，在淬火、回火处理基础上，还应采用表面硬化处理。表面硬化处理方法如下：

（1）氮化处理（气体氮化、软氮化、离子氮化等）、渗金属（渗Cr、Ag、Si、B、V等）及气相沉积等方法，皆可提高模具的寿命；

（2）水蒸气处理，即在水蒸气中对金属进行加热，在金属表面上将生成Fe_3O_4，处理温度在550℃左右，通过水蒸气处理之后，金属表面的摩擦系数将大为降低，这种技术主要用于淬火、回火的高合金模具钢的表面处理中；

（3）电火花表面强化，即利用火花放电时释放的能量，将一种导电材料熔渗到工件表面，构成合金化表面强化层，从而起到改善表面的物理化学性能的目的；

（4）离子电镀，离子电镀时可以在500℃以下进行，如果选择好处理方法和条件，可以在100℃以下进行，离子电镀与材料无关，可得到2000HV以上的硬化层，及各种金属和化合物的保护膜，且膜致密。

电火花表面强化是提高模具寿命的一种有效方法，电火花强化层是电极与工件材料的合金强化层，与基体结合牢固，耐冲击不剥落。强化处理时，工件处于冷态区，放电点极小，时间短，不退火、不变形等。模具经电火花强化后，将大大提高模具表面的耐热性、耐蚀性、坚硬性和耐磨性，可获得较好的经济效果。例如，某厂冲不锈钢板落料模，原来一次刃磨寿命为 15000 次。经电火花强化后，冲 90000 次未发现磨损，寿命提高 5 倍。

模具一定要在淬火、回火处理后再进行强化处理。操作要细心，电极沿被强化表面的移动速度要均匀，要控制好时间。模具经电火花强化处理后，表面产生残余拉应力，因此要补加一道低于回火温度 30～50℃的去应力处理。

5.4　量具用钢

5.4.1　量具的工作条件及性能要求

量具是用来度量工件尺寸的工具，如卡尺、块规、塞规及千分尺等。由于量具在使用过程中经常受到工件的摩擦与碰撞，而量具本身又必须具备非常高的尺寸精确性和恒定性，因此要求具有以下性能：

（1）高硬度和高耐磨性，以此保证在长期使用中不致因很快被磨损而失去其精度；

（2）高的尺寸稳定性，以保证量具在使用和存放过程中保持其形状和尺寸的恒定；

（3）足够的韧性，以保证量具在使用时不致因偶然因素——碰撞而损坏；

（4）在特殊环境下具有耐腐蚀性。

5.4.2　常用量具用钢

根据量具的种类及精度要求，量具可选用不同的钢种。

（1）形状简单、精度要求不高的量具　这类量具可选用碳素工具钢，如 T10、T11、T12。由于碳素工具钢的淬透性低，尺寸大的量具采用水淬会引起较大的变形。因此，这类钢只能制造尺寸小、形状简单、精度要求较低的卡尺、样板、量规等量具。

（2）精度要求较高的量具　这类量具（如块规、塞规）通常选用高碳低合金工具钢，如 Cr2、CrWMn 及轴承钢 GCr15 等。由于这类钢是在高碳钢中加入 Cr、Mn、W 等合金元素，故可以提高淬透性，减少淬火变形，提高钢的耐磨性和尺寸稳定性。

（3）形状简单、精度不高、使用中易受冲击的量具　这类量具（如简单平样板、卡规、直尺及大型量具）可采用渗碳钢 15、20、15Cr、20Cr 钢等。量具须经渗碳、淬火及低温回火后使用。经上述处理后，表面具有高硬度、高耐磨性、心部保持足够的韧性。也可采用中碳钢 50、55、60、65 钢制造量具，但须经调质处理，再经高频淬火回火后使用，亦可保证量具的精度。

（4）在腐蚀条件下工作的量具　该类量具可选用不锈钢 40Cr13、95Cr18 制造。经淬火、回火处理后可使其硬度达 56～58HRC，同时可保证量具具有良好的耐腐蚀性和足够的耐磨性。

（5）耐磨性和尺寸稳定性要求特别高的量具　该类量具可选渗氮钢 38CrMoAl 或冷作模

具钢 Cr12MoV 制作。3MoAl 钢经调质处理后精加工成形，然后再氯化处理，最后需进行研磨。Cr12MoV 钢经调质或淬火、回火后再进行表面渗氮或碳氮共渗。两种钢经上述热处理后，可使量具具有高耐磨性、高耐蚀性和高尺寸稳定性。

5.4.3 量具钢的热处理

量具钢热处理的主要特点是在保持高硬度与高耐磨性的前提下，尽量采取各种措施使量具在长期使用中保持尺寸的稳定。量具在使用过程中随时间延长而发生尺寸变化的现象称为量具的时效效应。这是因为，用于制造量具的过共析钢淬火后含有一定数量的残余奥氏体，残余奥氏体变为马氏体引起体积膨胀；马氏体在使用中继续分解，正方度降低引起体积收缩；残余内应力的存在和重新分布使弹性变形部分地转变为塑性变形，引起尺寸变化。因此在量具的热处理中，应针对上述原因采用如下热处理措施。

(1) 调质处理　其目的是获得回火索氏体组织，以减少淬火变形和提高机械加工的光洁度。

(2) 淬火和低温回火　量具钢为过共析钢，通常采用不完全淬火加低温回火处理。在保证硬度的前提下，尽量降低淬火温度并进行预热，以减少加热和冷却过程中的温差及淬火应力。量具的淬火方式为油冷，不宜采用分级淬火和等温淬火。一般采用低温回火，回火温度为 150～160℃，回火时间不应小于 4～5h。

(3) 冷处理　高精度量具在淬火后必须进行冷处理，以减少残余奥氏体量，从而增加尺寸稳定性。冷处理温度一般为－70～－80℃，并在淬火冷却到室温后立即进行，以免残余奥氏体发生稳定化。

(4) 时效处理　为了进一步提高尺寸稳定性，淬火、回火后，再在 120～150℃ 进行 24～36h 的时效处理，这样可消除残余内应力，大大增加尺寸稳定性而不降低其硬度。

总之，量具钢的热处理，除了要进行一段过共析钢的正常热处理（不完全淬火＋低温回火）之外，还需要有三个附加的热处理工序，即淬火之前的调质处理、正常淬火处理之间的冷处理、正常热处理之后的时效处理。

5.5 其他工具钢

5.5.1 耐冲击工具钢

耐冲击工具用钢是在铬硅钢的基础上加进 2.00%～2.50%（质量分数）的钨而成的。钨使钢在淬火时保存比较细的晶粒，而在回火后获得较高的韧性。由于含碳量较小，为 0.35%～0.65%，故这种钢具有较好的韧性，制作的薄刃的受冲击模具，不会因受振动而崩刃或断裂。耐冲击工具用钢的常用钢种有 4CrW2Si、5CrW2Si、6CrW2Si、6CrMnSi2Mo1V、3Cr3MnSiMo1 和 6CrW2SiV。

4CrW2Si 钢含碳量低，韧性好，强度和硬度稍低，用于制造承受高冲击负荷的工具，如风动工具、錾，冲裁切边复合模、冲模、冷切用的冲剪工具，以及小型热作模具等。5CrW2Si 钢的硬度和强度高于 4CrW2Si 钢，但仍有足够的韧性，用于制造冷剪金属的刀片、铲搓丝板的铲刀、冷冲裁和切边的凹模和长期工作的木工工具，以及手用或风动凿子、空气锤工具、锅炉工具、顶头模和冲头、剪刀（重振动）、切割器（重振动）、混凝土破裂器等。6CrW2Si具有更高的硬度、耐磨性和一定的高温强度，但韧性稍差，用于制造承受冲荷载肯要求有较高耐磨性的工具，如风动工具、凿子、冲击模具、冷剪机刀片、冲裁切边用凹模和空气锤用工具等。6CrMnSi2Mo1V和用于制造大尺寸的冲击工具、剪切工具及模具等。

5.5.2 冷轧工作辊用钢

冷轧工作辊工作时，辊身表面承受很大的载荷，并受轧材强烈的摩擦。在高速轧制时难免会发生断带、卡钢等事故，此时由于异常压力、摩擦力所产生的热量，在瞬时内使辊身表面局部急剧加热与急速冷却，使辊面局部经受热冲击，进而在该处产生热冲击裂纹，严重时会导致剥落。因此这类轧辊应具有较高而均匀的表面硬度、足够的淬硬层深度，以及良好的耐磨性和抗热冲击性。冷轧工作辊用钢是在高碳铬钢（一般含碳量0.7%～0.9%；铬含量约2%、约3%或≥5%）的基础上，按需要加入一定量的其他合金元素（钼、镍、钨、硅、钒等）。这种钢的主要牌号有9Cr2V、9Cr2Mo、9Cr2MoV、8Cr3NiMoV、9Cr5NiMoV等。冷轧工作辊常用锻钢制造，应采用合适的锻造工艺，锻后辊坯先经等温退火或正火+回火处理；在切削加工后经调质处理，其目的是为最终热处理作好组织准备和满足辊颈硬度要求。为使冷轧工作辊辊身获得所要求的硬度和淬硬层深度，冷轧工作辊需进行淬火+低温回火最终热处理，常用的淬火方式为感应表面淬火和炉内整体加热后淬火。

习题

1. 在使用性能和工艺性能的要求上，工具钢和机器零件用钢有什么不同？

2. 工具钢常要做哪些力学性能试验？测定哪些性能指标？为什么？

3. 试用合金化原理分析说明9SiCr、9Mn2V、CrWMn钢的优缺点？

4. 9SiCr和60Si2Mn都有不同程度的脱碳倾向，为什么？

5. 分析比较T9和9SiCr：

（1）为什么9SiCr钢的热处理加热温度比T9钢高？

（2）直径为30～40mm的9SiCr钢在油中能淬透，相同尺寸的T9钢能否淬透？为什么？

（3）T9钢制造的刀具刃部受热到200～250℃，其硬度和耐磨性已迅速下降而消失；9SiCr钢制造的刀具，其刃部受热至230～250℃，硬度仍不低于60HRC，耐磨性良好，还可正常工作，为什么？

6. 在高速钢中，合金元素W、Cr、V的主要作用是什么？

7. 高速钢每次回火为什么一定要冷却到室温再进行下一次回火？为什么不能用较长时间的一次回火来代替多次回火？

8. 高速钢在退火态、淬火态和回火态各有什么类型的碳化物？这些不同类型的碳化物对钢的性能起什么作用？

9. 简述冷作模具钢、热作模具钢的服役条件及对钢性能的要求？

10. 高速钢和经过二次硬化的Cr12型钢都有很高的红硬性，能否作为热作模具钢使用？为什么？

11. 高速钢在分级淬火时，为什么不宜在950～675℃温度范围停留过长的时间？

12. 热锤锻模、热挤压模和压铸模的主要性能要求有什么异同点？

13. 常用哪些热处理措施来保证量具的尺寸稳定性？

14. 试总结合金元素Si、Mn、Mo、V、Cr、Ni在合金钢中的作用，并简述其原理。

15. 在工具钢中，讨论合金元素的淬透性作用时，应注意什么问题？

第6章

不锈钢

不锈钢是指具有耐腐蚀性能的一类特殊性能的钢种。从严格意义上讲，不锈钢应该包括耐酸钢和通常所说的不锈钢。所谓耐酸钢是指在各种强腐蚀介质中能耐蚀的钢，腐蚀速度小于0.1mm/a的耐酸钢为“完全耐蚀”，腐蚀速度小于1mm/a的耐酸钢为“耐蚀”。通常意义上的不锈钢是指能抵抗大气及弱腐蚀介质腐蚀的钢种，腐蚀速度小于0.01mm/a的不锈钢为“完全耐蚀”，腐蚀速度小于0.1mm/a的不锈钢为“耐蚀”。所以，不锈钢不一定耐酸，但耐酸钢肯定是不锈钢，不锈钢不是不能被腐蚀，只不过被腐蚀的速度较慢而已。

必须指出的是，不锈钢对腐蚀介质具有选择性，即在同一介质中，不同种类的不锈钢的腐蚀速度大不相同；而同一种不锈钢在不同的介质中的腐蚀行为也不完全一样。例如，不锈钢在氧化性介质中的耐蚀性很好，但在非氧化性介质（如盐酸）中的耐蚀性较差。此外，对于不锈钢机件或结构，一般不仅要求耐蚀，还要承受或传递载荷，因此不锈钢还需要具有较好的力学性能、良好的塑性变形加工性、良好的切削加工性及焊接性。

按正火组织的晶体结构特征，不锈钢一般可分为铁素体不锈钢、马氏体不锈钢、奥氏体不锈钢、奥氏体-铁素体双相不锈钢及奥氏体-马氏体（沉淀硬化型）双相不锈钢等五类。

6.1 铁素体不锈钢

6.1.1 铁素体不锈钢的化学成分及分类

铁素体不锈钢都是高铬钢。当铬含量到达10.5%时，铁铬合金能耐蚀。铬具有稳定α的作用，当铬含量到达13%时，铁铬合金将无γ相变，从高温到低温一直保持α铁素体。因而，这类不锈钢就称为铁素体不锈钢。

对铬铁素体不锈钢，铬含量在11%～30%时，随着铬含量的增加，钢的耐蚀性能增加，所以铁素体不锈钢的铬含量一般为11%～30%。铁素体不锈钢的耐蚀性和抗氧化性均较好，抗应力腐蚀性能也较好，但其力学性能及工艺性能较差，多用于制作受力不大的耐酸结构件和作抗氧化钢使用。

（1）普通铁素体不锈钢　普通铁素体不锈钢的铬含量一般为11%～30%，含碳量通常在0.10%左右。根据铬含量不同，铁素体不锈钢可以分为三个类型：11%～15%Cr型、16%～19%Cr型和21%～30%Cr型。

1）11%～15%Cr型铁素体不锈钢　11%～15%Cr型钢只有在含碳量很低的情况下，才属于铁素体不锈钢，如022Cr12、022Cr12Ni等。有的还加有少量铁素体形成元素Al，如06Cr13Al等。低铬铁素体不锈钢综合性能良好，但耐蚀性不如高铬类。

该类钢耐蚀性较好，一般在大气、过热蒸汽、蒸馏水、自来水及天然淡水、稀硝酸、乙酸中是稳定的，但在含有Cl^-离子的水中易产生局部腐蚀，在磷酸中也不稳定。添加钛和铌可防止晶间腐蚀。

2）16%～19%Cr型铁素体不锈钢　16%～19%Cr型钢只有在含碳量很低时（一般碳含量不大于0.12%），才属于铁素体不锈钢，例如10Cr17、022Cr18Ti、10Cr17Mo等钢。当铬含量低、含碳量高时，会有一定数量的珠光体出现，含碳量更高时（如68Cr17等钢）成为马氏体不锈钢。总之，这类不锈钢是否属于铁素体型，主要取决于含碳量和是否添加铁素体形成元素。

该类钢对硝酸具有良好的耐蚀性，广泛用于硝酸工业中制造吸收塔、热交换器、输送管道和贮酸槽等，但在非氧化性酸（如盐酸、硫酸、蚁酸和草酸等）中不稳定，高温时硝酸浓度超过60%时也不稳定。

3）21%～30%Cr型铁素体不锈钢　21%～30%铬型铁素体不锈钢均为铁素体组织，在铁素体不锈钢中是耐蚀性能和抗高温氧化性能最好的一类。当含碳量为0.1%～0.25%时为纯铁素体组织。

这类钢是铬钢中耐酸腐蚀和耐热性最好的钢，它容易钝化，且钝态更加稳定，在硝酸中具有最大的耐蚀性。当介质中含有加强钝化效应的杂质，如Fe^{3+}、Cu^{2+}及O_2等时，甚至在硫酸中仍具有较高的稳定性，但在含有Cl^-离子的介质中耐蚀性明显下降，不耐浓碱液腐蚀。此外，钢在淬火状态有足够的塑性，可用来制造不受冲击负荷的部件，但热强性差。

（2）高纯高铬铁素体不锈钢　该类钢常见的牌号有019Cr19Mo2NbTi、008Cr27Mo、008Cr30Mo2等，其中铬含量为16%～30%Cr，Mo含量为1%～4%，w_C+w_N的最大允许量，随钢种成分和用途要求而异。根据w_C+w_N不同，分为超低碳氮（$w_C+w_N \leqslant 0.03\%$）高纯高铬铁素体不锈钢和低碳氮（$w_C+w_N=0.035\%\sim0.045\%$）高纯高铬铁素体不锈钢。Mo的作用是改善不锈钢耐非氧化性介质和耐点蚀、耐缝隙腐蚀等性能，并且晶间腐蚀还起到一定的延迟敏化作用；控制w_C+w_N量的目的是经焊接或高温固溶淬火后消除晶间腐蚀敏感性；加入Nb和Ti是为了提高钢的抗晶间腐蚀能力，并抑制晶粒粗化脆化倾向。

6.1.2　铁素体不锈钢的脆性

铁素体不锈钢的主要缺点是韧性低、脆性大。引起脆性的原因主要有：粗晶脆性、σ相脆性和475℃脆性。

（1）粗晶脆性　高铬铁素体不锈钢在加热和冷却时不发生固态相变，因此铸态下的粗大晶粒组织不能通过相变重结晶来细化，一般只能通过压力加工碎化。当压力加工温度达到再结晶温度时，发生再结晶和晶粒的正常长大，当温度超过850～900℃时，再结晶晶粒发生显著粗化。粗大晶粒导致这类钢的冷脆性倾向增大，冷脆转变温度高，室温时冲击韧性很

低。为此，这类钢中常加入少量的 Ti 来控制晶粒长大的倾向，并且在压力加工时必须将终锻或终轧温度控制在 750℃以下。

（2）σ相脆性　Fe-Cr 相图见图 6.1，从相图可以看出，当 $w_{Cr}=45\%$时，在 820℃开始形成σ相。Cr 含量降低时，形成σ相的温度也降低。当 Cr 含量低于 30%时，由于低温原子扩散困难，已很难形成σ相。在实际生产中，由于 Cr 钢中的成分偏析或其他稳定α相的合金元素的作用，含 17%Cr 的不锈钢就有可能形成σ相。对铁素体钢，当钢中 Cr 含量大于 17%时，随着 Cr 含量增加以及添加的铁素体形成元素 Si、Nb、Ti、Mo 等，析出σ相的倾向增加；Mn 由于能大量溶进σ相，也使形成σ相的极限 Cr 含量降低；Ni 则促使析出σ相的极限 Cr 含量增加，并升高σ相的上限温度；C、N 也使形成σ相的极限 Cr 含量增加。

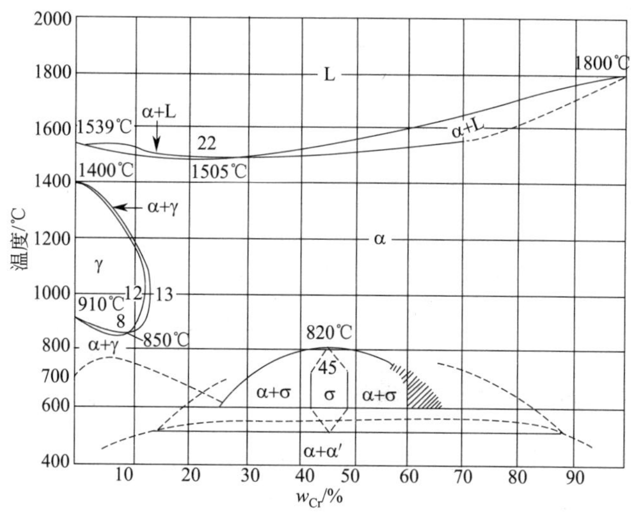

图 6.1　Fe-Cr 相图

由于σ相具有高的硬度（68HRC 以上），形成时还伴随着相当大的体积效应，又常常沿晶界分布，故引起很大的脆性增加，并可能促进晶间腐蚀。由于σ相的形成速度是缓慢的，在接近形成温度上限时，形成速度大，温度降低，形成速度降低，如含 27%Cr 的钢在 550℃加热数小时，才形成σ相。对于已形成σ相的钢，重新加热到 820℃以上保温，σ相重新溶入δ铁素体，随后快冷，可消除σ相脆性，恢复钢的韧性。

必须指出，不仅高铬铁素体不锈钢中出现σ相，奥氏体、奥氏体-铁素体不锈钢中也会出现σ相。奥氏体不锈钢在 600～800℃下长期工作就可能析出脆相；在奥氏体-铁素体钢中，σ相易从铁素体中形成，也使钢脆化。

（3）475℃脆性　高铬不锈钢中，当 Cr 含量大于 15%时，在 400～525℃温度范围内长时间加热后或在此温度范围内缓慢冷却时，钢在室温下变得很脆，这个现象尤以 475℃加热最甚，故这种脆性称为 475℃脆性。产生 475℃脆性原因是：475℃加热时，铁素体内固溶的 Cr 原子有序化，形成富 Cr 的体心立方点阵α″相（含 80%Cr 和 20%Fe），α″相在{100}晶面族上或位错处析出，并与母相保持共格关系，引起较大的晶格畸变和内应力，使钢的强度增加，韧性下降。对已产生 475℃脆性的钢，可通过在 700～800℃短时加热，然后快冷的方式来消除。

6.1.3 铁素体不锈钢的热处理

高铬铁素体不锈钢平衡态组织为富铬铁素体+铬的碳化物。在加热和冷却过程中有碳化物的溶解和析出过程，碳化铬的析出容易产生点蚀，在碳化物周围形成贫铬区时会产生晶间腐蚀倾向，贫铬区冷却过程中产生马氏体转变，增加钢的脆性并有晶间腐蚀倾向。因此为了获得成分均匀的铁素体组织和减少碳化铬的析出，消除晶间腐蚀倾向，铁素体不锈钢在热轧后常采用淬火或退火两种热处理方式。淬火采用870～950℃加热，保温1h后水冷，以避免高温晶间腐蚀和铁素体晶粒粗大引起的脆化；退火通常采用700～850℃加热保温后，冷到600℃左右快冷，以避免σ析出和475℃脆性，消除应力，消除贫铬区。常用铁素体不锈钢的热处理和力学性能见表6.1。

表 6.1 常用铁素体不锈钢的热处理和力学性能

牌号	热处理	力学性能,不小于			
		R_m/ MPa	R_{eL}/ MPa	A/%	Z/%
06Cr13Al	780～830℃加热后空冷	410	177	20	60
022Cr12	700～820℃加热后空冷	265	196	22	60
10Cr17	780～850℃加热后空冷	450	205	22	50
10Cr17Mo	780～850℃加热后空冷	450	205	22	60
008Cr30Mo2	900～1050℃加热后快冷	450	295	20	45
008Cr27Mo	900～1050℃加热后快冷	410	245	20	45

6.1.4 铁素体不锈钢的特性和应用

11%～15%型铁素体不锈钢的典型钢种有06Cr13Al、022Cr12、10Cr15等，常用作耐热钢如汽车排气阀等。16%～19%型铁素体不锈钢的典型钢种有022Cr17、10Cr17、10Cr17Mo、019Cr19Mo2NbTi等，可耐大气、淡水、稀硝酸等介质腐蚀。21%～30%型铁素体不锈钢的典型钢种有008Cr30Mo2、008C27Mo等，其耐蚀性和高温抗氧化能力好。铁素体不锈钢的特性及用途见表6.2。

表 6.2 铁素体不锈钢的特性及用途

牌号	特性	用途
06Cr13Al	从高温下冷却不产生显著硬化	汽轮机材料,淬火用部件,复合钢材
022Cr12	比0Cr13含碳量低,焊接部位弯曲性能、耐高温氧化性能好	汽车排气处理装置,锅炉燃烧室,喷嘴
10Cr17	耐蚀性良好的通用钢种	建筑内装饰,重油燃烧器
Y10Cr17	比1Cr17切削性能好	自动车床,螺栓,螺母
10Cr17Mo	为1Cr17的改良钢种,比1Cr17抗盐溶液性强	作为汽车外装材料使用
008Cr30Mo2	高Cr-Mo系,C、N含量降至极低,耐蚀性极好	制作与乙酸、乳酸等有机酸有关的设备,耐卤离子应力副腐蚀破裂,耐点腐蚀

6.2 马氏体不锈钢

马氏体不锈钢的铬含量为12%～18%，和铁素体不锈钢相比，除铬的上限含量较低外，还含有一定量的C、Ni等γ相稳定元素，使这类钢在加热时有较多的γ或完全的γ相出现；又因γ稳定化元素含量不多，M_s点仍在室温以上，所以这类钢在淬火冷却时能发生马氏体

相变，故将其称为马氏体不锈钢。

6.2.1 马氏体不锈钢的化学成分

马氏体就是奥氏体通过无扩散型相变而转变成的亚稳相。为了获得马氏体组织，在相图中必须存在有奥氏体（γ相）的区域。根据Fe-Cr二元相图（见图6.1），对于无碳Fe-Cr二元合金平衡相图而言，铬含量大于12%（不锈钢含Cr下限）时，在所有温度条件下，均不存在奥氏体组织。为此，必须加入能扩大γ相区的元素。

随着含碳量的增加，γ相区边界逐渐向高铬方向扩展，而铬含量的增加，又稳定铁素体和缩小奥氏体γ相区，并阻碍冷却时奥氏体向马氏体的转变，所以提高铬含量时，还需相应提高含碳量来扩大γ相区才能获得马氏体组织。当含碳量达0.6%时，单一奥氏体相最高铬含量达18%左右。若继续增加含碳量，因形成碳化物等而不再扩大γ相区，但能提高耐磨性。因此，马氏体不锈钢一般含铬量为12%～18%，含碳量为0.1%～1.0%。

根据铬、碳含量，可以将马氏体不锈钢分为四类：低碳13%Cr型，其中$w_C \leqslant 0.15\%$、$w_{Cr}=12\%\sim14\%$，如12Cr13；中碳13%Cr型，其中$w_C=0.2\%\sim0.4\%$、$w_{Cr}=12\%\sim14\%$，如20Cr13、30Cr13等；高碳18%Cr型，其中$w_C=0.6\%\sim1.0\%$、$w_{Cr}=16\%\sim19\%$，如85Cr17、95Cr18、90Cr18MoV等；向钢中加入少量的镍，形成的17%Cr-2%Ni型，如加入2%N的14Cr17Ni2钢。镍属于稳定奥氏体和扩大γ相区的元素，因其为低碳高铬加镍，所以比一般马氏体不锈钢具有更好的耐蚀性、强度与韧性。常用马氏体不锈钢的牌号和化学成分见表6.3。

按$n/8$规律，1/8值时铬不锈钢最低的铬含量应为11.7%(12.5%原子比等于11.7%重量比)。对于低C及中C的不锈钢，因有一部分Cr要和C化合形成化合物而脱离固溶体，故要使钢具有不锈的性能，钢中Cr含量应提高到13%；对于高C的95Cr18，由于含碳量增高，钢中形成大量的碳化铬，使得固溶体中的Cr降低较多，所以总的Cr含量提高到18%，以保证固溶体中的Cr含量达到1/8值。同时C含量的变化对不锈钢的性能影响较大，因此对于不同C含量就形成了不同的13%Cr钢种。C含量降低、Cr含量增高时，马氏体不锈钢耐蚀性增加，因此14Cr17Ni2是这类钢中耐蚀性最好的。此外，这类钢中还可以为了其他目的而加入其他的合金元素。如加入Mo、V以提高硬度而形成了32Cr13Mo、90Cr18MoV钢；加Ni的这类钢在提高耐蚀性的同时，还提高钢的强度和韧性。

表6.3 常用马氏体不锈钢的牌号和化学成分 单位：%

牌号	化学成分(质量分数)，不小于							
	C	Si	Mn	P	S	Ni	Cr	Mo	其他
12Cr12	0.15	0.50	1.00	0.040	0.030	(0.60)	11.50～13.00	—	—
12Cr13	0.15	0.50	1.00	0.040	0.030	(0.60)	11.50～13.50	—	—
06Cr13	0.08	0.50	1.00	0.040	0.030	(0.60)	11.50～13.50	—	—
Y12Cr13	0.15	1.00	1.25	0.060	0.15	(0.60)	12.00～14.00	(0.60)	—
13Cr13Mo	0.08～0.18	0.60	1.00	0.040	0.030	(0.60)	11.50～14.00	0.30～0.60	Cu:(0.30)
20Cr13	0.16～0.25	1.00	1.00	0.040	0.030	(0.60)	12.00～14.00	—	—
30Cr13	0.26～0.35	1.00	1.00	0.040	0.030	(0.60)	12.00～14.00	—	—
Y30Cr13	0.26～0.35	1.00	1.25	0.060	0.15	(0.60)	12.00～14.00	—	—
32Cr13Mo	0.28～0.35	0.80	1.00	0.040	0.030	(0.60)	12.00～14.00	0.50～1.00	—
40Cr13	0.36～0.45	0.60	0.80	0.040	0.030	(0.60)	12.00～14.00	—	—
14Cr17Ni2	0.11～0.17	0.80	0.80	0.040	0.030	1.50～2.50	16.00～18.00	—	—

续表

牌号	化学成分(质量分数),不小于								
	C	Si	Mn	P	S	Ni	Cr	Mo	其他
68Cr17	0.60～0.75	1.00	1.00	0.040	0.030	(0.60)	16.00～18.00	(0.75)	—
85Cr17	0.75～0.95	1.00	1.00	0.040	0.030	(0.60)	16.00～18.00	(0.75)	—
95Cr18	0.90～1.00	1.00	1.25	0.040	0.030	(0.60)	17.00～19.00	—	—
108Cr17	0.95～1.20	1.00	1.00	0.040	0.030	(0.60)	16.00～18.00	(0.75)	—
Y108Cr17	0.95～1.20	1.00	1.25	0.060	0.15	(0.60)	16.00～18.00	(0.75)	—
102Cr17Mo	0.95～1.10	0.80	0.80	0.040	0.030	(0.60)	16.00～18.00	0.40～0.70	—
90Cr18MoV	0.85～0.95	0.80	0.80	0.040	0.030	(0.60)	17.00～19.00	1.00～1.3	V:0.07～0.12

对于 12Cr13 钢，在高温时形成 α 相，随着温度的降低，α 相部分转变为 γ 相，到 1100～950℃时钢中具有最多的 γ 相；温度再降低，钢又处于 α＋γ 两相区，随着温度的下降，γ 相转变为 α 相，并析出碳化物。室温下的平衡组织为 α＋$(Cr, Fe)_4C$。对于 20Cr13 和 30Cr13 钢，高温下（1200～1300℃）处于 α＋γ 两相区，但在较大的温度范围内，钢处于 γ 单相区；在 900～800℃，钢中产生 γ→α 相变，随后钢经过共析区产生 γ→α＋$(Cr,Fe)_7C_3$ 的共析分解。室温下的平衡组织为 α＋$(Cr,Fe)_4C$＋ $(Cr,Fe)_7C_3$。

14Cr17Ni2 钢加热到 900～1000℃时，主要处于 γ 相区，且接近 γ/γ＋α 相界。因为 γ 相区小且 γ/γ＋α 相界线几乎是直立的特点，所以化学成分稍有波动，即影响钢中的铁素体含量。当钢中出现大量的铁素体时，力学性能降低，热塑性变差，锻造时形成裂纹的倾向增大。正常情况下，其中铁素体含量一般控制在 10%～15%。

6.2.2 马氏体不锈钢的热处理

（1）Cr13 型不锈钢的热处理　由于 Cr13 型马氏体类钢能通过淬火产生马氏体相变，可以获得优越的相变强化效果，所以这类钢可以进行多种热处理，以控制和调节这种相变，满足不同的性能要求。这类钢基本上都是高合金钢，过冷奥氏体相当稳定，所以具有很高的淬透性，空冷即可获得马氏体组织。这类钢通常的热处理有退火处理（软化处理、球化退火）、调质处理（淬火和高温回火）、淬火和低温回火等。

① 退火处理　这类钢经锻轧后，空冷即会发生马氏体转变，使锻件变硬，促使锻件表面产生裂纹，同时也使得切削加工难以进行。对马氏体不锈钢进行退火的主要目的是使其软化，以便于机加工。含碳量≤0.15%的低碳 13%Cr 型马氏体不锈钢，退火的方法有两种：一是高温回火，即将工件加热至 750～800℃，保温 1～3h，在空气中冷却，这样处理后的硬度可降至 170～200HB；二是完全退火，即将工件加热至 850～900℃，保温 1～3h，然后以 15～20℃/ h 冷速缓冷至 600℃，继而在空气中冷却，可使硬度降至 160HB。

对于中碳和高碳马氏体不锈钢进行球化退火处理，可在 750～800℃加热，保温 2～6h，再进行高温回火；或者在 875～900℃加热，保温 2～4h，随炉冷却至 500℃以下空冷。球化退火后的组织为铁素体基体上分布着碳化物及晶界上网状分布的碳化物颗粒。

需要指出的是，只有在对力学性能与耐蚀性能都要求不高的情况下，才使用退火状态（供货状态）的马氏体不锈钢，因为退火状态的马氏体不锈钢的力学性能很低，耐蚀性能也不高。

② 调质处理　12Cr13、20Cr13 一般用作不锈钢结构件，常进行调质处理，以获得高的

综合力学性能。12Cr13 加热过程中难以获得单相奥氏体组织，但在 950～1100℃温度区间内将使铁素体减到最少，故淬火加热温度最好为 980～1050℃。淬火后的组织为少量铁素体加低碳马氏体。20Cr13 加热到 950～1150℃温度范围内能使钢得到单相奥氏体组织，淬火后能获得马氏体组织和极少量的残余奥氏体。20Cr13 虽然可以认为是共析成分的钢，但淬火马氏体仍然是低碳板条马氏体。

对于小件、薄壁件，淬火冷却可用空冷、风冷的硬度约为 43HRC；20Cr13 为 50HRC 左右。这类钢在淬火后应及时回火，由于铬的抗回火性和 A_{c1} 点升高，所以调质回火温度也相应升高，通常 12Cr13 为 650～700℃，20Cr13 为 640～700℃。为了防止回火脆性，回火后多采用油冷。为了消除回火快冷的内应力，可进行去应力退火。高温回火后马氏体转变为回火索氏体。

必须指出的是，这类钢在 500～650℃温度回火后还会出现耐蚀性降低的现象，这和碳化铬析出导致晶界贫铬及组织中存在内应力有关。在 400℃以下，碳化铬开始析出，500℃以后将向富铬的碳化物转化，这时碳的扩散速度较大而铬的扩散速度还较低，这将导致碳化物周围产生贫铬区。当温度进一步提高到 600℃以后，铬的扩散速度加快，贫铬区补充铬而使耐蚀性得到恢复。应力的作用加剧发生应力腐蚀开裂的倾向。

③ 淬火及低温回火　30Cr13、32Cr13Mo、40Cr13 钢的最终热处理常采用淬火及低温回火，其目的是获得高的硬度和高的耐磨性。30Cr13 淬火加热可以得到单相奥氏体，40Cr13 可以加热到 A_{cm} 线以下，即可获得最高硬度，还可以避免晶粒粗化，因此这两种钢都可以加热到 1000～1050℃温度范围内淬火。淬火时为了减少变形，可用硝盐分级冷却，淬火后将得到马氏体和碳化物以及少量的残余奥氏体。

(2) 17Cr-2Ni 型不锈钢的热处理　14Cr17Ni2 钢是马氏体不锈钢中强度与韧性匹配最好的钢种之一，其退火工艺为 730℃加热 4～5h，以≤20℃/h 冷速冷至 650℃，出炉空冷。淬火温度为 1000～1050℃，保温后油冷或空冷。回火温度可根据对零件硬度和塑、韧性的要求而定。204℃回火时，其 R_m=1415MPa，R_{eL}=1070MPa，A=15%，Z=55%；426℃回火时，其 R_m=1415MPa，R_{eL}=1070MPa，A=15%，Z=60%；648℃回火时，其 R_m=862MPa，R_{eL}=655MPa，A=18%，Z=60%。

6.2.3 马氏体不锈钢的应用

虽然马氏体不锈钢的耐蚀性、塑性和焊接性较铁素体不锈钢、奥氏体不锈钢差，但其具有较好的力学性能和耐蚀性的结合，所以是机械工业中广泛使用的一类钢。其中含碳量较低的 12Cr13、20Cr13、14Cr17Ni2 可以用于制造机械零件，如汽轮机叶片（12Cr13、20Cr13）等不锈结构件；含碳量稍高的 30Cr13、40Cr13、95Cr18 等用于制造不锈弹簧、不锈轴承、测量工具及医用手术刀等。14Cr17Ni2 钢在海水和硝酸中有较好的耐蚀性，在海水中与铜接触，具有很高的耐电化学腐蚀性能，所以这种钢在船舶尾轴、压缩机转子等制造中有着广泛的应用。

6.3 奥氏体不锈钢

含有 Cr 和较多的稳定奥氏体元素 Ni、Mn、N 等使钢在室温条件下为单相奥氏体的钢称为奥氏体不锈钢。这类钢耐蚀性高、塑性高、韧性和低温韧性好、无磁性、易于加工成形、焊接性能良好，是应用十分广泛的耐酸钢。

6.3.1 奥氏体不锈钢的化学成分及平衡组织

（1）奥氏体不锈钢的化学成分　奥氏体不锈钢中 $w_{Cr}\geqslant 18\%$，$w_{Ni}\geqslant 8\%$，其特点是利用 Cr 和 Ni 的配合来获得奥氏体。18Cr-8Ni（简称 18-8 型）的配合正处于 Schaeffler 组织图（见图 6.2）上形成奥氏体有利的位置。这里 Ni 和 Cr 对形成奥氏体来说是有益的，Ni 是奥氏体形成元素，Ni 含量在 8%～25%的范围内，Cr 含量在 1%～18%的范围内都促进奥氏体的形成。Cr 含量超过 18%时，则促进铁素体的形成。

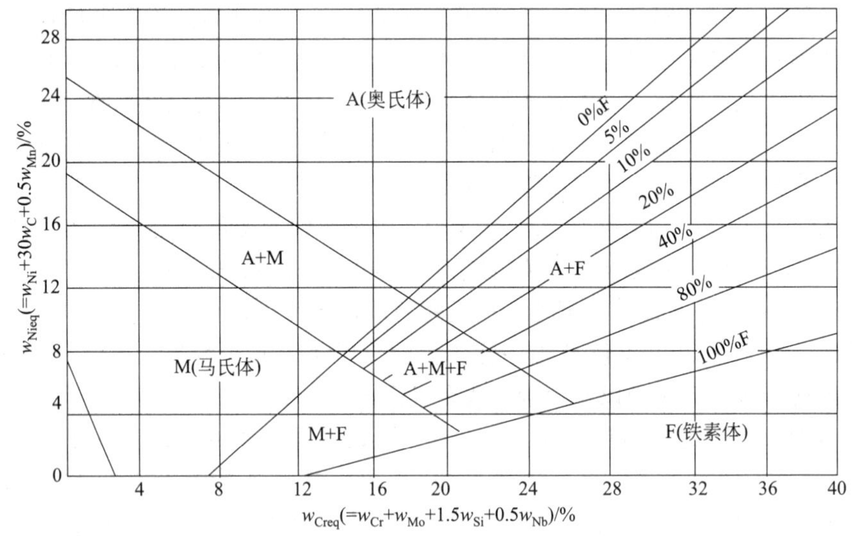

图 6.2　Schaeffler 组织图

Cr、Ni 含量的多少还取决于耐蚀性能的要求。当铁基固溶体中 Cr 的含量达到 $n/8$ 时，固溶体的电极电位有一个突跃提高。由于 Ni 也有助于钝化，所以当 Cr 和 Ni 的总含量为 18%加 8%等于 26%时，固溶体基体的电极电位接近 $n/8$ 规律中 $n=2$ 的电位值，这样既得到了单相奥氏体，又得到了较好的钝化性能，从而使钢的耐蚀性达到了较高的水平。正是由于这两方面的原因，使得 18-8 的成分设计成为奥氏体不锈钢的基本成分。

在 18-8 基础上再增加 Cr、Ni 含量，还可进一步提高钢的钝化性能，增加奥氏体的稳定性，提高钢的固溶强化效果，使其耐蚀性能、耐热性能更为优良，如 06Cr23Ni13、11Cr23Ni18 等。适当增加 C 含量可以提高钢的强度，降低 C 含量可以提高耐蚀性。再加入 Mo、Cu、Ti 可以抗还原性酸，如 022Cr17Ni12Mo2、06Cr17Ni12Mo2Ti、06Cr18Ni12Mo2Cu2 等。加入 Ti、Nb 可以形成稳定的碳化物，提高抗晶间腐蚀性能。此外，以 Mn、N 部分代替或全部代替 Ni 可以获得少含 Ni 或不含 Ni 的奥氏体不锈钢。需要指出的是，在上述钢种中，由于加入的 Ti、Nb、Mo 为铁素体形成元素，故常常需要增加 Ni 含量加以平衡，以获得单相奥氏体组织。

（2）奥氏体不锈钢的平衡组织　由 Fe-Cr-Ni-C 相图（图 6.3）在 18Cr-8Ni 处的垂直截面中可以看出，18-8 型奥氏体钢在平衡态时的组织为奥氏体＋铁素体＋碳化物，而实际的单相奥氏体是通过热处理的配合获得的。由图6.3可见，这类钢在高温有一个含碳量较宽的奥氏体相区，碳在奥氏体中溶解度随温度沿 *ES* 线变化。缓慢冷却时，碳沿 *ES* 线以合金碳化物的形式析出，主要为（Cr，Fe）$_{23}$C$_6$。至 *SK* 线以下还要发生 γ→α 相变，部分 γ 相转变成 α 相，故平衡态时，18-8 奥氏体室温下的组织是 γ＋α＋C（C 为碳化物）。当加热到 *ES* 线以上时，(Cr,Fe)$_{23}$C$_6$ 又可完全溶入奥氏体，经淬火就可获得碳等元素在 γ 相中过饱和的固溶体。此外，由于高铬还含有其他铁素体形成元素，因此这类钢在 650～850℃还会有 σ 相析出；在高温下加热，还会有 δ 铁素体形成。

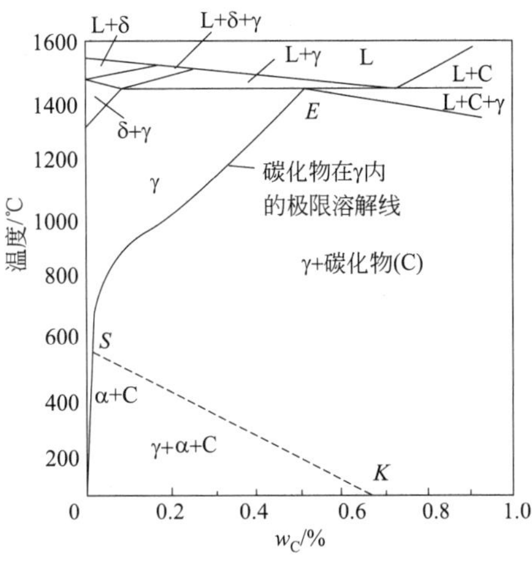

图 6.3 Fe-Cr-Ni-C 相图在 8% Ni-18% Cr 处的垂直截面

6.3.2 奥氏体不锈钢的晶间腐蚀和应力腐蚀

（1）奥氏体不锈钢的晶间腐蚀 奥氏体不锈钢在焊接和热处理过程中，其所含杂质如 C、N、P 和 Si 等的化合物和沉淀相会在晶界析出和偏析，使钢在弱氧化性介质中可能遭受晶间腐蚀，这种局部腐蚀使不锈钢失去了强度，导致结构或设备损坏，危害性很大。这类钢在 450～800℃时效处理会导致不锈钢晶间腐蚀的敏感性，所以又称敏化处理。把容易引起晶间腐蚀的温度区间 450～800℃称为敏化温度。

奥氏体不锈钢晶间腐蚀主要是在敏化温度区间内容易导致沿晶界析出连续网状富铬的（Cr，Fe）$_{23}$C$_6$，从而使晶界周围基体产生贫铬区。在析出（Cr，Fe）$_{23}$C$_6$ 时间不太长的时间内，由于铬的扩散速度较慢，贫铬区得不到恢复。贫铬区的产生使得晶界附近的铬含量被降低到 $n/8$ 限度以下，因而贫铬区成为微阳极而发生腐蚀。若在敏化温度范围内长期加热，则可通过铬的扩散消除贫铬区，晶间腐蚀倾向可以被消除。

由于钢的耐蚀性和碳化物反应有关，因此，在奥氏体钢中碳的含量和它的热力学活性决定着钢的晶间腐蚀倾向。由于 Cr18Ni9 型不锈钢中的奥氏体在 600℃以下碳的溶解度为 0.02%，此时几乎没有（Cr，Fe）$_{23}$C$_6$ 析出。实际上当 $w_C \leqslant 0.03\%$时即不发生晶间腐蚀。所以解决不锈钢晶间腐蚀倾向的最有效办法是生产超低碳不锈钢，使钢中 $w_C \leqslant 0.03\%$，如 022Cr19Ni10 钢。对于影响碳的热力学活性的元素，凡是提高碳的活性的元素（如镍、钴、硅）都促进形成晶间腐蚀；凡是降低碳的活性的元素（锰、钼、钨、钒、铌、钛）都阻碍形成晶间腐蚀。为此常在奥氏体不锈钢中加入强碳化物形成元素钛或铌，以形成稳定的 TiC 或 NbC，固定钢中的碳，如 07Cr19Ni11Ti、07Cr18Ni11Nb 等。

钢中有 10%～50%体积的 δ 铁素体，可以改善奥氏体不锈钢的晶间腐蚀倾向。由于 δ 铁素体在 500～800℃发生相间沉淀，（Cr，Fe）$_{23}$C$_6$ 在 δ/γ 相界 δ 相一侧析出呈点状，排除了在奥氏体晶界析出（Cr，Fe）$_{23}$C$_6$，且 δ 相内铬的扩散系数比 γ 相内高 10^3 倍，不致产生贫铬区。必须指出的是，不仅析出碳化铬会引起晶界的贫铬，析出氮化铬、σ 相也会引起晶界的贫铬。

为了防止奥氏体钢的晶间腐蚀倾向，通常在钢的成分设计和热处理工艺上采取措施。

在钢的成分设计上，一方面降低钢中的含碳量；另一方面在钢中加入稳定的碳化物形成元素（Ti、Nb），析出特殊碳化物，消除晶间贫铬区。为此，钛或铌在钢中的含量分别为：0.8%≥w_{Ti}≥5（w_C−0.02%），1.0%≥w_{Nb}≥10（w_C−0.02%）。此外，钢中还需严格限制氮、磷、硅、硼等杂质元素含量。

在热处理工艺上，奥氏体不锈钢通常采用1050～1100℃的淬火，以保证固溶体中碳和铬的含量。对于非稳定性钢进行退火，使奥氏体成分均匀化，消除贫铬区；对于稳定性钢，将铬的碳化物转变为钛、铌的特殊碳化物，保证耐蚀所需要的固溶体铬含量。

（2）奥氏体不锈钢的应力腐蚀　奥氏体不锈钢在受到张应力时，在某些介质中经过一段不长的时间就会发生破坏。这种在应力和腐蚀介质共同作用下所引起的开裂称为应力腐蚀开裂。

一般认为，应力腐蚀是应力和电化学腐蚀共同作用的结果，是滑移-溶解机制（也称保护膜破坏理论）引起的，即在初始裂纹诱发阶段，张应力引起位错沿滑移面运动移出表面，形成表面滑移台阶，破坏了表面钝化膜，裸露的滑移台阶直接暴露在腐蚀介质中，更重要的是裂纹尖端形成的应力集中降低阳极电位，从而加速裂纹尖端金属（阳极）的溶解，形成蚀坑，使裂纹扩展。裂纹扩展到一定的程度，其表面又会形成新的钝化膜。这种钝化膜形成与破坏的过程反复进行，直至裂纹达到临界尺寸，迅速产生失稳脆性断裂。

影响应力腐蚀的主要因素是介质特点、附加应力与环境温度、钢的化学成分和组织等。

因介质中含有氯离子（Cl^-），容易引起奥氏体不锈钢应力腐蚀。随着Cl^-浓度的升高，应力腐蚀破断时间缩短。在微酸性$FeCl_2$、$MgCl_2$溶液中，氧能促进应力腐蚀破坏。在pH小于4～5的酸性介质中，H^+浓度越高，应力腐蚀破断时间就越短。当pH大于4～5时，加入I^-及乙酸盐就可以抑制应力腐蚀。

应力的影响主要表现为只有张应力才会引发应力腐蚀。温度恒定时，应力越大，则破断时间越短。温度是通过影响化学反应速度和物质输运速度而影响应力腐蚀过程的。在含氯离子的水溶液中，80℃以上时才产生应力腐蚀。温度越高，应力腐蚀破断时间越短。

不锈钢的化学成分和组织对应力腐蚀也有强烈的影响。低镍奥氏体不锈钢对应力腐蚀很敏感，而高镍钢（w_{Ni}≥45%）就不会产生应力腐蚀。氮促进应力腐蚀裂缝的诱发和扩展，增加应力腐蚀的敏感性，而碳则降低奥氏体不锈钢的应力腐蚀敏感性。对铬含量大于12%的奥氏体不锈钢，铬含量越高，则应力腐蚀敏感性越高。硅在单相奥氏体和复相不锈钢中都可以提高钢对应力腐蚀的抗力，一般加入2%～4%Si。铜能改善奥氏体不锈钢的应力腐蚀，如022Cr19Ni10钢中加入2%Cu，可以获得良好的应力腐蚀抗力。钼使奥氏体不锈钢应力腐蚀破断的诱发期缩短。P、As、Sb、Bi、Al等都降低奥氏体不锈钢的应力腐蚀抗力。残余的S也是有害的，因为MnS可优先被溶解，并形成裂纹源。Ti和Nb的影响不显著。

此外，奥氏体钢的层错能影响位错滑移的方式，从而影响应力腐蚀敏感性。影响层错能的元素也影响奥氏体不锈钢的应力腐蚀。层错能高的钢形变时采取交滑移的方式，位错缠结呈网状分布，引起表面的滑移台阶小，钝化膜不易被破坏。因为Ni和C都增高奥氏体的层错能，故高Ni奥氏体钢有较高的应力腐蚀抗力；而N则促进位错呈平面分布，所以促进应力腐蚀。铁素体在形变时易发生交滑移，导致表面钝化膜破坏少，因而降低不锈钢应力腐蚀敏感性。

6.3.3 奥氏体不锈钢的热处理

奥氏体不锈钢的热处理有三种形式：固溶处理、稳定化处理、消除应力热处理。

（1）固溶处理　奥氏体不锈钢主要的热处理形式，就是将钢加热到1000～1100℃的高温，经保温后使碳化物、σ相等分解、固溶，可以得到成分均匀的单一的奥氏体组织，然后水淬，使高温的稳定奥氏体一直保持到常温，称为固溶处理。这种处理的铬镍奥氏体不锈钢，其硬度最低，韧性、塑性最高，耐蚀性能最好，是最佳的使用状态。

对于不含Ti、Nb稳定化元素的铬镍奥氏体不锈钢（如12Cr18Ni9），固溶处理温度的选择随钢含碳量而异，对于含碳量较高的钢以及含有提高σ相存在上限温度的元素（如钼、硅等）的钢，其固溶处理的温度相应提高，以保证碳化物及σ相的充分固溶。对于含Ti、Nb稳定化元素的铬镍奥氏体不锈钢，淬火温度不随含碳量变化，通常为1000～1100℃。但要注意，固溶处理的温度不宜过高，以免因温度过高而使钢中析出σ铁素体，将影响钢的有关性能。淬火组织一般为单相γ，淬火后的钢具有优越的强度性能和耐蚀性能的配合。

（2）稳定化处理　这种热处理主要是针对含钛、铌等元素稳定化的钢而言。尽管钛或铌加入18-8型不锈钢中能与其中的碳形成TiC或NbC，但加热到高温进行固溶处理时，这些碳化物将部分甚至大部分分解并固溶于基体中，奥氏体中溶进了大量的碳，在以后的450～800℃区间若经受如焊接之类加热时，由于Ti、Nb的扩散比Cr困难，形成$Cr_{23}C_6$比TiC或NbC容易，所以形成的碳化物仍以$Cr_{23}C_6$为主，析出铬的碳化物。

因此，为了使稳定化元素首先与固溶的碳结合，可进行稳定化处理。所谓稳定化处理就是经固溶处理之后，进行850～950℃加热，保温后水（油）冷或空冷。稳定化处理视不同的钢种而异。06Cr18Ni11Nb钢的稳定化温度为850～900℃。

（3）消除应力热处理　为了消除钢在冷加工或焊接后产生的残余应力，通常还采用去应力热处理。对于不含Ti、Nb稳定化元素的铬镍奥氏体不锈钢的去应力热处理，一般加热到300～350℃退火，最高加热温度不超过450℃，以避免析出碳化铬而引起晶间腐蚀。而对于超低碳和含Ti、Nb稳定化元素的铬镍奥氏体不锈钢的冷加工或焊接件，一般稳定化退火后缓慢冷却即可去除应力。

6.3.4 铬锰及铬镍锰奥氏体不锈钢

不锈钢的应用范围日益扩大，但镍资源相当紧缺，所以发展了锰、氮代替镍的不锈钢。目前大体有三种类型：第一种是以锰代替全部镍的Cr-Mn不锈钢；第二种是以锰、氮共同作用代替镍的Cr-Mn-N不锈钢；第三种是在18-8型基础上以锰、氮代替部分镍的Cr-Mn-Ni、Cr-Mn-Ni-N不锈钢。

（1）Cr-Mn奥氏体不锈钢　Mn和Ni一样是能和Fe形成无限互溶固溶体（奥氏体）的元素。Mn有比Ni大的固溶强化效应，使Mn钢的力学性能改善，但Mn不能像Ni那样促进钢的钝化，Mn稳定奥氏体的能力也只为Ni的1/2。Mn还比较容易促使Cr钢形成σ相，易导致钢的脆性增加。由于Mn稳定奥氏体的能力较Ni低，故在$w_{Cr}<12\%$时，含20%Mn的钢上才能获得全部奥氏体。但在$w_{Cr}\geqslant 12\%$时，无论Mn含量如何增加也不能获得单相奥氏体。

此外，当含有0.1%C时，由于碳稳定奥氏体的作用，获得单相奥氏体的铬含量可提高到15%，但铬含量超过15%后，Mn含量无论如何增加也不能得到单相奥氏体。而且当Cr含量超过15%，Mn含量大于10%以后，即已出现σ相。因此Cr-Mn奥氏体钢由于耐蚀性主要取决于Cr含量，而Cr含量又受到限制，故未能广泛用于耐强腐蚀的部件。当Cr-Mn

钢（如Cr17Mn9）含有差不多相同体积分数的铁素体和奥氏体时，可以被广泛应用于食品工业上。Cr-Mn不锈钢的耐蚀水平和相同Cr含量的其他不锈钢相当，Cr-Mn不锈钢中加Ti、Nb、Ta等不能降低钢对晶间腐蚀的敏感性，相反，由于它们缩小γ相区的作用，使Cr-Mn纯奥氏体的极限含量降低，这也不利于钢的耐蚀性。

（2）Cr-Mn-N奥氏体不锈钢　利用N稳定奥氏体的性质，向Cr-Mn奥氏体不锈钢中加入N可以进一步稳定奥氏体，同时能扩大奥氏体中极限铬含量。N能提高室温及高温强度而不降低室温韧性，对相的产生有抑制作用，对耐蚀性无影响，但N含量受溶解度的限制。研究表明，多数的Cr-Mn钢中N含量在0.3%～0.5%以下，如果N含量增加，钢中容易因N的析出而形成气孔。此外，N和Ti的亲和力大，在钢中又容易形成TiN夹杂物。

Cr-Mn-N钢中加Cu可以进一步改善钢在硝酸中的耐蚀性；加Mo可以降低晶间腐蚀敏感性。在Cr-Mn-N钢中还可以用控制适量的δ铁素体相的存在来降低晶间腐蚀敏感性。

06Cr17Mn13Mo2N钢是我国自行研制的Cr-Mn-N型不锈钢，具有奥氏体-铁素体双相组织，晶间腐蚀、应力腐蚀倾向要比奥氏体不锈钢小，力学性能、焊接性能也较好。只是由于δ铁素体相的存在，钢的冷、热加工性能较差，易生成σ相。该钢在乙酸和磷酸中可代替12Cr18Ni11Ti。

（3）Cr-Mn-Ni奥氏体不锈钢　由于用Mn、N完全代替Ni的Cr-Mn-N钢，不易得到单一的奥氏体组织，所以还往钢中加入少量Ni，在Cr含量高于15%时，仍能得到单一的奥氏体组织。由于Ni具有强烈地扩大Cr-Mn钢的奥氏体区的作用，所以当钢含有18%Cr、4%Mn、4%Ni、0.25%（C+N）时，即可获得全奥氏体组织。所以Cr-Mn-Ni-N系钢发展快，成熟的钢种也较多。12Cr18Mn8 Ni5N是目前国内外都生产的钢种，它的耐蚀性、力学性能、焊接性能与18-8钢相当，可代替18-8钢用于硝酸及化肥工业设备。12Cr18Mn10Ni5Mo3N是在Cr18Mn8Ni5N的基础上加2.5%～3.5%Mo，再相应提高Mn含量，稳定奥氏体的钢，其性能和Cr-Ni-Mo钢相近，用于尿素、磷酸、乙酸等工业生产设备中。

6.4　双相不锈钢

双相不锈钢根据组成相的种类可分为奥氏体-铁素体双相不锈钢和奥氏体-马氏体（沉淀硬化型）双相不锈钢。

6.4.1　奥氏体-铁素体双相不锈钢

奥氏体-铁素体双相不锈钢兼有奥氏体钢和铁素体钢的特征，有较高的抗应力腐蚀能力。奥氏体相的存在降低了高铬铁素体钢的脆性，提高了可焊性、韧性，降低了晶粒长大的倾向；铁素体相的存在又提高了奥氏体钢的屈服强度、抗晶间腐蚀能力等。

不锈钢中的合金元素可分为奥氏体形成元素和铁素体形成元素两类，并可按照其形成能力的大小折算成镍当量和铬当量。

$$\text{铬当量}\ w_{Creq}=w_{Cr}+w_{Mo}+1.5w_{Si}+0.5w_{Nb} \tag{6-1}$$

$$\text{镍当量}\ w_{Nieq}=w_{Ni}+30(w_{C}+w_{N})+0.5w_{Mn} \tag{6-2}$$

根据计算出的铬、镍当量值，结合Schaeffler组织图（见图6.2），即可确定钢中两相的比例。为了获得奥氏体-铁素体型双相组织，这类不锈钢在Cr、Ni当量相图的γ+α区域内，基本成分为18%～26%Cr、4%～7%Ni。再根据不同的用途分别加入Mn、Mo、Cu、Ti、W、N等合金元素。奥氏体-铁素体双相不锈钢的牌号及化学成分见表6.4。

除了低碳，高纯净，运用AOD（氩氧脱碳法）、VOD（真空吹氧脱碳法）提高质量外，在双相的成分调整中，注意钢液要有高的铬含量，以使两个相都具有独立的钝化能力，抑制由于双相而引起的耐蚀性的下降。加氮可以促进加热冷却过程中奥氏体再形成的能力，有助于保持室温下所要求的奥氏体-铁素体比例，特别是焊接区的组织平衡。3RE60（022Cr18Ni5Mo3Si2）钢中的铁素体含量/奥氏体含量为60/40，该钢的室温屈服强度比铬镍奥氏体钢高一倍左右，同时其塑性、冲击韧性仍然较高，冷热加工性能及可焊性也较好。

奥氏体-铁素体双相不锈钢也还存在一定的脆性倾向，尤其在焊接区。其主要是由σ、χ、η相的沉淀和相的析出引起的。因此在工程上可以利用沉淀取决于时间的特性，在沉淀前进行加工和热处理，并使组织稳定。双相不锈钢通常采用1000～1100℃淬火韧化，可获得60%左右铁素体及奥氏体组织。

6.4.2 奥氏体-马氏体双相不锈钢

为满足航空航天业对能耐热的高强度不锈钢的需要，研制了奥氏体-马氏体不锈钢。其设计思想是，钢在室温时基体为奥氏体组织，加工成形进行低温处理，将奥氏体转变为马氏体又不使复杂零件变形，然后通过较低温度的沉淀硬化处理，使马氏体进一步强化。这类钢在淬火后有不稳定的奥氏体组织，它能在冷处理或塑性变形过程中产生马氏体转变。组织中奥氏体、马氏体量之比决定钢的性能，因此，钢的合金元素的含量和热处理决定着钢的强度性能的变化。

表6.4 奥氏体-铁素体双相不锈钢的牌号及化学成分 单位：%

牌号	C	Si	Mn	P	S	Ni	Cr	Mo	Cu	N	其他
14Cr18Ni11Si4AlTi	0.10～0.18	3.40～4.00	≤0.80	≤0.035	≤0.030	10.00～12.00	17.50～19.50	—	—	—	Ti：0.40～0.70 Al：0.10～0.30
022Cr19Ni5Mo3Si2N	≤0.030	1.30～2.00	1.00～2.00	≤0.030	≤0.030	4.50～5.50	18.00～19.50	2.50～3.00	—	0.05～0.10	—
022Cr23Ni5Mo3N	≤0.030	≤1.00	≤2.00	≤0.030	≤0.020	4.50～6.50	22.00～23.00	3.00～3.50	—	0.14～0.20	—
022Cr21Mn5Ni2N	≤0.030	≤1.00	4.00～6.00	≤0.040	≤0.030	1.00～3.00	19.50～21.50	≤0.60	≤1.00	0.05～0.17	—
022Cr21Ni3Mo2N	≤0.030	≤1.00	≤2.00	≤0.030	≤0.020	3.00～4.00	19.50～22.50	1.50～2.00	—	0.14～0.20	—
12Cr21Ni5Ti	0.09～0.14	≤0.80	≤0.80	≤0.035	≤0.030	4.80～5.80	20.00～22.00	—	—	—	Ti：5×(w_C−0.02)～0.80
022Cr21Mn3Ni3Mo2N	≤0.030	≤1.00	2.00～4.00	≤0.040	≤0.030	2.00～4.00	19.00～22.00	1.00～2.00	—	0.14～0.20	—
022Cr22Mn3Ni2MoN	≤0.030	≤1.00	2.00～3.00	≤0.040	≤0.020	1.00～2.00	20.50～23.50	0.10～1.00	≤0.50	0.15～0.27	—
022Cr22Ni5Mo3N	≤0.030	≤1.00	≤2.00	≤0.030	≤0.020	4.50～6.50	21.00～23.00	2.50～3.50	—	0.08～0.20	—
03Cr22Mn5Ni2MoCuN	≤0.04	≤1.00	4.00～6.00	≤0.040	≤0.030	1.35～1.70	21.00～22.00	0.10～0.80	0.10～0.80	0.20～0.25	—

续表

牌号	C	Si	Mn	P	S	Ni	Cr	Mo	Cu	N	其他
022Cr23Ni2N	≤0.030	≤1.00	≤2.00	≤0.040	≤0.010	1.00～2.80	21.50～24.00	≤0.45	—	0.18～0.26	—
022Cr24Ni4Mn3Mo2CuN	≤0.030	≤0.70	2.50～4.00	≤0.035	≤0.005	3.00～4.50	23.00～25.00	1.00～2.00	0.10～0.80	0.20～0.30	—
022Cr25Ni6Mo2N	≤0.030	≤1.00	≤2.00	≤0.030	≤0.030	5.50～6.50	24.00～26.00	1.50～2.50	—	0.10～0.20	—
022Cr23Ni4MoCuN	≤0.030	≤1.00	≤2.50	≤0.040	≤0.030	3.00～5.50	21.50～24.50	0.05～0.60	0.05～0.60	0.05～0.20	—
022Cr25Ni7Mo4N	≤0.030	≤0.80	≤1.20	≤0.035	≤0.020	6.00～8.00	24.00～26.00	3.00～5.00	≤0.50	0.24～0.32	—
03Cr25Ni6Mo3Cu2N	≤0.04	≤1.00	≤1.50	≤0.040	≤0.030	4.50～6.50	24.00～27.00	2.90～3.90	1.50～2.50	0.10～0.25	—
022Cr25Ni7Mo4WCuN	≤0.030	≤1.00	≤1.00	≤0.030	≤0.010	6.00～8.00	24.00～26.00	3.00～4.00	0.50～1.00	0.20～0.30	W：0.50～1.00

这类钢的成分除了要保证耐蚀性且有奥氏体-马氏体转变外，还可控制成分调整 M_s 点，使 M_s 点在室温以下或所需要的温度处，同时还含有产生金属间化合物实现沉淀硬化的元素。因此，在这类钢的化学成分中，Cr 含量在13%以上可保证钢的耐蚀性，Ni 含量使钢在高温固溶处理后具有亚稳的奥氏体组织。通过 Cr、Ni 和 Mn、Mo、Al 等元素的配合，可使 M_s 点调整在室温到－78℃之间，以便通过冷处理或塑性变形产生马氏体相变。Mo、Al 等（也有用 Cu、Co、Ti、Nb）是析出金属间化合物沉淀强化的元素，它们能形成马氏体共格的 NiAl、NiTi 或 NiTi 等的沉淀硬化相，从而导致沉淀硬化效应。此外，为了保证耐蚀以及易于焊接和加工，含碳量较低，一般为 0.04%～0.13%。典型的奥氏体-马氏体 PH 双相不锈钢的化学成分和力学性能见表 6.5。

表 6.5 典型奥氏体-马氏体双相不锈钢化学成分和力学性能

钢号	化学成分(质量分数)/%								热处理	力学性能			
	C	Mn	Si	Cr	Ni	Mo	Al	N		R_m/MPa	R_{eL}/MPa	A/%	硬度 HRC
17-7PH	0.07	0.50	0.30	17.0	7.1	—	1.2	0.04	TH-1050	1276	1379	9	43
PH15-7Mo	0.07	0.50	0.30	15.2	7.1	2.2	1.2	0.04	RH-950	1551	1655	6	48
PH14-8Mo	0.04	0.02	0.02	15.1	8.2	2.2	1.2	0.005	SRH-950	1482	1586	6	48
AM-350	0.10	0.75	0.35	16.5	4.25	2.75	—	0.10	SCT-850	1207	1420	12	46
AM-355	0.13	0.85	0.35	15.5	4.25	2.75	—	0.12	SCT-850	1248	1510	13	48

注：TH-1050 为固溶＋760℃淬火＋566℃时效 1h；SCT-850 为重新固溶＋(－38℃)冷冻＋850℃时效 1h～2h；RH-950 为固溶＋955℃保温 10min 空冷至室温＋(－73℃)冷冻＋510℃时效 1h；SRH-950 为重新固溶＋(-38℃)冷冻＋950℃时效 1h。

以 17-7PH（0Cr17Ni7Al）为例，这类钢的热处理工艺主要有三种类型。

（1）高温固溶处理（1050℃）＋成形的塑性变形＋低温调节处理（750℃，90min，空冷）＋时效处理（550～575℃，90min）。此法经低温调节处理，升高 M_s 点，使 750℃冷却到室温时获得必要的马氏体量，然后通过时效进一步强化。这种处理工艺比较简单，但在低温调节处理时，沿奥氏体晶界析出了碳化物，塑性较低。为了弥补这一不足，一般采用较高的时效温度。

（2）高温固溶处理（1050℃）＋成形的塑性变形＋高温调节处理（950℃，90min，空冷）＋冷处理（－70℃，8h）＋时效处理（500～525℃，60min）。此法通过冷处理来获得

必要的马氏体数量，为了保证在冷处理过程中获得质量均匀的工件，采用高温调节处理。高温调节处理的温度选择应使钢的 M_s 点在室温附近，而以略低于室温为宜。用这种办法处理后，钢在奥氏体晶界没有碳化物析出，因而时效后仍能保证良好的塑性和较高的强度。此外，由于调节处理的加热温度较高，奥氏体（也就是以后的马氏体）中的含碳量及合金元素量增加，也增加了钢的强度。

(3) 高温固溶处理（1050℃）＋成形的塑性变形＋高温调节处理（950℃，90min，空冷）＋室温下的塑性变形＋时效处理（475～500℃）。此法通过室温下的塑性变形来获得必要数量的马氏体。高温调节处理也是为了使钢的 M_s 点位于室温附近。由于冷塑性变形不仅能导致形变马氏体的形成，而且本身还起细化镶嵌块的作用，因此可以获得更高的性能。

奥氏体-马氏体型沉淀硬化不锈钢固溶后具有奥氏体钢的优点，易于加工成形；随后经强化处理又具有马氏体钢的优点，并且热处理温度不高，没有变形氧化等缺点。因此，该类钢是制造飞行器蒙皮、化工压力容器等较好的材料。但这种的使用温度应在 315℃以下，超过 315℃时，金属间化合物继续沉淀，会使材料变脆。

6.5 抗菌不锈钢

6.5.1 抗菌不锈钢抗菌原理

(1) 含 Cu 不锈钢的抗菌原理　在不锈钢中添加 Cu 元素，热处理时 ε-Cu 相在不锈钢中均匀析出。分布在钝化膜上大量 ε-Cu 相沉淀产生大量铜离子，溶解在抗菌不锈钢表面，从而使其具有良好的抗菌性能。其抗菌性能与 Cu 的析出量成正比。含 Cu 铁素体不锈钢、Cu 马氏体不锈钢和含 Cu 奥氏体不锈钢固溶处理后的最佳时效温度分别为 500～800℃、550～850 ℃和 600～900℃。

(2) Ag 的抗菌作用　Ag 离子与细菌的细胞膜及膜蛋白结合，破坏细菌的立体结构，导致细菌死亡；Ag 离子还能把氧催化成活性氧，活性氧具有杀菌功能。含 Ag 抗菌不锈钢冷轧板在不同的退火温度范围经过退火即可获得所需的抗菌性能，含 Ag 铁素体不锈钢、含 Ag 马氏体不锈钢和 Ag 奥氏体不锈钢退火处理温度分别为 800～1100℃、750～1000℃和 1000～1200℃。

(3) 稀土的抗菌作用　稀土元素属低毒性物质，具有比较好的抗菌、抗肿瘤、抗艾滋病等生物活性。Ce 属于镧系金属，三价 Ce 盐对细菌和真菌均有杀灭作用，特别是对革兰氏阴性菌的杀灭作用更强。三价 Ce 盐作为局部烧伤的治疗药物效果很好，对治疗大面积烧伤患者创面败血症也十分有效。

6.5.2 抗菌不锈钢种类

抗菌不锈钢按照组织可分类铁素体、奥氏体和马氏体抗菌不锈钢三类。

(1) 奥氏体抗菌不锈钢　把 Cu-Ag 中间合金加入含 0.026～0.031C、8.12～8.25Ni、18.11～18.21Cr 的不锈钢中：加入 0.1%Cu-40%Ag 的中间合金，抗菌性为 99%；加入 0.5%Cu-20%Ag 的中间合金，不锈钢抗菌性大于 99%；加入 2%Cu-10%Ag 的中间合金，不锈钢抗菌性大于 99.9%。

0.05C-18.15Cr-8.00Ni-1.5Mn-3.32Cu 奥氏体不锈钢的抗菌性在 2h 以内，抗菌不锈钢

对大肠杆菌和金黄色葡萄球菌的杀菌率达到96%以上；在4h以内，抗菌不锈钢对大肠杆菌和鼠伤寒沙门菌的杀菌率已达100%；杀菌8h后，对金黄色葡萄球菌的杀菌率才达到100%。

00Cr18Ni9不锈钢中添加稀土元素铈（Ce），当Ce含量达0.11%时，不锈钢即显示出优良的抗菌性能。在钢中稀土含量低于0.1%，并呈高度弥散分布时，对钢的加工性能、力学性能和耐蚀性能没有明显影响。

(2) 铁素体抗菌不锈钢　0.02C-16.5Cr-1.55Cu铁素体抗菌不锈钢950℃保温5min，水淬后750℃时效时有球状和棒状抗菌相析出。0.01C-0.2Si-7Cr-1.56Cu铁素体抗菌不锈钢980℃固溶处理5min后，700℃时效时短杆状抗菌相析出量为0.4%，750～800℃时效时抗菌相析出量为0.6%。

10Cr17不锈钢中添加稀土元素铈，当加入Ce的质量分数为0.01%时，不锈钢具有一定的抗菌性能。

(3) 马氏体抗菌不锈钢　0.13C-11.72Cr-1.5Cu的马氏体抗菌不锈钢淬火硬度为54.8HRC，回火后硬度为36.3HRC，抗菌率为95%。往12Cr13不锈钢中分别加入1.8%～3.0%Cu，1100℃加热15min，油淬后600℃时效5h，基体上弥散分布着抗菌相。0.08C-16.82Cr-4.35Ni-0.3Nb-3.8Cu的马氏体不锈钢经1050℃固溶和600℃时效4h后，对金黄色葡萄球菌的抗菌效果在99%以上，对大肠杆菌的抗菌效果为97%。

习　题

1. 提高钢耐腐蚀性的方法有哪些？
2. Cr、Mo、Cu元素在提高不锈钢抗蚀性方面有什么作用？
3. 分析讨论1Cr13、2Cr13、3Cr13和4 Cr13钢在热处理工艺、性能和用途上的区别。
4. 为什么Cr12型冷作模具钢不是不锈钢，而9Cr18为不锈钢？
5. 试述铁素体不锈钢的主要性能特点和用途。
6. 奥氏体不锈钢的主要优缺点是什么？
7. 说明18-8型奥氏体不锈钢产生晶界腐蚀的原因及防治方法，为什么常采用850～950℃的退火工艺？
8. 简述普通低合金钢、渗碳钢、低碳马氏体钢、不锈钢等钢类的含碳量都比较低的原因。

第7章

耐热钢

耐热钢是指在高温下工作并具有一定强度和抗氧化、耐腐蚀能力的钢种。耐热钢主要用来制造蒸汽锅炉、蒸汽轮机、燃气涡轮、喷气发动机以及火箭、原子能装置等构件或零件。从耐热钢的工作环境来看，耐热钢应该具有两方面的性能，即高温化学稳定性和高温强度。耐热钢包括抗氧化钢（热稳定钢）和热强钢两类。在高温下能长期工作不致因介质侵蚀而破坏的钢叫做热稳定钢（抗氧化钢或耐热不起皮钢）；在高温下有一定抗氧化能力并具有足够强度而不产生大量变形或断裂的钢，叫作热强钢。热强钢在具有高温强度的同时又应具有抗氧化性。

7.1 对耐热钢的性能要求

7.1.1 金属的抗氧化性

（1）金属的氧化过程　金属在高温下工作时容易被氧化。氧化是一种典型的化学腐蚀，是介质直接与金属接触而发生的化学反应。在高温下，当 O_2、CO_2、H_2O 及 H_2 气体与纯净的钢的表面接触时，介质的分子首先被吸附在金属的表面并被分解成原子，然后发生介质原子与金属原子的化合作用，先使钢脱碳，随后发生铁的氧化反应。腐蚀产物根据其特点可以分为两类。

1）腐蚀产物是可挥发的气体，或者是结构非常疏松的固态物质留在金属的表面。这时，介质可以继续保持与金属表面的接触，使得腐蚀可以继续进行。

2）腐蚀产物是结构比较致密的固态物质，可以完整地覆盖在金属的表面。这样，要使氧化过程能继续进行，金属离子和氧原子需要扩散通过腐蚀产物形成的覆盖层后才能发生反应，同时生成的产物使得覆盖层进一步增厚。随着覆盖层的增厚，扩散越来越难以进行，氧化反应的速度也越慢。这种覆盖层能够减慢氧化甚至阻碍氧化的进行，称为保护膜。

（2）保护膜的性质与氧化速度　金属的氧化速度与保护膜的性质有着密切的关系，氧化膜厚度与时间的关系见图7.1，合金元素对铁的氧化速度的影响见图7.2。

（3）铁的氧化膜结构及合金元素的作用

1）铁的氧化膜结构　铁的氧化物有 FeO、Fe_2O_3 和 Fe_3O_4 三种。FeO 为简单点阵结构，氧化物结构疏松，金属离子容易通过氧化物的空隙进行扩散，抗氧化能力差。Fe_2O_3 也为密堆积结构，能强烈地阻碍扩散的进行，有着一定的抗氧化性。Fe_3O_4 也为密堆积结构，能强烈地阻碍扩散的进行，与铁的表面结合性很好，抗氧化能力强。

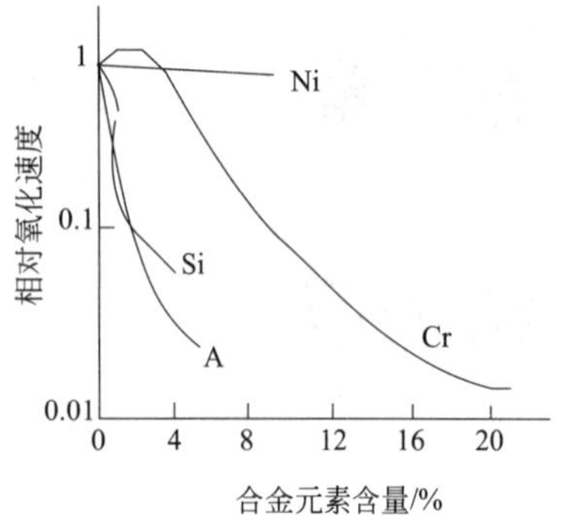

图 7.1　氧化膜厚度与时间的关系

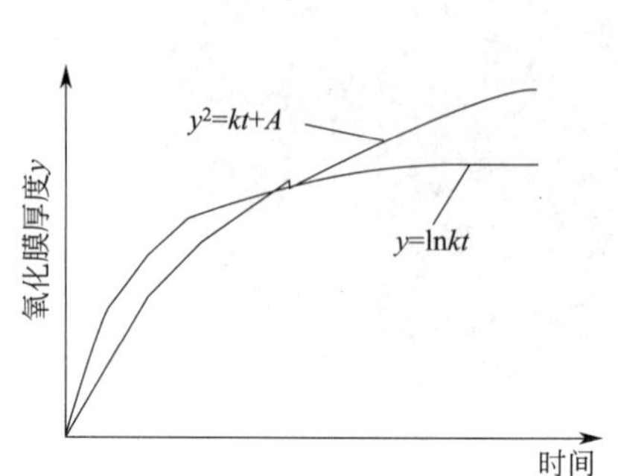

图 7.2　合金元素对铁的氧化速度的影响

铁在 200℃以下时，氧化膜的增厚符合对数关系。在 250～570℃之间符合抛物线关系。在 570℃以上，由于氧化膜的组成发生变化，氧化速度有了明显的提高，这时氧化膜由三层组成，最表层为 Fe_2O_3，中层为 Fe_3O_4，与铁接触的部分为 FeO。当 FeO 出现时，铁的氧化速度显著增加，而且 FeO 的结构疏松，与基体的结合较差。FeO 引起内层的体积变化，从而破坏外表层致密的 Fe_2O_3 和 Fe_3O_4 氧化膜的连续性，使氧化更易进行。

2）合金元素的作用

① 形成稳定的合金氧化膜。为了形成稳定的合金氧化膜，应该使氧化膜的结构比较致密，这样铁离子和氧离子通过膜的扩散就困难。同时还需要氧化膜和基体金属应结合紧密，不疏松并且不容易脱落。这就要求两者的点阵类型应该相似，点阵常数应相等或成整数倍，氧化膜与基体间内应力较小。加入 Cr、Al、Si 等合金元素，可以优先氧化，形成这些元素占优势的合金氧化膜，具有良好的保护作用。

② 提高 FeO 的形成温度。在铁中加入合金元素 Cr、Al、Si 等可以提高 FeO 出现的温度，改善钢和合金的化学稳定性。在 Cr、Al、Si 含量比较高时，钢在 800～1200℃温度范围内不会出现 FeO。

③ 净化晶界，减小晶界优先氧化现象。在钢中加入极少量的稀土金属、碱土金属，可以显著提高其抗氧化性能，这主要是由于消除了晶界优先氧化的倾向。

7.1.2　金属的高温力学性能与强化

（1）金属的高温力学性能　在室温下，塑性变形是通过位错的运动来进行的。晶界具有高的强度，对位错运动具有较大的阻力，因此室温下晶粒越细，强度越高。

高温时，随着温度的升高，晶界的强度下降显著，材料强度亦随之下降。当晶界强度与晶内强度相等时，材料的强度就由晶界强度所决定，我们把这时的温度称为等强温度。可以看出，随着温度的升高，金属的断裂方式会由穿晶断裂转变为晶间断裂，这时晶界越多，发生断裂的可能性就越大，金属的强度就越低。随着温度的升高，金属的变形行为和失效形式

与室温相比有了较大的区别，主要表现在以下几个方面。

1）金属的蠕变现象　金属在长时间的恒温、恒应力作用下，发生的缓慢的塑性变形现象称为蠕变。

当温度和应力为某一定值时，其蠕变曲线如图 7.3 所示。蠕变曲线可以分为三个阶段，一种理想的材料其蠕变曲线的第二阶段，即稳定蠕变阶段应该具有较长的时间，较低的蠕变速度。

2）金属的持久强度　金属的持久强度是指试样在一定温度和规定的持续时间内引起断裂的应力值。蠕变极限仅反映蠕变第二阶段的变形速度或蠕变总量，不能反映钢在高温断裂时的强度和塑性，所以持久强度是必要的。持久强度可以反映钢材在高温长期应力作用下的断裂抗力。

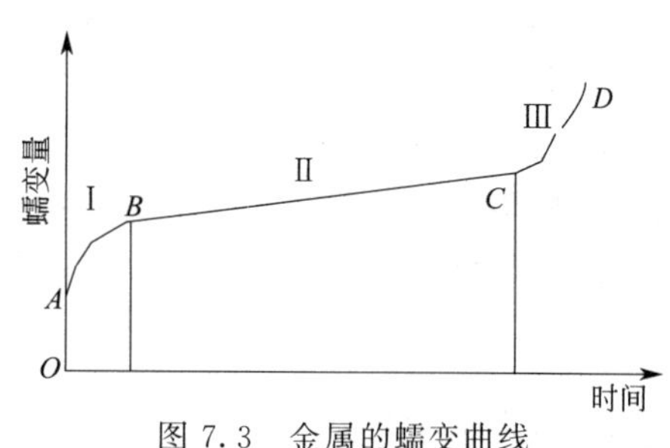

图 7.3　金属的蠕变曲线

3）金属的应力松弛现象　零件在高温长期应力作用下，虽然总变形量不变，但是零件中的应力随着时间的增长而自发地逐渐下降，这种现象称为应力松弛。

应力松弛从本质上看是零件中存在的弹性变形自发地减小并转变为塑性变形的过程。从材料的应力与时间曲线（图 7.4）上看，应力松弛的发展可以分为两个阶段，在第一阶段应力松弛发展较快；在第二阶段，应力松弛进入一个稳定的阶段。应力松弛现象经常发生在高温条件下工作的连接紧固件上，在生产中要了解紧固件在高温工作一段时间后，还存在多少残存应力，会不会由于应力松弛造成紧固松弛而发生泄漏现象。所以在高温下工作的螺栓设计时应用松弛稳定性来作为计算指标。

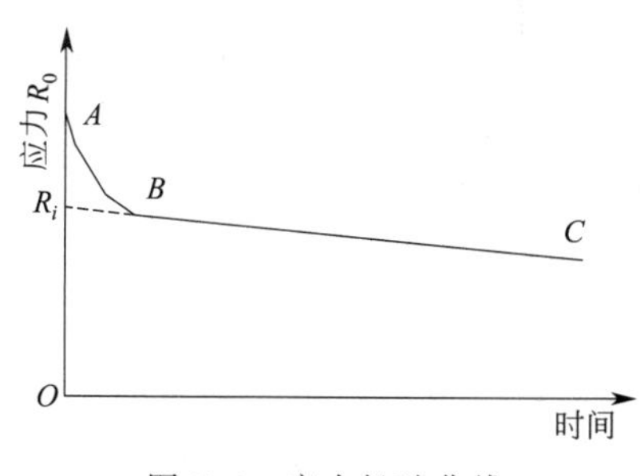

图 7.4　应力松弛曲线

4）高温疲劳强度　在高温交变应力作用下的零件，往往不是产生蠕变断裂而是产生疲劳断裂。材料的高温疲劳极限是指在一定温度下某一循环次数（10^7 次）内材料不发生断裂的最大交变应力。一般来说，持久强度高的金属材料，高温疲劳强度也较高。

5）热疲劳现象　在高温状态下工作时，工件的内部可能存在着温度差。如果温度场是周期性变化的，那么由于工件各部分温度变化不同步，所以材料的膨胀和收缩也不一致，各部分之间会由于相互约束产生附加的内应力。这个内应力会随着温度场的周期性变化而变化。金属材料由于经受周期性热应力的作用而导致的破坏称为热疲劳破坏。因此，在变化的高温下工作的金属材料需要有良好的抗热疲劳性能。

（2）耐热钢的强化　在高温下工作的金属材料常常用下列方法来强化。

1）固溶强化基体　固溶强化可以提高金属材料的强度，在高温下使用的固溶体应该是置换式固溶体。在合金加入量较少时，合金含量越高，强化效应越显著，但强化效应随着合金加入量的增加而逐渐减弱。少量多元合金化的固溶强化效果好。

基体的强度取决于原子间的结合力，原子排列越紧密，基体的强度越高，所以奥氏体钢的热强性优于铁素体钢。

2）强化晶界　高温下晶界的强度较低，原子扩散迅速，有利于蠕变的进行。晶粒越细，蠕变发展得越明显，粗晶粒钢的蠕变速度较低。如果对晶界进行强化则有利于提高金属材料的热强性。强化晶界主要采取以下几种方法。

① 纯化（净化）晶界。在钢中加入B、RE和碱土金属，可以与S、P等杂质生成稳定难熔的化合物，减小了S、P杂质对热强性的影响。

② 填充空位。钢中加入微量硼可以稳定晶界上的空位，从而提高金属的抗蠕变能力。

③ 晶界的沉淀强化。加入合金元素，在晶界上沉淀析出不连续的强化相骨架，可以阻碍裂纹沿晶界的扩展。

3）沉淀强化　加入某些合金元素，从过饱和的固溶体中沉淀出难熔的化合物，可以提高金属材料的热强性。沉淀相本身应该具有高的高温强度和高温稳定性。在耐热钢中，沉淀相一般为碳化物、硼化物和金属间化合物，强化的效果与沉淀相的大小和间距有关。

7.2 热强钢

7.2.1 钢的热强性

热强性表示金属在高温和载荷长时间作用下抵抗蠕变和断裂的能力，即高温强度。温度升高，钢的晶粒强度和晶界强度都下降，但晶界强度下降较快。晶粒强度和晶界强度相等时的温度叫等强温度。在等强温度以上时，金属断裂由常温常见的穿晶断裂过渡为晶间断裂，这是由于高温下钢中原子扩散显著加剧。由于此时晶界强度低于晶粒强度，故在高温下塑性变形集中于晶界区。在等强温度以下，由于晶界原子排列规则性差，引起的点阵畸变较大，阻碍位借运动，滑移只能在晶内进行，从而使钢得到强化。可见，钢在低温下，细晶粒材料比粗晶粒材料蠕变强度高。

高温下，蠕变主要是晶界扩散变形引起的，晶界反而加速了多晶体弱化过程。因此，粗晶粒材料具有较高的蠕变强度。但是晶粒过于粗大，又会影响高温塑性和韧性。钢在高温下塑性变形引起加工硬化使钢强化，但是已强化了的钢位错结构不稳定，会产生回复再结晶以及弥散质点球化和聚集等软化过程，使钢的强度降低。

热强性主要取决于原子间结合力和钢的组织结构状态。

1）往基体钢中加入一种或几种合金元素，形成单相固溶体，可提高基体金属原子间的结合力和热强性。溶质原子和溶剂金属原子尺寸差异越大，熔点越高，则基体热强性越高。

W、Mo、Cr、Mn是提高基体热强性的合金元素。W、Mo等高熔点金属溶入固溶体，会阻碍扩散过程，增强原子结合力，提高基体的再结晶温度，从而提高钢的热强性。

2）从过饱和的固溶体中沉淀出弥散的强化相可以显著提高钢的热强性。W、Mo、V、Ti、Ni等元素在钢中能形成各种类型的碳化物或金属间化合物，如Mo_2C、V_4C_3、VC、NbC等。这些强化相在沉淀时与基体保持共格或半共格关系，产生很强的应力场，阻碍位错运动，使钢得到强化。

3）晶界是钢在高温下的一个弱化因素。加入化学性质极活泼的元素（如Ca、Nb、Zr及RE等）与S、P及其他低熔点杂质形成稳定的难熔化合物，可以减少晶界杂质偏聚，提高晶界区原子间结合力。加入B、Ti、Zr等表面活化元素，可以充填晶界空位，阻碍晶界原子扩散，提高蠕变抗力。

4）通过热处理或形变热处理，可获得适当的晶粒大小，促进合金碳化物的弥散分布，调整基体和强化相的成分，细化基体亚结构，等等，可有效地提高钢的热强性。

7.2.2 珠光体热强钢

珠光体热强钢是指在正火状态下，显微组织是由珠光体和铁素体或贝氏体构成的耐热钢。这种钢中合金元素含量较少，具有良好的工艺性能，广泛用于在600℃以下工作的动力工业和石油工业的构件，主要用于制造载荷较小的动力装置上的零部件，例如锅炉钢管或其他管道材料。珠光体热强钢按含碳量和应用特点分为低碳珠光体热强钢和中碳珠光体热强钢；按用途又可分为炉管用珠光体热强钢、紧固件用珠光体热强钢和汽轮机转子用钢。

（1）炉管用珠光体热强钢　动力工业和石油工业中使用的换热器、蒸汽导管等处于高温和一定压力下工作，其炉管在高温和蒸汽的作用下会发生氧化和腐蚀。为保证炉管能长期安全地运行，炉管用珠光体热强钢应具有足够的高温强度、良好的持久塑性、较高的抗氧化性和耐腐蚀性能及足够的组织稳定性。钢材在高温下运行时，应防止出现渗碳体的粒化和石墨化，及杂质元素向晶界的富集引起的钢的脆化。炉管用珠光体热强钢还应具有良好的加工工艺性和焊接工艺性等。

炉管用珠光体热强钢一般为低碳低合金珠光体钢，其成分有两个特点。

1）低碳　含碳量为0.08%～0.20%。这是因为低碳使钢基体中具有大量铁素体，铁素体的高熔点和组织稳定性有利于耐高温，还使钢具有良好的冷加工性。低碳也减少了碳化物的数量，使钢不易发生碳化物聚集长大现象，不易出现碳化物粒化和石墨化，提高钢的组织稳定性和热强性。

2）合金化　即加入Cr、Mo、W、V、Ti、Nb等碳化物形成元素。这些元素的作用首先是固溶强化铁素体，提高热强性和再结晶温度；其次是提高固溶体中原子结合力，使扩散困难，阻碍合金元素的再分配。合金元素还能阻止碳化物粒化和聚集长大，防止高温强度下降；阻止碳化物的石墨化，保证强化作用；同时，还形成弥散均匀分布的合金碳化物，产生弥散强化。Cr、Mo、W可溶于铁素体，提高其再结晶温度，从而提高基体金属的蠕变强度；V、Ti、Mo、Cr能形成稳定，弥散的碳化物，起沉淀强化作用。微量的B和RE起强化晶界作用。Cr和Si还能提高钢的抗氧化和抗大气腐蚀能力。

炉管用珠光体热强钢的热处理工艺、力学性能和使用温度见表7.1。

表7.1　炉管用珠光体热强钢的热处理工艺、力学性能和使用温度

牌号	热处理	力学性能，不小于				使用温度/℃
		R_m/MPa	R_{eL}/MPa	A/%	Z/%	
16Mo	880℃正火，630℃回火，空冷	400	250	25	60	<450
12CrMo	900℃正火，650℃回火，空冷	420	270	24	60	<510
15CrMo	900℃正火，650℃回火，空冷	450	300	22	60	<560
12Cr1MoV	970℃正火，750℃回火，空冷	500	250	22	60	<560
12Cr2MoWVTiB	1025℃正火，630℃回火，空冷	600	450	18	60	600～620
12Cr3MoVSiTiB	1050～1090℃正火，790℃回火，空冷	640	450	18	60	600～620

（2）紧固件用珠光体热强钢　紧固件在高温和压应力下工作，并长期保持一定的预紧力，工作时承受拉伸应力，有时也受弯曲应力，在高温工作时会有应力松弛现象。在长期使用中，不能出现脆断和氧化咬合，因此，这类钢要求在室温下有高的屈服极限、高的松弛稳

定性、一定的持久塑性、小的缺口敏感性和一定的抗氧化性。

为了保证材料在使用时的安全可靠，这类钢的化学成分中含碳量一般为0.20%~0.25%，保证了室温下的屈服强度；增加Cr、Mo、V的含量，促进正火后的贝氏体转变量；加入稳定碳化物的元素Nb、Ti等，并采用B进行强化晶界，可提高钢的持久强度和持久塑性。这样的成分可使钢成功地使用在570℃左右的紧固件上。

常用钢种有25Cr2Mo1VA、20Cr1Mo1VNbTiB和20Cr1Mo1VTiB等。该系列钢处理成回火贝氏体，可以具有高的松弛稳定性，所以这类钢采用正火后回火处理。提高奥氏体化温度有助于提高松弛稳定性，但是会降低其持久塑性。回火温度高些，可以得到弥散的碳化物并使组织趋向稳定。紧固件用珠光体热强钢的热处理工艺、力学性能和使用温度见表7.2。

表7.2 紧固件用珠光体热强钢的热处理工艺、力学性能及使用温度

牌号	热处理	力学性能,不小于				使用温度
		R_m/MPa	R_{eL}/MPa	A/%	Z/%	
25Cr2MoVA	1040空冷,670℃空冷	950	800	14	55	<540℃
20Cr1Mo1VNbTiB	1050℃油淬,700℃回火4~6h获得上贝氏体	1685	950	12	45	570℃左右
20Cr1Mo1VTiB	1050℃油淬,700℃回火4~6h获得上贝氏体	1690	785	14	50	570℃左右

（3）汽轮机转子用钢　由主轴和叶轮组成的汽轮机转子或整锻转子在过热蒸汽的作用下，承受复杂应力，包括扭转应力、弯曲应力、温度梯度引起的热应力、振动的附加应力，以及叶片离心力所产生的切向和径向应力等。因此要求这类钢有高的在轴向和径向均匀一致的综合力学性能、高的热强性和持久塑性，以及良好的淬透性和工艺性能。这类钢一般采用锻造成形，常选用中碳珠光体热强钢。

为满足上述性能要求，这类钢的含碳量较高，一般在0.35%左右，同时加入合金元素Cr、Mo、V、Ni、W等。Cr元素可提高淬透性和耐热性，W、V提高钢的回火稳定性，并产生高温析出弥散强化效应。常用汽轮机转子用钢的牌号、热处理工艺、力学性能和应用见表7.3。

表7.3 汽轮机转子用钢的牌号、热处理工艺、力学性能及应用

牌号	热处理	力学性能,不小于				应用
		R_m/MPa	R_{eL}/MPa	A/%	Z/%	
24CrMoV	900℃油淬,600℃水或油冷却	800	600	14	50	450~500℃工作的叶轮
34CrNi3MoV	820~830℃油淬,650~680℃空冷	870	750	13	40	450℃以下工作的叶轮和整锻转子
35CrMoV	900℃油淬,630℃水或油冷却	1100	950	10	50	500~520℃工作的叶轮和整锻转子
35Cr2MoV	860℃油淬,600℃空冷	1100	950	10	50	540℃以下工作的叶轮和整锻转子

7.2.3 马氏体热强钢

这类钢包括制造汽轮机叶片的含Cr为10%~13%的铬钢和制造汽油机或柴油机排气阀的Cr-Si钢。

在Cr13型马氏体不锈钢基础上，加入W、Mo、V、Ti、Nb是为了强化基体固溶体及形成更稳定的碳化物，加B可以强化晶界，从而可以提高钢的热强性和使用温度。汽轮机

叶片用钢的常用牌号有 12Cr13、20Cr13、14Cr11MoV、15Cr12WMoV 等。这种钢的热处理后的组织为回火屈氏体或回火索氏体。

排气阀用钢的常用牌号有 42Cr9Si2 和 40Cr10Si2Mo 等，钢中的 Cr 和 Si 量适当配合，可以提高钢的热强性。加 Si 能提高钢的 A_{c1} 温度，提高钢的使用温度；加 Mo 可以提高钢的热强性和消除回火脆性。这种钢的使用温度小于 750℃。

部分马氏体耐热钢的牌号、热处理工艺、力学性能和应用见表 7.4。

表 7.4 部分马氏体耐热钢的牌号、热处理工艺、力学性能和应用

牌号	热处理		力学性能,不小于				应用
	淬火	回火	R_m/MPa	R_{eL}/MPa	A/%	Z/%	
14Cr11MoV	1050～1100℃空冷	720～740℃空冷	685	490	16	55	535～540℃工作的汽轮机叶片
15Cr12WMoV	1000～1050℃油冷	680～700℃空冷	735	585	15	45	550～560℃工作的汽轮机叶片
42Cr9Si2	1020～1040℃油冷	700～780℃油冷	885	590	19	50	＜700℃工作的汽轮机叶片和排气阀
40Cr10Si2Mo	1010～1040℃油冷	720～780℃空冷	885	685	10	35	＜750℃工作的汽轮机叶片和排气阀

7.2.4 奥氏体热强钢

由于 γ-Fe 原子排列致密，原子间结合力较强，再结晶温度高，因此，奥氏体热强钢比珠光体、马氏体热强钢具有更高的热强性和抗氧化性，最高工作温度可达 850℃。

这类钢中加入大量的 Cr 和 Ni 是为了提高钢的抗氧化性和稳定奥氏体，也有利于热强性；加入 W、Mo 等可强化奥氏体；加入 V、Nb、Cr、W、Mo 等形成合金碳化物；加入 Al、Ti、Ni 等形成金属间化合物；加入 B 可以强化晶界（B），从而进一步提高钢的热强性。

相对于珠光体热强钢，奥氏体热强钢具有更好的热强性和抗氧化性、高的塑性和冲击韧性、良好的焊接性能和压力加工性能。根据强化方式的不同，可分为以下几种。

(1) 固溶强化的奥氏体热强钢 这类钢具有良好的抗氧化性和较高的热强性，适合于在 600～700℃以下的温度使用，通常用来制作喷气发动机排气管和冷却良好的燃烧室零件。这类钢又是较好的耐蚀钢，在石油化工行业中使用也比较广泛。常用的固溶强化的奥氏体热强钢为 06Cr17Ni12Mo2、06Cr18Ni11Nb、10Cr14Ni19W2Nb。

(2) 碳化物沉淀强化的奥氏体热强钢 40Cr13Ni8Mn8MoVNb 采用碳化物沉淀强化，具有比固溶强化的耐热钢更高的热强性，适于在 600～700℃使用，可用于制造喷气发动机涡轮及叶片材料或高温紧固件。45Cr14Ni14W2Mo 可用于制造在 600℃以下工作的紧固件。

(3) 金属间化合物强化的奥氏体热强钢 这类钢的含碳量较低（一般低于 0.08%），镍含量很高（一般为 25%～40%），还含有一定的 Al、Ti、Mo、V 等合金元素。高的镍含量除了保证稳定的奥氏体组织外，还在时效过程中与 Al、Ti 等元素形成金属间化合物析出。常见的这类钢主要有 06Cr15Ni26MoTi2AlVB、06Cr15Ni35W2Mo2Ti2Al3B 和 06Cr14Ni37W6Ti3 A，主要用于制作在 650～700℃工作的受载荷较大的涡轮盘、涡轮机匣、涡轮导向器叶片等。

奥氏体热强钢的热处理通常为加热至 1000℃以上保温后油冷或水冷，进行固溶处理；然后在高于使用温度 60～100℃下进行一次或两次时效处理，以沉淀出强化相，稳定钢的组织，进一步提高钢的热强性。

7.3 抗氧化钢

抗氧化钢主要用于工作时所受载荷较小，但是要求抗介质的化学腐蚀的零件。在选用抗氧化钢时，主要考虑最高工作温度以及温度的变化情况，及工作介质的性质和载荷的性质。抗氧化钢主要有铁素体钢和奥氏体钢两大类。

目前我国使用的抗氧化铸钢按成分可分为 Cr-Si 系、Cr-Co 系、Cr-Ni 系和 Ni-Cr 系四类；按组织可分为铁素体、奥氏体＋少量铁素体和奥氏体三类。

7.3.1 铁素体抗氧化钢

铁素体抗氧化钢有晶粒长大的倾向，韧性较低，不宜用来制造承受较大载荷的工件，但其抗氧化性能好，在含硫的气氛中具有较好的耐蚀性。常用铁素体抗氧化钢的牌号、化学成分和应用见表 7.5。铁素体抗氧化钢的抗应力腐蚀性能较好，生产成本较低，应用更广泛，但铁素体抗氧化钢的高温抗蠕变性能较奥氏体抗氧化钢差。铬是抗氧化钢的基础组元，是典型的铁素体形成元素，随着铬含量的增加，抗氧化钢的抗氧化性和抗腐蚀性逐渐增加；C、Si、P、S 含量的降低，可改善抗氧化钢的焊接性和回火脆性；Mo 可以提高钢的高温强度和蠕变断裂强度，一般来讲，铁素体抗氧化钢在高温条件下强度较低，作为结构材料使用时需要慎重。

表 7.5 常用铁素体抗氧化钢的牌号、化学成分和应用

牌号	化学成分(质量分数)/%						使用最高温度/℃	应用
	C	Si	Mn	Cr	Mo	Ni		
ZG30Cr7Si2	0.20～0.35	1.0～2.5	0.5～1.0	6～8	≤0.5	≤0.5	750	高温强度低，长期工作的受载件的工作温度低于700℃，用于制作坩埚、炉门、底板等构件
ZG40Cr13Si2	0.30～0.50	1.0～2.5	0.5～1.0	12～14	≤0.5	≤1.0	850	基本不形成σ相，可用于制作炼油厂加热炉、水泥干燥窑矿石焙烧炉和热处理炉构件
ZG40Cr17Si2	0.30～0.50	1.0～2.5	0.5～1.0	16～19	≤0.5	≤1.0	900	
ZG40Cr24Si2	0.30～0.50	1.0～2.5	0.5～1.0	23～26	≤0.5	≤1.0	1050	高温强度和抗疲劳性能好，用于制作炉罐、炉底板、料框、传动带导轨
ZG40Cr28Si2	0.30～0.50	1.0～2.5	0.5～1.0	27～30	≤0.5	≤1.0	1100	用于制作支承架、吊架等炉用构件
ZGCr29Si2	1.20～1.40	1.0～2.5	0.5～1.0	27～30	≤0.5	≤1.0	1100	抗氧化性好，用于制作炉罐、通风机叶片、热滑枕、炉底板、玻璃、水泥窑及陶瓷窑构件
ZG40Cr27Ni4Si2	0.30～0.50	1.0～2.5	≤1.5	25～28	≤0.5	3～6	1100	

7.3.2 奥氏体+ 少量铁素体抗氧化钢

在 Cr-Ni 系抗氧化钢中，随 Ni 含量增加，其组织转变成奥氏体，但一般含有少量铁素体，这是成分偏析造成的。组织的变化使该类耐热铸钢不但可以在更高的温度上使用，而且具有良好的高温强度，可作为高温结构材料使用。奥氏体＋少量铁素体抗氧化钢的牌号、化学成分和应用见表7.6。

表7.6 奥氏体＋少量铁素体抗氧化钢的牌号、化学成分和应用

牌号	化学成分(质量分数)/%							使用最高温度/℃	应用
	C	Si	Mn	Cr	Mo	Ni	其他		
ZG25Cr18Ni9Si2	0.15～0.35	≤1.0	≤2.0	17～19	≤0.5	8～10		900	有良好的抗氧化性能，可用于制作热处理炉炉底板、坩埚等
ZG25Cr20Ni14Si2	0.15～0.35	≤1.0	≤2.0	19～21	≤0.5	13～15		900	
ZG40Cr22Ni10Si2	0.30～0.50	1.0～2.5	≤2.0	21～23	≤0.5	9～11		950	
ZG40Cr24Ni24Si2Nb	0.25～0.50	1.0～2.5	≤2.0	23～25	≤0.5	23～25	Nb：1.2～1.8	1050	承载情况下使用温度可达650℃，轻负荷时可达870～1050℃，易析出σ相，可用于制作矿石焙烧炉。也可用于制作不需要高温强度的高硫环境下工作炉用构件
ZG40Cr25Ni12Si2	0.30～0.50	1.0～2.5	≤2.0	24～27	≤0.5	11～14		1050	
ZG40Cr25Ni20Si2	0.30～0.50	1.0～2.5	≤2.0	24～27	≤0.5	19～22		1100	高温强度高，抗氧化性好，用于制作多种炉子构件，但不适于温度急变场合

7.3.3 奥氏体抗氧化钢

奥氏体抗氧化钢按照合金化特点可分为Cr-Ni系和Cr-Ni-Co系两类。Cr-Ni系的奥氏体抗氧化钢可以用于1000℃以上的温度，含Cr量高于18%，含Ni量大于30%。铬、镍含量越高，钢的使用温度就越高。加入Si有助于进一步提高钢的抗氧化性。Cr-Ni-Co系奥氏体抗氧化钢是ZG45Cr20Co20Ni20Mo3W3，其使用最高温度为1150℃。奥氏体抗氧化钢的牌号、化学成分和应用见表7.7。

表7.7 奥氏体抗氧化钢的牌号、化学成分和应用

牌号	化学成分(质量分数)/%							使用最高温度/℃	应用
	C	Si	Mn	Cr	Mo	Ni	其他		
ZG45Cr20Co20Ni20Mo3W3	0.35～0.60	≤1.0	≤2.0	19～22	2.5～3.0	18～22	Co:18～22，W:2～3	1150	高温强度高，抗氧化性好，广泛用于制作多种炉子构件，不适于温度急变场合
ZG10Ni31Cr20Nb1	0.05～0.12	≤1.2	≤1.2	19～23	≤0.5	30～34		1000	用于制作加热炉传送带、螺杆、紧固件等高温承载件，蒸汽透平机叶片
ZG40Ni35Cr17Si2	0.30～0.50	1.0～2.5	≤2.0	16～18	≤0.5	34～36		980	

续表

牌号	化学成分(质量分数)/%							使用最高温度/℃	应用
	C	Si	Mn	Cr	Mo	Ni	其他		
ZG40Ni35Cr26Si2	0.30～0.50	1.0～2.5	≤2.0	24～27	≤0.5	33～36		1050	抗热疲劳性好,用于制作渗碳炉构件、热处理炉板、导轨、轮子、蒸馏器、辐射管、玻璃轧辊、搪瓷窑构件以及周期加热的紧固件
ZG40Ni35Cr26Si2Nb1	0.30～0.50	1.0～2.5	≤2.0	27～30	≤0.5	33～36	Nb:0.8～1.8	1050	
ZG40Ni38Cr19Si2	0.30～0.50	1.0～2.5	≤2.0	18～21	≤0.5	36～39		1050	用于制作1000℃以上炉用件、连铸机吊架等
ZG40Ni38Cr19Si2Nb1	0.30～0.50	1.0～2.5	≤2.0	18～21	≤0.5	36～39	Nb:1.2～1.8	1100	抗氧化性好,用于制作无强度要求的炉用构件以及含有硫化物、重金属蒸汽的焙烧炉构件等。

习 题

1. 在耐热钢的常用合金元素中,哪些是抗氧化元素?哪些是强化元素?哪些是奥氏体形成元素?

2. 提高钢热强性的途径有哪些?

3. 什么叫抗氧化钢?常用在什么地方?

4. 为什么低合金热强钢都用Cr、Mo、V合金化?

第 8 章

铸铁

8.1 概述

含碳量大于 2.11％的铁碳合金称为铸铁，工业上常用的铸铁的成分范围是：w_C = 2.5％～4.0％，w_{Si} = 1.0％～3.0％，w_{Mn} = 0.5％～1.4％，w_P = 0.01％～0.50％，w_S = 0.02％～0.20％，有时还含有一些合金元素，如 Cr、Mo、V、Cu、Al 等。铸铁的力学性能较低，但其铸造性能、可切削加工性、耐磨性和吸振性优良，生产工艺简单且成本低廉，被广泛用来制造机床的床身、内燃机的汽缸、汽缸套、曲轴等。

8.1.1 铸铁的特点和分类

（1）铸铁的特点

1）成分与组织的特点　铸铁与碳钢相比较，除了有较高的碳、硅含量外，还有较高含量的杂质硫和磷。

由于铸铁中的碳主要以石墨的形态存在，所以铸铁的组织是由金属基体和石墨所组成的。铸铁的金属基体可以是铁素体、珠光体或铁素体加珠光体，经热处理后还可以是马氏体或贝氏体等组织。可以把铸铁理解为在钢的组织基体上分布有不同形状、大小、数量的石墨。铸铁中石墨的形态见图 8.1，分为片状、蟹状、开花状、蠕虫状、团絮状和球状六种。

2）铸铁的性能特点　铸铁的力学性能主要取决于铸铁基体组织以及石墨的数量、形状、大小及分布特点。石墨的硬度仅为 3～5HB，抗拉强度为 20MPa，伸长率接近零。石墨减小铸铁的有效承载截面积，同时石墨尖端易使铸件在承载时产生应力集中，形成脆性断裂。因此，铸铁的抗拉强度、塑性和韧性都要比碳钢低。一般说来，石墨的数量越少，分布越分散，形状越接近球形，则铸铁的强度、塑性和韧性越高。

图 8.2 为铸铁与钢的应力-应变曲线比较示意图。可以看出，钢在断裂前，有明显的屈服阶段，其伸长率较高，而铸铁则没有明显的屈服阶段，铁素体基体球墨铸铁的伸长率为 25％，片状石墨的普通铸铁由于石墨边缘尖端产生应力集中，从而容易造成脆性断裂，伸长率约在 1％以下。

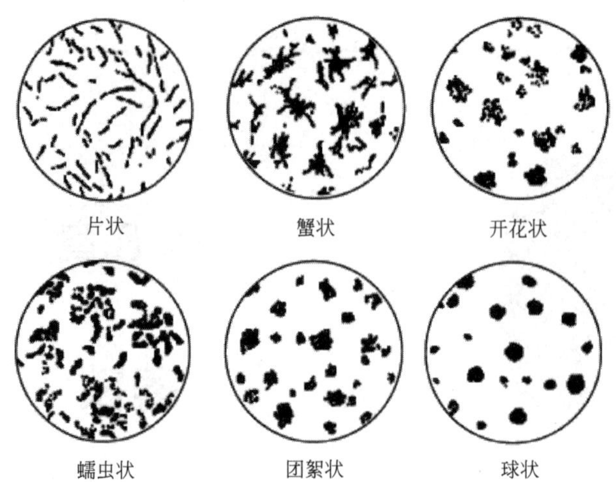

图 8.1 铸铁中石墨的形态

由于石墨的存在，铸铁具有许多为钢所不及的特殊性能。铸铁的切削加工性能优异，铸造性能良好，凝固时形成石墨产生的膨胀，减少铸件体积的收缩，降低铸件中的内应力；石墨有良好的润滑作用，并能储存润滑油，使铸件有很好的耐磨性能；石墨对振动的传递起削弱作用，使铸铁有很好的抗振性能；大量石墨的割裂作用使铸铁对缺口不敏感。

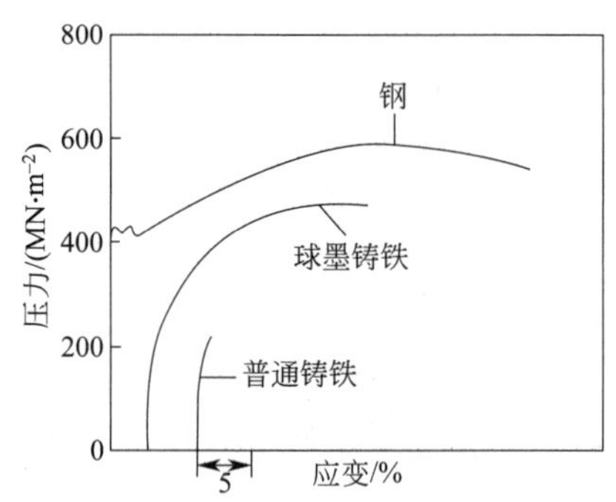

图 8.2 铸铁与钢的应力-应变曲线的比较示意图

(2) 铸铁的分类　凝固过程中的热力学及动力学条件不同，碳既能以化合态渗碳体的形式存在，也能以游离态的石墨存在。工业上应用的铸铁中，碳主要是以游离态的石墨存在。根据铸铁中的碳在结晶过程中的析出状态以及凝固后断面颜色的不同，铸铁可分为以下几类。

1) 白口铸铁　凝固后断口呈现白亮色，除少量溶于铁素体外，碳的主要存在形式是化合物渗碳体，没有石墨。白口铸铁硬度高，脆性大，工业上应用很少，只有少数的零件采用，例如农业上用的犁。此外，炼钢用的原料或生产铸铁的原生铁，也称为生铁。

2) 灰铸铁　凝固后断口呈现黑灰色，碳绝大部分以游离态的片状石墨形式存在。根据石墨片的粗细不同，又可把灰铸铁分为普通灰铸铁和孕育铸铁两类。

3) 球墨铸铁　铁液浇注前经过球化处理，碳大部分或全部以球状石墨形态存在。

4) 蠕墨铸铁　铁液浇注前经过蠕化处理，碳以介于片状石墨和球状石墨之间的蠕虫形态存在。

5) 可锻铸铁　由白口铸铁经石墨化退火后制成，碳大部分或全部以团絮状形态存在。

6) 特殊性能铸铁　为了改善铸铁的某些特殊性能如耐磨、耐热和耐蚀等，而加入一定的合金元素 Cr、Ni、Mo、Si 的铸铁。这类铸铁也叫合金铸铁。

8.1.2 铸铁的石墨化

(1) 铁碳合金的双重相图　铸铁中碳以石墨和渗碳体两种形式出现，石墨是稳定相，渗

碳体是一个亚稳定相。渗碳体在热力学上是不稳定的，在一定条件下将分解为石墨。因此，描述铁碳合金结晶过程和组织转变的相图实际上有两个，一个是 Fe-Fe_3C 系相图（铁-碳合金亚稳定系状态图），另一个是 Fe-G（石墨）系相图（铁-碳合金稳定系状态图）。研究铸铁时，通常把两者叠合在一起，就得到铁碳合金的双重相图（见图 8.3）。图中的实线表示 Fe-Fe_3C 系相图，部分实线再加上虚线表示 Fe-G 系相图，虚线与实线重合的线条以实线表示。在双重相图中，虚线都位于实线的上方和左上方；在 Fe-G 系中，碳在液态合金、奥氏体和铁素体中的溶解度都较在 Fe-Fe_3C 系中的溶解度小；发生石墨转变的共晶温度和共析温度都比发生渗碳体转变的共晶温度和共析温度高。铸铁自液态冷却到固态时，若按 Fe-Fe_3C 相图结晶，就得到白口铸铁，若是按 Fe-G 相图结晶，就析出石墨，即发生石墨化过程。若是铸铁自液态冷却到室温，既按 Fe-Fe_3C 相图，同时又按 Fe-G 相图进行，则铸铁由铁素体、渗碳体及石墨三相组成。

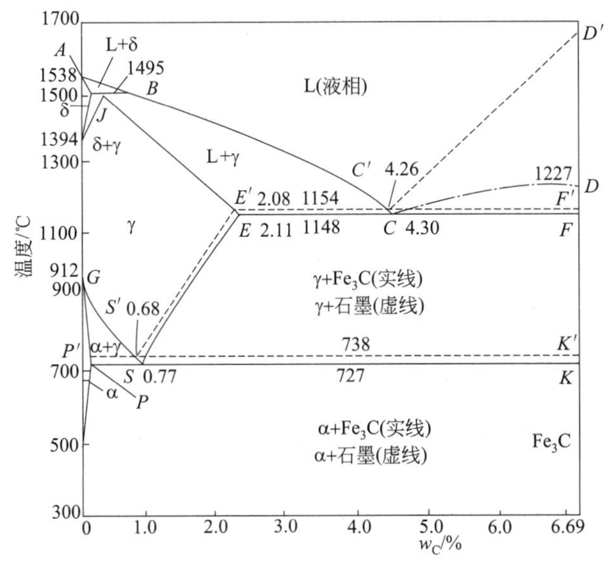

图 8.3 铁碳合金双重相图

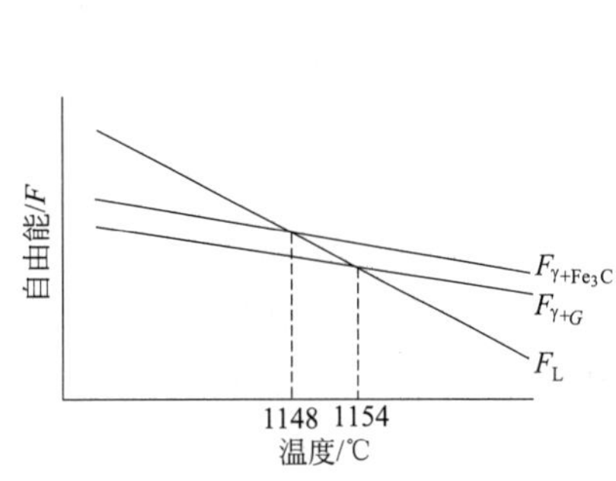

图 8.4 铸铁中各种组织自由能随温度而变化的曲线

（2）铸铁石墨化过程的热力学和动力学条件

1）热力学条件 铸铁中各种组织自由能随温度而变化的曲线见图 8.4，当温度高于 1154℃时，由于共晶液体的自由能值 FL 最低，因此不会发生任何相变；当合金过冷到 1154～1148℃时，共晶液体自由能 F_L 高于奥氏体＋石墨共晶体的自由能 $F_{\gamma+G}$，因此发生金属液转变为奥氏体＋石墨的共晶转变；当合金过冷到 1148℃温度以下时，共晶液体的自由能 F_L 高于奥氏体＋石墨共晶体的自由能 $F_{\gamma+G}$，也高于奥氏体＋渗碳体共晶体的自由能 $F_{\gamma+Fe_3C}$，而形成奥氏体＋石墨，自由能差更大，热力学条件对铸铁石墨化有利。

2）动力学条件 铸铁能否进行石墨化除了取决于热力学条件外，还取决于石墨化的动力学条件。共晶成分铸铁的液相含碳量为 4.3％，渗碳体的含碳量为 6.69％，而石墨的含碳量接近于 100％，液相与渗碳体的含碳量相差较小。从晶体结构的相似程度来分析，渗碳体的晶体结构比石墨更相近于液相。因而，液相结晶时有利于渗碳体晶核的形成。石墨的形核和长大时，不仅需要碳原子通过扩散而集中，还要求铁原子从石墨长大的前沿做相反方向扩散，故石墨较难长大。渗碳体的结晶长大过程中，由于主要依赖于碳原子的扩散，并不要求铁原子做长距离的迁移，因而长大速度快。可见，结晶形核和长大过程的动力学条件都有利于渗碳体的形成。当结晶冷却速度（过冷度）增大时，动力学条件的影响表现得更为强烈。

（3）铸铁的石墨化过程　铸铁中碳原子析出并形成石墨的过程称为石墨化。石墨既可以从液相和奥氏体中析出，也可以通过渗碳体分解来获得。灰铸铁和球墨铸铁中的石墨主要是从液相中析出；可锻铸铁中的石墨则完全由白口铸铁经长时间退火，由渗碳体分解而得到。灰铸铁的石墨化过程按 Fe-G 图进行（见图 8.5）。蠕墨铸铁和球墨铸铁的石墨化过程和灰铸铁的石墨化过程类似，所不同的只是石墨的形态不同而已。

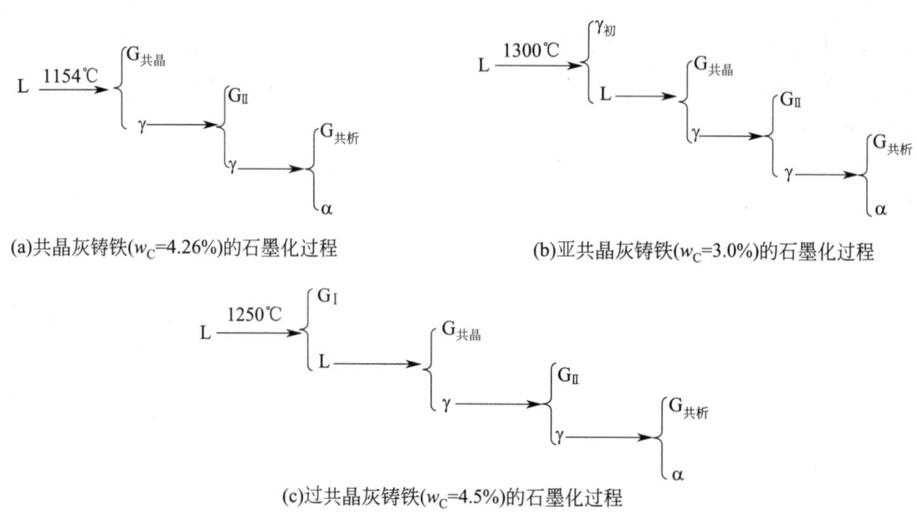

图 8.5　不同成分灰铸铁的石墨化过程

铸铁的石墨化过程可以分为高温、中温、低温三个阶段。高温石墨化阶段为低于液相线 *CD* 温度冷却，自液体中析出一次石墨 $G_Ⅰ$，及低于共晶线 *ECF* 温度（1154℃）的共晶成分（*C* 点 w_C=4.26%）发生共晶反应，结晶出共晶石墨 G；中温石墨化阶段为低于共晶线 *ECF* 温度冷却，沿 *ES* 线从奥氏体中析出二次石墨 $G_Ⅱ$；低温石墨化阶段为略低于共析线 *PSK* 温度（738℃），共析成分（*S* 点 w_C=0.68%）奥氏体发生共析转变，析出石墨。理论上，在 *PSK* 温度以下冷却至室温，铁素体中还会析出三次石墨，但其数量极微，常忽略。

在高温、中温阶段，碳原子的扩散能力强，石墨化过程比较容易进行；在低温阶段，碳原子的扩散能力较弱，石墨化过程进行困难。在高温、中温和低温阶段都没有实现石墨化，碳以 Fe_3C 形式存在的铸铁则称为白口铸铁。在高温、中温阶段实现石墨化，碳主要以石墨形式存在的铸铁，称为灰口铸铁。在高温阶段实现石墨化，而中温、低温阶段没有实现石墨化，碳以 G 和 Fe_3C 两种形式存在的铸铁，称为麻口铸铁。

按照平衡过程转变，铸铁成形后由铁素体与石墨（包括一次、共晶、二次、共析石墨）两相组成。在实际生产中，由于化学成分、冷却速度等各种工艺制度不同，各阶段石墨化过程进行的程度不同，获得的金属基体的铸态组织也不同。铸铁石墨化过程进行的程度与铸铁组织的关系见表 8.1。

（4）影响石墨化的因素　铸铁的组织取决于石墨化进行的程度，只有恰当地控制铸铁的石墨化过程，才能获得所需的组织。实践证明，铸铁的化学成分和结晶时的冷却速度是影响石墨化和铸铁显微组织的主要因素。

表 8.1　铸铁石墨化过程进行的程度与铸铁组织

铸铁名称	石墨化进行的程度		铸铁显微组织
	第一阶段石墨化	第二阶段石墨化	
灰铸铁	完全进行	完全进行 部分进行 未进行	F+G 片 F+P+G 片 P+G 片
球墨铸铁	完全进行	完全进行 完全进行 部分进行	F+G 球 F+P+G 球 P+G 球
蠕墨铸铁	完全进行	完全进行 部分进行	F+G 蠕虫 F+P+G 蠕虫
可锻铸铁	完全进行	完全进行 未进行	F+G 团絮 P+G 团絮

1）化学成分的影响

① 碳和硅的影响　硅和碳都是强烈促进石墨化的元素，在铸铁生产中，正确控制碳、硅含量是获得所需组织和性能的重要措施之一。随着含碳量的提高，铁液中的含碳量和未溶解的石墨微粒增多，有利于石墨形核，从而促进了石墨化。但含碳量过高，会促使石墨数量增多而降低铸铁的力学性能。

硅与铁原子的结合力大于碳与铁原子之间的结合力。硅溶于铁液和铁的固溶体中，削弱了铁和碳原子之间的结合力，有利于促使石墨化。硅还降低铸铁的共晶成分和共析成分的含碳量。硅在铸铁中可代替一部分碳，又不致引起过多的石墨化。硅促进石墨化的作用约相当于三分之一碳的作用。

为了综合考虑碳和硅的影响，常用碳当量（C_E）和共晶度（S_C）表示。碳当量是将含硅量折合成相当的含碳量与实际含碳量之和，即

$$C_E = w_C + \frac{1}{3} w_{Si} \tag{8-1}$$

共晶度是指铸铁的含碳量与其共晶点含碳量的比值。在 Fe-C-Si 相图中，共晶度随硅含量的变化而改变，即

$$S_C = \frac{w_C}{4.3\% - \frac{1}{3} w_{Si}} \tag{8-2}$$

共晶度表示铸铁的含碳量接近共晶点含碳量的程度。当 $S_C=1$ 时，铸铁具有共晶组织；$S_C<1$ 时，铸铁具有亚共晶组织；$S_C>1$ 时，铸铁具有过共晶组织。铸铁的共晶度越接近于 1，铸造性能越好。但随共晶度 S_C 值的增加，铸铁组织中的石墨数量增多，其抗拉强度、抗弯强度、硬度皆呈线性下降趋势。

碳、硅含量与铸铁组织关系见图 8.6。随着碳、硅含量的增加，铸铁的组织由白口转变为珠光体甚至铁素体基体的灰铸铁。通常，为了获得全部是珠光体的普通灰铸铁，其碳、硅含量应该控制在 2.6%～3.5%C、1.0%～2.5%Si 的范围内，厚壁逐渐取下限，薄壁铸件取上限。

② 锰的影响　锰是阻碍石墨化的元素。锰能溶于铁素体和渗碳体，从而阻碍石墨化。当铸铁中含锰量较低时，锰主要是阻碍共析阶段的石墨化，有利于获得珠光体基体铸铁。锰

还能与硫结合生成 MnS，消除硫的有害影响。普通灰铸铁的锰含量一般控制在 0.5%～1.4%。若要获得铁素体基体，则取下限；若要获得珠光体基体，则取上限。过高的锰含量易产生游离渗碳体，增加铸铁的脆性。

③ 硫的影响　硫阻碍碳原子的扩散，促进铸铁白口化。硫还降低铁液的流动性，恶化铸造性能，增加铸件缩松缺陷。硫含量应控制在 0.15% 以下。

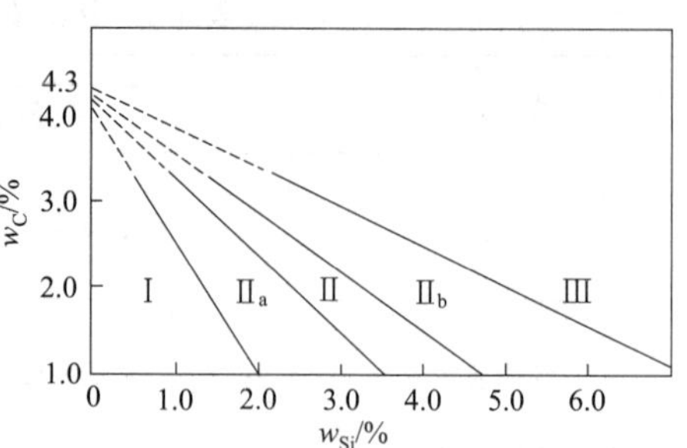

图 8.6　碳、硅含量对铸铁组织的影响

Ⅰ—白口铸铁；Ⅱ$_a$—马口铸铁；Ⅱ—珠光体铸铁；Ⅱ$_b$—珠光体-铁素体铸铁；Ⅲ—铁素体铸铁

④ 磷的影响　磷是促进石墨化不十分强烈的元素。磷在奥氏体和铁素体中的固溶度很小，且含量随铸铁中含碳量的增加而减小。当磷含量大于 0.2%后，就会出现化合物 Fe_3P，它常以二元磷共晶（$\alpha+Fe_3P$）或三元磷共晶（$\alpha+Fe_3P+Fe_3C$）的形态存在。磷共晶硬而脆，在铸铁组织中呈孤立、细小、均匀分布时，可以提高铸铁件的耐磨性；反之，若以粗大连续网状分布时，将降低铸件的强度，增加铸件的脆性。灰铸铁的磷含量应控制在 0.2%以下。

2）冷却速度的影响　铸件的冷却速度对石墨化过程也有明显的影响。一般来说，冷却速度越缓慢，即过冷度较小时，铸件越有利于按照 Fe-G 系状态图进行结晶和转变，即越有利于石墨化过程的充分进行；反之，铸件冷却速度快，就不利于石墨化的进行。在共析阶段，由于温度低，冷却速度增大，原子扩散更加困难，所以在通常情况下，共析阶段的石墨化（即第二阶段的石墨化）难以完全进行。碳、硅含量和冷却速度对铸铁组织的综合影响见图 8.7。冷却速度是一个综合的因素，它与浇注温度、造型材料、铸造方法和铸件壁厚都有关系。对于一些壁厚不均匀的铸件要求获得均匀一致的组织是比较困难的（见图 8.8）。

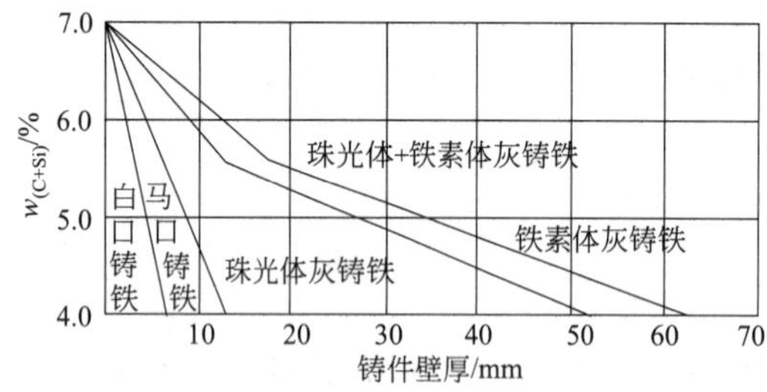

图 8.7　碳、硅含量和冷却速度对铸铁组织的影响

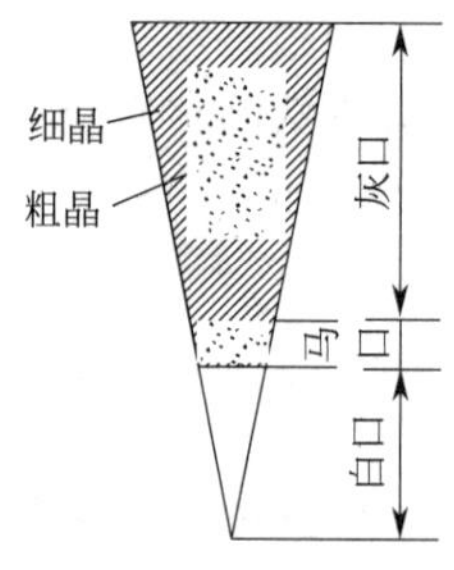

图 8.8　壁厚不均匀的铸件的组织

在铸铁的薄壁处，由于冷却速度较快，过冷度大，动力学条件有利于其按照 $Fe-Fe_3C$ 亚稳系转变成白口铸铁。为了获得组织均匀的铸件，往往通过孕育处理来防止白口或借助于热处理来消除白口，以改善铸件性能。随着铸件壁厚的增加，石墨片的数量和尺寸都增大，铸铁强度、硬度反而下降，这一现象称为壁厚敏感性。在实际生产中，一般是根据铸件的壁厚（主要部位的壁厚），选择适当的化学成分（主要指碳、硅），以获得所需要的组织。

8.2 灰铸铁

8.2.1 灰铸铁的片状石墨形态

石墨的晶体结构为六方点阵和层状结晶见图 8.9(a) 和图 8.9(b)，是一个由低指数面包围的小面晶体，由铁碳溶液中析出的石墨，其可能的长大方向为 A 和 C，见图 8.9(c)。在铸铁凝固过程中，石墨无论以何种方式生长，其最终形貌首先取决于石墨所处熔体的热力学条件。在不存在硫等表面活性元素以及其他杂质的情况下，石墨的正常生长形态应该是球状的，其生长方向是沿着垂直于基面 A 方向进行的。但是，当铁液中存在硫和其他表面活性元素时，铁液与石墨的界面能在石墨的两个晶面上都减小，但在棱面上减小得较大，结果使棱面界面能低于基面界面能，石墨沿棱面的方向 C 生长成片状石墨。

基面上碳原子间靠共价键结合，其结合力为 $4.19\times10^5\sim5\times10^5$J/mol，结合力强；而基面层与层之间则靠分子键结合，结合力只有 $4.19\times10^3\sim8.35\times10^3$J/mol，结合力较弱，故石墨的强度很低。由铁液中析出的石墨易形成片状，主要取决于石墨的晶体结构。基面上密排的碳原子间键力已经饱和，而侧面上碳原子密度小，原子键力未饱和，容易吸收碳原子，因而石墨沿侧向生长快，这也是石墨生长成片状的原因。铸铁中石墨的生长方式和最终形貌还受到碳原子的扩散这一动力学因素的限制。在石墨的生长过程中，石墨两侧被奥氏体包围，碳原子向石墨两侧的扩散受到严重阻碍，而石墨端部直接与铁液接触，能够不断地得到碳原子的堆砌，生长很快，最终形成片状石墨。

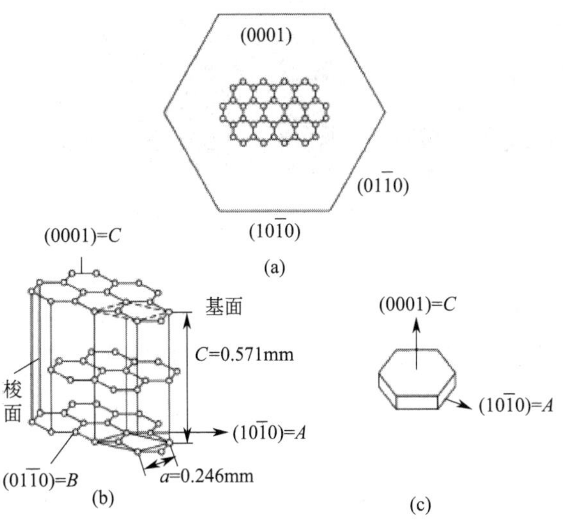

图 8.9 石墨的晶体结构

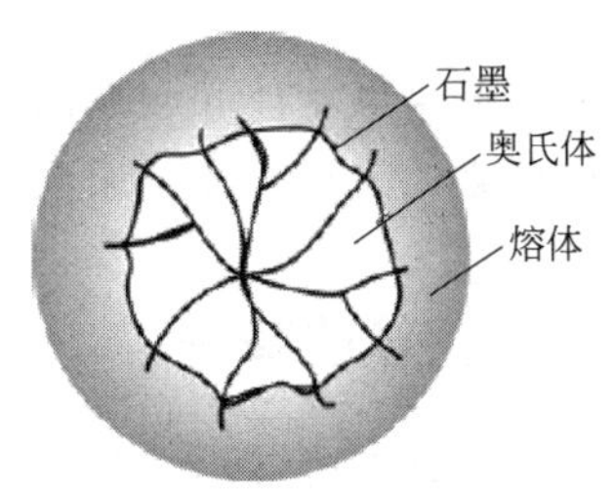

图 8.10 灰铸铁的共晶组织

实际生产中，由于铸铁的碳当量的值一般都在铁碳相图的共晶成分左右，因此石墨往往并非孤立地长大成片状石墨单晶体，而是作为共晶体的一部分与共晶奥氏体一起长大，呈现花瓣状的空间立体形态（见图 8.10）。在金相显微镜下，花瓣状的石墨呈细条状，每一细条石墨就是花瓣状石墨多晶集合体的一片石墨。由于铸铁化学成分和冷却条件不同，从而改变了石墨化过程的动力学条件，导致石墨类型、大小与分布不同。灰铸铁件的力学性能不仅与石墨片的分布类型有关，还与石墨片的大小有关。灰铸铁片状石墨的大小分为 8 级，以 1 级为最粗，8 级为最细。石墨片越粗，其力学性能越差。为了获得细片状的石墨，通常采用孕育处理。

8.2.2 灰铸铁的化学成分和组织特征

在生产中，为浇注出合格的灰铸铁件，一般应根据所生产的铸铁牌号、铸铁壁厚、造型材料等因素来调节铸铁的化学成分，这是控制铸铁组织的基本方法。

灰铸铁的成分大致范围为：$w_C=2.5\%\sim4.0\%$，$w_{Si}=1.0\%\sim3.0\%$，$w_{Mn}=0.25\%\sim1.0\%$，$w_S=0.02\%\sim0.20\%$，$w_P=0.05\%\sim0.50\%$。具有上述成分范围的铁液在进行缓慢冷却凝固时，将发生石墨化，析出片状石墨。由于其断口的外貌呈灰色，所以称为灰铸铁。

普通灰铸铁的组织是由片状石墨和钢基体两部分组成的。根据不同阶段石墨化程度的不同，灰铸铁金属基体可分为铁素体、铁素体＋珠光体和珠光体三种，相应地便有三种不同基体组织的灰铸铁，其显微组织见图 8.11。

(a) 铁素体灰铸铁

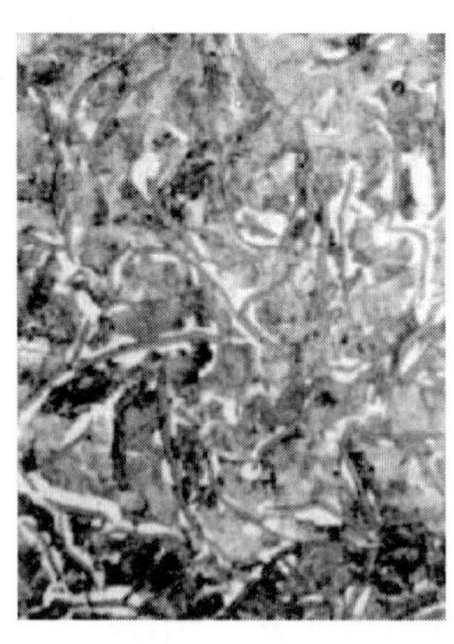

(b) 铁素体＋珠光体灰铸铁

(c) 珠光体灰铸铁

图 8.11 灰铸铁的显微组织

灰铸铁的金属基体和碳钢的组织相似，依化学成分、工艺条件和热处理状态不同，可以分别获得铁素体、珠光体、索氏体、屈氏体、马氏体等组织，其性能也和钢的组织类似。

8.2.3 灰铸铁的牌号

我国灰铸铁的牌号用“灰铁”二字的汉语拼音的第一个大写字母“HT”和一组数字来表示，“HT”后面的数字表示最低抗拉强度值。例如 HT100 表示最低抗拉强度为 100MPa 的灰铸铁。灰铸铁的牌号、力学性能、组织及应用见表 8.2。同一牌号的灰铸铁，随铸件壁厚的增加，其抗拉强度降低。因此，根据零件的性能要求选择铸铁牌号时，必须同时注意到零件的壁厚尺寸。

8.2.4 灰铸铁的性能

灰铸铁的性能与普通碳钢相比，具有如下特点。

(1) 力学性能低　灰铸铁的性能取决于金属基体和片状石墨的数量、大小和分布。灰铸

铁的抗拉强度和塑性、韧性都远远低于钢，这是由于灰铸铁中片状石墨（相当于微裂纹）的存在，不仅在其尖端处引起应力集中，而且破坏了基体的连续性，所以灰铸铁抗拉强度很差，塑性和韧性几乎为零。一般说来，石墨数量越多，石墨“共晶团”越粗大，石墨片的长度越长，石墨的两端越尖锐，则抗拉强度降低的数值越大。珠光体基体灰铸铁的强度、硬度和耐磨性均优于铁素体基体灰铸铁，而塑性、韧性相差无几，所以珠光体基体灰铸铁获得了广泛的使用。在实际生产中，获得百分之百珠光体基体组织的灰铸铁是比较困难的。通常灰铸铁的基体组织都是珠光体＋铁素体组织。

表 8.2　灰铸铁的牌号、力学性能、组织及应用

牌号	抗拉强度/MPa	硬度 HBW	组织		应用举例
			基体	石墨	
HT100	≥100	≤170	铁素体	粗片状	手工铸造用砂箱、盖、下水管、底座、外罩、手轮、手把、重锤等
HT150	≥150	125～205	铁素体＋珠光体	较粗片状	机械制造中一般铸件，如底座、手轮、刀架等；冶金行业用的流渣槽、渣缸等；机车用一般铸件，如水泵壳、阀体、阀盖等；动力机械中拉钩、框架、阀门、油泵壳等
HT200	≥200	150～230	珠光体	中等片状	一般运输机械的汽缸体、缸盖、飞轮等；一般机床的床身、机座等；通用机械承受中等压力的泵体、阀体等；动力机械的外壳、轴承座、水套等
HT225	≥225	170～240	细珠光体	中等片状	
HT250	≥250	180～250	细珠光体	较细片状	运输机械的薄壁缸体、缸盖、排气管；机床的立柱、横梁、床身、滑板、箱体等；冶金和矿山机械的轨道板、齿轮；动力机械的缸体、缸套、活塞等
HT275	≥275	190～260	索氏体	较细片状	
HT300	≥300	200～275	索氏体或屈氏体	细小片状	机床导轨、受力较大的机床床身、立柱机座等；通用机械的水泵出口管、吸入盖等；动力机械的液压阀体、涡轮、汽轮机隔板、泵壳；十大型发动机缸体、缸盖
HT350	≥350	220～290	索氏体或屈氏体	细小片状	大型发动机汽缸体、缸盖、衬套；水泵缸体、阀体、凸轮等；机床导轨、工作台等；需经表面淬火的铸件

灰铸铁的金属基体中珠光体数量越多，珠光体中 Fe_3C 片层越细密，则抗拉强度值越高。通常，灰铸铁经孕育处理、细化组织，可提高抗拉强度。随着共晶度 S_C 的增加，试棒直径（相当于壁厚）增加，铸铁的石墨数量和石墨化倾向加大，抗拉强度就随之下降。但是，灰铸铁在受压时，石墨片破坏基体连续性的影响则大为减弱，其抗压强度是抗拉强度的 2.5～4 倍。所以常用灰铸铁制造机床床身、底座等耐压零部件。

（2）耐磨性与减振性好　铸铁的耐磨性比钢好，这是因为铸铁件中有石墨的存在，也就是说铸件工作表面的石墨易脱落而成为滑动面的润滑剂，从而能起减摩作用。此外，石墨脱落后所形成的显微孔洞能储存润滑油，而且显微孔洞还是磨耗后所产生的微小磨粒的收容所，所以，铁的耐磨性比钢好。物体吸收振动能的能力称为减振性。灰铸铁的减振性比钢大 6～10 倍。抗拉强度越低，减振性越好。所以，灰铸铁适宜用作减振材料，用于机床床身有利于提高被加工零件的精度。

（3）工艺性能好　由于灰铸铁含碳量高，接近于共晶成分，故熔点比较低，流动性良好，铸造收缩率小（一般从铁液注入铸型，凝固冷却至室温，灰铸铁的收缩率为 0.5%～1%），铸件内应力小，因此适宜于铸造结构复杂铸件或薄壁铸件。另外，由于石墨使切削加工时易于形成断屑，所以灰铸铁的可切削加工性优于钢，故灰铸铁获得广泛应用。

8.2.5 灰铸铁的孕育处理

灰铸铁的孕育处理是指在铁液中加入一种物质（孕育剂）以促进外来晶核的形成或激发自身晶核的产生，增大晶核数量，使石墨的析出能在比较小的过冷度下开始进行。其结果是提高石墨析出的倾向，并得到均匀分布的细小的石墨，从而使铸铁具有良好的力学性能和加工性能。把经过孕育处理的灰铸铁称为孕育铸铁。

硅铁是最常使用的孕育剂，使用量占孕育剂总用量的70%～80%。我国硅铁一般分为含硅45%、75%和85%三种，其中在铸造生产中多使用含硅量为75%的硅铁作为孕育剂。硅铁的粒度一般为3～10mm。对于壁厚为20～50mm的铸件，硅铁加入量为铁液的质量的0.3%～0.7%。表8.2中HT250、HT300、HT350属于较高强度的孕育铸铁。由于在铸造之前向铁液中加入了孕育剂，孕育剂中的硅在进铁液内后立即形成SiO_2的固体小质点，铸铁中的碳以这些小质点为核心形成细小的片状石墨。结晶时石墨晶核数目增多，石墨片尺寸变小，更为均匀地分布在基体中。所以孕育铸铁的显微组织是在细珠光体基体上分布着细小片状石墨。

最常用的孕育剂加入方法为包内冲入法，其做法是将孕育剂预先放入包内，然后冲入铁液。这种方法的主要优点是操作简单，但使用这种方法，孕育剂易氧化，烧损大，孕育至浇注间隔时间长，孕育衰退严重。

铸铁经孕育处理后不仅强度有较大提高，塑性和韧性也有所改善。同时，孕育剂的加入还可使铸铁对冷却速度的敏感性显著减少，使各部位都能得到均匀一致的组织。因此，孕育铸铁常用来制造力学性能要求较高、截面尺寸变化较大的铸件，如汽缸、曲轴、凸轮、机床床身等。

8.2.6 灰铸铁的热处理

热处理只能改变灰铸铁的基体组织，不能改变石墨的形态和分布，不能从根本上消除片状石墨的有害作用，对提高灰铸铁整体力学性能作用不大。因此灰铸铁热处理的目的主要是消除铸件内应力、改善切削加工性能和提高表面耐磨性等。

（1）消除内应力退火　消除内应力退火又称人工时效。对于一些形状复杂和各部位壁厚不均匀以及尺寸稳定性要求较高的重要铸件，如机床床身、柴油机汽缸等，浇注时因各个部位和表里的冷却速度不同而存在温度差，以致引起弹-塑性转变的不同，从而产生内应力。内应力在随后的机械加工过程中，发生重新分布，也会进一步引起变形。为了防止变形和开裂，必须进行消除内应力退火。

通常是将铸件以60～100℃/h的速度加热到350～450℃以上，保温一段时间，使铸件各部位和表里温度均匀，残余应力在此加热温度下得到松弛和稳定化。然后以20～40℃/h的冷却速度缓冷至200℃左右出炉空冷，此时的铸件内应力能基本消除。

（2）消除铸件白口组织、降低硬度的退火　灰铸铁件表层和薄壁处产生的白口组织难以切削加工，需要退火以降低硬度。退火在共析温度以上进行，使渗碳体分解成石墨，所以又称高温退火。

（3）正火　正火的目的是增加铸铁基体的珠光体组织，提高铸件的强度、硬度和耐磨性，并可作为表面热处理的预先热处理，改善基体组织。

通常把铸件加热到 850～900℃，若有游离渗碳体时应加热到 900～960℃。保温时间根据加热温度、铸铁化学成分和铸件大小而定，一般为 1～3h。冷却方式一般采用空冷、风冷或喷雾冷却。冷却速度越快，基体组织中珠光体量越多，组织越弥散，强度、硬度越高，耐磨性越好。

（4）表面淬火　有些铸件如机床导轨、缸体内壁等，因需要提高硬度和耐磨性，可进行表面淬火处理。通常采用高、中频淬火法，把铸件表面快速加热到 900～1000℃，然后进行喷水冷却。结果表面层获得一层淬硬层，其组织为马氏体＋石墨，淬火后表面硬度可达 50～55HRC，可使机床导轨的寿命提高约 1.5 倍。

8.3　球墨铸铁

球墨铸铁也是由液态石墨球化而获得的一种铸铁。球状石墨减小对金属基体的损坏、减小有效承载面积以及引起应力集中等危害作用均比片状石墨的灰铸铁小得多。因此，球墨铸铁具有比灰铸铁高得多的强度、塑性和韧性，并保持耐磨、减振、缺口不敏感等灰铸铁的特性。

在浇注前向铁液中加入球化剂和孕育剂进行球化处理和孕育处理，则可获得石墨呈球状分布的铸铁，称为球墨铸铁，简称“球铁”。另外，球墨铸铁还可以像钢一样进行各种热处理以改善金属基体组织，进一步提高力学性能。

8.3.1　球墨铸铁的化学成分和组织特征

球墨铸铁的化学成分应当在有利于石墨球化的前提下，根据铸件壁厚的大小、组织与性能要求来决定。通常情况下，球墨铸铁中都含有 C、Si、Mn、P、S、Mg 等元素，其中 C 和 Si 是球墨铸铁成分中的主要元素。球墨铸铁的碳当量一般控制在 4.3%～4.6%。碳当量过低，往往会导致石墨球化不良；而碳当量过高，易出现石墨漂浮现象。因此，球墨铸铁的碳当量值一般选在共晶成分左右或略高于共晶成分处，有利于石墨化，同时铁液的流动性也较好，铸造厚铸件形成缩孔、缩松的倾向也减小。表 8.3 列出了几种球墨铸铁的化学成分的大致范围。

从表 8.3 中可以看出，C、Si、Mn、S、P 是主要成分元素。球墨铸铁中，C、Si 含量较高，Mn 含量较低，S、P 含量低，并且有残留的球化剂 Mg 和 RE 元素。由于球化剂的加入阻碍石墨球化，并使共晶点右移造成流动性下降，所以必须严格控制其含量。

表 8.3　球墨铸铁的化学成分（质量分数）及与灰铸铁的比较　　单位：%

铸铁类型	C	Si	Mn	P	S	Mg 残	RE 残
珠光体球墨铸铁	3.6～3.9	2.0～2.6	0.5～0.8	≥0.1	<0.03	0.03～0.06	0.02～0.05
铁素体球墨铸铁	3.6～3.9	2.5～3.2	0.3～0.5	0.05～0.07	<0.03	0.03～0.06	0.02～0.05
贝氏体球墨铸铁	3.6～3.9	2.7～3.1	0.25～0.5	<0.07	<0.03	0.03～0.06	0.02～0.05
灰铸铁	2.7～3.6	1.0～2.2	0.5～1.3	<0.30	<0.15	—	—

球墨铸铁的显微组织由球状石墨与金属基体两部分组成，其中的球状石墨通常是孤立地分布在金属基体中的。石墨的圆整度越好，球径越小，分布越均匀，则球墨铸铁的力学性能越高。球墨铸铁的金属基体组织除了受化学成分的影响外，还与铁液处理方式和铁液的凝固

条件以及热处理方式有关。随着成分和冷却速度不同，球墨铸铁在铸态下的金属基体可分为铁素体、铁素体＋珠光体、珠光体三种，见图 8.12。

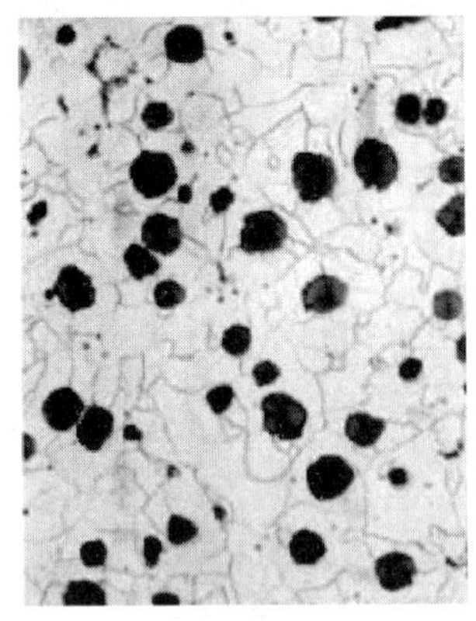
(a) 铁素体基球墨铸铁

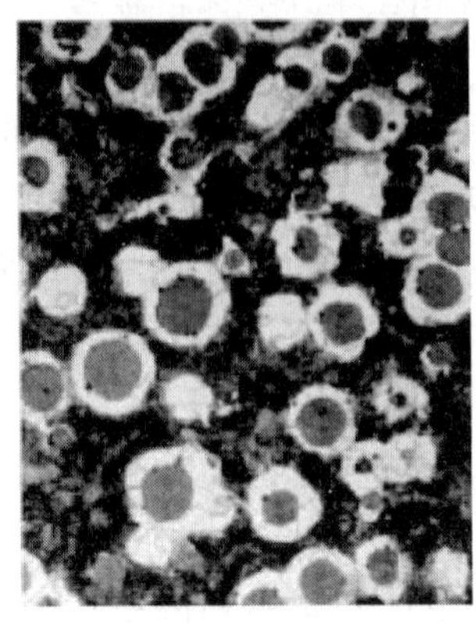
(b) 铁素体+珠光体基球墨铸铁

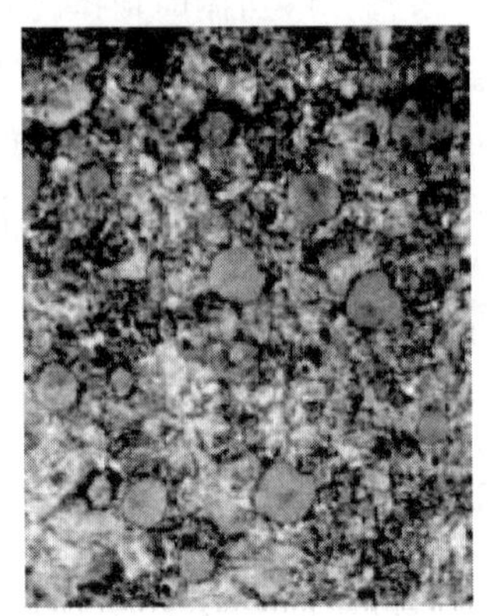
(c) 珠光体基球墨铸铁

图 8.12　球墨铸铁的显微组织

8.3.2　球墨铸铁的球化处理与孕育处理

球化处理和孕育处理是球墨铸铁生长中两个不可缺少的重要环节，它直接影响到球墨铸铁的组织和性能。目前对石墨球化机理的认识还很不一致，一般认为，石墨球化的本质在于石墨与铁液界面能的变化。铸铁溶液中球状石墨的生长是一个非稳定生长，其生长过程除与其本身晶体结构特性有关外，主要受影响石墨与铁液界面行为的因素控制。球化处理就是通过影响石墨与铁液的界面行为来改变石墨结晶过程，从而得到理想的石墨形态。

(1) 球化处理　球墨铸铁生产中，铁液在临浇注前加入一定量的球化剂，以促使石墨结晶时生长为球状的操作工艺称为球化处理。常用的球化剂主要为镁系球化剂和稀土镁合金球化剂。

镁有很强的脱硫去氧能力，它与硫、氧反应所形成的硫化镁、氧化镁都是很稳定的高熔点化合物。这些化合物相对密度小，比较容易上浮到铁液表面。因此，当铁液中硫、磷的含量较高时，球化剂镁的加入量就要增加，才能保证石墨顺利球化。当铁液中的硫降低到 0.01%～0.02%时，残留镁开始起使石墨球化的作用。

稀土镁合金球化剂中的稀土主要是铈，铈与硫和氧反应可形成稀土的硫化物、氧化物及硫氧化物。这些化合物熔点较高，相对密度与铁液相近，可以在铁液中稳定存在。稀土的球化作用较镁差，且石墨球圆整性不如用镁球化过的石墨，但稀土具有抵抗干扰元素反球化作用的能力，因此稀土镁球化剂可用于含有干扰元素的铁液的球化处理。

由于我国稀土资源非常丰富，所以使用最多的球化剂是稀土镁合金球化剂，而国外则以纯镁及镁合金球化剂为主。

球化处理中，稀土镁合金的加入通常采用包底冲入法，包底冲入法示意图见图 8.13。在包底部设置堤坝，将破碎成小块的球化剂放在堤坝内，然后在球化剂上面覆盖孕育剂，再在上面覆盖草木灰等，然后冲入 1/2～2/3 铁液，待铁液沸腾结束时，再冲入其余铁液。处理完毕后搅拌、扒渣。冲入法要求处理包要预热到 600～800℃，铁液温度应高于 1400℃。冲入法的优点是设备操作简单。

为了消除了冲入法球化处理时的冒白烟现象，改善了劳动环境，并提高了球化元素的吸收率，减少了球化剂的加入量，盖包封闭球化处理已经得到了应用。盖包的结构见图 8.14。球化处理时，先将球化剂放入坑内紧实，其上覆盖部分孕育剂，盖上盖包密封，盖包内有一小孔与球化包连通，通过控制孔的直径来控制铁水的下落速度，冲天炉或电炉的出铁速度始终大于盖包内铁水的下落速度，盖包内铁水的下落时间大于球化剂的反应时间。当铁水出至2/3包时，在出铁槽的上方均匀地加入孕育剂。

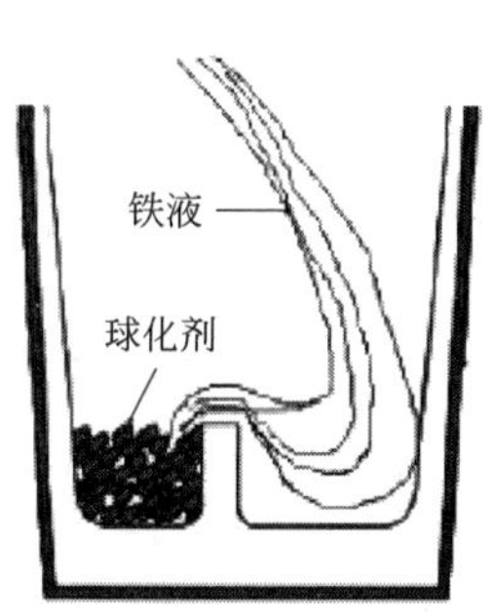

图 8.13 包底冲入法

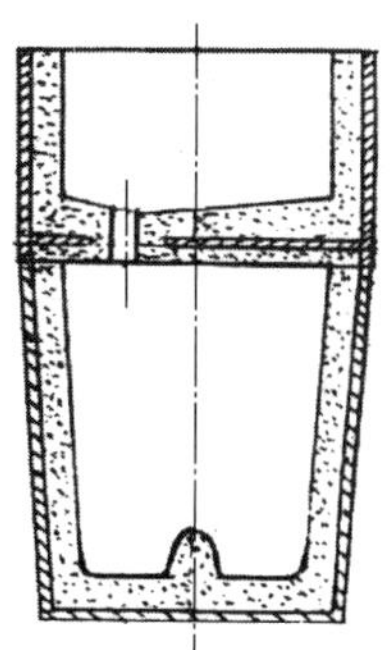

图 8.14 盖包

喂丝工艺是用喂丝机将合金包芯线连续不断地插到铁水包底部，处理铁水包加盖，由于铁水高度的压力作用和包盖隔断空气的有效流动，再加之合金包芯线不是将合金一下子全部加入，而是以一定速度不间断地少量连续加入，这样既可避免 Mg 蒸汽的瞬间大量爆发，保证高镁合金的安全加入；又可避免镁的逸出和烧损，提高 Mg 在铁水中的吸收率。整个过程可以完全自动化，包芯线的喂送速度和加入量控制十分精确。由此可以控制用镁量，减少处理后铁液的渣量和温度损失，精确控制残余镁量，稳定获得最佳球化效果。

(2) 孕育处理　球化处理只有在铁液中有石墨核心产生时才能促使石墨生长成球状。但是，通常所使用的球化剂都是强烈阻碍石墨球化的元素，球化处理后铁液的白口倾向显著增大，难以产生石墨核心。因此，在球化处理的同时必须进行孕育处理，以促使石墨生长成球径小、数量多、圆整度好、分布均匀的球状石墨，从而改善球墨铸铁的力学性能。

孕育处理所使用的孕育剂必须含有强烈促进石墨化元素的物质，其中应用最多的是含75%Si 的硅铁。孕育剂的加入，通常是在球化处理后，补加剩余铁液时，将孕育剂均匀撒在出铁槽内，随补加铁液冲入经球化处理的铁液中。孕育处理后的铁液应立即进行浇注，否则随着停放时间的延长，孕育处理的效果会在铸件中减弱，即产生孕育衰退现象。

8.3.3 球墨铸铁的牌号、性能与用途

(1) 牌号　球墨铸铁的牌号及力学性能见表 8.4。牌号中的“QT”是“球铁”二字汉语拼音的大写字头，在“QT”后面两组的数字分别表示最低抗拉强度（MPa）和最低伸长率（%）。

(2) 性能与用途　与灰铸铁相比，球墨铸铁具有较高的抗拉强度和弯曲疲劳极限，也具有相当良好的塑性及韧性。这是由于球状石墨对金属基体截面削弱作用较小，使得基体比较连续，基体有效承载面积可达 70%～90%，且在拉伸时引起应力集中的效应明显减弱，从而使基体的强度利用率可以从灰铸铁的 30%～50%提高到 70%～90%。另外，球墨铸铁的

刚性也比灰铸铁好，但球墨铸铁的减振能力比灰铸铁低很多。

表 8.4 球墨铸铁的牌号及力学性能

牌号	基体	最低抗拉强度 R_m/MPa	最低屈服强度 $R_{p0.2}$/MPa	最低伸长率 A/%	硬度 HB
QT350-22	铁素体	350	220	22	≤160
QT400-18	铁素体	400	250	18	120～175
QT450-10	铁素体	450	310	10	160～210
QT500-7	铁素体＋珠光体	500	320	7	170～230
QT550-5	铁素体＋珠光体	550	350	5	180～250
QT600-3	铁素体＋珠光体	600	370	3	190～270
QT700-2	珠光体	700	420	2	225～305
QT800-2	珠光体或索氏体	800	480	2	245～335
QT900-2	回火马氏体或屈氏体＋索氏体	900	600	2	280～360

由于球墨铸铁的力学性能主要取决于基体组织的性能，所以球墨铸铁可通过合金化和热处理强化的方法进一步提高它的力学性能。因此，球墨铸铁可以在一定条件下代替铸钢、锻钢等，用以制造受力复杂、负荷较大和要求耐磨的铸件。例如，具有高强度与耐磨性的珠光体球铁常用来制造内燃机曲轴、凸轮轴、轧钢机轧辊等；具有高韧性和塑性的铁素体球铁常用来制造阀门、汽车后桥壳、犁铧等。当铁素体球墨铸铁的伸长率达 18%以上时，可用于－20～－40℃温度范围内，制造大型风电设备。

1）抗拉强度　不同基体组织的球墨铸铁的应力-应变曲线如图 8.15 所示。从图 8.15 中可以看出，球墨铸铁基体组织的硬度越高，其抗拉强度越高，而伸长率越低。球墨铸铁与其他铸铁相比，不仅具有高的抗拉强度，而且其屈服强度也超过任何一种铁碳合金，比钢还要高得多。球墨铸铁的屈强比 $R_{p0.2}/R_m$ 为 0.7～0.8，几乎为钢的 2 倍。因此，对于承受静负荷的零件，用球墨铸铁代替铸钢，可以减轻机器的质量。

2）抗冲击性能　当用一次冲击试验法测试时，珠光体球墨铸铁的冲击韧性远比 45 钢低，因此，珠光体球墨铸铁在一些承受巨大冲击载荷的零件上，应用受到了一定的限制。但当用小能量进行多次冲击实验法测试时，珠光体球墨铸铁承受小能量多次冲击的强度性能要比 45 钢高，故有些承受小能量冲击载荷的零件可用珠光体球墨铸铁来代替 45 钢。用球墨铸铁制造发动机曲轴，当其冲击功达 6～12J/cm^2 时已能获得良好的使用性能。在有室温（23℃）冲击韧性要求的球墨铸铁后面添加字母 R，如 QT350-22R、QT400 -18R。QT350-22L、QT400 -18L 具有良好的低温冲击韧性，可满足风力发电设备的大型球墨铸件在－40℃、－20℃的冲击韧性要求。

3）疲劳强度　铸铁的疲劳强度在很大程度上取决于石墨的形状。球状的疲劳强度最高，团絮状的次之，片状的最低，且随石墨数量增多，铸铁的疲劳强度降低。球墨铸铁疲劳强度和抗拉强度的关系见图 8.16，可见，要求扭转疲劳强度大的曲轴采用球墨铸铁是可行的。

8.3.4 球墨铸铁的热处理

球墨铸铁的组织可以看作由钢的组织加球状石墨所组成，钢在热处理相变时的一些原理在球墨铸铁热处理时也都适用。球墨铸铁力学性能又主要取决于金属基体，热处理可以改变其基体组织，从而显著地改善球墨铸铁的性能。但球墨铸铁中的碳和硅含量远比钢高，这样球墨铸铁热处理时既有与钢相似的地方，也有自己的特点。

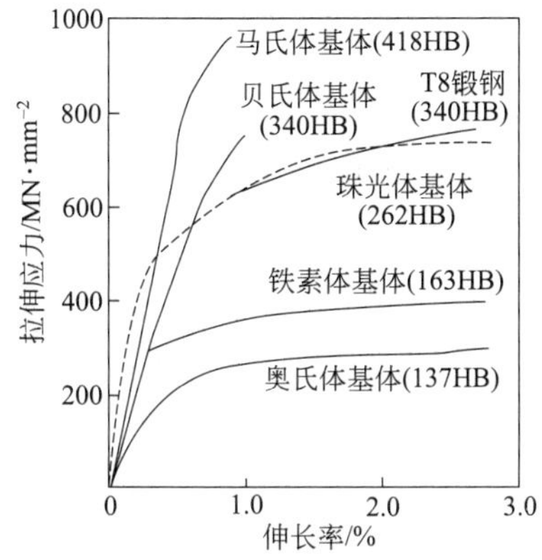

图 8.15 不同基体组织的球墨铸铁的应力-应变曲线

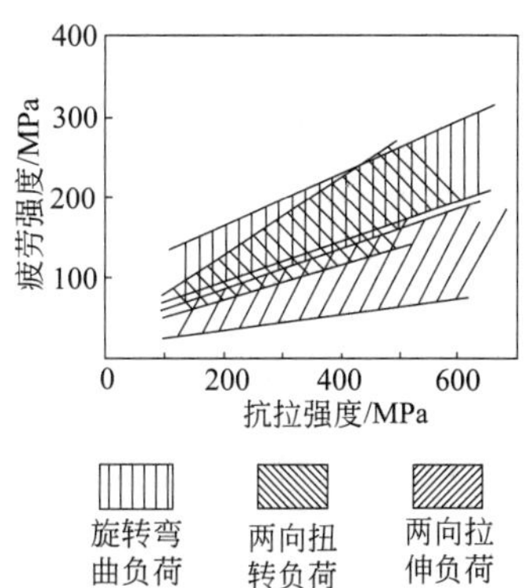

图 8.16 球墨铸铁疲劳强度和抗拉强度的关系

球墨铸铁是以铁、碳、硅为主的多元铁基合金，共析转变发生在一个温度区间内，在此温度区间内，可以存在铁素体、奥氏体和石墨的三相稳定平衡，也可以存在铁素体、奥氏体和渗碳体的三相介稳定平衡。在此共析温度区间内的不同温度，都对应着铁素体和奥氏体平衡的相对量。

球墨铸铁通过热处理，可以获得类似于低碳钢的铁素体基体、中碳钢的铁素体+珠光体基体、高碳钢的珠光体基体组织。因此，球墨铸铁热处理后，既可以获得相当于低碳钢的力学性能，又可获得相当于中、高碳钢的力学性能，这是钢的热处理所达不到的。石墨虽然在热处理过程中也参加相变，但热处理不能改变石墨的形状和分布。

(1) 退火 球墨铸铁的组织中往往包含了铁素体、珠光体、球状石墨，有时还产生白口的自由渗碳体。为了获得单一的铁素体基体，提高铸件塑性，从而改善球墨铸铁的切削加工性能，消除铸造应力，必须进行退火处理。球墨铸铁的退火可分为消除内应力退火、低温退火和高温退火。

(2) 正火 球墨铸铁的正火一般可分为完全奥氏体化正火（高温正火）和不完全奥氏体化正火（低温正火）。球墨铸铁高温正火的目的是增加基体组织中的珠光体量，提高强度、硬度和耐磨性，同时还可以消除游离渗碳体。高温正火后的基体组织为珠光体或珠光体加少量铁素体。低温正火的目的是获得较高的塑性、韧性与一定的强度，即获得较好的综合力学性能。对于大界面铸件，为了获得珠光体基体，一般要适当降低碳当量。但降低碳当量，易出现白口。生产实践证明，要获得珠光体球墨铸铁不能只依靠调节化学成分和铸造工艺来实现，而主要是依赖球墨铸铁的正火处理。正火还可以使珠光体细化。

(3) 调质处理 对于受力比较复杂、要求综合力学性能较高的球墨铸铁件，可采用淬火加高温回火处理，即调质处理。调质处理工艺为：加热到850～900℃，使基体转变为奥氏体，在油中淬火得到马氏体，然后经550～600℃回火，空冷，获得回火索氏体+球状石墨。回火索氏体基体不仅强度高，而且塑性、韧性比正火得到的珠光体基体好，同时切削加工性也比较好，故球墨铸铁经调质处理后，可代替部分铸钢和锻钢制造一些重要的结构零件，如连杆、曲轴以及内燃机车万向轴等。

(4) 等温淬火 等温淬火是目前获得高强度和超高强度球墨铸铁的重要热处理方法。球墨铸铁等温淬火后，除获得高强度外，同时具有较高的塑性、韧性，因而具备良好的综合力学性能和耐磨性。等温淬火比普通淬火有较少的内应力，所以能够防止形状复杂的铸件变形和开裂。

球墨铸铁等温淬火工艺与钢相似，即把铸件加热到临界点 A_{c1} 以上 30～50℃，经一定时间保温，使基体组织转变为化学成分均匀的奥氏体。如果将铸件迅速淬入 300℃左右的熔盐中，等温停留一定时间，使过冷奥氏体等温转变成下贝氏体组织，然后取出空冷，会获得下贝氏体和少量残余奥氏体[见图 8.17(a)]。如果将铸件迅速淬入 350～380℃左右的熔盐中，等温停留一定时间，使过冷奥氏体等温转变成贝氏体组织和残余奥氏体[也称奥铁体，ausferrite,见图 8.17(b)]，然后取出空冷，获得良好的综合力学性能。GB/T 24733—2009 中等温淬火球墨铸铁牌号和力学性能见表 8.5。

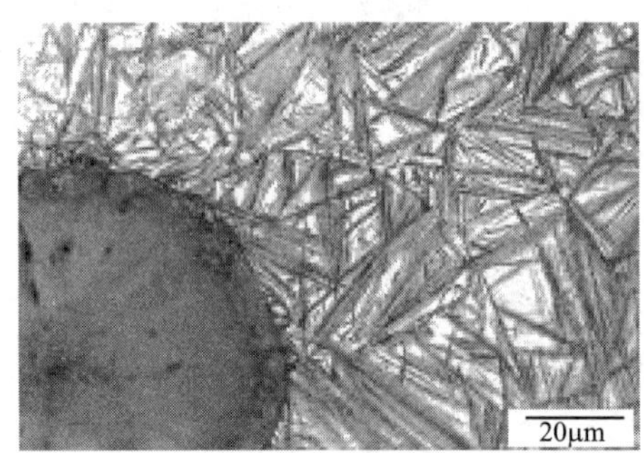

(a) 300℃等温淬火组织　　(b) 350℃等温淬火组织

图 8.17　球墨铸铁等温淬火组织

表 8.5　等温淬火球墨铸铁牌号和力学性能

牌号	抗拉强度 R_m/MPa	屈服强度 $R_{p0.2}$/MPa	伸长率 A/%
	≥		
QTD800-10	800	500	10
QTD900-8	900	600	8
QTD1050-6	1050	700	6
QTD1200-3	1200	850	3
QTD1400-1	1400	1100	1

往球铁中加入 0.5%～1.5%Cr，使其基体组织中存在 10%～30%的碳化物。这种球铁等温淬火后得到含碳化物等温淬火球墨铸铁（简称 CADI)。CADI 与 Ni 硬铸铁的耐磨性相当，在成本方面，比 Ni 硬铸铁便宜，也能够与某些高合金耐磨铸铁相抗衡。

(5) 感应加热表面淬火　对于某些球墨铸铁铸件，如在动载荷与摩擦条件下工作的齿轮、曲轴、凸轮轴以及主轴等，它们除要求具有良好的综合力学性能外，同时还要求工作表面具有较高的硬度和耐磨性以及疲劳强度。对于这类球墨铸铁件往往都需要进行表面淬火，如火焰加热表面淬火、中频或高频感应加热表面淬火等，其中，应用较多的是感应加热表面淬火。

球墨铸铁进行感应加热表面淬火时，把铸件表面层快速加热到 900～1000℃，转变为奥氏体加球状石墨，然后喷水冷却或将铸件淬入冷却槽中，使表面层转变为马氏体加球状石墨，而心部仍保持未经淬火的原始组织。从而获得表面高硬度、高耐磨性，而心部则仍保持有良好的综合力学性能。

8.4 蠕墨铸铁

蠕墨铸铁是以铁、碳和硅为基本元素，碳以蠕虫状形态存在的铸铁。蠕墨铸铁是经过以稀土为主的蠕化剂变质处理和硅铁的孕育处理后得到的。

8.4.1 蠕墨铸铁的化学成分和组织特征

蠕墨铸铁的石墨具有介于片状石墨和球状石墨之间的中间形态，在光学显微镜下为互不相连的短片，与灰铸铁的片状石墨类似。所不同的是，其石墨片的长厚比较小，端部较圆(形似蠕虫)，所以可以认为，蠕虫状石墨是一种过渡型石墨，石墨形态如图 8.18 所示。蠕墨铸铁的化学成分一般为：$w_C=3.4\%\sim3.6\%$，$w_{Si}=2.4\%\sim3.0\%$，$w_{Mn}=0.4\%\sim0.6\%$，$w_S\leqslant0.06\%$，$w_P\leqslant0.07\%$。

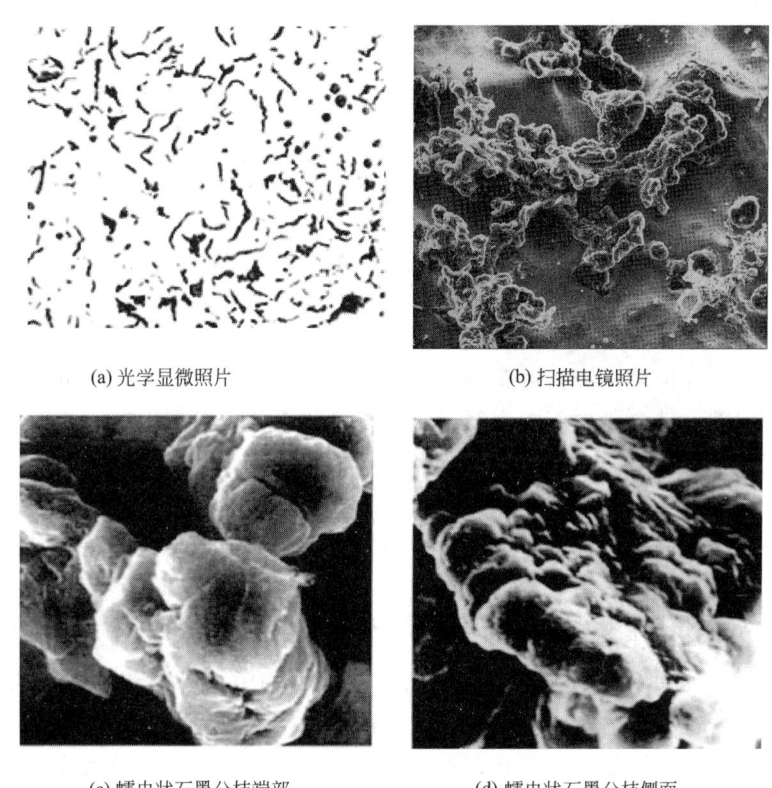

(a) 光学显微照片　(b) 扫描电镜照片

(c) 蠕虫状石墨分枝端部　(d) 蠕虫状石墨分枝侧面

图 8.18　蠕墨铸铁中的石墨形态

8.4.2 蠕墨铸铁的牌号、性能特点及用途

蠕墨铸铁的牌号、力学性能见表 8.6。蠕墨铸铁的牌号用“RuT”表示，牌号后面数字表示最低抗拉强度（MPa）。

蠕墨铸铁兼有灰铸铁和球墨铸铁的优良性能，其抗拉强度和屈服强度高于优质灰铸铁而低于球墨铸铁，热传导性、耐热疲劳性、切削加工性以及减振性又接近于一般灰铸铁，疲劳极限和冲击韧性虽低于球墨铸铁，但明显地优于灰铸铁。同时，蠕墨铸铁的铸造性能接近于灰铸铁，铸造工艺方便、简单，成品率高。因此，蠕墨铸铁已被应用于液压件、缸盖、排气管、钢锭模、榨糖机轧辊、大型机床床身及底座、飞轮等铸件。

表 8.6　蠕墨铸铁的牌号和力学性能

牌号	力学性能，不小于			硬度 HB	主要基体组织
	抗拉强度 R_m/MPa	屈服强度 $R_{p0.2}$/MPa	伸长率 A /%		
RuT500	500	350	0.5	220～260	珠光体
RuT450	450	315	1.0	200～250	珠光体
RuT400	400	280	1.0	180～240	珠光体＋铁素体
RuT350	350	245	1.5	160～220	铁素体＋珠光体
RuT300	300	210	2.0	140～210	铁素体

8.5 可锻铸铁

可锻铸铁是由白口铸铁经长时间石墨化退火而获得的一种高强度铸铁。白口铸铁中的游离渗碳体在退火过程中分解出团絮状石墨，团絮状石墨对铸铁金属基体的割裂和引起的应力集中作用比灰铸铁小得多。与灰铸铁相比，可锻铸铁的强度和韧性有明显提高，并且有一定的塑性变形能力，因而称为可锻铸铁（或展性铸铁，又称为马口铸铁）。

8.5.1 可锻铸铁的化学成分和组织特征

可锻铸铁的生产是由两个相互矛盾的工艺过程所组成的。生产可锻铸铁的先决条件是浇注出白口铸铁，为了保证铸件浇铸后获得纯白口组织，可锻铸铁的碳硅含量不能太高，以得到完全白口化；但碳、硅含量也不能太低，否则要延长石墨化退火周期，使生产率降低。可锻铸铁的化学成分大致为：$w_C=2.5\%\sim3.2\%$，$w_{Si}=0.6\%\sim1.3\%$，$w_{Mn}=0.4\%\sim0.6\%$，$w_P=0.1\%\sim0.26\%$，$w_S=0.05\%\sim1.0\%$。

对白口铸铁采用不同的热处理方法，可以得到具有不同组织和性能的可锻铸铁，即黑心可锻铸铁、珠光体可锻铸铁和白心可锻铸铁。

当将白口铸铁毛坯件在密封的退火炉中进行热处理，即在中性炉气条件下退火时，得到的铸铁组织为铁素体和团絮状的石墨（退火碳），见图 8.19(a)。用这种方法得到的铁素体基体可锻铸铁因断面呈暗灰色，而且表层经常有薄的脱碳层呈浅灰色，故通称为黑心可锻铸铁。这种铸铁中的石墨呈团絮状和絮状，有时还会出现团球状、蠕虫状和枝晶状。团絮状石墨虽不很圆整和紧密，但对铸铁基体的割裂作用比片状石墨小得多，因此可锻铸铁具有较高的强度及良好的韧性。如果铸铁高温退火后直接冷却到室温，会得到珠光体可锻铸铁。珠光体可锻铸铁的组织见图 8.19(b)。

当将白口铸铁毛坯件在氧化性质的炉气条件下进行退火时，铸件断面上从外层到心部，发生强烈的氧化和脱碳。在完全脱碳层中无石墨存在，铸铁的组织为铁素体。当坯件断面尺寸较小时，铸铁组织基本上为单一的铁素体和退火碳。当坯件断面尺寸较大时，表层为铁素体，中间区域为珠光体和铁素体及退火碳，而心部区域则为珠光体及退火碳（间或有少量铁素体）。这种铸铁断面由于其心部区域有发亮的光泽，而表层色泽较暗，故通称为白心可锻铸铁。这种可锻铸铁在我国生产较少。

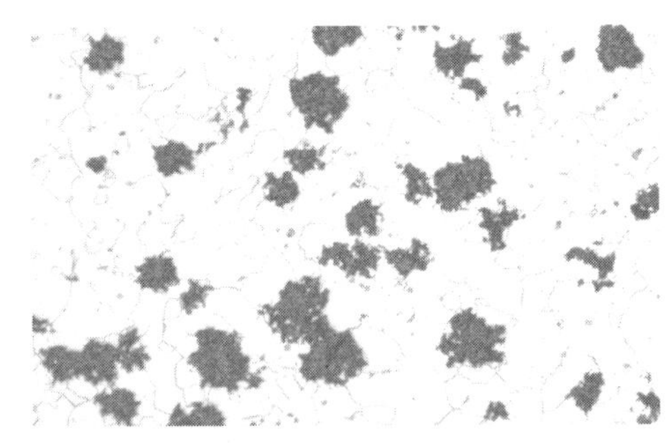

(a) 铁素体基体可锻铸铁

(b) 珠光体基体可锻铸铁

图 8.19 可锻铸铁的显微组织

8.5.2 可锻铸铁的牌号、性能特点及用途

可锻铸铁的牌号及主要力学性能指标见表 8.7。“KTH”代表铁素体黑心可锻铸铁，“KTZ”代表珠光体可锻铸铁，“KTB”代表白心可锻铸铁，符号后的第一个数字表示最低抗拉强度，第二个数字表示最低伸长率。可锻铸铁的弹性模量约为 155～178GPa。

表 8.7 可锻铸铁的牌号及主要力学性能

类型	牌号	试样直径 d/mm	力学性能，不小于			硬度 HBS
			抗拉强度 R_m/MPa	屈服强度 $R_{p0.2}$/MPa	伸长率 A/%	
黑心可锻铸铁	KTH275-06	12 或 15	275	—	6	≤150
	KTH300-06	12 或 15	300	—	6	≤150
	KTH330-08	12 或 15	330	200	8	≤150
	KTH350-10	12 或 15	350	—	10	≤150
	KTH370-12	12 或 15	370	270	12	≤150
珠光体可锻铸铁	KTZ450-06	12 或 15	450	—	6	150～200
	KTZ500-05	12 或 15	500	300	5	165～215
	KTZ550-04	12 或 15	550	340	4	180～230
	KTZ600-03	12 或 15	600	370	3	205～245
	KTZ650-02	12 或 15	650	430	2	210～260
	KTZ700-02	12 或 15	700	530	2	240～270
	KTZ800-01	12 或 15	800	600	1	270～290
白心可锻铸铁	KTB350-04	9	340	—	5	230
		12	350	—	4	
		15	360	—	3	
	KTB380-12	9	320	170	15	200
		12	380	200	12	
		15	400	210	8	
	KTB400-05	9	360	200	8	220
		12	400	220	5	
		15	420	230	4	
	KTB450-07	9	400	230	10	220
		12	450	260	7	
		15	480	280	4	

由于铁素体可锻铸铁具有一定的强度和较高的塑性和韧性，常用于制造承受冲击、振动及扭转负荷的零件，例如汽车、拖拉机的后桥、轮壳、转向机构、弹簧钢板支座；机床附

件；各种低压阀门、管件和纺织机与农机零件或农具等。

由于珠光体可锻铸铁的强度及硬度较高，常用于制造耐磨零件，例如曲轴、连杆、齿轮、凸轮轴等。

8.5.3 可锻铸铁的石墨化退火

铁素体可锻铸铁退火过程的组织转变，可以用图 8.20 所示的退火曲线及组织示意图来说明，其过程可分为如下五个阶段。

1）升温阶段　一般把铸件加热到 950℃左右或更高些，此时组织由珠光体加莱氏体转变成奥氏体加莱氏体。

2）第一阶段石墨化　保温，自由渗碳体不断溶入奥氏体而逐渐消失，团絮状石墨逐渐形成。第一阶段结束时，组织为奥氏体加团絮状石墨。这个阶段的时间长短以自由渗碳体能全部分解为准，过长无益而有害。

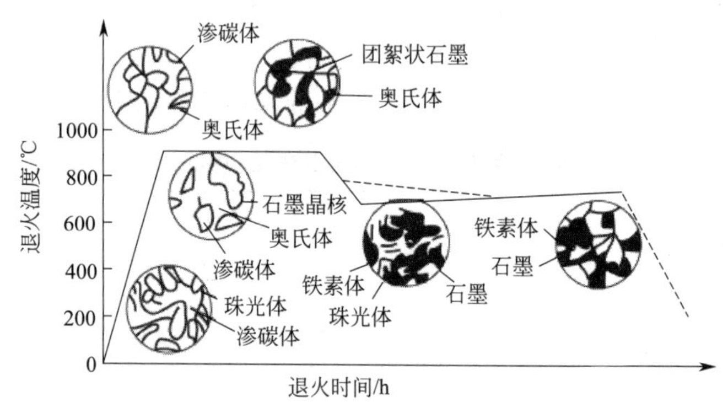

图 8.20　可锻铸铁的退火曲线

3）中间阶段　从高温冷却到共析温度稍下的温度（710～730℃的范围）的阶段。随着温度的降低，奥氏体中碳的溶解度减少，过饱和碳自奥氏体中脱溶，附着在已生成的团絮状石墨上，使石墨长大，由于一直冷却至共析点下，组织转变为珠光体加团絮状石墨。这个阶段冷得太慢会延长退火时间，太快会出现二次渗碳体。

4）第二阶段石墨化　在共析温度稍下（710～730℃）处保温，可使共析珠光体逐渐分解成铁素体和石墨，石墨继续向已有的团絮状石墨上附着生长，组织为铁素体加团絮状石墨。这个阶段时间的长短根据珠光体是否分解完毕而定。

5）冷却阶段　用较快速度冷却。为防止回火脆性，到 500～600℃时即可出炉空冷。至此整个退火过程结束。

若取消第二阶段的 710～730℃长时间保温，只让第一阶段石墨化充分进行，炉冷后便获得珠光体可锻铸铁。

8.6 合金铸铁

合金铸铁是在铸铁中加入合金元素、以提高其力学性能、耐磨性能、耐热性能和耐蚀性能等使用性能的铸铁。为了使铸铁有特殊性能，就必须加入一定数量的各种合金元素。通常加入的合金元素有 Si、Mn、P、Al、Cr、Mo、W、Cu、Sn、Sb、B、V、Ti 等。Si、Mn、

P是铸铁中的常见元素，但当其含量超出普通铸铁的含量较多时，能有明显的合金化作用，加入这些元素形成的铸铁也属于合金铸铁的范畴。

8.6.1 耐磨铸铁

根据零件工作条件和磨损形式的不同，耐磨铸铁通常分为减摩铸铁和抗磨铸铁两大类。减摩铸铁零件在有润滑的条件下工作，不仅要求在工作中磨损少，而且要求有较小的摩擦系数，以减少动力消耗，如机床导轨与拖板，发动机的缸套与活塞环以及各种滑块、轴承等。抗磨铸铁零件在干摩擦条件经受着各种磨料的磨损作用，大多数要求有高的强度和硬度，如轧辊、球磨机磨球、抛丸机易损件、杂质泵易损件、磨煤机易损件及破碎机械易损件等。

（1）减摩铸铁　减摩铸铁应具有良好的加工性能、低的摩擦系数、良好的连续油膜保持能力，以便在润滑条件下工作时保持良好的润滑性、高的抗咬合能力或抗擦伤能力及较高的力学性能。当铸铁组织为在柔韧的基底上牢固地镶嵌着坚硬的质体时，能很好地满足上述要求。在铸铁的各种基体组织中，较合适的基体组织是片状珠光体基体，其中铁素体作为软的基底，渗碳体作为硬的质体。珠光体数量越多，片间距越小，铸铁的减摩性越好。粒状珠光体中的渗碳体容易脱落而成为磨料，加剧铸铁的磨损，所以减摩铸铁一般不采用粒状珠光体基体。

铸铁中的石墨能够吸附和保存润滑油，保持油膜的连续性，有利于润滑；石墨在摩擦中脱落后留下的空穴还可以储存润滑剂。石墨的数量和大小对铸铁的减摩作用影响很大，如果石墨数量过多，过于粗大，则严重地削弱基体的作用，使铸铁的耐磨性降低。石墨形状对铸铁的耐磨性也有很大的影响，一般认为球状石墨比片状石墨铸铁的耐磨性好。

合金元素可在铸铁基体上形成硬化相，这些硬化相具有较高的硬度且不易从基体中剥落，在基体中起支承和骨架作用，明显提高耐磨性。磷铸铁中的磷共晶显微硬度达600HV左右或更高些，呈断续网状分布在基体中。钒钛铸铁中的钒钛碳氮化合物显微硬度高达1800HV左右，弥散分布在基体中。含硼铸铁中的含硼碳化物显微硬度高达1100HV左右，弥散分布在基体中。这些硬化相分布在软的珠光体基底上，提高了减摩铸铁的耐磨性。

（2）抗磨铸铁　球磨机的衬板和磨球、抛丸机的叶片、犁铧、磨煤机及破碎机的磨损部件等零件，在干摩擦并往往在有磨料的条件下工作，不仅受到严重磨损，还承受较大的负荷。这些零件采用抗磨铸铁。

抗磨铸铁的耐磨性与其组织和硬度有密切关系。生产中常采用白口铸铁作为抗磨铸铁，其组织为珠光体加渗碳体或莱氏体加渗碳体，具有较高的硬度，但脆性大。为了进一步提高白口铸铁的硬度并降低其脆性，常往铸铁中加入Cr、Ni等合金元素，形成合金白口铸铁，如BTMNi4Cr2-GT、BTMCr9Ni5、BTMCr8、BTMCr12-DT、BTMCr15、BTMCr26等。

8.6.2 耐热铸铁

铸铁在高温条件下工作，通常会产生氧化和生长等现象。氧化是指铸铁在高温下受氧化性气氛的侵蚀，在铸件表面产生氧化起皮，从而减少铸件的有效断面降低铸件的承载能力。生长是指铸铁在高温下发生的由于化学冶金变化而使铸铁产生的不可逆的体积长大，造成零件尺寸增大并使力学性能降低。铸铁在高温下抵抗破坏的能力通常指铸铁的抗氧化和抗生长能力。

从铁的氧化过程分析可知，当氧化膜达到一定厚度时氧化速度减慢，即氧化膜具有一定的保护作用。因此，氧化膜的性质即氧化膜在宏观上是否连续致密和存在微观的晶格缺陷，它们会影响铸铁是否连续不断地氧化。铁的氧化物 FeO 虽有连续致密的氧化膜，但其电导值高因而降低了其保护性。CaO、MgO 等氧化物虽有低的电导值，但其宏观上不连续不致密因而失去了其保护性。Al_2O_3、SiO_2、Cr_2O_3 等氧化物既有连续致密的氧化膜，又有低的电导值，因而具有保护性，所以在铁中加入铝、硅、铬等元素具有防止氧化的作用。

耐热铸铁按加入合金元素不同基本上可分三类：含硅耐热铸铁、含铝耐热铸铁和含铬耐热铸铁。在空气炉气中，含铬耐热铸铁有 HTRCr、HTRCr2 和 HTRCr16，随含 Cr 量增加，铸铁在空气中的耐热温度可从 HTRCr、HTRCr2 的 550℃提高到 HTRCr16 的 900℃。含硅耐热铸铁 HTRSi4 的耐热温度为 700℃，QTRSi4 的耐热温度为 650℃，加入少量 Mo 的 QTRSi4Mo 则为 680℃；QTRSi4Mo1 和 QTRSi5 的耐热温度为 800℃。含铝耐热铸铁有 QTRAl4Si4、QTRAl5Si5 和 QTRAl22 则分别为 900℃、1050℃和 1100℃。

8.6.3 耐腐蚀铸铁

铸铁是铁、碳、硅三元合金，具有多相组织，主要由铁素体、渗碳体和石墨三个相组成。这些不同的相在电解质中具有不同的电位，石墨的电极电位最高（+3.7V），渗碳体次之，铁素体电极电位较低（−0.44V）。这种电位差的存在就形成许多微小的“原电池”。电位高的石墨形成阴极，电位低的基体形成阳极，两者的电位差就是原电池的电动势，由于电池反应的不断进行，阳极材料（即电位低的基体和碳化物）不断地被溶解侵蚀掉，结果可使铸铁造成严重的腐蚀破坏。

提高铸铁的耐腐蚀性，主要靠加入合金元素。加入合金元素，主要从以下三个方面提高铸铁的耐腐蚀性能。

1）改变某些相在腐蚀剂中的电位，降低原电池的电动势，从而使铸铁的耐腐蚀性能提高，如 Cr、Mo、Cu、Ni、Si 等元素能提高铸铁基体的电极电位。

2）改善铸铁中石墨的形状、大小和分布及基体组织，以减少原电池的数量，减小电化学腐蚀的电动势。例如，在铸铁中加入 14%～18%Si 可得到单相的铁素体基体和少量石墨，Si 又提高铁素体的电极电位，因而使耐腐蚀性显著提高。

3）使铸铁表皮层下形成一层致密而牢固的保护膜，如加入 Si、Al、Cr，相应地形成 SiO_2、Al_2O_3 和 Cr_2O_3 氧化膜。

常往铸铁中加入的合金元素有 Si、Al、Cr、Cu、Mo、Ni 等，从而形成高硅铸铁、高硅钼铸铁、铝铸铁、铬铸铁等耐腐蚀铸铁。高硅铸铁耐蚀铸铁为合金灰铸铁，包括 HTSSi15R、HTSSi11Cu2CrR、HTSSi15Cr4R 和 HTSSi15Cr4MoR。HTSSi15R 在氧化性酸、各种有机酸和盐酸中耐蚀性良好；HTSSi11Cu2CrR 在浓度不大于 10%的硫酸、浓度不大于 46%的硝酸、浓度不大于 70%的硫酸加氯、苯、苯磺酸等介质中具有较好的稳定性；HTSSi15Cr4R 具有优良的耐电化学腐蚀能力，并可改善抗氧化条件下的耐蚀性；HTSSi15Cr4MoR 适用于强氯化物环境。

8.6.4 无磁铸铁

无磁铸铁是磁导率很低的一种合金铸铁，也称非磁性铸铁。无磁铸铁的电阻率约为

30～200Ωcm，磁导率约1.4～3.8μHm；含铝20%～25%的δ铁素体磁导率更低，为1.263～1.267μHm。

无磁铸铁一般基体组织为奥氏体，如含5%～10%Ni+4%～7%Si、含Ni>13%，含5%Mn+4%Cu、含7%～16%Mn+3.5%～4.5%Si+1.2%～3.5%Cu+2%～4.5%Al的铸铁均为无磁铸铁。基体组织为δ铁素体，含铝20%～25%的铸铁也是一种无磁铸铁。无磁铸铁的力学性能取决于铸铁的成分体系和组织结构，其抗拉强度通常为100～300MPa。无磁铸铁因其没有磁性而可代替电力设备中用以防磁、隔磁的不锈钢、铜或铝合金部件。

习 题

1. 与铸钢相比，铸铁在成分、组织和性能上有什么不同？

2. C、Si、Mn、P、S元素对铸铁石墨化有什么影响？为什么C、Si、Mn含量低而S含量高的铸铁易产生白口？

3. 铸铁壁厚对石墨化有什么影响？

4. 试分析石墨形态对灰铸铁和球墨铸铁力学性能和热处理的影响。

5. HT200、HT350、KTH300-06、QT400、QT600各是什么铸铁？说说他们的基体、石墨形态和力学性能。

6. 某厂生产球墨铸铁曲拐，浇注后表面常出现白口，为什么？为了消除白口，并希望得到珠光体组织，应采用什么样的热处理工艺？

第9章

铝及其合金

9.1 纯铝

纯铝是一种银白色的轻金属，熔点为660℃，具有面心立方晶格，没有同素异构转变。它的密度小（2.72g/cm^3）；导电性好，仅次于银、铜和金；导热性好，比铁几乎大三倍。纯铝化学性质活泼，在大气中极易与氧反应，在表面形成一层牢固致密的氧化膜，可以阻止进一步氧化，从而使它在大气和淡水中具有良好的耐蚀性。纯铝在低温下，甚至在超低温下都具有良好的塑性和韧性，在0～－253℃塑性和冲击韧性不降低。

纯铝具有一系列优良的工艺性能，易于铸造，易于切削，也易于通过压力加工制成各种规格的半成品。纯铝主要用于制造电缆电线的线芯和导电零件、耐蚀器皿和生活器皿，以及配制铝合金和做铝合金的包覆层。纯铝的强度很低，抗拉强度仅为90～120MPa，一般不宜直接作为结构材料和制造机械零件。

纯铝按其纯度分为高纯铝、工业高纯铝和工业纯铝。纯铝的牌号用“铝”字汉语拼音字首“L”和其后面的编号表示。国内高纯铝的牌号有1A99、1B99、1C99、1A97、1B97、1A95、1B95、1A93、1B93、1A90、1B90、1A85、1B85，后面的数字越大，纯度越高，它们的含铝量为99.85%～99.99%。

工业纯铝一般定为纯度为99.0%～99.9%的铝，中国定为纯度为98.8%～99.7%的铝。国内塑性变形加工工业纯铝牌号有1A80、1A80A、1A60、1R60、1A50、1050A、1R50、1R35、1A30、1B30等。

工业纯铝实质上可以看作是铁、硅含量很低的Al-Fe-Si系合金。在杂质相中除了有针状硬脆的$FeAl_3$和块状硬脆的硅质点外，还能形成两个三元相，当原子分数$x_{Fe}>x_{Si}$时，形成α-Fe_2SiAl_8相；当原子分数$x_{Si}>x_{Fe}$时，形成β-$FeSiAl_5$相。两相都是脆性化合物，后者对塑性的危害更大些。因此，一般在工业纯铝中都使$x_{Fe}>x_{Si}$。当$x_{Fe}>x_{Si}$时，还能缩小结晶温度区间和减小产生铸造裂纹的倾向。当$x_{Fe}/x_{Si}\geqslant 2\sim3$时，可生产出晶粒细小、有良好冲压性能的工业纯铝板材。需要指出的是，在工业纯铝中铁和硅多半以三元化合物形式存在，出现$FeAl_3$和游离硅的机会很少。

工业纯铝不能热处理强化，可通过冷变形提高强度，其唯一的热处理形式是退火。工业纯铝再结晶开始温度与杂质含量和变形程度有关，一般在 200℃左右。退火板材的 $R_m=80\sim100$MPa，$R_{p0.2}=30\sim50$MPa，$A=35\%\sim40\%$，硬度为 25～30HB。经 60%～80%冷变形，虽然 R_m 能提高到 150～180MPa，但 A 值却下降到 1%～1.5%。增加铁、硅杂质含量能提高强度，但降低塑性、导电性和耐蚀性。

9.2　铝合金的分类

根据铝合金的成分、组织和工艺特点，可以将其分为铸造铝合金与变形铝合金两大类。变形铝合金是将铝合金铸锭通过压力加工（轧制、挤压、模锻等）制成半成品或模锻件，所以要求有良好的塑性变形能力。铸造铝合金则是将熔融的合金直接浇铸成形状复杂的甚至是薄壁的成形件，所以要求合金具有良好的铸造流动性。

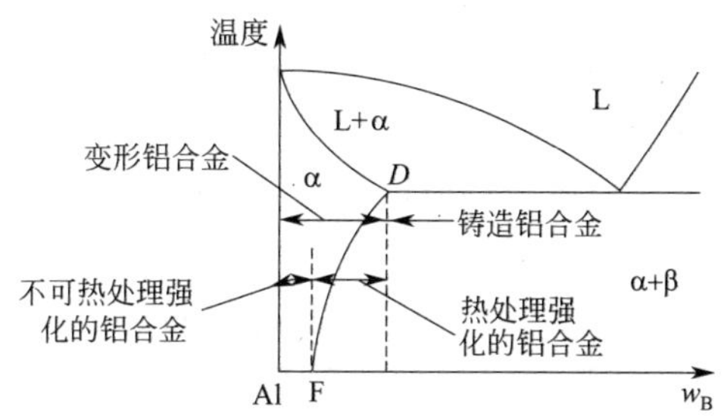

表 9.1　铝合金的分类及性能特点

工程上常用的铝合金大都具有与图 9.1 类似的相图。由图 9.1 可见，凡位于相图上 D 点成分以左的合金，在加热至高温时能形成单相固溶体组织，合金的塑性较高，适用于压力加工，所以称为变形铝合金；凡位于 D 点成分以右的合金，因含有共晶组织，液态流动性较高，适用于铸造，所以称为铸造铝合金。铝合金的分类及性能特点见表 9.1。

表 9.1　铝合金的分类及性能特点

分类		合金名称	合金系	性能特点	举例
铸造铝合金		简单铝硅合金	Al-Si	铸造性能好，不能热处理强化，力学性能较差	ZAlSi12
		铝硅合金	Al-Si-Mg、Al-Si-Cu、Al-Si-Mg-Cu	铸造性能好，可热处理强化，力学性能较好	ZAlSi7Mg、ZAlSi7Cu4、ZAlSi5Cu1Mg
		铝铜合金	Al-Cu	耐热性能好，铸造性能和耐蚀性能差	ZAlCu4、ZAlCu5Mn
		铝镁合金	Al-Mg	力学性能好，耐蚀性好	ZAlMg10、ZAlMg5Si1
		铝锌合金	Al-Zn	能自动淬火，适于压铸	ZAlZn11Si7、ZAlZn6Mg
变形铝合金	不可热处理强化铝合金	防锈铝合金	Al-Mn	强度较低，耐蚀性、压力加工性能和焊接性能好	3011、3021
			Al-Mg		5001、5041
	热处理强化铝合金	硬铝合金	Al-Cu、Al-Cu-Mg	力学性能好	2024、2217
		超硬铝合金	Al-Zn-Mg-Cu	室温下强度最高	7075、7055
		锻铝合金	Al-Mg-Si、Al-Mg-Si-Cu、Al-Cu-Mg-Fe-Ni	锻造性能好，可热处理强化	2021、2090、6063、6010

对于变形铝合金来说，位于 F 点以左成分的合金，在固态始终是单相的，不能进行热处理强化，被称为不可热处理强化的铝合金。成分在 F 和 D 点之间的铝合金，由于合金元素在铝中有溶解度的变化会析出第二相，可通过热处理使合金强度提高，称为热处理强化铝合金。

铸造铝合金按加入的主要合金元素的不同，分为 Al-Si 系、Al-Cu 系、Al-Mg 系和 Al-Zn 系四种合金。合金牌号前面冠以字母“Z”，表示铸造合金，后面由铝及主要合金元素的化学符号组成。主要合金元素后面跟有表示其名义质量分数的数字，如果合金元素的名义质量分数不小于 1%，该数用整数表示；如果合金元素的名义质量分数小于 1%，一般不标数字。例如 ZAlSi7Mg，表示硅的名义质量分数为 7%、镁的名义质量分数不超过 1%的铸造铝合金。

变形铝合金按照性能特点和用途分为防锈铝、硬铝、超硬铝和锻铝四种。防锈铝属于不可热处理强化的铝合金，包括 Al-Mg 系和 Al-Mn 系合金；硬铝、超硬铝、锻铝属于热处理强化的铝合金，硬铝合金指的 Al-Cu 系合金，超硬铝合金指的是 Al-Zn-Mg 系合金，锻铝合金则是指部分 Al-Cu 系和 Al-Mg-Si 系合金。变形铝合金采用四位字符命名牌号。牌号第一位数字表示铝和铝合金的组别，第二位数字（国际牌号）或第二位字母（国内牌号）表示铝和铝合金的改型情况，纯铝的第三和第四位数字表示铝的最低百分含量中小数点后面的两位，铝合金后的两位数字没有特殊意义，仅代表同一组中不同的铝合金。第一位数字表示的意义见表 9.2。

表 9.2　铝及铝合金牌号第一位数字及其代表的意义

组别	牌号系列
纯铝(铝含量不小于 99.0%)	1×××
以 Cu 为主要合金元素的铝合金(Al-Cu 系)	2×××
以 Mn 为主要合金元素的铝合金(Al-Mn 系)	3×××
以 Si 为主要合金元素的铝合金(Al-Si 系)	4×××
以 Mg 为主要合金元素的铝合金(Al-Mg 系)	5×××
以 Mg 和 Si 为主要合金元素，并以 Mg_2Si 为强化相的铝合金(Al-Mg-Si 系)	6×××
以 Zn 为主要合金元素的铝合金(Al-Mg 系)	7×××
以其他合金元素为主要合金元素的铝合金(Al-M 系，M 为其他合金元素)	8×××
备用合金组	9×××

9.3　铝合金的强化

铝合金的强化方式主要包括固溶强化、时效强化、过剩相强化、细化组织强化和加工强化。

9.3.1　固溶强化

纯铝中加入合金元素，形成铝基固溶体。合金元素溶入铝合金基体，由于溶质原子的尺寸效应、弹性效应和固溶有序化的作用使铝合金强化。强化效应随合金元素含量的增加而增大。根据合金化的一般规律，形成无限固溶体或高浓度的固溶体型合金时，不仅能获得高的强度，而且能获得优良的塑性与良好的压力加工性能。Al-Cu、Al-Mg、Al-Si、Al-Zn、Al-Mn 等二元合金一般都能形成有限固溶体，并且均有较大的极限溶解度（固溶度）（见表 9.3），因此具有较大的固溶强化效果。

表 9.3　常用元素在铝中的溶解度

元素名称	Zn	Mg	Cu	Mn	Si
极限溶解度/%	32.8	14.9	5.65	1.82	1.65
室温时的溶解度/%	0.05	0.34	0.20	0.06	0.05

9.3.2　时效强化

合金元素对铝的另一种强化作用是通过固溶处理后时效实现的。铝合金的热处理强化，主要是由于高温时合金元素在铝合金中有较大的固溶度，且随温度的降低而急剧减小。铝合金经加热到某一温度后淬火，可以得到过饱和的铝基固溶体。这种过饱和铝基固溶体放置在室温或加热到某一温度时，其强度和硬度随时间的延长而增高，但塑性、韧性则降低，这个过程称为时效。在室温下进行的时效称为自然时效，在加热条件下进行的时效称为人工时效。时效过程中使铝合金的强度、硬度增高的现象称为时效强化或时效硬化。

图 9.2 是 Al-Cu 合金相图，现以 Al- 4Cu 合金为例说明铝的时效强化。铝铜合金的时效强化过程分为以下四个阶段。

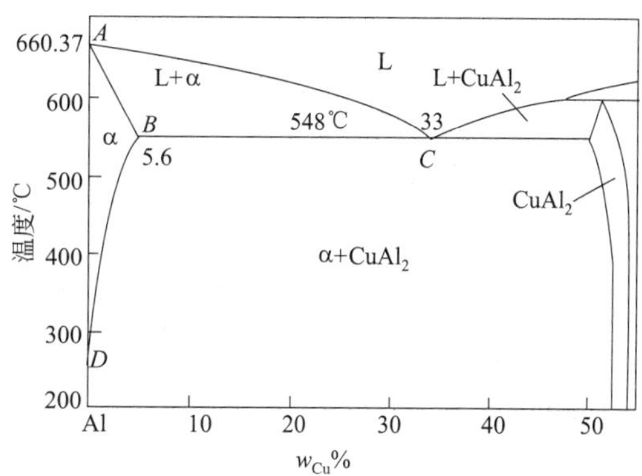

图 9.2　Al-Cu 二元合金相图

第一阶段，在过饱和 α 固溶体的某一晶面上产生铜原子偏聚现象，形成铜原子富集区，即 GP(Ⅰ) 区[见图 9.3(a)]，从而使 α 固溶体产生严重的晶格畸变，位错运动受到阻碍，合金强度提高。

第二阶段，随时间延长，GP(Ⅰ) 区进一步扩大，并发生有序化，便形成有序的富铜区，称为 GP(Ⅱ) 区，其成分接近 $CuAl_2$ (θ 相)，成为中间状态，常用 θ″表示。θ″相的透射电镜照片见图 9.3(b)。θ″的析出，进一步加重了 α 相的晶格畸变，使合金强度进一步提高。

第三阶段，随着时效过程的进一步发展，铜原子在 GP(Ⅱ) 区继续偏聚。当铜与铝原子之比为 1∶2 时，形成与母相保持共格关系的过渡相 θ′。θ′相的透射电镜照片见图 9.3(c)。θ′相出现的初期，母相的晶格畸变达到最大，合金强度达到峰值。

第四阶段，时效后期，过渡相 θ′从铝基固溶体中完全脱落，形成与基体有明显相界面的独立的稳定相 $CuAl_2$，称为 θ 相。θ 相的透射电镜照片见图 9.3(d)。此时，θ 相与基体的共格关系完全破坏，共格畸变也随之消失，随着 θ 相质点的聚集长大，合金明显软化，强度、硬度降低。

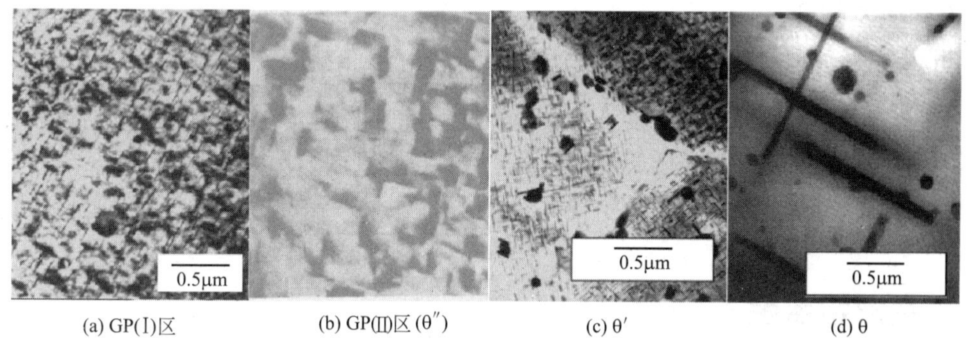

(a) GP(Ⅰ)区　(b) GP(Ⅱ)区 (θ″)　(c) θ′　(d) θ

图 9.3　Al-4Cu 合金时效过程中的析出相

图 9.4 是硬铝合金在不同温度下的时效曲线。由图 9.4 中可以看出，提高时效温度，可以使时效速度加快，但获得的强度值比较低。在自然时效条件下，时效进行得十分缓慢，约需 4～5 天才能达到最高强度值。而在－50℃时效，时效过程基本停止，各种性能没有明显变化，所以降低温度是抑制时效的有效办法。

时效强化是高强度铝合金主要的强化形式。沉淀质点越多、分布越均匀、对位错的阻碍作用就越大，所以使铝合金基体内存在大量弥散分布的沉淀质点是铝合金强化的重要途径。

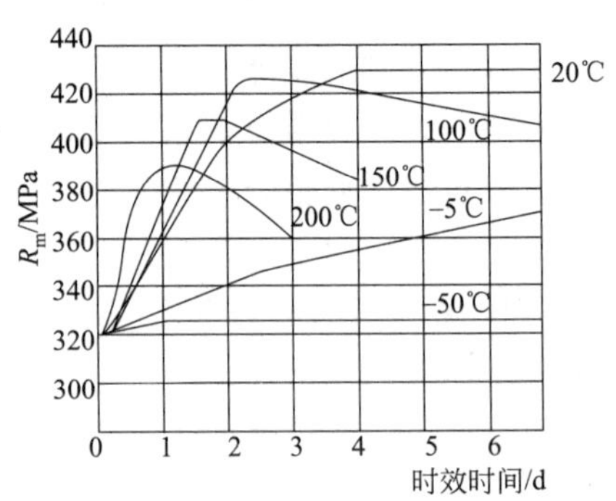

图 9.4　硬铝合金在不同温度的时效曲线

9.3.3　过剩相强化

如果铝中加入合金元素的数量超过了极限溶解度，则在固溶处理加热时，就有一部分不能溶入固溶体的第二相出现，称为过剩相。在铝合金中，这些过剩相通常是硬而脆的金属间化合物。它们在合金中阻碍位错运动，使合金强化，这称为过剩相强化。在生产中常常采用这种方式来强化铸造铝合金和耐热铝合金。过剩相数量越多，分布越弥散，则强化效果越大。但过剩相太多，则会使强度和塑性都降低。过剩相成分结构越复杂，熔点越高，则高温热稳定性越好。

9.3.4　细化组织强化

随着铝合金晶粒的细化，合金晶界能增加，屈服强度增大，并与晶粒直径的平方根成线性关系。细晶强化不仅使铝合金强度增大，而且使其韧性增强。但是对于常规的加工或热处理方法，晶粒细化程度有限，现在研究较多的是利用快速凝固技术、喷射成形法和大塑性变形法细化晶粒。

由于铸造铝合金组织比较粗大，所以实际生产中常常利用变质处理的方法来细化合金组织。变质处理是在浇注前在熔融的铝合金中加入占合金重量 2%～3%的变质剂（常用钠盐混合物：2/3NaF＋1/3NaCl），以增加结晶核心，使组织细化。经过变质处理的铝合金可得到细小均匀的共晶体加初生 α 固溶体组织，从而显著地提高铝合金的强度及塑性。

9.3.5　加工强化

在铝合金冷作变形过程中，随着变形程度的增加，其硬度和强度增加，发生加工强化。这是由于冷变形过程中，位错密度不断增大，发生相互缠结，形成胞状结构，所以位错运动困难，从而使强度提高。但是随着强度提高，合金的塑性和韧性下降。

加工强化主要用于不可热处理铝合金。

9.4　变形铝合金

变形铝合金是通过冲压、弯曲、轧制、挤压等工艺使其组织、形状发生变化的铝合金。变形铝合金可分为两大类，第一类是不可热处理强化铝合金，第二类是热处理强化铝合金。

部分变形铝合金的牌号、化学成分见表 9.4，力学性能见表 9.5。

表 9.4　部分变形铝合金的牌号及化学成分（质量分数）　单位：%

合金牌号	Si	Fe	Cu	Mn	Mg	Cr	Zn	Ti	Ni(或 Zr)	其他		Al
										每个	总计	
2A12	0.5	0.5	3.8～4.9	0.3～0.9	1.2～1.8	—	0.30	0.15	Ni:0.1	0.05	0.10	余量
2024	0.5	0.5	3.8～4.9	0.3～0.9	1.2～1.8	0.1	0.25	0.15	—	0.05	0.15	余量
3A21	0.6	0.7	0.2	1.0～1.6	0.05	—	0.10	0.15		0.05	0.10	余量
5A02	0.4	0.4	0.1	0.15～0.40	2.0～2.8	—	—	0.15		0.05	0.15	余量
5052	0.25	0.4	0.1	0.1	2.2～2.8	0.15～0.35	0.1	—	—	0.05	0.15	余量
6A61	0.55～0.70	0.5	0.25～0.45	0.10	0.8～1.4	0.30	0.10	0.07		0.05	0.15	余量
6061	0.4～0.8	0.7	0.15～0.4	0.15	0.8～1.2	0.04～0.35	0.25	0.15	—	0.05	0.15	余量
7A55	0.10	0.10	1.8～2.5	0.05	1.8～2.5	0.04	7.5～8.5	0.01～0.05	Zr:0.08～0.20	0.05	0.15	余量
7075	0.4	0.5	1.2～2.0	0.3	2.1～2.9	0.18～0.28	5.1～6.1	0.2		0.05	0.15	余量

表 9.5　部分变形铝合金的典型力学性能

合金牌号及状态	抗拉强度/MPa	屈服强度/MPa	硬度 HBS	伸长率/%
5052-H32	230	195	60	12
6061-T651	310	276	95	12
7050-T7451	510	455	135	10
7075-T651	572	503	150	11
2024-T351	470	325	120	20

9.4.1　防锈铝合金

防锈铝合金主要有 Al-Mg 和 Al-Mn 系，其塑性好、耐蚀性高，可冷变形强化，多用于制造受力小、质轻、耐腐蚀的冲压件和焊接结构件等。防锈铝合金锻造退火后是单相固溶体，耐腐蚀能力高，塑性好。这类铝合金不能进行时效强化，属于不可热处理强化的铝合金，但可冷变形加工，利用加工强化，提高合金的强度。

（1）Al-Mn 系合金　Mn 的主要作用是提高铝合金的耐蚀能力，并起到固溶强化作用。Mn 在 Al 中最大溶解度为 1.82%。通常 Mn 固溶于铝基体中，对合金有固溶强化作用。随 Mn 含量增加，合金强度增高。当 Mn 含量在 1.0%～1.6%时，合金不但有较高的强度，其塑性和压力加工应能也很好。继续提高 Mn 含量，会出现大量 $MnAl_6$ 相，合金塑性和压力加工能力变差，容易开裂。所以工业 Al-Mn 系合金中的 Mn 含量一般不超过 1.6%。由于 $MnAl_6$ 的电极电位与铝基体十分接近，合金耐蚀性高，大致与纯铝相当。有些 Al-Mn 系合金中加入一定量的 Mg，Mg 对合金的表面质量不利，但起固溶强化作用，使合金的强度大大提高。Al-Mn 系防锈铝合金中可出现 $MnAl_6$ 相，但强化效果不佳，所以不采用热处理进行强化。

Al-Mn 系合金退火时易出现粗大晶粒现象，这是晶粒和枝晶内存在严重 Mn 偏析引起的。退火时，低 Mn 区先发生再结晶，而高锰区由于再结晶温度高而不发生再晶界。升高退火温度，高锰区发生再结晶时，低锰区晶粒开始长大，从而极易形成不均匀的粗大晶粒组织。对合金进行均匀化退火，可消除合金变形后退火时的晶粒粗大现象。适当添加 Fe 可以降低 Mn 的晶内偏析，加 Ti 可以细化晶粒，所以含 Ti 和含 Fe 较高的 Al-Mn 系合金可以不进行均匀化退火。

国内常用 Al-Mn 系合金为 3A21 合金，其中含 1.0%～0.6%Mn，其铸态组织为 α-Al+$MnAl_6$。由于 Fe、Si 杂质存在，3A21 中还会出现（Fe，Mn）$_3SiAl_{12}$ 相。Al-Mn 系合金中加镁后形成 Al-Mn-Mg 合金，典型牌号为 3004。3A21、3004 合金塑性好，用于制作承受小载荷且要求较好耐蚀性和焊接性能的零件，如飞机油箱、润滑油导管、铆钉等。

（2）Al-Mg 系合金　Mg 也可起到强化作用，并使合金的密度降低。Mg 在 Al 中最大固溶度可达 17.2%，由于大于 5% 时退火形成 β-Mg_5Al_8 相恶化性能，一般 Mg 含量不超过 5%。

随着 Mg 含量的提高，合金的强度升高，但塑性下降，合金的抗氧化性能也降低。Al-Mg 系合金中通常加入少量或微量 Mn、Cr、Be、Ti 等元素。Mn 除了少量固溶外，大部分形成 $MnAl_6$ 相，提高合金强度和抗应力腐蚀能力。Mn 还可以提高合金的再结晶温度，抑制晶粒长大。所以 Al-Mg 系合金中常加入 0.15%～0.8%Mn。某些合金（如 5052）中加入一定量的 Cr，不仅有一定的弥散强化作用，还可以提高合金的抗应力腐蚀能力和焊接性能。有些合金中加入 V 和 Ti，以细化晶粒。Fe 和 Si 对 Al-Mg 系合金的强度、伸长率和耐蚀性都有不利影响，所以必须严格控制 Fe、Si 含量。Cu 和 Zn 降低合金的耐蚀性，也应严格控制。加入微量 Be（0.0001%～0.005%），可提高 Al-Mg 系合金的致密度，减少熔炼烧损，改善加工产品的表面质量。

Al-Mg 系合金淬火后可形成 β′相，但强化效果很弱。Al-Mg 系合金一般不能进行热处理强化，需依靠固溶强化和加工强化来提高合金的力学性能。

Al-Mg 系合金具有高的耐蚀性。例如 5A02 合金在中性介质中的耐蚀性与纯铝相当而优于 3A21 合金，而在酸性和碱性介质中稍差于 3A21 合金。应当注意，Al-Mg 系合金优良的耐蚀性自由当 β 相在晶内或晶界均匀分布时才能显示出来。若 β 相沿晶界呈连续网状分布，则合金呈现明显的晶间腐蚀和应力腐蚀倾向。

9.4.2　硬铝合金

硬铝合金为 Al-Cu 系合金，还含有少量的 Mg 和 Mn。各种硬铝合金都可以进行时效强化，属于热处理强化的铝合金，亦可进行变形强化。合金中的 Cu、Mg 是为了形成强化相 θ 相（$CuAl_2$）及 S 相（$CuMgAl_2$）。

Al-Cu 系铝合金中添加 Mn、Ti、Cr、Zr 等可抑制再结晶，并细化晶粒，提高强度。Mn Mn 有一定的固溶强化作用，能延缓和减弱 Al-Cu-Mg 系合金人工时效过程中的强度下降，Mn 还可以中和 Fe 的有害作用，提高合金耐蚀性。Mn 的析出倾向小，不参与时效过程。Mn 含量一般控制在 0.5%～1.0%。Mn 含量超过 1.0%，会形成粗大的（Mn，Fe）Al_6 相，严重降低合金压力加工性能。少量的 Ti 或 B 可细化晶粒和提高合金强度。

Fe 是有害元素，在合金中生成 Al_7Cu_2Fe 相，减少 θ 相数量，降低合金强度，Fe 还与 Mn、Ti 和 Cr 等形成粗大的脆性化合物，降低合金的综合力学性能和变形能力。所以 Fe 含

量不能高于0.5%～0.7%。Si也是必须控制的元素，但Mg含量超过1.5%时，合金时效强度随Si含量增加而下降。Si含量一般控制在0.5%以下。

在Al-Cu系合金中加入少量的钪（w_{Sc}<0.4%）后可形成新的Al_3Sc相，它不但可以析出两种强化相而具有更强的时效强化作用，而且有好的晶粒细化作用。合金具有超常的抗高温蠕变性能，在300℃及大于30MPa的外加应力条件下，可安全工作350 h以上；外加应力小于20MPa时的安全蠕变时间可大于2000 h。

常用的2000系铝合金主要有2A11、2A12、2024、2524、2618、2219、2519等。2A11中的主要强化相为θ相，而2A12中主要强化相为S相。2A12一般在自然时效状态下使用，以保证较好的耐蚀性能，主要用于飞机蒙皮、骨架、隔框、翼肋等主要受力构件。2A12合金的使用温度可达到150℃。2A11合金锻造性能比2A12好，但耐热性差，主要用于飞机结构件，如骨架零件、支柱、螺旋桨等。

9.4.3 超硬铝合金

超硬铝合金为Al-Mg-Zn-Cu系合金。一般认为合金中强化相为η′相。合金经固溶处理后，在随后的时效过程中，过饱和固溶体分解，沉淀顺序为：SSSS→α+GP区→α+η′→α+η，这里SSSS为过饱和固溶体，α为析出沉淀相后的固溶体，η′是与基体半共格的析出相，η为平衡相。在时效过程中，合金元素（Cu、Zn、Mg）富集的GP区首先在过饱和固溶体内形成并长大。在GP区长大过程中，GP区内合金元素的浓度提高，逐渐达到平衡相η中合金元素含量的水平，并且GP区内铝和合金元素原子的位置关系发生变化。然后，GP区转变为晶格与基体不同但与基体半共格的中间相质点。最后中间相转变为与基体不共格的平衡相。7000系合金中强的时效硬化效果与亚稳定η′相弥散沉淀有关。7003、7075、7475、7A03等都属于这类合金。

7075合金在T6（固溶处理+时效）状态下，拉伸强度为570MPa，屈服强度为500MPa，伸长率为11%。在7075合金基础上，又陆续开发了系列Al-Zn-Mg-Cu合金，如7150、7055等。7055合金是目前强度最高的Al-Zn-Mg-Cu系合金，它已经应用于波音777飞机上翼结构和大型运输机的龙骨架、水平尾翼、座轨和货仓导轨等处。

9.4.4 锻铝合金

锻铝合金为Al-Mg-Si系和Al-Cu-Mg系合金。合金中的元素种类多但用量少，具有良好的热塑性、良好的铸造性能和锻造性能，并有较高的力学性能。

（1）Al-Mg-Si系合金　Al-Mg-Si系合金对应力腐蚀不敏感，具有中等强度、优良的耐蚀性和可焊性、良好的加工性能，在工业上应用广泛。

Al-Mg_2Si系合金具有明显的时效强化效应。Al-Mg-Si系合金中强化相为Mg_2Si。Mg_2Si在铝中的溶解度不但与温度有关，而且与镁含量有关。合金固溶处理后进行时效时，Mg_2Si的脱溶顺序为：SSSS→GP（Ⅰ）区→GP（Ⅱ）区→β′→β，SSSS为Mg_2Si在铝中的过饱和固溶体；GP（I）区中含大量空位，呈针状；GP（Ⅱ）区也呈针状，但内部为有序结构；β′-Mg_2Si为棒状的过渡相，与基体保持半共格关系；β-Mg_2Si为板状平衡相，与基体不再有共格关系。

工业用 Al-Mg-Si 系合金中 Si 含量一般高于形成 Mg_2Si 所需要的量，使 Si 含量过剩。过剩 Si 可细化 Mg_2Si，但过剩 Si 易在晶界偏析引起合金脆化，降低塑性。加入 Cr 和 Mn 可减小过剩 Si 的不利影响。

往 Al-Mg-Si 系合金中加入 Cu，还可能生成 S 相、θ-Al_2Cu 相和 W-$AlCuMg_5Si_4$ 相，保证合金的强度。但加 Cu 也会降低合金塑性和韧性，对耐蚀性不利。加入少量 Mn 和 Cr 可抵消 Cu 的不利影响。

Al-Mg-Si 系合金可自然时效，但时效过程比较缓慢，而人工时效可使合金获得显著的强化效果，所以该系合金一般采取人工时效。

Al-Mg-Si 系合金应用最多的是 6A02、6005、6061 和 6063。6A02 合金的塑性好，变形抗力小，易于压力加工，适于锻造、轧制和冲压操作，用以制造飞机和发动机零件以及室温下工作的形状复杂的锻件。6063 具有优良的挤压性能和低的淬火敏感性，其强度中等，塑性和耐蚀性高，焊接性优良，冷加工性好，在建筑型材和装潢材料方面应用广泛。6061 合金耐蚀性优良，强度高于 6063，可制作舰船和海洋环境使用的结构件。

（2）Al-Cu-Mg 系合金　对于锻铝合金系列的 Al-Cu-Mg 系合金中，Cu、Mg 含量较低，并加入 Si、Fe、Ni 等元素。Al-Cu-Mg-Si 系合金是锻造铝合金的一类，主要牌号有 2A50、2B50、2A14，其主要强化相是 Mg_2Si。

Al-Cu-Mg-Fe-Ni 是另一类锻铝合金，具有良好的高温强度和耐热性，主要牌号为 2A70、2A80 和 2A90。在 Al-2.2Cu-1.65Mg 合金中同时添加 Fe 和 Ni，由于生成含铜三元相，降低固溶体中铜的浓度。当 Fe、Ni 含量相等时，合金在 α-Al＋$FeNiAl_9$ 二相区，全部生成 $FeNiAl_9$ 相。这样，由于没有过剩的 Fe 或 Ni 形成不溶解的含铜相，合金中的 Cu 除了形成 S 相外，也增加了同在固溶体中的浓度，对合金的强度和耐热性有利。$FeNiAl_9$ 相是硬而脆的化合物，在铝中的溶解度极小，经锻造和热处理后，可弥散分布于组织中，显著提高合金的耐热性。在 2A80 中加入 0.5%～1.2% Si 后，合金的强度提高，但耐热性降低。在 2A70 合金中加入 0.02%～0.1% Ti 后，合金的晶粒细化，锻造工艺性提高，耐热性能好。往 2219 合金中添加 0.1%～0.25% Zr，细化了合金晶粒，提高了合金再结晶温度和合金的耐热性，改善了合金的焊接性能。

锻铝合金经淬火时效后力学性能与硬铝相近，热塑性和耐蚀性较高，适于锻压成形，主要用于承受重载荷的锻件和模锻件。锻铝合金通常都要进行固溶处理和人工时效。

9.4.5　Al-Li 系合金

向铝中每添加 1%的 Li，可使铝的密度降低 3%，而其弹性模量则提高约 6%。Al-Li 系合金具有低密度、高的比强度、高的弹性模量。目前的 Al-Li 系合金主要是含 Li 的 2000 系合金（如 2060、2195、2196、2A23、2A87）、含 Li 的 5000 系合金（5A90）和含 Li 的 8000 系合金（8090）。

2020 合金经固溶处理且在 160℃时效后 $R_m=567MPa$，$R_{p0.2}=533MPa$，$A=7.8\%$。该合金已替代 7075 合金作为美国海军 A-5A 和 RA-5C 飞机的蒙皮。但 2020 合金的断裂韧性低，缺口敏感性大，使合金的应用受到了限制。2090 合金具有优良的可焊性与低温力学性能，有比 7075 合金高得多的低温断裂韧性，用于生产高强度与中等强度的板材与挤压材料。2091 合金的密度比 2024 合金低 8%，弹性模量则低 7%，其他性能则与 2000 系及 7000 系合金相当。2094 及 2095 合金具有很高的强度，超过 700MPa。2195 和 2096 合金既有低的密度，又有高的比强度和韧性。

8090 合金是一种中等强度的耐损伤合金，其密度比 2024、7075 合金低 10%，而其弹性模量比后二者高 11%。它可用于既要求耐损伤又要求低密度的场合。在强度、耐蚀性、损伤容限和加工性能方面都更加优化。

5A90 合金是目前工业用最轻的铝合金，其密度更低，且焊接性能、耐腐蚀性能和低温性能优异。

9.4.6 导线铝合金

（1）稀土铝合金　纯铝中加入质量分数为 0.3%～0.5%混合稀土制备的高导电纯铝导线后，其电阻率为 $2.7654\times10^{-8}\Omega\cdot m$，电导率比国际电工委员会标准规定的电导率高 1.4%。Al-Mg-Si 系合金中加入质量分数为 0.05%～0.1%RE 制备的导线，其导电率[1]达到 54% IACS。

（2）高 Zr 铝合金　添加 0.3% Zr 的 XTAl 铝合金经 100h 的高温时效处理后，细小的 Al_3Zr 相呈弥散状态分布，使导线具有高的导电性与耐热性。日本的 60TAl 铝合金的导电率为 60.0%IACS，最低抗拉强度为 158.76MPa，伸长率 $A\geqslant2\%$，长期工作温度为 150℃，短期工作温度为 180℃。

含 0.01%～0.40%Zr 和不大于 0.5%RE 的铝合金导线连续使用温度可达 150℃，载流量为硬（H）铝绞线的 1.5 倍以上，时效处理后的抗拉强度为 183.65MPa，伸长率为 3.58%，弯曲次数 12，20℃时电阻率为 $2.922\times10^{-8}\Omega\cdot m$，适用于 500 kV 超高压输变电线路及变电所母线，也可以用于城区电网改造与农用架空导线等。

9.5 铸造铝合金

铸造铝合金按照主要合金元素的不同，可分为四类：Al-Si 系铸造铝合金，如 ZAlSi7Mg、ZAlSi5Cu1Mg 等；Al-Cu 系铸造铝合金，如 ZAlCu5Mn、ZAlCu4 等；Al-Mg 系铸造铝合金，如 ZAlMg10、ZAlMg5Si1 等；Al-Zn 系铸造铝合金，如 ZAlZn11Si7、ZAlZn6Mg 等。铸造铝合金的牌号、力学性能及用途见表 9.6。

表 9.6　铸造铝合金的牌号、力学性能及用途

类别	牌号	铸造方法	热处理	R_m /MPa	A /%	硬度 HB	用途
铝硅合金	ZAlSi7Mg	S+B	T6	230	1	70	形状复杂的零件，如飞机、仪器零件、抽水泵壳体
	ZAlSi9Mg	J	T6	240	2	70	形状复杂、工作温度在 200℃以下的零件，如电动机壳体、汽缸体
		S+B	T6	230	2	70	
	ZAlSi5Cu1Mg	S	T5	200	1	70	250℃以下工作的中等载荷零件，如中小型发动机壳体、汽缸体、机匣、油泵壳体
		J	T5	240	0.5	70	
		S	T6	230	0.5	70	
	ZAlSi7Cu4	J	T6	280	3	100	在较高温度下承受重大载荷的零件
		S+B	T6	250	2.5	90	
	ZAlSi12Cu1Mg1Ni1	J	T1	200	0.5	90	要求具有较高高温强度和低线胀系数的发动机活塞
		J	T6	250	—	100	

[1] 导电率＝电导率（单位 MS/m）×0.017241。

续表

类别	牌号	铸造方法	热处理	R_m /MPa	A /%	硬度 HB	用途
铝铜合金	ZAlCu5Mn	S S	T4 T5	300 340	8 4	70 90	工作温度在 175～300℃的零件，如内燃机汽缸头、活塞
	ZAlCu10	S	T6	170	—	100	要求高温强度且结构复杂的零件
	ZAlCu4	S J	T5 T6	220 230	3 3	70 70	要求高强度、高塑性的零件以及工作温度不超过 200℃并要求切削性能好的零件
铝镁合金	ZAlMg10	S	T4	280	9	60	大气或海水中工作的零件，承受冲击载荷且外形不复杂的零件，如舰船配件、氨用泵体等
	ZAlMg6	J	T1	240	4	70	在腐蚀介质中工作的中等载荷零件；在严寒大气及 200℃以下工作的零件，如海轮配件
铝锌合金	ZAlZn11Si7	S J	T1 T1	200 250	2 1.5	80 90	压力铸造零件，工作温度不超过 200℃的结构形状复杂的汽车、飞机零件
	ZAlZn6Mg	S J	T1 T1	220 240	4 4	65 70	结构形状复杂的汽车、飞机、仪器零件，也可用于制造日用品

注：S—砂型铸造；J—金属型铸造；B—变质处理；T1—时效处理；T4—淬火加自然时效；T5—淬火加部分人工时效；T6—淬火加完全人工时效。

9.5.1 Al-Si 系铸造铝合金

Al-Si 系铸造铝合金通常称为铝硅明合金，铝硅明合金包括简单铝硅明合金（Al-Si 二元合金）和复杂铝硅明合金（Al-Si-Mg-Cu 等多元合金）。Al-Si 系合金二元相图见图 9.5。含 11%～13%Si 的简单铝硅明合金（ZL102）铸造后几乎全部是共晶组织，因此，这种合金流动性好，铸件产生的热裂倾向小，适用于铸造复杂形状的零件。它的耐腐蚀性能高，有较低的线胀系数，可焊性良好。该合金的不足之处是铸造时吸气性高，结晶时能产生大量分散缩孔，使铸件的致密度下降。由于 Al-Si 系合金组织中的共晶硅呈粗大的针状，使合金的力学性能降低，所以必须采用变质处理。Al-12%Si 合金变质前后的组织见图 9.6。

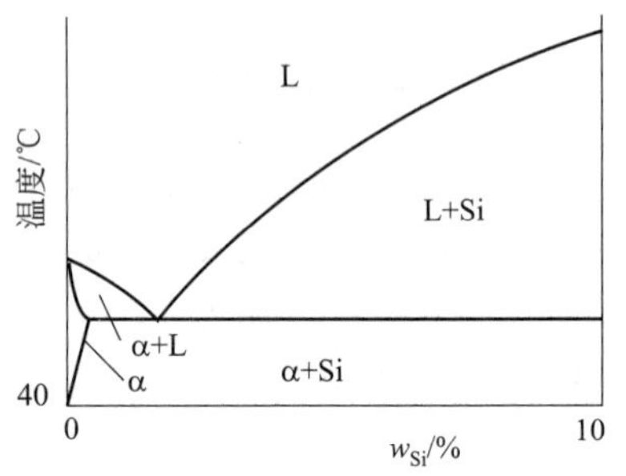

图 9.5 Al-Si 系二元合金相图

内燃机中的活塞，是在高速、高温、高压、变负荷下工作的，所以要求制造活塞的材料必须密度小、耐磨性能、耐蚀性高、耐热性高，还要求活塞材料的线胀系数接近汽缸体的线胀系数。复杂铝硅明合金基本上能满足这一要求，它是制造活塞的理想材料。

9.5.2 Al-Cu 系铸造铝合金

Al-Cu 系铸造铝合金的强度较高，耐热性好。从 Al-Cu 合金相图（见图 9.7）可以看出，合金的结晶温度范围宽时，铸造性能不好，有热裂和疏松倾向，耐蚀性较差。

Al-Cu 系合金（如 ZAlCu5Mg、ZAlCu10、ZAlCu4、ZAlCu5MnCdA 和 ZAlCu5MnCdVA）具有较高的室温和高温拉伸性能，及良好的塑性和冲击韧性、良好的焊接性能和切削加工性

能，但铸造性能较差，耐腐蚀性低。ZAlRE5Cu3Si2 是含稀土金属耐热铸造铝合金，具有良好的铸造性能，但室温抗拉强度低。

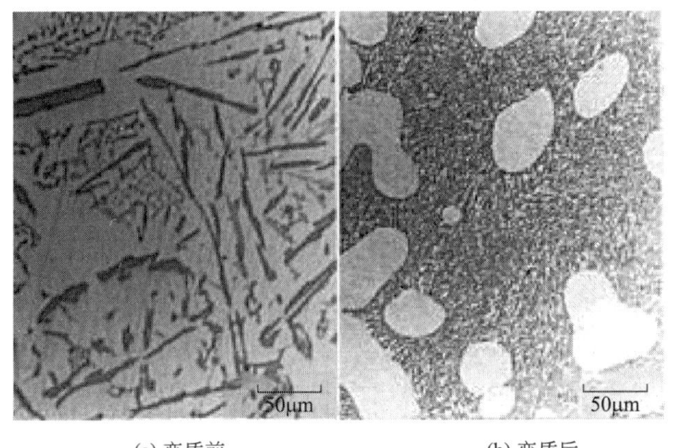

(a) 变质前　　(b) 变质后

图 9.6　Al-12%Si 合金采用钠盐变质前后的组织

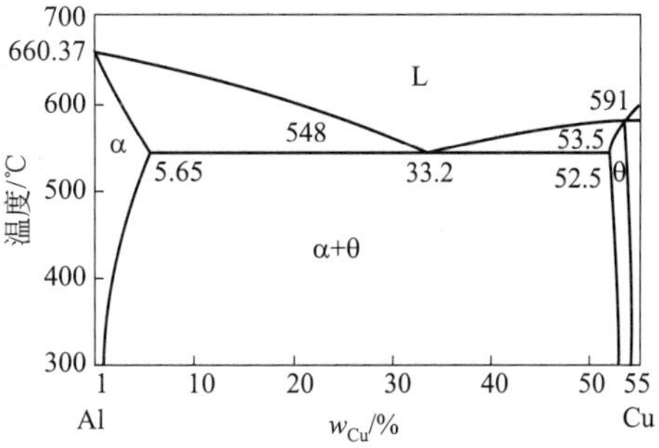

图 9.7　铝铜合金相图

9.5.3　Al-Mg 系铸造铝合金

Al-Mg 系铸造铝合金（ZAlMg10、ZAlMg5Si1、ZAlMg8Zn1）强度高，密度小（约为 2.55g/cm^3），有良好的耐蚀性，但铸造性能不好，耐热性低。Al-Mg 系合金可进行时效处理，通常采用自然时效。多用于制造承受冲击载荷，在腐蚀性介质中工作的，外形不太复杂的零件，如舰船配件、氨用泵体等。

9.5.4　Al-Zn 系铸造铝合金

Al-Zn 系铸造铝合金（ZAlZn11Si7、ZAlZn6Mg）价格便宜，铸造性能优良，经变质处理和时效处理后强度较高，但耐蚀性差，热裂倾向大。常用于制造汽车、拖拉机的发动机零件及形状复杂的仪器零件，也可用于制造日用品。

铸造铝合金的铸件，由于形状较复杂，组织粗糙，化合物粗大，并有严重的偏析，因此它的热处理与变形铝合金相比，淬火温度应高一些，加热保温时间要长一些，以使粗大析出物完全溶解并使固溶体成分均匀化。淬火一般用水冷却，并多采用人工时效。

习　题

1. 铸造铝合金（如 Al-Si 系合金）为何要进行变质处理？

2. 以 Al-Cu 系合金为例，说明时效硬化的基本过程及影响时效硬化过程的因素。

3. 铝合金能像钢一样进行马氏体相变强化吗？可以通过渗碳、氮化的方式表面强化吗？为什么？

4. 铝合金的自然时效与人工时效有什么区别？选用自然时效或人工时效的原则是什么？

第 10 章

镁及其合金

10.1 镁合金的特点和分类

10.1.1 镁合金的特点

镁合金是目前工业应用中最轻的工程材料，密度为 $1.74g/cm^3$，其比强度和比刚度优于钢和铝合金。镁合金还具有铸造性能优良、阻尼减振性好、导电导热性好、电磁屏蔽性好以及原料丰富、切削加工简单和回收容易等优点。

镁表面的氧化膜疏松多孔，不具有保护性，故镁及镁合金耐蚀性较差，且化学和电化学活性极高。镁电化学腐蚀过程主要以析氢为主，以点蚀或全面腐蚀形式迅速溶解直至粉化。镁合金在酸性、中性和弱碱性溶液中都不耐蚀。在 pH 值大于 11 的碱性溶液中，由于生成稳定的钝化膜，镁合金是耐蚀的。如果碱性溶液中存在 Cl^-，使镁表面钝态破坏，镁合金也会被腐蚀。镁的抗蚀能力很低，严重制约了镁合金的应用。

镁的减振性能比铝高 30 倍，其导热性能比塑料高 200 倍，其热膨胀性能却只有塑料的 1/2。虽然镁的强度和硬度比钢低很多，其抗拉强度和疲劳强度也比铝低，但是镁的比性能（性能/密度）要明显好于所比较的其他材料。镁的比强度是钢的 2 倍，比弹性模量几乎相同；镁的强度和刚度要明显好于塑料，伸长率和冲击抗力则明显好于压铸铝合金。

镁有很好的铸造性能。镁的熔化成本只有铝的 2/3，压铸生产效率比铝高 25%，金属模铸造生产效率比铝高 300%～500%，消失模铸造生产效率比铝高 200%，镁铸件的表面质量和外观明显比铝好。镁铸件的生产成本很低，模具寿命是铝的 2 倍，镁脱模斜角可很小，可取消随后的机加工，而且表面成形质量好（因为镁的黏度低）。

10.1.2 镁合金的分类

工业纯镁中含有 Al、Mn、Si、Fe、Ni 等杂质，根据杂质含量不同，其牌号为 Mg99.95、Mg99.50 和 Mg99.00，后面的数字表示 Mg 的纯度。

根据生产工艺的不同，镁合金可分为铸造（包括压铸和砂型铸造）镁合金和变形镁合金。许多镁合金既可作铸造镁合金，又可作变形镁合金。经锻造和挤压后，变形镁合金比相

同成分的铸造镁合金有更高的强度，可以加工成形状更复杂的零件。

根据化学成分的不同，镁合金可分为 Mg-Al、Mg-Zn、Mg-Mn、Mg-RE、Mg-Gd、Mg-Y、Mg-Zr 和 Mg-Li 系镁合金。Mg-Al 系镁合金是应用最广泛的耐热镁合金，压铸镁合金主要是 Mg-Al 系合金。

10.2　变形镁合金

镁为密排六方晶格，其塑性低，物理性能和力学性能均有明显的方向性，这使其在室温下的变形只能沿晶格底面（0001）进行滑移，所以镁的压力加工变形能力很低。只有在加热到 225℃以上时，才能通过滑移系的增加使镁的塑性显著提高。因此，镁及镁合金的压力加工都是在加热状态下进行的，一般不宜进行冷加工。

部分变形镁合金的牌号和化学成分见表 10.1。牌号中前两个字母分别表示最主要合金元素和次主要合金元素，两个数字分别表示最主要合金元素和次主要合金元素的名义含量，最后面的字母为标示代号，表示元素差异或成分的微小差别。例如 AZ91D，A 指主要合金元素 Al，Z 指次主要合金元素 Zn，二者的名义含量分别为 9％和 1％，最后的 D 表示一种标示。

表 10.1　部分变形镁合金的牌号和化学成分　　单位：％

牌号	Al	Zn	Mn	Si	Fe	Cu	Ni	Be(Y、Ce、Zr、Li)	其他	
									单个	总计
AZ31S	2.4～3.6	0.50～1.5	0.15～0.40	0.10	0.005	0.05	0.005	—	0.05	0.30
AZ40M	3.0～4.0	0.20～0.80	0.15～0.50	0.10	0.005	0.05	0.005	Be：0.01	0.01	0.30
AZ61A	5.8～7.2	0.4～1.5	0.15～0.50	0.10	0.005	0.05	0.005	—	—	0.30
AZ63B	5.3～6.7	2.5～3.5	0.15～0.60	0.08	0.003	0.01	0.001	—	—	0.30
AZ80A	7.8～9.2	0.20～0.80	0.12～0.50	0.10	0.005	0.05	0.005	—	—	0.30
AZ91D	8.5～9.5	0.45～0.90	0.17～0.40	0.08	0.004	0.025	0.001	Be：0.0005～0.003	0.01	—
AW90M	8.0～9.5	0.30～0.90	—	0.01	—	0.10	0.004	Y：0.20～1.20	—	0.20
ZM21M	—	1.0～2.5	0.5～1.5	0.01	0.005	0.10	0.004	—	—	0.30
ZE20M	0.02	1.8～2.4	0.5～0.90	0.01	0.008	0.006	0.004	Ce：0.10～0.6	—	0.30
ZK61M	0.50	5.0～6.0	0.10	0.05	0.05	0.05	0.005	Zr：0.30～0.90 Be：0.01	0.01	0.30
M2M	0.20	0.30	1.3～2.5	0.10	0.05	0.05	0.007	Be：0.01	0.01	0.20
LA103M	2.5～3.5	0.80～1.80	—	0.50	0.05	0.05	—	Li：9.50～10.50	0.05	0.30

注：仅有一个数值的表示的是最大允许数值。

10.2.1　Mg-Al 系变形合金

大多数 Mg-Al 系变形合金实际上是包括其他的合金元素的三元合金系合金，主要有：AZ（Mg-Al-Zn）、AM（Mg-Al-Mn）、AT（Mg-Al-Sn）和 AE（Mg-Al-RE）共 4 个系列。

当 Mg-Al 系合金中加入低于 1％Zn 时，Al 在 Mg 基体中固溶强化作用明显提高，提高镁合金的强度。AZ61、AZ61、AZ91 和 AZ80 合金就是这种合金。AZ91 合金经挤压和多道次轧制后，抗拉强度为 369MPa，屈服强度为 244MPa，伸长率为 12.9。Mg-Al-Zn 系变形镁合金的主要特点是强度高，能够进行热处理强化，并有良好的铸造和加工性能，但耐蚀性和耐热性较差，且抗拉强度和屈服强度相差很大，可加工成板材、管材、型材和锻件，用来制作承力较大的零件。

Mn 在 Mg-Al 系合金中可以提高镁合金的耐蚀性能，主要是因为 Mn 可与合金中的 Fe 形成化合物，减小了 Fe 对镁合金耐蚀性的有害影响。把 Mn 加入 Mg-6Al 的合金挤压棒材中，随 Mn 含量增加，合金晶粒逐渐变小，抗拉强度、屈服强度和伸长率先增大后减小。Sr、Y、Nd 可使 AM60 合金的性能明显改善。

Mg-Al-Sn 系合金具有优异的室温力学性能。Mg-5.5Al-3.5Sn 高强镁合金锻造后，组织中 $Mg_{17}Al_{12}$ 相为细小致密的网状结构分布，Mg_2Sn 相为细小颗粒状弥散分布，其抗拉强度为 326 MPa，屈服强度为 234 MPa，断后伸长率为 15.1%。Al、Sn 共同作用可以降低非基面滑移的层错能，从而提高合金的塑性变形能力；同时 Mg_2Sn 相可以有效抑制再结晶晶粒长大，从而获得细晶结构。Sn 在 Mg 中的固溶度急剧降低，使得 Mg-Sn 系合金可通过热处理形成第二相来实现强化。如果 Mg_2Sn 相在基面上直接形成，无亚稳相出现，则几乎没有强化能力。Zn、Cu、Na、Ag 等合金元素的添加可以改变 Mg_2Sn 的析出行为，提高 Mg_2Sn 相时效强化效果。在 Mg-9.8Sn-3Al 合金中添加约 1%Zn 元素，可以细化第二相，提高时效强化效果。Mg-8Al-2Sn-1Zn 变形镁合金挤压时效后性能优异，屈服强度达 296 MPa，抗拉强度达 408 MPa，伸长率达 7%。

在 Mg-Al 系合金中加入 Gd 后，脆性第二相 $Mg_{17}Al_{12}$ 转换为高硬度第二相 Al_2Gd。Al_2Gd 在合金凝固时可作为非均匀形核点，细化晶粒，提高合金的力学性能。Al_2Gd 作为热稳定相，在随后的热处理及热加工过程中，不会发生回溶或分解，因此其可以钉扎晶界，抑制晶粒异常长大。Gd 抑制 Cu、Fe、Ni 等有害杂质元素在晶界的偏析，使腐蚀产物膜致密，降低第二相与基体相的电位差，提高合金的耐腐蚀能力。

Y 不仅可以细化 Mg-Al 系合金的基体组织，生成高熔点强化相 Al_2Y，还可以改善 β 相（$Mg_{17}Al_{12}$）的形态，有利于合金的室温力学性能的提高，而 Y 的固溶强化作用和 Al_2Y 颗粒相的弥散强化作用既有利于室温力学性能的提高，又有利于高温力学性能的提高。

10.2.2 Mg-Zn 系变形合金

Mg-Zn 二元合金组织粗大，对显微缩孔非常敏感，在实际中几乎没有得到应用。往 Mg-Zn 系合金中添加合金元素可以细化晶粒并减小产生显微缩孔的倾向。

在 Mg-Zn 二元合金中加入 Cu 铜，可明显提高其韧性，产生时效硬化效果，ZC63、ZC62 是这类合金的典型代表。ZC63 合金具有中等室温强度，使用温度可达 150℃。ZC63 经时效处理后，R_m = 240 MPa，R_{eL} = 145 MPa，A = 5%，高于 Mg-Al-Zn 系合金的 AZ91D。Mg-4.24Zn-3.06Cu 合金经 360℃ 挤压后，抗拉强度为 277MPa，屈服强度为 181MPa，伸长率为 11%。

在 Mg-Zn 二元合金中添加适当比例的 Mn 元素，可以减少 Fe 在合金中的含量，改善 Mg-Zn 系镁合金的组织和性能，ZM2l 和 ZM6l 是目前研究应用较多的 Mg-Zn-Mn 系镁合金。

Mg-Zn 系合金的晶粒容易长大，故工业 Mg-Zn 系合金中均添加一定量的锆，得到 Mg-Zn-Zr 系合金，其典型牌号包括 ZK40A、ZK60A、ZK61M、ZK61S。Mg-Zn-Zr 系合金在 300～450℃ 的塑性成形能力很好，可挤压成各种规格的棒材、带材和型材。

Mg-Zn-Zr 系合金是热处理强化变形镁合金，经挤压后合金组织细化，强度和塑性较高。Zr 对镁合金组织有明显的细化效果。由于 Zr 在液态镁中的溶解度很小，因此 Zr 和 Mg 不形

成化合物，凝固时 Zr 首先以质点的形式析出。由于 α-Zr 和 Mg 均为六方晶型，两者的晶格常数很接近（Mg 的晶格常数 $a=0.32$nm，$c=0.52$nm；α-Zr 的晶格常数 $a=0.323$nm，$c=0.514$nm），所以 α-Zr 能成为 α-Mg 的结晶核心。当加入后 Zr 含量大于 0.6%时，镁液中形成的 α-Zr 大量弥散质点使晶粒显著细化。但 Zr 的加入量不可能很大，因为当温度达到 900℃时，镁液中仅能溶解 0.7%Zr。另外，溶于基体中的 Zr 还起到一定的强化作用。

ZK60 镁合金是 Mg-Zn-Zr 系变形镁合金的典型代表，其强化相 $MgZn_2$，为具有较高的强度、良好的塑性和耐蚀性能。图 10.1 为 ZK60 合金及添加稀土元素前后的合金挤压态显微组织形貌。合金在热挤压过程中发生了明显的动态再结晶，在未添加稀土元素的 ZK60 合金中再结晶晶粒明显长大。在添加了稀土元素 Nd 和 Y 的合金中再结晶晶粒并未长大。这一方面是由于稀土元素 Nd 和 Y 具有晶粒细化作用；另一方面，Nd 和 Y 可以与 Mg 形成多种耐热相［$Mg_{41}Nd_5$、W(Mg_3Zn_2Y) 相和准晶 I(Mg_3Zn_6Y) 相］，可以阻碍在热变形过程中再结晶晶粒的长大。

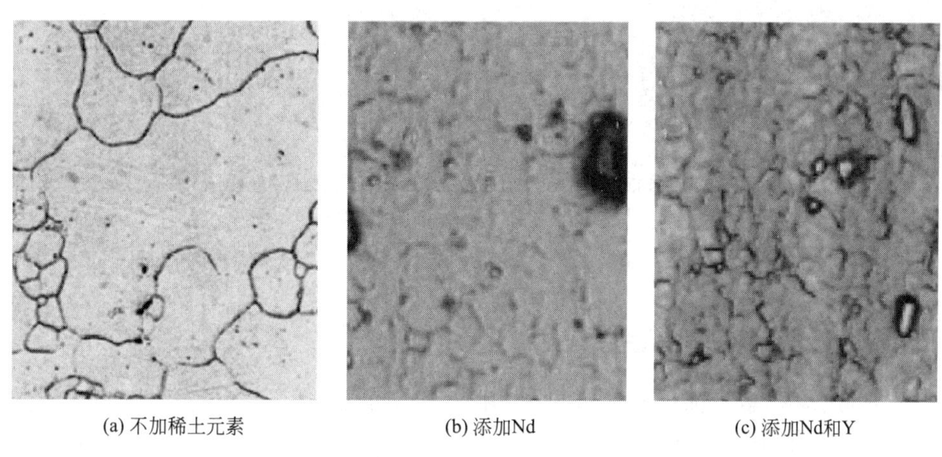

(a) 不加稀土元素　　(b) 添加Nd　　(c) 添加Nd和Y

图 10.1　ZK60 合金及添加 Nd 和 Y 前后的挤压组织

ZK61M 镁合金是一种高强度变形镁合金，其挤压棒材经过固溶和人工时效后，$R_{p0.2}=343$MPa，$R_m=363$MPa，$A=9.5\%$，但经挤压和人工时效后，$R_{p0.2}=324$MPa，$R_m=355$MPa，$A=16.7\%$。由于 ZK61M 合金强度高，耐蚀性好，无应力腐蚀倾向，且热处理工艺简单，所以能制造形状复杂的大型构件，如飞机上的机翼翼肋等，使用温度不得高于 150℃。

10.2.3　Mg-Mn 系变形合金

Mn 在镁中的固溶点较低，固溶度为 3.4%。镁合金中的 Mn 含量通常低于 1.5%。Mg 和 Mn 不能形成化合物，强度的提高主要依靠形变强化。一般使用退火状态的 Mg-Mn 系合金，其退火组织是在固溶体基体上分布着少量为纯 Mn 的 β 颗粒。这种状态的 Mg-Mn 系合金具有良好耐蚀性和焊接性，无应力腐蚀倾向。随锰含量增加，合金的强度略有提高。

M1C、M2M、M2S 和 ME20M 合金都属于 Mg-Mn 系合金。M2M 合金高温塑性好，可生产板材、棒材、型材和锻件，其中板材用于焊接件，棒材用作汽油和润滑油系统附件及形状简单、受力不大的高耐蚀性零件。在 M2M 合金基础上加入 0.15%～0.35%Ce，就成为 ME20M 合金，细化了晶粒，提高了室温和高温强度，工作温度也提高了 50℃。ME20M 合金有中等强度和较高的塑性（$R_{p0.2}$=167MPa，R_m=245MPa，A=18%），可生产管材、棒材、板材和锻件，目前已取代 M2M 合金，用于制作飞机的蒙皮、壁板及润滑系统的附件。

为了提高 Mg-Mn 系合金的力学性能和耐腐蚀性能，对其进行合金化。当 Ca 含量（质量分数）为 0.6%时，Mg-Mn 系合金的显微组织得到细化，腐蚀速度降低 56 mm/a。Nd 可以大大提高 Mg-Mn 系合金的室温和高温瞬时抗拉强度，而耐蚀性能不变。Mg-Mn-Y 合金力学性能比 ME20M 合金的高，但是耐蚀性略比 ME20M 合金的低。在 Mg-Mn-0.3Ca 合金中增加 Si 含量，抗拉强度略有提高，耐蚀性能有所改善。Zn 元素能够提高镁合金的力学性能，并且能减弱 Fe、Ni 等杂质对耐腐蚀性能的不利影响，有助于在合金表面形成钝化膜，可以在一定程度上改善镁合金的耐蚀性能。图 10.2 为加入不同含量 Zn 的 Mg-Mn 系合金金相组织，可以看出 Zn 含量变化对合金组织的影响。

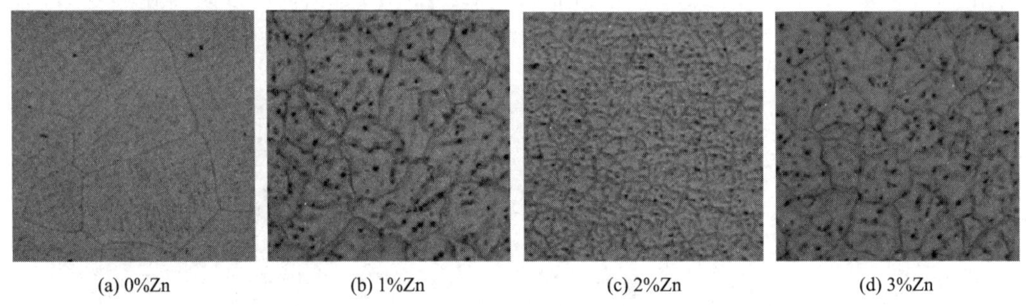

(a) 0%Zn (b) 1%Zn (c) 2%Zn (d) 3%Zn

图 10.2 Zn 含量对 Mg-Mn 系合金的金相组织的影响

10.2.4 Mg-RE 系变形合金

（1）Mg-Gd 系合金 稀土元素 Gd 在镁中的固溶度大，542℃时可达 24.0%，且固溶度随着温度的降低而降低，200℃时仅为 4%（质量分数）。Mg-Gd 系合金是典型的时效强化型合金，时效过程中形成的大量纳米级 β′ 析出相使得合金具有优异的室温和高温力学性能。Gd 元素的添加也提高了合金的耐腐蚀性能。

单一元素的作用效果有限，复合添加是 Mg-Gd 系合金化的重要发展方向。通过添加 Zn、Cu、Ni 等元素，在保留 Mg-Gd 系合金中原有纳米级析出相的基础上，能形成新的结构相，从而实现多相协同强化合金的目的。在 Mg-Gd 系合金中 Si 能与 Mg 形成有效的高温强化相 Mg_2Si，T5 挤压态 Mg-8Gd-4Y-Nd-Zn-3Si 合金的弹性模量达 58.5 GPa，极限拉伸强度达 386MPa，伸长率为 5.9%。

Mg-Gd-Mn-Sc 系合金在 Sc 含量较低时便具有理想的高温蠕变性能。其中 Mn-Sc 强化相起到了重要作用。Mg-7Gd-3Y 合金加入 Sc 不仅提高了合金抗拉强度和屈服强度，而且析出相熔点和合金的熔化温度也升高。Y 元素是 Mg-Gd 系合金化中应用最广的元素之一。Mg-9Gd-Y-0.6Zr 合金在 T5 挤压态时的硬度最大（大于 145HV），在 −196℃、25℃、250℃、300℃和 350℃下，合金的极限抗拉强度分别高达 521MPa、370MPa、348MPa、262MPa 和 150MPa；合金在−196℃时具有 8%的伸长率，在 400℃时出现伸长率为 180%的超塑性。时效态 Mg-7Gd-4Y-1.6Zn-0.5Zr 合金的抗拉强度、屈服强度和伸长率分别达到 446MPa、399MPa 和 6.1%。挤压态 Mg-8.2Gd-3.8Y-1.0Zn-0.44Z 合金室温下的抗拉强度为 469MPa，伸长率为 1.3%；热挤压态 Mg-1.8Gd-1.8Y-0.7Zn-0.2Zr 合金样品的抗拉强度更高，达 542MPa，屈服强度为 473MPa，断后伸长率达 8.0%。含 3%Ho 的 Mg-8Gd-0.6Zr

合金的抗拉强度和屈服强度值分别为 279MPa 和 175MPa，最大硬度值比 Mg-8Gd-0.6Zr 合金高出约 30%。

Ag 能改善合金塑性，制备出良好延展性的高强度镁合金。如 Mg-8.5Gd-2.0Y-1.0Ag-0.4Zr 合金经 200℃峰值时效处理后表现出极为优异的室温力学性能，抗拉强度和伸长率分别达到 396MPa 和 9.1%。

但需要特别注意的是，含 Zr 的 Mg-Gd 系合金一般不添加 Al，因为 Al 不仅能与 Zr 反应生成 Al_3Zr 相恶化合金组织，而且还会消耗大量基体合金中的稀土元素，降低稀土的利用率。

（2）Mg-Y 系合金　Y 在 Mg 中的固溶度为 12.4%，随着温度的降低，Y 元素固溶度呈指数趋势减小。这表明了 Mg-Y 系合金可通过完全热处理来进行沉淀强化。Mg-Y 二元合金中主要强化相为 $M_{24}Y_5$。

在 Mg-Y 系稀土镁合金中添加不同的元素，虽然会降低 Y 元素在合金中的固溶度，但却可以提高合金中析出相的体积分数，更好地起到强化合金的作用。Mg-5.0Y-2.6Nd-0.6Zr 合金的综合性能好，抗拉强度、屈服强度分别为 303MPa 和 262MPa，伸长率、断面收缩率分别为 12%、16.7%。Mg-4Y-3Nd-3Dy-0.5Zr 合金的室温抗拉强度可超过 310MPa，比不含 Dy 的合金提高 17.5%；300℃高温抗拉强度可超过 240MPa，比不含 Dy 的合金提高 45%。

Mg-9Y-0.6Zr 合金中加入 0%～0.5%富 Ce 混合稀土金属，可以提高合金的强度，形成 WE91 合金。Mg-Y 系合金中添加 Ca 和 Zr，会形成阻燃稀土镁合金，Ca 和 Zr 元素的添加不影响合金的时效过程，同时使晶粒明显细化且强度提高。

（3）其他稀土镁合金　除了 Y、Gd 以外，还往镁中加入其他稀土元素，如 La、Sc、Nd、混合稀土等。La 是提高镁合金强度的最佳元素，它能在常温和高温下都提高镁合金的固化强度和硬化时间，Mg-La 系合金具有优异的高温强度和抗蠕变性能，也具有很强的耐蚀能力。

Sm 单独加入镁中有晶粒细化、固溶强化和时效硬化作用，Sm 与 Mg 反应生成具有高熔点的强化相，经时效处理后大量析出，可以有效地强化镁基体，提高合金的力学性能。

含 Nd 的合金高温抗拉强度高于含 Ce 的合金，含 Nd 和 Y 的合金又高于含 Nd 的合金，其中，含 Nd 的 Mg-RE 系合金的使用温度超过 200℃。

常用的变形稀土镁合金有 EZ22M。

10.2.5　Mg-Li 系合金

Mg-Li 系合金相图见图 10.3。Li 的加入，可使合金结构由 HCP（密排六方）结构转变为易变形的 BCC（体心六方）结构，使合金塑性明显提高。Li 的密度为 $0.53g/cm^3$，用 Li 作为合金元素的 Mg-Li 系合金比纯镁还轻。工业 Mg-Li 系合金分为 3 类，即 α、α＋β 和 β 型合金。为提高合金的强度，除 Li 外尚需添加其他合金元素，如 Al、Zn、Mn、Cd 和 Ce 等。加入铝可以起到提高合金

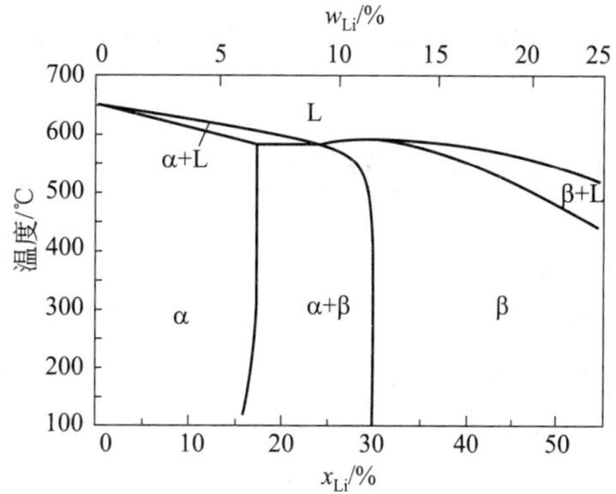

图 10.3　Mg-Li 系合金相图

w—质量分数；x—原子数百分率

的蠕变抗力和稳定性能的作用。工业上常用的 Mg-L 系合金为 LA86M、LA103M 和 LA141A。

对于六方晶系的镁，添加 Li 后减小了六方晶系 α-Mg 的 c/a 值，原子间距的减小降低了六方晶格沿 {1010}〈1210〉棱面滑移的启动能，使得该滑移在室温下与 {0001}〈1210〉的基面滑移同时发生，提高了合金的室温延展性和变形性。共晶成分范围的 Mg-Li 二元合金具有极好的变形性能和超塑性。α+β 型的 Mg-Li 系合金具有超塑性，例如细晶组织的 Mg-8.5Li 和 Mg-9Li 二元合金在 350℃的伸长率为 460%～610%。

Li 含量的增加引起 Mg-Li 系合金电阻率的增加。对 α-Mg 合金，这种增加明显；对 α+β 合金，电阻率变化很小；而对 β 合金，电阻率增加较小。Li 增加了 α-Mg 合金的硬度，但 α+β 合金的微观硬度下降较大，β 合金的微观硬度比纯镁低。对于 α-Mg 热压合金，其规定塑性延伸强度随 Li 含量的增加而下降。而锂含量大于 10%的退火合金的伸长率低于热压合金。对于 α+β 合金，没有这样的差别。对于含足够量 Li 的 β 合金，拉伸屈服强度比压缩屈服强度低。Mg-Li 系合金热压过程中，会发生再结晶。1%的 Li 能使再结晶晶粒减小，但只要超过 1%，再结晶晶粒会明显增加。α+β 合金的再结晶组织同样如此。但 Li 含量超过 10%的合金在热压过程中会发生完全再结晶并在组织中出现粗大晶粒。Mg-Li 二元合金高温性能不足，大量 Li 的存在会降低合金的蠕变抗力。加热过程中 α 合金的硬度下降比 β 合金明显小。为了提高 Mg-Li 系合金高温下的晶体生长阻力，需要添加阻止晶体生长的介质和稳定的第二相掺杂颗粒。图 10.4 为添加 0.5%Mn 的 Mg-9Li 合金垂直轧制方向的组织。

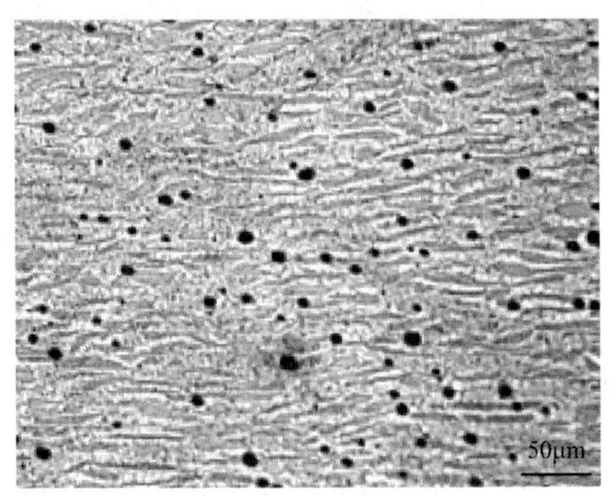

图 10.4 添加 0.5%Mn 的 Mg-9Li 合金垂直轧制方向的组织

Mg-Li 系合金的缺点是化学活性很高，Li 极易与空气中的氧、氢、氮结合成稳定性很高的化合物，因此熔炼和铸造必须在惰性气氛中进行，采用普通熔剂保护方法很难得到优质铸锭。此外，Mg-Li 系合金的耐蚀性低于一般镁合金，应力腐蚀倾向严重。

Mg-Li 系合金是密度比镁还要轻的合金，因此具有超轻合金之称。Mg-Li 系合金具有较好的塑性和较高的弹性模量，且阻尼减振性好，易于切削加工，是航空工业理想的材料。

10.3 铸造镁合金

镁在高温下极易氧化，其氧化膜非但无保护性，反而会促进进一步的氧化。镁合金的熔炼都在 650℃以下进行，温度高会使氧化加剧，在 850℃以上表面有火焰出现或发生爆裂。因此镁合金熔炼前，所用各种原材料均要烘干以免带入水分；熔炼时要通入惰性气体或加覆盖剂进行保护，避免发生氧化和燃烧；浇注前要搅拌以除去氧化物和氯化物夹杂，防止其降低合金的耐蚀性，且铸型也要充分烘干，以免浇注时发生爆炸。

常用铸造镁合金的牌号和化学成分见表 10.2，主要合金系为 Mg-Zn-Zr、Mg-Al-Zn、Mg-RE、Mg-Nd 等。

表 10.2 常用铸造镁合金的牌号和化学成分（质量分数） 单位：%

合金牌号	合金代号	Zn	Al	Zr	RE	Mn	Ag	Nd	Si	Cu	Fe	Ni	其他	
													单个	总量
ZMgZn5Zr	ZM1	3.5～5.5	0.02	0.5～1.0	—	—	—	—	—	0.10	—	0.01	0.05	0.30
ZMgZn4RE1Zr	ZM2	3.5～5.0	—	0.4～1.0	0.75～1.75	0.15	—	—	—	0.10	—	0.01	0.05	0.30
ZMgRE3ZnZr	ZM3	0.2～0.7	—	0.4～1.0	2.5～4.0	—	—	—	—	0.10	—	0.01	0.05	0.30
ZMgRE3Zn3Zr	ZM4	2.0～3.1	—	0.5～1.0	2.5～4.0	—	—	—	—	0.10	—	0.01	0.05	0.30
ZMgAl8Zn	ZM5	0.2～0.8	7.5～9.0	—	—	0.15～0.5	—	—	0.30	0.10	0.05	0.01	0.10	0.50
ZMgAl8ZnA	ZM5A	0.2～0.8	7.5～9.0	—	—	0.15～0.5	—	—	0.10	0.10	0.015	0.001	0.01	0.20
ZMgNd2ZnZr	ZM6	0.2～0.7	—	0.4～1.0	—	—	—	2.0～2.8	—	0.10	—	0.01	0.05	0.30
ZMgZn8AgZr	ZM7	7.5～9.0	—	0.5～1.0	—	—	0.6～1.2	—	—	0.10	—	0.01	0.05	0.30
ZMgAl10Zn	ZM10	0.6～1.2	9.0～10.7	—	—	0.1～0.5	—		0.30	0.10	0.05	0.01	0.05	0.50
ZMgNd2Zr	ZM11	—	0.02	0.4～1.0	—	—	—	2.0～3.0	0.01	0.03	0.01	0.005	0.05	0.20

10.3.1 Mg-Zn 系铸造合金

Mg-Zn 二元合金的组织粗大，对显微缩孔非常敏感，在实际中几乎没有得到应用。但该合金有一个显著优点，即可通过时效硬化来显著地提高合金的强度。因此，若要进一步发展 Mg-Zn 系合金，需要寻找第三种合金元素，以细化晶粒并减少显微缩孔的倾向。

Zr 在镁合金中具有细化作用，是铸态 Mg-Zn 系合金最有效的晶粒细化的元素，故工业 Mg-Zn 系合金中均添加一定量的 Zr。这类合金都属于时效强化合金，具有较高的抗拉和屈服强度，一般都在直接时效或固溶处理再接着时效的状态下使用。在 ZMgZn8AgZr 镁合金中，由于存在少量 Ag 元素，合金在 T4（固溶）和 T6（固溶＋时效）状态下的屈强比也有较为明显的提高。在 Mg-Zn 系合金中添加一些稀土元素可以显著改善其铸造性能和耐热性能，使其使用温度提高至 150℃。ZE41 和 ZE33 是典型的 Mg-Zn-RE 系合金，稀土元素在 Mg-Zn 系合金中形成 MgZnRE 相，可延迟时效作用。

Mg-Zn-Zr 系合金中含有 Mg_2Zn_3 相，其介稳相 $MgZn_2$ 有沉淀强化效果。当锌含量增加时，合金的强度升高。但锌含量超过 6%时，合金的强度提高不明显，而塑性下降较多。加入少量锆后可细化晶粒，改善力学性能。早期使用的 ZMgZn5Zr 合金，用铸件直接进行人工时效，其 $R_{p0.2}=140$MPa，$R_m=235$MPa，$\delta=5\%$。在 ZMgZn5Zr 合金的基础上加入适量的混合稀土元素，使其铸造性和焊接性得到改善，就成为 ZMgZn4RE1Zr 合金，其高温蠕变强度、瞬时强度和疲劳强度均得到明显提高，可在 170～200℃下工作，用于制造飞机的发动机和导弹的各种铸件。

在 Mg-Zn 二元合金中加入第三种组元铜，将会导致其韧性和时效硬化明显增加。砂型铸造合金 ZC63（Mg-6Zn-3Cu-0.5Mn）在时效状态下，其抗拉强度、屈服强度和伸长率分别达到 240MPa、145MPa 和 5%。在 Mg-Zn 系合金中的铜被认为可以提高其共晶温度，因而可在较高的温度固溶，使更多的 Zn 和 Cu 溶入合金中，增加了随后的时效强化效果。Mg-Zn-Cu 系合金的缺点是由于 Cu 的加入导致的合金的耐蚀性能降低。在 Mg-Zn 合金中加入 Cu 会改变铸态合金的共晶组织，使由完全离异共晶形成的、处于 α-Mg 晶界及枝晶臂之间的不规则块 $MgZn_2$ 相转变为片状。

为了提高 ZK60 镁合金的强度，可在合金中添加稀土元素 Nd 和 Y。稀土元素 Y 形成的含 Y 相具有较高的硬度，及良好的耐热、耐腐蚀性能和较低的界面能，从而大大提高镁合金的室温和高温强度，但合金的伸长率较低。图 10.5 为添加稀土元素 Nd 和 Y 对 ZK60 合金的显微组织的影响。随着稀土元素的加入，合金的晶粒粒径明显细化，第二相逐渐增加，在晶内晶界处均有分布，以晶界处第二相较多。添加稀土元素 Nd 时，形成 $Mg_{41}Nd_5$ 第二相。

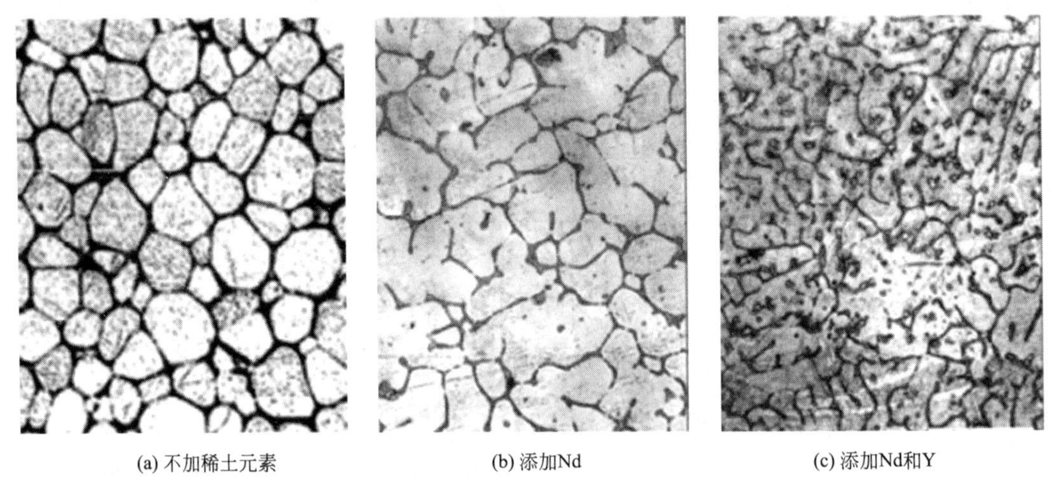

(a) 不加稀土元素　　(b) 添加Nd　　(c) 添加Nd和Y

图 10.5　ZK60 合金及添加 Nd 和 Y 前后的铸态组织

10.3.2 Mg-Al 系铸造合金

Mg-Al 系合金是最早用于铸件的二元合金系，是目前牌号最多、应用最广的系列。大多数 Mg-Al 系合金实际上还包括其他的合金元素，以此为基础发展的三元合金系有：Mg-Al-Zn、Mg-Al-Mn、Mg-Al-Si 和 Mg-Al-RE 共 4 个系列。

Mg-Al 系合金中往往还含有一些其他的合金元素，但其中最重要的就是 Zn 和 Mn。Zn 在 Mg-Al 系合金中，AZ（Mg-Al-Zn）系和 AM（Mg-Al-Mn）系镁合金是目前应用最广泛的商业化 Mg-Al 基铸造镁合金。AZ 系镁合金（如 AZ91）的屈服强度很高，广泛用于制造形状复杂的薄壁压铸件，如发动机和传动系的壳体、电子器材壳体、手动工具等。含铝量比 AZ 系镁合金低的 AM 系镁合金（如 AM60、AM50、AM20）具有优良的断裂韧性，但屈服强度较低，通常用于承受冲击载荷的场合，如轿车侧门、仪表盘、座椅框架、轮毂及体育用品等。

然而 AZ 和 AM 系镁合金的高温抗蠕变性能比常用铝合金低得多，温度高于 150℃时抗拉强度迅速降低。为改善 Mg-Al 基镁合金的高温性能，通常加入合金元素 Si、RE、Ca 等以改善析出相的特性（晶体结构、形态及热稳定性），提高现有 AZ 系镁合金的耐热性，如 AS（Mg-Al-Si-Mn）系、AE（Mg-Al-RE）系和 Mg-Al-Ca 系铸造镁合金。尽管增加含铝量会提高合金的铸造性能，但为减少非连续析出 β 相的数量，AS 和 AE 系耐热镁合金的铝含量还是较低。

Mg-Al-Zn 系合金中的铝含量一般要高于 7%才能保证合金有足够高的强度。加入少量锌可提高合金元素的固溶度，加强热处理强化效果，有效地提高合金的屈服强度。加入少量锰是为了提高耐蚀性，消除杂质铁对耐蚀性的不良影响。AZ88（Mg-8Al-8Zn）高锌 Mg-Al-Zn 系合金具有优良铸造性能，比 AZ81（Mg-8Al-0.5Zn）合金和 AZ91（Mg-9Al-0.5Zn）合金有更好的耐蚀性和可铸性。常用的 Mg-Al-Zn 合金为 ZMgAl8Zn，由于铝含量不高，合金的流动性好，可以焊接。该合金通常在 415～420℃固溶处理，在热水中或空气中冷却，再经 175℃或 200℃时效处理，得到的力学性能为 $R_{p0.2}=128MPa$，$R_m=240MPa$，$\delta=3\%$，用于制造飞机机舱连接隔框、舱内隔框等，以及发动机、仪表和其他结构上承受载荷的零件。热处理状态对 Mg-Al-Zn 系合金的显微组织有明显的影响，固溶处理后的时效处理能明显提高 Mg-Al-Zn 系合金屈强比。图 10.6 为 AM60B 铸态金相组织，图 10.7 为 AZ91D 挤压铸造态的金相组织。

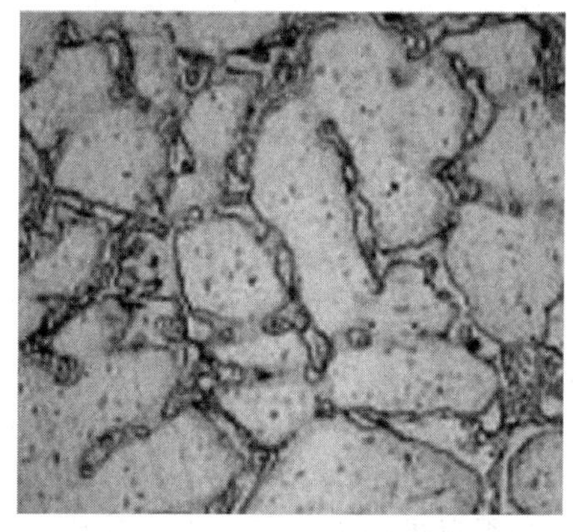

图 10.6 AM60B 铸态金相组织图

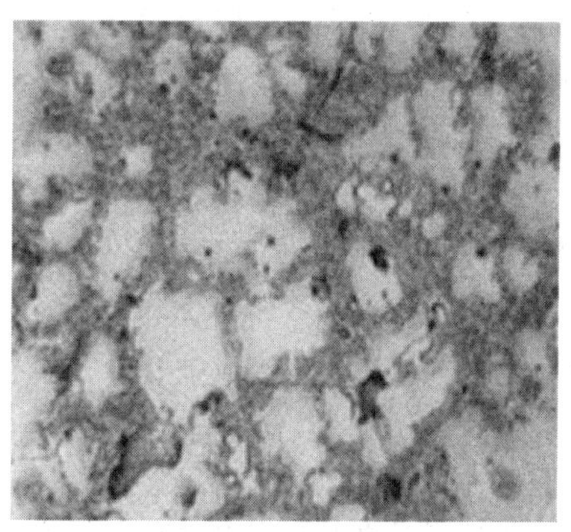

图 10.7 AZ91D 挤压铸造态的金相组织

10.3.3 Mg-RE 系铸造合金

稀土元素可降低镁在液态和固态下的氧化倾向。大部分 Mg-RE 二元相图的富镁区都是相似的，都具有简单的共晶反应，一般在晶界存在着熔点较低的共晶，例如 Mg-Ce、Mg-Nd 和 Mg-La。这些共晶体以网络形式存在于晶界上，能够起到抑制显微缩松的作用。如果加入 Zn，可在晶界上形成了 Mg-Zn-RE 相，减轻了一些合金原有的固溶强化效果，导致合金的室温力学性能（强度和塑性）有所降低，但其高温抗蠕变性能得到明显的改善。进一步增加 Zn 的含量，镁合金中会有大块的 Mg-Zn-RE 相在晶界形成，导致合金的脆性增加，并由于降低晶界附近的熔点而在固溶处理时产生局部熔化现象。银的加入明显改善 Mg-RE 系合金的时效硬化效应，据此开发了 QE22、QE21 及 EQ21 等合金。从室温到 200℃温度区间，Mg-RE-Ag 合金的高温抗拉性能和蠕变抗力接近含钍镁合金的性能（钍是提高镁合金高温性能最有效的合金元素，但钍的低放射性限制了 Mg-Th 基合金的应用）。

在 Mg-RE 系合金中往往也要通过加入 Zn 来增加合金的强度，加入 Zr 以细化合金的晶粒组织，并在熔炼过程中起到净化的作用，以此改善镁合金的耐蚀性。例如，镁合金 EZ33（Mg -3RE-2.5Zn-0.6Zr），既具有高强度，又具有高的抗蠕变性能，使用温度可高达 250℃。在 Mg-RE 中有时还要加入 Mn，因为 Mn 具有一定的固溶强化效果，同时降低原子的扩散能力，提高耐热性，同时也有提高合金耐蚀性的作用。

Y 在 Mg 中的最大溶解度是 12.5%，并且其溶解度曲线随温度的改变而变化，表明其具有很高的时效硬化的倾向。当钇加入量低于 2%时，Mg-Y 二元合金的铸态组织为单相 α-Mg。当钇含量达到 1.5%以上时，组织中将会出现共晶组织。随着钇含量的增加，Mg-Y 二元合金铸态晶粒尺寸减小，说明钇具有细化镁铸态组织的作用。

在 Mg-Y 合金中往往还要加入 Nd 和 Zr。Mg-Y-Nd-Zr 系列合金具有比其他合金高得多的室温强度和高温抗蠕变性能，使用温度可高达 300℃。此外，Mg-Y-Nd-Zr 热处理后的耐蚀性能优于所有其他的镁合金。同时加入 Nd 和 Y 形成的 WE54 合金［Mg-5.1Y-3.2RE-(1.5～2.0) Nd-0.5Zr］，屈服强度达 200MPa，伸长率为 4%，铸造性能、焊接性能良好。

Mg-2.6Nd-1.5Gd-0.5Zn-0.5Zr 铸态组织为近等轴晶，主要由 α-Mg 基体和晶界处的 (α-Mg+Mg_{12}Nd) 共晶组成。合金 525℃保温 4 h 固溶处理后 200℃时效 16 h，抗拉强度、屈服强度和伸长率在室温条件下分别为 295MPa、165MPa 和 7.5%。Mg-2.6Sm-1.3Gd-0.6Zn-0.5Zr 合金铸态组织主要由 α-Mg 和 $(Mg, Zn)_3$ $(Sm, Gd)_1$ 共晶相组成，合金 510℃保温 4 h 固溶处理后室温抗拉强度为 246MPa，伸长率为 11.3%；200℃峰值时效的屈服强度、抗拉强度和伸长率达到 185MPa、282MPa 和 6.1%。

10.3.4 其他铸造镁合金

(1) Mg-Th 系合金　Mg-Th 系合金具有很好的抗蠕变性能，其锻件和铸件的使用温度可高达 350℃。Mg-Th-Zr 三元合金，如 HK31 (Mg-3Th-0.7Zr)，通过适当的热处理，晶内连续析出的 Mg-Th 化合物可以改善镁合金的室温力学性能，晶界上非连续析出的 Mg-Th 弥散相能够有效地抑制高温时的晶界转动，从而提高了其抗蠕变性能。向 Mg-Th-Zr 中加入 Zn，可导致了晶界上针状相的形成，镁合金抗蠕变性将得以进一步提高。Mg-Th 系合金中的 QH21 (Mg-2.5Ag- 1Nd-1Th-0.7Zr)，由于加入了钍元素，降低了钕在镁中的溶解度，促使时效析出更为细小的沉淀强化相，并且不易聚集长大，因而有比 QE22 合金更为优越的抗蠕变性能。由于 Th 属于放射性元素，对人体健康有害，Mg-Th 系合金现在几乎不再应用。

(2) Mg-Zr 系合金　Zr 在液态镁中的固溶度为 0.6%，Zr 对镁的铸造组织有显著的细化作用。但只以锆合金化的镁合金往往强度达不到要求，因此锆通常是作为晶粒细化剂添加到其他合金系 (Mg-Zn，Mg-RE，Mg-Th，Mg-Ag) 中与其他合金元素一起使用。目前，只以合金化得到工业化应用的 Mg-Zr 系合金只有 K1A (Mg-0.7%Zr) 这一种牌号的铸造镁合金，在铸态下使用主要是应用其优异的阻尼性能，其兼具高力学性能的特点。

Mg-Zr 系合金的组织为镁固溶体以及镁晶粒内少量分布的细小锆晶体。需要指出的是，并非加入合金中的 Zr 均能起细化晶粒的作用，只有在浇注时溶于液体金属中的 Zr 才对铸造金属的晶粒有细化作用。Ca 是镁合金中组织细化最有效的合金元素之一。Zr 和 Ca 联合加入镁合金中（如阻燃镁合金 Mg-Y-Ca-Zr 和 Mg-Zn-Ca-Zr）可以使合金显著细化，这是因为 Ca 促进了 Zr 在镁熔体中的溶解。当金属液中存在铝、硅、铁、氢等杂质时，Zr 可能和这些元素结合生成高熔点金属间化合物并从镁液中沉淀出来。

在 Mg-0.5 Zr 合金中加入 Zn、Mn、Cd、Y、Nd 等，这些镁合金的比阻尼性能维持在 50%～70%。铸态下合金阻尼性能最好，热轧后力学性能提高而阻尼性能下降。

(3) Mg-Ag 系合金　在 Mg-RE-Zr 合金中添加 Ag 可以大大提高合金的拉伸性能，在此

基础上，开发了以 Ag 为主要添加元素的 Mg-Ag-RE（Nd）-Zr 合金系，如 QE22（Mg-2.5Ag-2RE-0.7Zr）合金，或 Mg-Ag-Th-RE（Nd）-Zr 合金系，如 QHZ1（Mg-2.5Ag-1Th-1RE-0.7Zr）合金。目前应用最广泛的 Mg-Ag 系铸造合金牌号为 QE22A，已用于飞机变速箱等部件。QE22A 合金具有很高的屈服强度，250℃以下的瞬时拉伸和疲劳性能也较高，但在温度稍高时将发生过时效而使抗蠕变性能急剧恶化。如果以钍代替部分稀土元素，则可以进一步提高合金的高温性能，这类合金的典型牌号如 QH21 铸造合金。QH21A 合金的铸造性能与 QE22A 相似，室温性能稍高于 QE22A ，高温性能明显提高，其使用温度提高了 30～40℃。

10.4　特种镁合金

10.4.1　耐热镁合金

耐热性差是阻碍镁合金广泛应用的主要原因之一，当温度升高时，它的强度和抗蠕变性能大幅度下降，使它难以作为关键零件（如发动机零件）材料在汽车等工业中得到更广泛的应用。耐热镁合金中所采用的合金元素主要有稀土元素（RE）和硅（Si）。稀土元素是用来提高镁合金耐热性能的重要元素。含稀土元素的镁合金 QE22 和 WE54 具有与铝合金相当的高温强度，但是稀土镁合金的高成本是其被广泛应用的一大阻碍。

Mg-Al-Si（AS）系合金是德国大众汽车公司开发的压铸镁合金。175℃时，AS41 合金的蠕变强度明显高于 AZ91 和 AM60 合金。但是，AS 系镁合金由于在凝固过程中会形成粗大的汉字状 Mg2Si 相，损害了铸造性能和力学性能。研究发现，微量 Ca 的添加能够改善汉字状 Mg2Si 相的形态，细化 Mg2Si 颗粒，提高 AS 系列镁合金的组织和性能。

美国开发的 ZAC8506（Mg-8Zn-5Al-0.6Ca）和加拿大开发的 Mg-5Al-0.8Ca 镁合金，其抗拉强度和抗蠕变性能都较好。

日本采用快速凝固法制成高强度镁合金 Mg-2at% Y-1at% Zn[❶]，其晶粒尺寸为 100～200nm，合金不但强度为超级铝合金的 3 倍，同时还具有超塑性、高耐热性和高耐蚀性。

10.4.2　耐蚀镁合金

镁合金的耐蚀性问题可通过两个方面来解决：一是严格限制镁合金中的 Fe、Cu、Ni 等杂质元素的含量。例如，高纯 AZ91HP 镁合金在盐雾试验中的耐蚀性大约是 AZ91C 的 100 倍，超过了压铸铝合金 A380，比低碳钢还好得多。二是对镁合金进行表面处理。根据不同的耐蚀性要求，可选择化学表面处理，阳极氧化处理及有机物涂覆、电镀、化学镀、热喷涂等处理方法。例如，经化学镀的镁合金，其耐蚀性超过了不锈钢。

10.4.3　阻燃镁合金

镁合金在熔炼浇铸过程中容易发生剧烈的氧化燃烧。实践证明，熔剂保护法和 SF_6、SO_2、CO_2、Ar 等气体保护法是行之有效的阻燃方法，但它们在应用中会产生严重的环境

❶ at%表示原子分数，此处与质量分数进行区分。

污染，并使得合金性能降低，设备投资增大。

纯镁中加钙能够大大提高镁液的抗氧化燃烧能力，但是由于添加大量钙会严重恶化镁合金的力学性能，使这一方法无法应用于生产实践。混合稀土能明显提高 ZMgAl8Zn 镁合金的起燃温度，当混合稀土元素加入量为 0.12%时，阻燃效果最好，提高起燃温度达到 800℃。加入微量的铍能进一步提高含混合稀土的阻燃镁合金的起燃温度。

10.4.4 高强高韧镁合金

现有镁合金的常温强度和塑韧性均有待进一步提高。在 Mg-Zn 和 Mg-Y 合金中加入 Ca、Zr 可显著细化晶粒，提高其抗拉强度和屈服强度；加入 Ag 和 Th 能够提高 Mg-RE-Zr 合金的力学性能，如含 Ag 的 QE22A 合金具有高的室温拉伸性能和抗蠕变性能，已广泛用作飞机、导弹的优质铸件；通过快速凝固粉末冶金、高挤压比及等通道转角挤压（ECAE）等方法，可使镁合金的晶粒处理得很细，从而获得高强度、高塑性甚至超塑性。

10.4.5 可降解生物镁合金

镁及镁合金与人骨密度及力学性能接近，作为骨固定材料可有效降低应力遮挡效应，同时镁降解的碱性环境可起到抗菌的作用，镁对骨组织具有良好的相容性，镁还有促进血管软化的作用。Zn、Sn 元素进行合金化可以改善镁的力学性能，大幅度降低镁的降解速度。Mg-Zn-Sn 合金具有抗菌性、可降解性、促成骨活性，在降解的过程中同时促进新骨的生长，发挥抗菌功能以预防感染，使受损的骨组织得以快速治愈并修复。

Mg-2Zn-0.2Mn 镁合金具有优异的血液相容性、良好的内皮细胞黏附和增殖能力、内皮细胞相容性。

Mg-2Zn-0.5Zr-0.5Y 和 Mg-2Zn-0.5Zr-0.5Nd 可降解，对细胞无毒性，有良好的生物相容性，对金黄色葡萄球菌和大肠埃希菌有抗菌作用，有良好的生物安全性和成骨性。

10.5 镁及其合金的应用

目前，通过压铸等方法生产的镁合金零部件已被广泛用于汽车、电子、航空航天、国防以及日用品工业等领域。

（1）航空航天工业　镁合金密度小，随着其耐热、耐蚀性能的提高，将来完全可以用来替代耐热铝合金、钛合金零件。特别是密度最小的 Mg-Li 系合金，具有很高的强度、韧性和可塑性，是航空航天及重要运输工具工业中很有发展前途的材料。目前，在我国的航空航天工业上，除少数型号外，几乎所有在制和新研究的飞机、发动机、机载雷达、地空导弹、运载火箭、人造卫星、飞船上均选用了镁合金构件。如某型号的飞机选用了 300～400 项镁合金构件，镁合金零件最大尺寸有 2m 多，最大质量达 300kg。

（2）汽车、摩托车工业　在汽车工业中，镁合金零部件可以降低汽车启动和行驶重量，提高加速和减速性能，减少行驶中的振动，使汽车驾驶更加舒适灵活。现在欧美各国和日本的各汽车公司都生产了大量镁合金壳体类零件。我国也把镁合金用于汽车生产上，重庆长安工业集团公司的 JL462Q 发动机变速器上下壳体、箱体延伸体和缸罩采用了镁合金。一汽集团汽车的气门室罩盖、变速箱盖、发动机油喷等采用了镁合金压铸件。

（3）电子工业　电子工业是当今发展最为迅速的行业，也是新兴的镁合金应用领域。目前镁合金在电子行业中的应用领域主要有电视、电脑、摄录像器材及通信器材等，产品有便携式电脑外壳、手机外壳、摄像机外壳等。

（4）国防工业　由于镁及镁合金耐冲击，在兵器等各种军用领域将有着广阔的应用前景。如照明弹用镁粉、穿甲弹用高比强度镁合金弹托材料，以及可用变形镁合金制造的战术航空导弹舱段、副翼蒙皮、壁板和雷达、卫星上用的镁合金井字梁、相机架和外壳等零件。利用镁合金制件取代现有武器上的一些零部件正成为各国研究的热点，已分别通过锻造或铸造成形方式开发出了变形镁合金冲锋枪机匣、枪尾、提把、前扶手、枪托体、弹板、瞄具座、小弹匣座以及军用铸造合金发动机进出水管和发动机滤座等军品武器用零部件。

习　题

1. 镁合金中的主要合金元素有哪些？他们起什么作用？
2. 在铸造镁合金中，稀土元素的作用是什么？加入哪种稀土元素效果最好？
3. 镁合金有什么热处理特点？

第 11 章

钛及其合金

11.1 钛及其合金的特性

11.1.1 纯钛的性能

钛是银白色金属，熔点 1667℃，密度为 $4.5\times10^3 kg/m^3$。钛的化学活性很强，在高温状态极易与氢、氧、氮、碳等元素发生作用，因此，钛的熔炼及热加工过程应在真空或惰性气体中进行。钛在常温下表面极易形成氧化物和氮化物组成的致密的钝化膜，使钛具有优良的耐蚀性。

钛具有同素异构转变，低于 882℃为密排六方晶格，称为 α-Ti，高于 882℃为体心立方晶格，称为 β-Ti。钛在常温下虽为密排六方晶格，但由于其滑移系较多，且容易进行孪生变形，所以其塑性比其他具有六方晶格的金属要高得多。钛的屈强比较高，一般为 0.7～0.95，因此钛材压力加工成形时，变形抗力较大，不易变形。工业纯钛常用来制造 350℃以下工作的飞机构件，如超音速飞机的蒙皮、构架等。

国产工业纯钛的化学成分见表 11.1，其中“TA”为 α 型钛合金的代号，数字表示合金的序号，ELI 是英文低间隙元素的缩写，也就是高纯度的意思。钛的纯度随序号增大而降低，抗拉强度提高，塑性下降。碳、氮、氢、氧对钛都是有害元素，微量的杂质即可使钛的塑性、韧性急剧降低。

表 11.1 国产工业纯钛的化学成分 单位：%

合金牌号	Ti	Al	Si	Fe	C	N	H	O	其他	
									单一	总和
TA0	余量	—	—	0.15	0.10	0.03	0.015	0.15	0.1	0.4
TA1	余量	—	—	0.25	0.10	0.03	0.015	0.20	0.1	0.4
TA2	余量	—	—	0.30	0.10	0.05	0.015	0.25	0.1	0.4
TA3	余量	—	—	0.40	0.10	0.05	0.015	0.30	0.1	0.4
TA1GELI	余量	—	—	0.10	0.03	0.012	0.008	0.10	0.05	0.20
TA1G	余量	—	—	0.20	0.08	0.03	0.015	0.18	0.10	0.40

续表

合金牌号	Ti	Al	Si	Fe	C	N	H	O	其他	
									单一	总和
TA1G-1	余量	≤0.20	≤0.08	0.15	0.05	0.03	0.003	0.12	—	0.10
TA2GELI	余量	—	—	0.20	0.05	0.03	0.008	0.10	0.05	0.20
TA2G	余量	—	—	0.30	0.08	0.03	0.015	0.25	0.10	0.40
TA3GELI	余量	—	—	0.25	0.05	0.04	0.008	0.18	0.05	0.20
TA3G	余量	—	—	0.30	0.08	0.05	0.015	0.35	0.10	0.40
TA4GELI	余量	—	—	0.30	0.05	0.05	0.008	0.25	0.05	0.20
TA4G	余量	—	—	0.50	0.08	0.05	0.015	0.40	0.10	0.40

除了 Fe，C、N、H、O 在 α-Ti 中是以间隙元素存在的，它们的含量多少对工业纯钛的耐腐蚀性能以及力学性能产生很大的影响。钛中氧、氮、碳的含量都有比较严格的限制，特别是氧含量。氢在钛中的溶解度很小，氢对钛性能的主要影响表现为“氢脆”，当钛中氢含量达到一定量后，将会大大提高钛的缺口敏感性，从而急剧地降低缺口试样的冲击韧性等性能。通常规定钛中氢含量不得超过 0.015%。

11.1.2　钛的合金化

为了改善钛的性能，在钛中加入一定的合金元素使之合金化，制出满足不同性能要求的新合金。当前工业上应用的大都是以 Ti-Al-V、Ti-Al-Sn、Ti-Al-Mo、Ti-Al-Mn 和 Ti-Al-Cr 为基础的多元合金。加入钛中的合金元素，主要分为两类。

（1）α 稳定元素　铝是扩大 α 相区、增大 α 相稳定性的主要元素。铝对钛合金有固溶强化作用，能提高合金的强度和耐热性。但含量过高会在合金中出现脆化相而急剧降低力学性能，使合金变脆。铝含量一般不超过 7%。Ti-Al 合金相图见图 11.1。

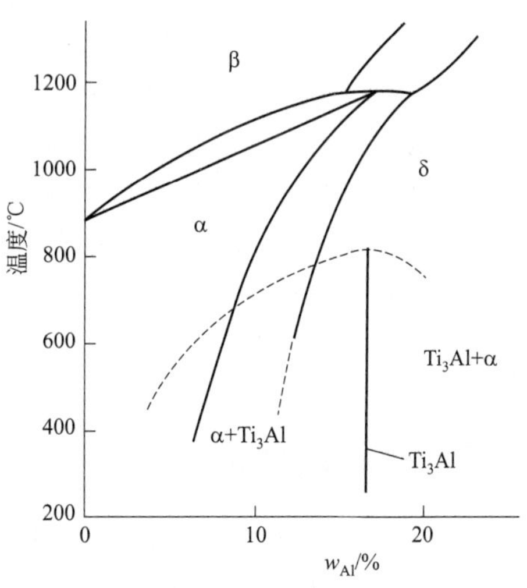

图 11.1　Ti-Al 二元合金相图

Sn 属中性元素，对 α 及 β 相都有强化作用，但作用不很显著。常作为补充强化剂，和 Al 等元素共同加入钛中。另外，Sn 也能提高合金的耐热性。可以采用 Al 当量反映其中各 α 稳定元素保留 α 相的能力，Al 当量（w_{Aleq}）的计算公式见式(11-1)。

$$w_{\text{Aleq}}=w_{\text{Al}}+\frac{1}{6}w_{\text{Zr}}+\frac{1}{3}w_{\text{Sn}}+(w_{\text{O}}+w_{\text{N}}) \tag{11-1}$$

（2）β 稳定元素　Mo、V、Cr、Mn 等合金元素可扩大 β 相区，增大 β 相稳定性。这些元素分为同晶型和共析型两类。同晶型 β 相稳定元素主要包括 V、Mo、Nb、Ta 等，它们在 β 相中有较大的固溶度，起到强化作用，并且降低合金的 β 相转变温度；共析型 β 相稳定元素包括 Cr、Mn、Fe、Si 等，在高温时有一定固溶度，缓冷或时效后析出 α 相以及相应的有序相。可以用 Mo 当量表示 β 稳定元素含量对马氏体转变的影响程度。Mo 当量表达式见式（11-2）。

$$w_{\mathrm{Moeq}}=w_{\mathrm{Mo}}+0.67w_{\mathrm{V}}+0.44w_{\mathrm{W}}+0.28w_{\mathrm{Nb}}+0.22w_{\mathrm{Ta}}+2.9w_{\mathrm{Fe}}+1.6w_{\mathrm{Cr}}-1.0w_{\mathrm{Al}} \tag{11-2}$$

一般来说，Mo当量低于10%的合金被称为富β型α/β钛合金与近β钛合金，为8%～30%的被称为β钛合金，30%以上的被称为全β钛合金。

11.1.3 钛合金的主要特性

钛合金有以下几方面引人注目的优点。

(1) 比强度高　钛合金的强度较高，一般可达1000～1400MPa，和调质结构钢相近。但钛合金的密度小（$4.4\times10^3\mathrm{kg/m^3}$），仅相当于钢的54%，因此钛合金具有比各种合金都高的比强度，这正是钛合金适用于作航空材料的主要原因。

(2) 热强度高　由于钛的熔点高，再结晶温度也高，因而钛合金具有较高的热强度。目前，已有钛合金在500℃下长期工作，并向600℃的温度发展。

(3) 耐蚀性高　钛合金表面能形成一层致密、牢固的由氧化物和氮化物组成的保护膜，具有很好的耐蚀性能。钛合金在潮湿大气、海水、硝酸、硫酸和大多有机酸中的耐蚀性相当于或超过不锈钢。

(4) 低温性能好　间隙元素极低的钛合金，如TA7，在－253℃下还能保持一定的塑性。

(5) 弹性模量低，热导率小，无铁磁性，导热性差　钛合金TC4在200℃时的热导率为16.8W/(m·℃)，约为镍的1/4，铁的1/5，铝的1/14。钛合金的弹性模量约为钢的1/2，刚性差、易变形，不宜制作细长杆和薄壁件，切削时加工表面的回弹量很大，约为不锈钢的2～3倍，造成刀具后刀面的剧烈摩擦、黏附、黏结磨损。

(6) 化学活性大　钛与大气中O_2、N_2、H_2、CO、CO_2、水蒸气、氨气等产生强烈的化学反应。含碳量大于0.2%时，会在钛合金中形成硬质TiC；温度较高时，与N作用也会形成TiN硬质表层；在600℃以上时，钛吸收氧形成硬度很高的硬化层。钛吸收气体而产生的硬脆表层深度可达0.1～0.15 mm，硬化程度为20%～30%。钛的化学亲和性也大，易与摩擦表面产生黏附现象。

11.2 常用钛合金

根据钛合金从β相区淬火后的相组成与β稳定元素含量关系的示意图（图11.2），可以把钛合金划分为6种类型。包括工业纯钛和只含α稳定元素的合金为α型钛合金，β稳定元素含量小于C_1的合金为近α型钛合金，β稳定元素含量从C_1到C_k的合金为α+β型钛合金，β稳定元素含量从C_k到C_3的合金为近β型钛合金，β稳定元素含量从C_3到C_β的合金为β型钛合金，β稳定元素含量超过C_β的合金为全β型钛合金。α型钛合金和近α型钛合金代号为TA，近β型钛合金、β钛合金和全β型钛合金代号为TB，α+β型钛合金代号为TC。常用钛合金的牌号、性能和用途见表11.2。常用钛合金的牌号、性能和用途见表11.2。

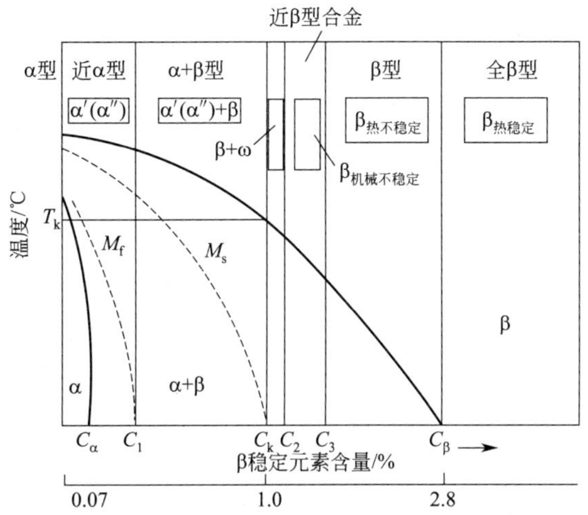

图 11.2　β稳定元素含量对钛合金类型的影响

表 11.2　常用钛合金的牌号、性能及用途

类别	牌号	室温力学性能，≥				高温力学性能，≥			用途
		R_m/MPa	A_5/%	Z/%	a_k/(J·cm^{-2})	温度/℃	R_m/MPa	σ_{100}/MPa	
α型钛合金	TA7	785	10	27	29.4	350	490	441	室温和高温下具有良好的断裂韧性，焊接性能良好，可在 500℃下长期工作，适于制作机匣壳体、壁板等零件
	TA9	370	20	25	—	—	—	—	耐缝隙腐蚀能力强，可在化工和防腐工程中应用
近α型钛合金	TA12	960	18	30		550	778	255 (540℃)	可在 550℃下长期工作，适于制造航空发动机压气盘、鼓筒和叶片等零件
	TC1	588	15	30	44.1	350	343	324	可在 350℃下长期工作，适于制造形状复杂的航空钣金件
近β型钛合金	TB2	800	10	30	—	—	—	—	固溶状态有优良的冷成形性能和焊接性能，固溶时效态有高强度和良好塑性匹配，适于制作星箭连接带和航空航天用紧固件
	TB8	910	20	60		350	1110	1400	用于制造中等复杂程度的冷成形钣金零件和高强度、抗氧化的承力构件
β型钛合金	TB12	950	20	21	—	520	1010	985	耐 500℃以下高温的阻燃钛合金，适于制作航空发动机部件
α+β型钛合金	TC4	902	10	30	39.2	400	618	569	可在 400℃下长期工作，适于制造航空发动机的风扇、压气机盘和叶片，以及飞机的框和接头等零件
	TC11	1030	10	30	29.4	500	686	588	可在 550℃以下长期工作，适于制造航空发动机压气机盘和叶片等零件
	TC21	1105	15	43	—	—	—	—	属于高强高韧损伤容限型钛合金，用于航空重要承载构件

11.2.1 α型钛合金和近α型钛合金

（1）α型钛合金　在工业纯钛以及Ti中加入α稳定元素如Al或中性元素Sn、Zr等，退火后的显微组织为单一α相的合金称为α型钛合金。这类合金有工业纯钛（如TA0、TA1、TA2、TA3等）以及Ti-Al、Ti-Al-Sn、Ti-Zr、Ti-Sn -Zr等系列如TA6（Ti-5Al）、TA7（Ti-5Al-2.5Sn）等，其中使用最广的是TA7。

这类合金通过加入α稳定元素固溶于α相中，以保证合金的热强性和组织稳定性。α型钛合金不能进行热处理强化，只进行退火处理，因此室温强度不高。但由于这类合金的组织稳定，且含稳定α相及提高耐热性的元素Al、Sn较多，故耐热性高于合金化程度相同的其他钛合金。α型钛合金组织见图11.3。由于α型钛合金在室温下为六方晶格，压力加工性较差，因此其成形多采用热压加工。

α型钛合金抗氧化性和焊接性能好，耐蚀性和可切削加工性能也较好，但塑性低（热塑性仍然良好），室温冲压性能差。

（2）近α型钛合金　在α型钛合金中加入少量的β稳定元素（≤2%）或Mo当量≤2%，如Mn、Mo、V、Nb、Cr等，使合金的平衡显微组织中除了以α相为主外，尚有少量的β相（≤15%）。这类合金具有α型钛合金的优点，同时又因β相而改善了加工性能，可以通过热处理达到一定的强化效果，在高温下保持较好的热强性和组织稳定性及良好的综合性能。目前热强钛合金大都属于这一类，如IMI-834、Ti-1100、BT36、TA12、TA19等。此外，由于该类合金不易发生塑脆转变，具有良好的低温性能，因此可在极低温度下使用。

这类合金的牌号多用TA表示。如TA12（Ti-5.5Al-4Sn-2Zr-1Nb-1Mo-0.25Si）、TA15（Ti-6.5Al-2Zr-1Mo-1V）等。有的亦用TC表示，如TC1（Ti-2Al-1.5Mn）、TC2（Ti-4Al-1.5Mn）等。TA15钛合金的名义成分为Ti-6.5Al-Zr-1Mo-V，该合金的Al当量为6.58%，Mo当量为2.46%，属于高Al当量的近α型钛合金。

11.2.2 β型钛合金和近β型钛合金

（1）β型钛合金　β型钛合金是一种高熔点、高强度的合金，是在正火或淬火时容易获得亚稳定的β单相组织（见图11.4）。这类合金的主要合金元素是钼、铬、钒等β稳定元素，在正火或淬火时很容易将高温β相保留到室温，获得亚稳定的β单相组织。

但由于时效后的组织不够稳定，并且含提高耐热性能元素Al、Sn较少，耐热性不高。这类合金在室温、高温均为体心立方晶格，压力加工性较好。β型钛合金由于它的冶炼工艺较复杂，热稳定性也较差，所以目前应用较少。典型的β型钛合金主要有TB7、TB12等。

（2）近β型钛合金　近β型钛合金是指β稳定元素含量略高于临界浓度（快速冷却时能够将高温β相保留到室温的最低浓度）的钛合金，用钼当量表达的β稳定元素总含量为10%和13%，其成分中主要含有同晶型β稳定元素钒和钼、共析型β稳定元素铁和铬，以及少量的α稳定元素铝、锡和锆。

这些合金从β相区快速冷却时，可以将高温β相全部保留到室温，得到机械不稳定的亚稳定β相，即在外力作用下有可能发生β到α转变，使合金得到强化。这类钛合金综合了α+β型钛合金和β型钛合金的优点，既具有高的强度、较深的淬透截面，又具有良好的拉伸塑性和断裂韧性。在各种类型的可热处理强化的钛合金中，近β型钛合金具有最高的强化

效应。

典型的合金牌号是 TB2（Ti-5Mo-5V-8Cr-3Al），适用于制造压气机叶片、轴、轮盘等重载荷零件。TB5（Ti-15V-3Cr-3Sn-3Al）在具有一定耐腐蚀性的同时，还具有一定的弹性，因为其折弯恢复性极好，所以相当适用于制作眼镜架、眼镜丝等，同时 TB5 在高尔夫球上的应用也是极其普遍的。TB10（Ti-5Mo-5V-2Cr-3Al）中 Mo 当量为 8.7%，β 稳定元素总含量在临界浓度附近，合金比强度高，断裂韧性好，淬透性高，热加工工艺性能和机械加工性能优异，加工温度和变形抗力低，可满足高结构效益、高可靠性结构件的使用要求。

11.2.3 α+β 型钛合金

这类合金的退火组织为 α+β，见图 11.5，合金兼有 α 型及 β 型两类钛合金的优点。从化学成分看，它既含有 α 相稳定元素又含有 β 相稳定元素。从组织结构看，它包含 α 及 β 相两种固溶体；从热处理制度看，它既可以在退火状态下使用，又可以在固溶处理、时效状态下使用；从力学性能看，它既有较高的室温强度，又有较高的高温强度，而且塑性也比较好。因此这类合金的应用广泛。

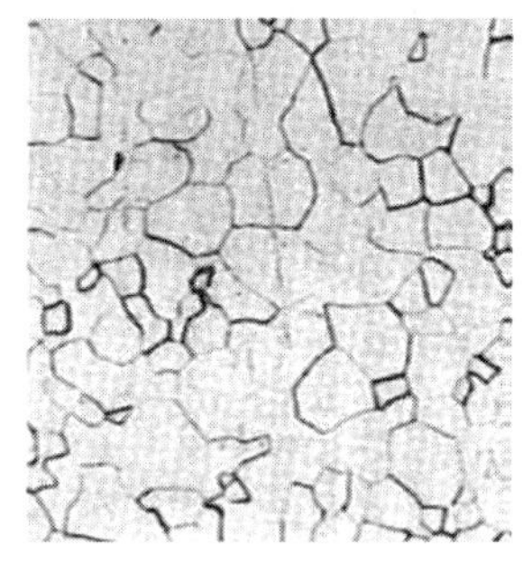

图 11.3 α 型钛合金退火组织

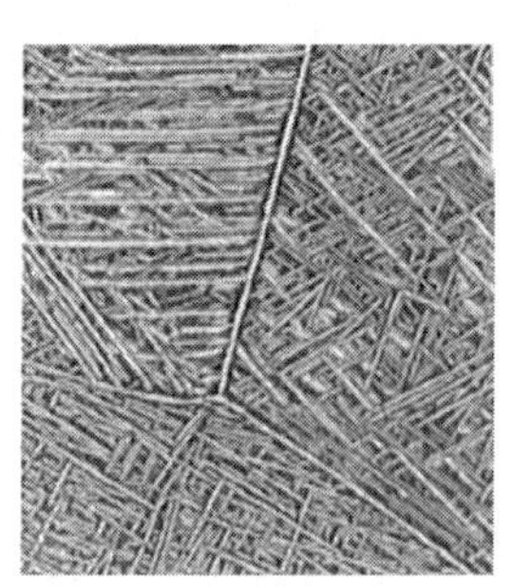

图 11.4 β 型钛合金退火组织

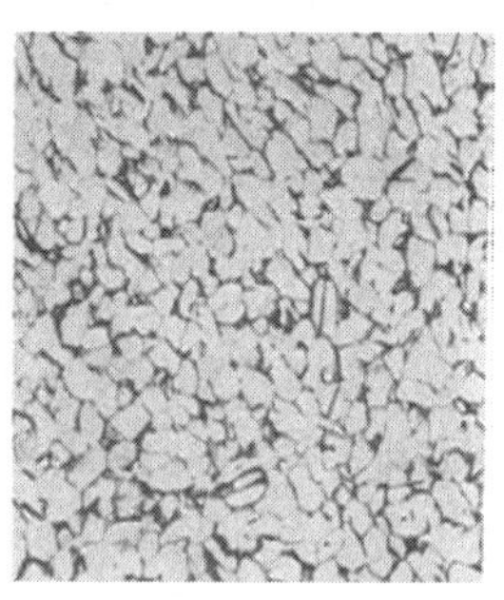

图 11.5 α+β 型钛合金退火组织

这类合金虽然可以通过固溶处理及时效进行强化，但由于在较高温度使用时，固溶处理及时效后的组织不如退火后的组织稳定。因此在航空工业中，这类合金多在退火状态下使用。典型的是 TC4（Ti-6Al-4V）合金，具有良好的综合力学性能，组织稳定性也比较高，在喷气式发动机和飞机结构上，应用非常广泛。

11.3 钛合金的热处理

β 型态合金自 β 相区淬火，会产生无扩散的马氏体转变，生成过饱和的 α′ 固溶体。如果合金浓度高，马氏体转变温度 M_s 降低到室温以下，β 相到室温也不发生转变，这种 β 相称为过冷 β 相或残留 β 相，用 β_τ 表示。如果 β 稳定元素含量少，发生无扩散型的马氏体转变 β→α′，α′ 相具有密排六方晶格。如果 β 稳定元素含量较高，发生无扩散型的马氏体转变 β→α″，α″ 相具有斜方晶格。如果成分在临界浓度时，除形成 α′、β_τ 外还形成 ω 相。

回火时，淬火形成的 α′、α″、β_τ 和 ω 相都不稳定，而发生分解，分解最终产物都是平衡的 α+β 相。过冷 β_τ 相的分解：

$\beta_\tau \rightarrow \alpha + \beta_x$（浓度比 β_τ 高的 β 相）$\rightarrow \alpha + \beta_e$（平衡浓度的 β 相）

$\beta_{\tau} \rightarrow \omega + \beta_{x} \rightarrow \omega + \alpha + \beta_{x} \rightarrow \alpha + \beta_{e}$

马氏体分解：α′、α″在300～400℃发生快速分解，在400～500℃回火时可获得弥散度高的α+β相混合物。

常用的热处理方法有退火、固溶和时效处理。

退火是为了消除内应力、提高塑性和组织稳定性，以获得较好的综合性能。退火包括消除应力退火和完全退火。消除应力退火的目的是消除或减少加工过程中产生的残余应力，防止在一些腐蚀环境中的化学侵蚀和减少变形。完全退火的目的是获得好的韧性，改善加工性能，有利于再加工以及提高尺寸和组织的稳定性。α型钛合金和稳定的β型钛合金不能进行强化热处理，在生产中只进行退火。通常α型钛合金和α+β型钛合金退火温度选在（α+β)→β相转变点以下120～200℃。

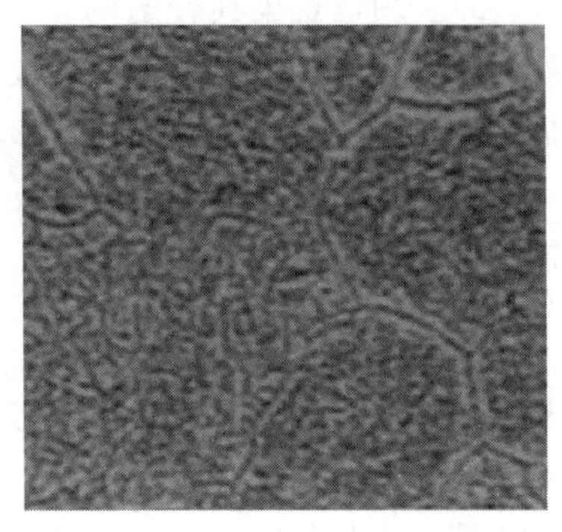

图11.6　Ti-15Mo-2.6Nb-3Al-0.2Si合金淬火后经500℃预时效8h，再725℃时效24h的组织照片

固溶和时效处理是从高温区快冷，以得到马氏体α′相和亚稳定的β相，然后在中温区保温使这些亚稳定相分解，得到α相或化合物等细小弥散的第二相质点，达到使合金强化的目的。α+β型钛合金和含有少量α相的β型钛合金可以通过固溶和时效处理使合金进一步强化。图11.6是Ti-15Mo-2.6Nb-3Al-0.2Si合金淬火后经500℃预时效8h，再725℃时效24h的组织照片，可以看出，有大量弥散α相析出。通常α+β型钛合金的淬火在(α+β)→β相转变点以下40～100℃进行，β型钛合金淬火在（α+β)→β相转变点以上40～80℃进行。时效处理温度一般为450～550℃。

为了满足工件的特殊要求，工业上还对钛合金采用双重退火、等温退火、β热处理、形变热处理等金属热处理工艺。

11.4　特种钛合金

钛合金具有优异的综合性能，其密度小，比强度和比断裂韧性高，疲劳强度和抗裂纹扩展能力好，低温韧性良好，耐蚀性能优异，某些钛合金的最高工作温度为550℃，预期可达700℃。因此它在航空、航天、化工、造船等工业领域获得日益广泛的应用。

钛合金的比强度高于其他轻金属、钢和镍合金，且这一优势可以保持到500℃左右，因此某些钛合金适于制造燃气轮机部件。钛产量中约80%用于航空和航天工业。例如美国的B-1轰炸机的机体结构材料中，钛合金约占21%，主要用于制造机身、机翼、蒙皮和承力构件。F-15战斗机的机体结构材料，钛合金用量达7000kg，约占结构质量的34%。波音757客机的结构件，钛合金约占5%，用量达3640 kg。麦克唐纳·道格拉斯公司（简称麦道公司）生产的DC10飞机，钛合金用量达5500kg，占结构质量的10%以上。

在化学和一般工程领域，钛合金用于制作电解工业的电极、发电站的冷凝器、石油精炼和海水淡化的加热器以及环境污染控制装置等。由于钛及其合金的优异耐蚀性能、良好的力学性能，以及合格的组织相容性，常用于制作假体装置等生物材料。此外钛合金还用于生产贮氢材料和形状记忆合金等。

1954年美国研制成功Ti-6Al-4V合金，该合金的耐热性、强度、塑性、韧性、成形性、

可焊性、耐蚀性和生物相容性均较好，使用量占全部钛合金的 75%～85%。其他许多钛合金都可以看作是 Ti-6Al-4V 合金的改型。

（1）高温钛合金　耐热钛合金，又称高温钛合金，在 400～600℃具有较高强度。按组织分为 α+β 型和近 α 型钛合金。Ti-6Al-4V 合金的使用温度为 300～350℃。为了提高钛合金的使用温度，世界各国研制出了使用温度达 400℃的 IMI550、BT3-1 等合金，以及使用温度为 450～500℃的 IMI679、IMI685、Ti-6246、Ti-6242 等合金。目前成功用于制作军民用飞机发动机的新型高温钛合金有英国的 IMI834 合金等，合金应用温度达到 600℃。目前英国的 IMI829、IMI834 合金，美国的 Ti-1100 合金，俄罗斯的 BT18Y、BT36 合金等均成功地应用在军用和民用飞机发动机上。我国研制的近 α 型钛合金 Ti600，加入适量稀土元素 Y，名义成分为 Ti-6Al-2.8Sn-4Zr-0.5Mo-0.4Si-0.1Y，可在 600℃高温下工作，与英国 IMI834 合金性能相当。当前世界上使用温度最高的工程钛合金为 MI934 钛合金。

高温钛合金主要用于制造航空发动机的压气机部件，如盘、叶片、导向器、隔圈、进气机匣等，这些零件要求材料在高温工作条件下（300～600℃）具有较高的比强度、蠕变抗力、疲劳强度、持久强度和组织稳定性。

近几年，采用快速凝固-粉末冶金技术、纤维或颗粒增强复合材料，使钛合金的使用温度可提高到 650℃以上。美国麦道公司采用快速凝固/粉末冶金技术研制出一种高纯度、高致密度钛合金 Ti-21Nb-14Al，其在 760℃的强度与 Ti-6Al-4V 合金的室温强度相当。

（2）钛铝化合物为基的钛合金　钛铝化合物 Ti_3Al（α_2）和 TiAl（γ）为基的金属间化合物高温性能好（最高使用温度分别为 816℃和 982℃）、抗氧化能力强、抗蠕变性能好和重量轻（密度仅为镍基高温合金的 1/2），已成为制作航空发动机及飞机结构件最具竞争力的材料。TiAl（γ）为基的钛合金受关注的成分范围为 Ti-（46～52）Al-（1～10）M（at%），此处 M 为 V、Cr、Mn、Nb、Mn、Mo 和 W 中的至少一种元素。近年来发展的 Ti_3Al（α_2）为基的钛合金有 Ti-24Al-11Nb、Ti-25Al-17Nb-1Mo 和 Ti-25Al-10Nb-3V-1Mo 等，两个 Ti_3Al（α_2）为基的钛合金 Ti-21Nb-14Al 和 Ti-24Al-14Nb-3V-0.5Mo 在美国开始批量生产。

（3）高强高韧钛合金　高强度的钛合金有两类，一类是以 Ti-6-22-22S（Ti-6Al-2Sn-2Zr-2Mo-2Cr-0.2Si）与 TC21（Ti-6Al-2Sn-2Zr-3Mo-2Nb-1Cr-0.2Si）为代表的 α+β 型钛合金，使用强度在 1100MPa 左右，断裂韧性约为 70MPa・$m^{1/2}$；另一类是以 Ti-10-2-3（Ti-10V-2Fe-3Al）与 Ti-5553（Ti-5Al-5V- 5Mo-3Cr-0.5Fe）为代表的近 β 型钛合金，其使用强度为 1100～1250MPa，断裂韧性为 50～80MPa・$m^{1/2}$。

高强高韧损伤容限钛合金 TC21，属于 Ti-Al-Sn-Zr-Mo-Cr-Nb（-Ni-Si）系两相钛合金，原始组织主要由等轴球状初生 α 相、细小针状次生 α 相及 β 基体组成，具有良好的强度、塑性、断裂韧性和较低的裂纹扩展速率。该合金已成功应用于我国新型战机上。

近 β 型钛合金具有良好的冷热加工性能，易锻造，可轧制、焊接，可通过固溶-时效处理获得较高的力学性能、良好的环境抗力及强度与断裂韧性很好的配合。常用的高强近 β 型钛合金包括 TB19（Ti-3Al-5Mo-5V-4Cr-2Zr）、TB20（Ti-3.5Al-5Mo-4V-2Cr-2Zr-2Sn-1Fe）、TB17（Ti-4.5Al-6.5Mo-2Cr-2.6Nb-2Zr-1Sn）、TB15（Ti-4Al-5V-5Mo-6Cr）、M28（Ti-4Al- 5V-5Mo-6Cr-1Nb）、Ti-7333（Ti-7Mo-3Al-3Cr-3Nb）等。其中 TB15、TB17、M28、Ti-7333 在固溶时效后抗拉强度可达 1350MPa，同时断裂韧性达到 50MPa・$m^{1/2}$ 以上。

（4）阻燃钛合金　为了避免钛燃烧并满足高推重比航空发动机的需要，各国开展了对阻燃钛合金的研制。阻燃钛合金主要有两个合金系：Ti-V-Cr 系，如美国的 Alloy C（Ti-35V-15Cr）、英国的 Ti-25V-15Cr-2Al-xC；Ti-Al-Cu 系，如俄罗斯的 BTT-1、BTT- 3 和我国的 Ti-40（Ti-25V-15Cr -0.2Si）。两类主要的阻燃钛合金外，Ti45Nb 合金也是近年来开发的一种新型阻燃耐蚀钛合金。美国又开发了 Alloy C+（Ti-35V-15Cr-0.6Si-0.05C）合金，含 Si 元素的这种新合金具有更高的蠕变抗力，室温屈服强度可以达到 120MPa，添加少量碳元素是为了提高合金的热稳定性。除了这两类主要的阻燃钛合金外，Ti45Nb 合金也是近年来开发的一种新型阻燃耐蚀 β 钛合金。

（5）医用钛合金　钛无毒、质轻、强度高且具有优良的生物相容性，是非常理想的医用金属材料，可用作植入人体的植入物等。目前，在医学领域中广泛使用的仍是 Ti-6Al-4V 合金，但会析出极微量的钒和铝离子，降低了其细胞适应性，且有可能对人体造成危害。无铝、无钒、具有生物相容性的钛合金的研制已取得一些新的进展。日本开发出了 Ti-15Zr-4Nb-4Ta-0.2Pd、Ti-15Zr -4Nb-2Ta-0.2Pd-（0.20～0.05）N、Ti-15Sn-4Nb-2Ta-0.2Pd 和 Ti-15Sn-4Nb-2Ta-0.2Pd-0.2O 等 α+β 型钛合金，这些合金的疲劳强度和耐腐蚀性能均优于 Ti-6Al-4V 合金。β 型钛合金强度高，切口性能和韧性好，更适于作为植入物植入人体。美国已有 5 种 β 型钛合金被推荐至医学领域，即 TMZFTM（Ti-12Mo-6Zr-2Fe）、Ti-13Nb-13Zr、Timetal 21SRx（Ti-15Mo- 2.5Nb-0.2Si）、Tiadyne 1610（Ti-16Nb-9.5Hf）和 Ti-15Mo。我国也开发了 Ti-24Nb-4Zr-7.9Sn 等。

为了降低医用钛合金的弹性模量还开发了一系列低弹性模量 β 型钛合金，如 Ti-29Nb-13Ta-4.6Zr 和 Ti-35Nb-5Ta-7Zr 等。Ti-30Zr-（Cr，Mo）与 Ti-12Cr 合金在骨科手术过程中通过变形诱发相变可阻止回弹并保持低的弹性模量。俄罗斯研发的 Ti-51Zr-18Nb（at%），具有低的弹性模量（47GPa）和高的可逆变形量（2.83%）。美国开发的 Ti-35Nb-7Zr-5Ta（Ti-Osteum ）和 Ti-13Mo-7Zr-3Fe（TMZF）是多种低模量的 β 型钛合金，TMZF 合金具有接近于人体骨骼模量的低弹性模量。Ti-6Al-7Nb、T-40Zr、Ti-5Al-13Ta 和 Ti-43.1Zr-10.2Al-3.6V（at%）合金被陆续开发并被推荐用于牙科。

生物医学的某些领域还需要钛合金材料具有超弹性和形状记忆的功能。形状记忆合金 Ti-Ni 成功应用于支架、导管导丝、正畸线等矫形外科领域，骨头与植入体之间的结合力薄弱以及弹性模量不匹配。为此已经研发的不含镍的形状记忆与超弹性钛合金包括：Ti-Nb-Sn、Ti-Mo-Ga、Ti-Nb-AI、Ti-Mo-A1、Ti-Ta、Ti-Nb、Ti-Sc-Mo、Ti-Mo-Ag、Ti-Mo-Sn、Ti-Nb-Ta-Zr、Ti-Nb-Mo、Ti-Nb-Hf、Ti-Zr-Nb、Ti-Mo-Ta-Zr 系钛合金以及 Ti-6Cr-3Sn 合金等，它们可替代 Ti-Ni 合金而更安全地应用于支架、导管导丝和正畸线等材料。

（6）耐蚀钛合金　舰船用耐蚀钛合金不仅要求钛合金抗海水腐蚀，还要求其具有高的强度以及良好的综合性能。包括 Ti3l、Ti75、Ti-B19、Ti91、Ti70、Ti80、TA5、Ti631 等。Ti31 合金是 Ti-Al-Zr-Mo-Ni 系合金，具有明显高的塑韧性、中温热强性、高温持久性、耐蚀性及可焊性，可在 300～400℃ 的高温环境下使用。Ti75 合金是中强、耐高温、耐腐蚀、抗氢脆的 Ti-Al-Zr-Mo 系合金，其强度、塑韧性、耐蚀性、加工性能等综合性能均优于 TA5，可作为动力装置结构件和船舶焊接结构件的重要材料。Ti-B19 是高强、高韧、耐蚀的近 β 型钛合金，具有较高的强度、良好的塑性，而且断裂韧性、可焊性及耐海水腐蚀、耐冲刷腐蚀和抗应力腐蚀等性能也比较好。Ti9l 和 Ti70 合金均为新型中强、透声的钛合金，分别属于 Ti-Al-Fe 系和 Ti-Al-Zr 系合金，具有中等强度，高的塑性，良好的透声性、冷成形性、可焊性及耐海水腐蚀性等，是性能匹配良好的舰船用钛合金。耐蚀钛合金 Ti35 是一

种 α 型 Ti-Ta 合金，具有良好的冷加工性能、焊接性能，高的塑性和中等强度，尤其是具有优异的耐沸腾高浓度硝酸腐蚀性能，可作为核（乏）燃料后处理设备中的元件溶解器、高放射性废酸蒸发器及硝酸回收器等部件用材料。

（7）高强度高弹性钛合金　钛合金的高强度和低弹性模量赋予了其优异的弹性变形能力，作为结构功能一体化材料在航空航天领域得到广泛应用。目前常用的 α+β 和 β 型钛合金的抗拉强度基本为 1000MPa 级，如 Ti-6Al-4V、Ti-3Al-5Mo-4.5V、Ti-5Mo-5V-8Cr-3Al 和 Ti-15Mo-3Al-2.7Nb-0.3Si（β-21S）等。洛克希德、波音和空客等使用 β 型钛合金材料制造起落架上下锁、液压回程和飞机控制等弹簧部件，代表性合金有 Ti-15V-3Cr-3Al-3Sn 和 Ti-3Al-8V-6Cr-4Mo-4Zr，其弹性模量约为 104GPa，抗拉强度为 1300～1450MPa。国内应用的典型牌号有 TB2、TB3 和 TB5 等。β 型 Ti-45Nb 合金具有弹性模量低、塑性和冷加工成形性好等优点，作为铆钉专用材料在国内外航空航天产品中获得了应用。

多功能钛合金（橡胶金属）的典型成分为 Ti-23Nb-0.7Ta-2Zr-1.2O（原子百分数，%），合金经 90% 冷轧变形后强度可达 1200MPa，弹性模量为 55GPa，弹性极限高达约 2.5%，显示出优异的高强度和高弹性匹配，并且该合金在较宽的温度范围内具有恒弹性。β 型合金 Ti-24Nb-4Zr-8Sn（Ti-2448）同样显示出优异的弹性性能，具有低至 42GPa 的弹性模量和高达 3.3% 的弹性应变，经固溶时效处理后亦具有优异的高强度和高弹性匹配。

（8）高损伤容限钛合金　具有很高断裂韧性和很慢裂纹扩展速率的中强或高强钛合金，即高损伤容限型钛合金，它的开发受到了各国的重视。目前，高断裂韧性、低裂纹扩展速率的高损伤容限钛合金主要有 Ti-6Al-4V（β-ELI）、Ti-6-22-22S 合金和新型两相高强、高韧 TC21 合金。（β-ELI）属于 900MPa 强度级别的高损伤容限型钛合金，其锻件的 $R_m \geqslant$ 895MPa，$R_{p0.2} \geqslant 795$MPa，$A_5 \geqslant 8\%$，$Z \geqslant 15\%$，$K_{IC} \geqslant 75\text{MPa} \cdot \text{m}^{1/2}$，已应用于制作波音 777 客机的安定面连接接头和 F/A-22 飞机的机体。

Ti-6-22-22S（Ti-6Al-2Sn-2Zr-2Mo-2Cr-0.2Si）合金是由美国研制的一种航空用 α+β 型钛合金，具有良好的强韧性匹配，经热处理后合金的 $R_m \geqslant 1035$MPa，$K_{IC} \geqslant 77\text{MPa} \cdot \text{m}^{1/2}$ 已作为 F-22 战斗机、教练机及联合攻击战斗机用材料。TC21（Ti-Al-Mo-Sn-Zr-Cr-Si-X 系）是我国研制的一种新型两相高强、高韧、高损伤容限型钛合金，具有优良的强度、塑性、韧性和低的裂纹扩展速率匹配。

习题

1. 钛合金的合金化原则是什么？

2. 为什么几乎在所有的钛合金中都加有一定量的铝？铝加入量为什么要控制在 6%～7%以下？

3. 简述铝和锡在 α 型钛合金中的作用？

4. 钛合金的切削有何特点？

5. 简述钛合金的热处理特点。

第 12 章

铜及其合金

12.1 紫铜

12.1.1 紫铜的性能

纯铜外观呈紫红色，故又称紫铜。铜的密度为 $8.9\times10^3kg/m^3$，熔点为 1083℃。纯铜的导电、导热性优良，仅次于银而居第二位，在电气工业及动力机械工业中获得广泛的应用。铜具有抗磁性，因而用于制造抗磁性干扰的仪器、仪表零件，如罗盘、航空仪器和瞄准器等零件。纯铜具有面心立方晶格，无同素异构转变，具有良好的塑性，可以进行冷、热加工。另外，紫铜有良好的焊接性。

纯铜在大气、淡水或非氧化性酸液中，具有很高的化学稳定性，但在海水中耐蚀性较差，在氧化性酸、盐中极易被腐蚀。

纯铜的强度极低，退火态 R_m 为 250～270MPa，A 为 35%～45%。经强烈冷加工后，R_m 为 392～441MPa，A 下降为 1%～3%。

12.1.2 紫铜的杂质

任何对铜的晶格周期性的破坏将会使电子散射，而降低电导率。铜晶格中的溶质元素，由于原子尺寸不同，将局部形成弹性应变区而降低电导率，这就是杂质的影响。杂质元素对电导率的影响见图 12.1。钛、磷、铁、硅等显著降低电导率，而镉、锌等则影响很小。

氧、硫、硒、碲等在铜中的固溶度很小，可与铜生成脆性化合物，对导电性影响不大，但能降低加工塑性。硫、氧与铜也形成共晶体（$Cu+Cu_2S$）和（$Cu+Cu_2O$），共晶温度分别为 1067℃和 1065℃，因共晶温度高，它们不引起热脆性。但由于 Cu_2S、Cu_2O 都是脆性化合物，在冷加工时易促进破裂（冷脆）。

普通紫铜在含氢或一氧化碳的还原性气氛中加热时，氢或一氧化碳易与晶界的氧化亚铜（Cu_2O）作用，产生高压水蒸气或二氧化碳气体，可使铜破裂。这种现象常称为铜的“氢病”。氧对铜的焊接性有害。

铅、铋与铜形成熔点很低的共晶体（Cu+Pb）和（Cu+Bi），共晶温度分别为 326℃和

270℃，分布在铜的晶界上。进行热加工时（温度为820～860℃），因共晶体熔化，破坏晶界的结合，使铜发生脆性断裂（热裂）。脆性的铋呈薄膜状分布在晶界时，又使铜产生冷脆。

磷能显著降低铜的导电性，但可提高铜液的流动性，改善焊接性。

适量的铅、碲、硫等能改善可切削性。

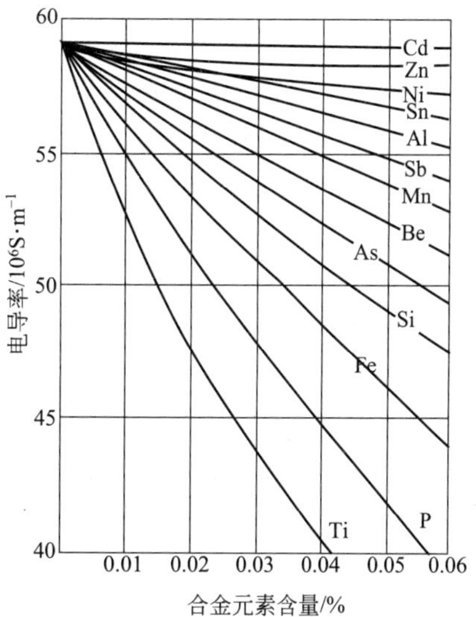

图 12.1　杂质元素对电导率的影响

12.1.3　紫铜的分类

紫铜加工材按成分可分为：普通紫铜、无氧铜、脱氧铜和添加少量合金元素的特种铜（砷铜、碲铜、银铜）四类。

（1）普通紫铜　含氧量为 0.02%～0.1% 的纯铜，用符号“T”加数字表示，常有 T1、T2、T3、T4 等，其中顺序号越大，纯度越低。工业纯铜的牌号、成分及用途见表 12.1。T1、T2 主要用作导电材料和熔制高纯度铜合金，T4 用作一般铜材。

表 12.1　工业纯铜的牌号、成分及用途　　单位：%

牌号	Cu	Bi(≤)	Pb(≤)	杂质总含量(≤)	用途
T1	99.85	0.002	0.005	0.05	用作导电材料和熔制高纯度铜合金
T2	99.50	0.002	0.005	0.1	用作导电材料，制作电线、电缆等
T3	99.70	0.002	0.01	0.3	一般用铜材，制作电器开关、垫圈、铆钉、油管等
T4	99.50	0.003	0.05	0.5	一般用铜材，制作电器开关、垫圈、铆钉、油管等

（2）无氧铜　这种铜是在碳和还原性气体保护下进行熔炼和铸造的，含氧量极低，不大于 0.003%。牌号有 TU1、TU2，“U”表示无氧，1 号和 2 号无氧铜主要用于制作真空电子器件。此外，还有高纯无氧铜和真空无氧铜。

（3）脱氧铜　降低氧含量的方法之一是在熔融铜中添加元素磷，磷基本上能迅速与所有溶解的氧发生反应形成磷的氧化物并进入渣中。用磷脱氧的铜，称为磷脱氧铜，用符号 TP 表示，多以管材供应，主要用于制作冷凝器、蒸发器、热交换器的零件。用真空去氧得到的无氧铜，称真空铜。

（4）银铜　往铜中加入银，不但能提高铜的再结晶温度，又能保持所需要的电导率。银对铜的电导率影响最小，添加 0.05%Ag，铜的电导率只下降约 1%，但再结晶温度则从 140℃提高到 340℃。含银纯铜的牌号为 TAg0.08 和 TAg0.1，后面的数字表示添加的银的质量分数为 0.08%、0.1%。

12.2　铜的合金化

纯铜强度不高，用加工硬化方法虽可提高铜的强度，但塑性大大下降。因此常用合金化来获得强度较高的铜合金，作为结构材料。

铜合金化应选常用且环保的合金元素，并尽量做到多元少量。合金化后的铜合金除了满足使用性能，还应具有优良的加工成形性能。

高强高导铜合金加入的合金元素必须在铜中固溶度很低，且随温度的降低或以单质，或以金属化合物的形式析出，这样铜合金的强度不仅得到弥散强化，还能保持高的导电导热性。典型的合金是 Cu-Fe-P、Cu-Ni-Si、Cu-Cr-Zr 系合金。

普通耐蚀铜合金的组织以单相为主，合金化的原则是加入的元素在铜中有极大的固溶度。在工程应用中，单相黄铜、单相青铜、白铜都具有优良的耐蚀性。

铜基耐磨合金组织要求硬质点分布软铜基体上，合金化原则是确保加入的元素有一部分固溶于铜中，并有硬相析出。典型的硬相有 Ni_3Si、FeAlSi 化合物等。

要改变铜颜色，必须加入 Zn、Al、Sn、Ni 等合金元素，这样可使铜的颜色发生变化。

加入合金元素使铜的强度提高，主要通过以下方式。

1）固溶强化：最常用的固溶强化元素为 Zn、Si、Al、Ni 等，形成置换固溶体。

2）热处理强化：Be、Si 等元素在铜中的溶解度随温度的降低而减小。因而，合金元素加入铜中后，可使合金具有时效强化的性能。

3）过剩相强化：当合金元素超过最大溶解度后，便会出现过剩相。过剩相多为硬而脆的金属间化合物。数量少时，可使强度提高，塑性降低；数量多时，会使强度和塑性同时降低。

铜合金分为黄铜、白铜、青铜三大类。按成形方法又可分为变形铜合金和铸造铜合金。主要铜合金系的相图、成分和力学性能（退火态）的关系见图 12.2。

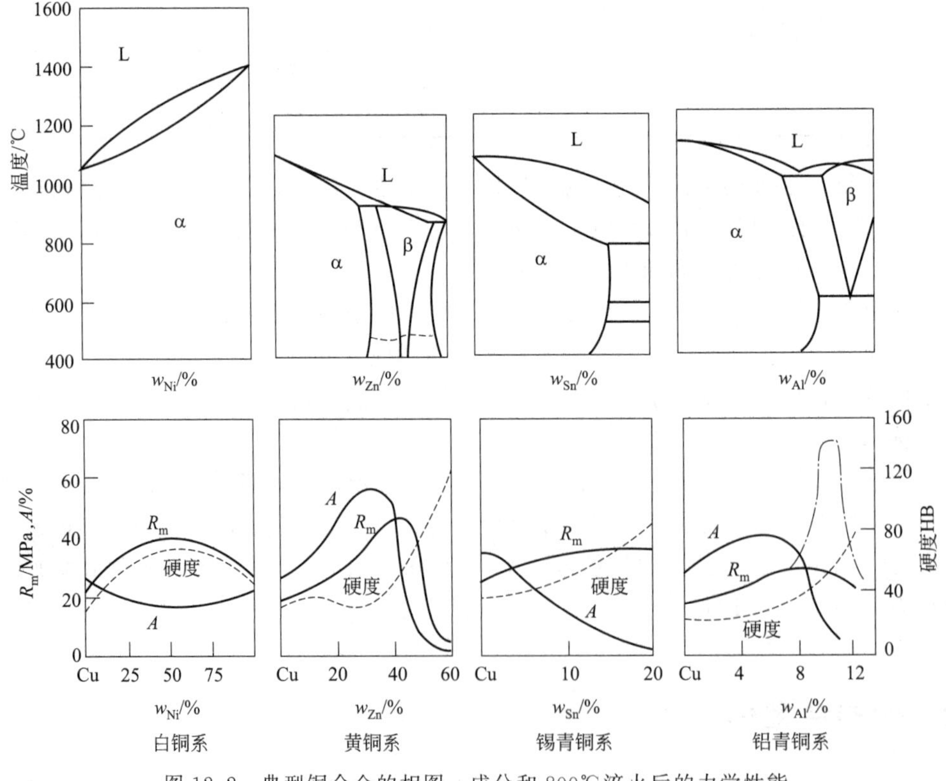

图 12.2 典型铜合金的相图、成分和 800℃淬火后的力学性能

12.3　黄铜

黄铜是以锌为主要合金元素的铜基合金，因常呈黄色而得名。黄铜色泽美观，有良好的工艺和力学性能，导电性和导热性较好，在大气、淡水和海水中耐腐蚀，易切削和抛光，焊接性好且价格便宜。常用于制作导电、导热元件，耐蚀结构件，弹性元件，日用五金及装饰材料等，用途广泛。

12.3.1　黄铜的性能与成分之间的关系

Cu-Zn 合金相图见图 12.3。锌在铜中的溶解度很大（在室温下可达 39%），固溶强化效果好，锌在铜中的溶解度随温度的降低而增大。α 相是锌在铜中的固溶体，具有面心立方晶格，因而具有良好的塑性。随着含锌量的进一步增加，出现具有体心立方晶格的 β′相。β′相是有序固溶体，在室温下塑性差，不适合冷加工变形；但加热到高温时，发生无序转变，转变为无序固溶体 β 相，β 相具有良好的塑性，适合进行热加工。

当含锌量达到 50%时，合金中将出现另一种脆性更大的电子化合物 γ 相。含有这种相的合金在工业上已不能使用。随着含锌量的增加，其色泽由金红向黄、金黄、白色逐渐变化。

含锌量对黄铜性能的影响如图 12.4 所示，结合 Cu-Zn 合金相图的分析可知，锌的溶入能起到固溶强化的作用，使合金的强度不断提高，塑性也有所改善。当含锌量为 30%时，强度和塑性达到最优化；进一步增加锌含量后，由于 β′相的出现，合金塑性开始下降，而合金的强度却继续升高，当含锌量增加到 45%时，强度达到最大值，而塑性急剧下降；当含锌量达到 47%时，全部为 β′相，强度和塑性均很低，已无实用价值。因此工业上使用的黄铜实际含锌量大多不超过 47%，这样工业黄铜的组织只可能是 α 单相或两相（α +β′），分别称之为 α 黄铜（或单相黄铜）及 α +β′黄铜（或两相黄铜）。黄铜的金相组织见图 12.5。

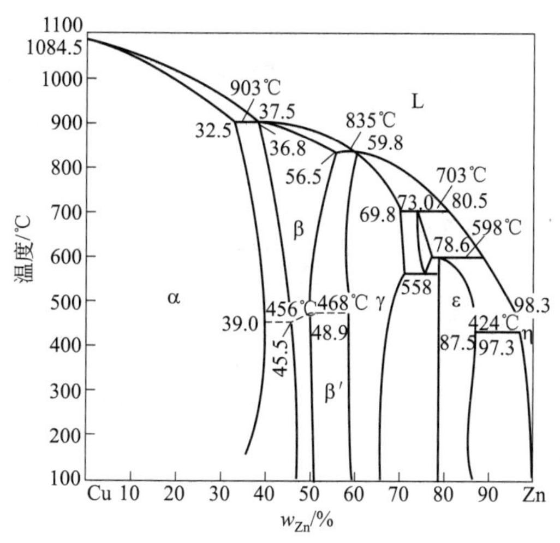

图 12.3　铜锌合金相图

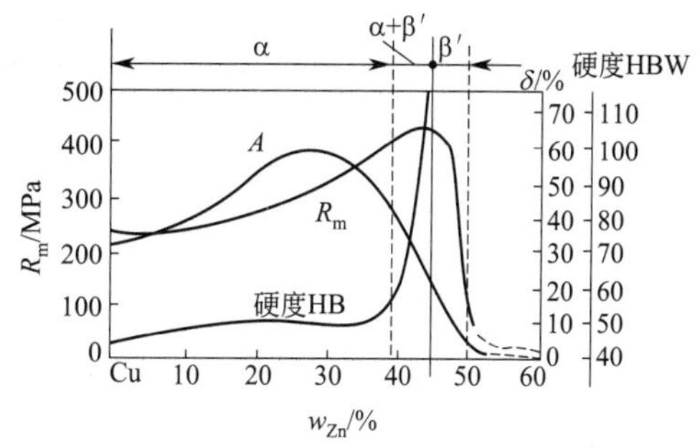

图 12.4　黄铜的力学性能与含锌量的关系

由 Cu-Zn 合金相图中可见，其固、液相线间距较小，故黄铜铸造时流动性较好，偏析小，铸件的致密度高，铸造性能良好。

Cu-Zn 合金在高温下为单相组织，故在生产中多以锻、轧态使用，并以形变作为强化手段。

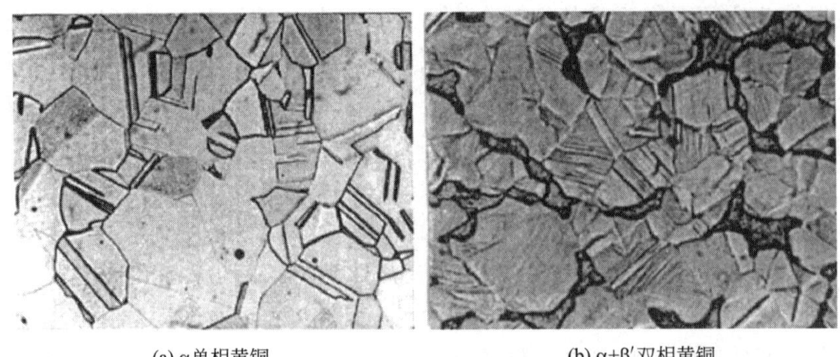

(a) α单相黄铜　(b) α+β′双相黄铜

图 12.5　黄铜的金相组织

12.3.2　黄铜的牌号、分类及用途

黄铜牌号以字母 H 为首（H 为“黄”的汉语拼音第一个大写字母），其后注明含铜量。特殊黄铜的牌号由字母 H、主加元素符号（锌除外）、数字（铜含量）-数字（主加元素含量，其余为锌含量）组成。特殊黄铜可分为变形黄铜（以黄铜加工产品供应）和铸造黄铜两类，其中铸造黄铜在编号前加“Z”。例如：HPb60-1 表示平均成分为 60%Cu，1%Pb，余为 Zn 的铅黄铜；ZHAl67-2 表示平均成分为 67% Cu，2%Al，余为 Zn 的铝黄铜。常用黄铜的分类、牌号、成分、性能和用途见表 12.2。

（1）单相黄铜　单相黄铜也称 α 黄铜，塑性好，可以进行冷、热加工成形，适用于制造冷轧板材、冷拉线材以及形状复杂的深冲压零件。其中 H70、H68 称为三七黄铜，常用作弹壳，故又称为弹壳黄铜。含 20%～30%Zn 的黄铜伸长率甚至高于纯铜，其冷变形性能也高。

（2）两相黄铜　两相黄铜的组织为（α＋β′）两相混合物，强度较单相黄铜高，但在室温下塑性较差，故只宜进行热轧或热冲压成形。常用的有 H62、H59 等，可用作散热器、机械、电器用零件。

表 12.2　常用黄铜的分类、牌号、成分、性能和用途

类别	牌号	化学成分/%		力学性能			应用举例
		Cu	其他	R_m/MPa	A/%	硬度 HB	
普通黄铜	H80	79～81	Zn	270	50	145	色泽美观，有金色黄铜之称，用于制作镀层及装饰品
	H70	69～72	Zn	660	3	150	多用于制造弹壳，有弹壳黄铜之称
	H62	60.5～63.5	Zn	500	3	164	价格较低，多用于制作散热器、垫片、各种金属网和螺钉等

续表

类别		牌号	化学成分/%		力学性能			应用举例
			Cu	其他	R_m/MPa	A/%	硬度 HB	
特殊黄铜	铅黄铜	HPb59-1	57～60	Pb 占 0.8～0.9，其余为 Zn	650	16	140	切削加工性能良好，故又称切削黄铜
	铝黄铜	HAl59-3-2	57～60	Al 占 2.5～3.5，Ni 占 2.0～3.0，其余为 Zn	650	15	150	用于制作在常温下要求耐蚀性较高的零件
	锰黄铜	HMn58-2	57～60	Mn 占 1.0～2.0，其余为 Zn	700	10	160	海轮制造业和弱电工业用的零件
	铸造硅黄铜	ZHSi80-3-3	79～81	Pb 占 2.0～4.0，Si 占 2.5～4.5，其余为 Zn	(J)350	20	90	减摩性好，用于制作轴承衬套
					(S)300	15	100	
	铸造铝黄铜	ZHAl67-2.5	66～68	Al 占 2.0～3.0，其余为 Zn	(S)300	12	80	用于制作在常温下要求耐蚀性较高的零件
					(J)400	15	90	

注：括号内 J 表示金属型铸造，S 表示砂型铸造。

含 40%Zn 的黄铜，也叫蒙次黄铜。把蒙次黄铜加热到高温（约 750℃以上）可使组织全部为 β′相组织。冷却时得到的组织取决于热处理方式。当从 800℃缓慢冷却时，室温组织中的 α 相和 β′相占比几乎相等，见图 12.6。快速冷却时，β′相有序地形成 β′相，不再出现。但冷速不足时，往往在晶界上形成 α 相。α 相形态取决于冷速，通常呈针状分散在晶界上。对快冷的合金在中温（300～400℃）加热可得到细小的 α+β′组织，见图 12.7。

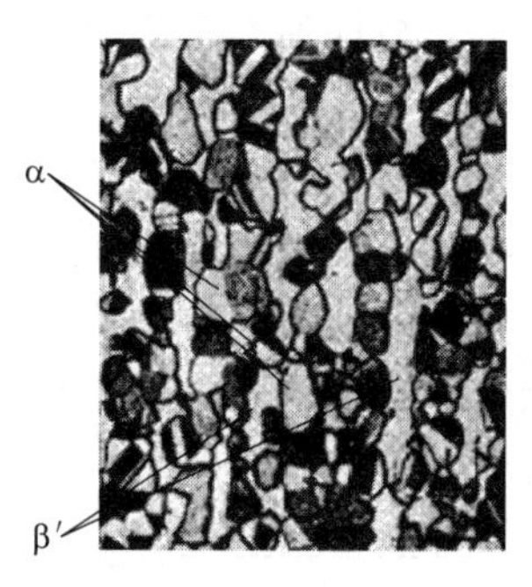

图 12.6 退火蒙次黄铜的显微组织

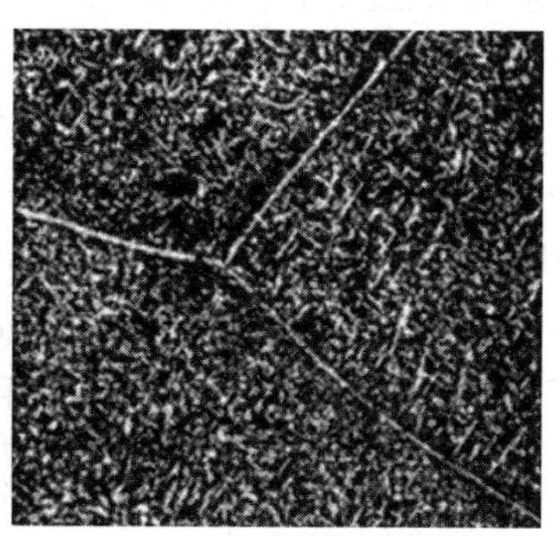

图 12.7 蒙次黄铜 800℃淬火后，400℃加热 30min 后的组织

（3）特殊黄铜 黄铜的耐蚀能力与纯铜相近，在大气和淡水中是稳定的，在海水中耐蚀性稍差。黄铜最常见的腐蚀形式是脱锌和季裂。所谓“脱锌”是指黄铜在酸性或盐类溶液中，锌优先溶解而受到腐蚀，使工件表面残存一层多孔（海绵状）的纯铜，因而合金遭到破坏；而“季裂”是指黄铜零件因内部存在残余应力，在潮湿大气中，特别是含氨盐的大气中受到腐蚀而产生破裂的现象。因此，一般要去除零件内应力，或者在黄铜的基础上加入合金元素，以提高某些特殊的性能。

为改善简单黄铜的性能而加入 1%～5%的锡、铅、铝、硅、铁、锰、镍等元素的合金称为特殊黄铜，并在黄铜的名称上冠以所加元素，例如锡黄铜、铅黄铜、铝黄铜、锰黄铜、铝锰黄铜等。

锡能抑制脱锌腐蚀，提高黄铜的耐蚀性。锡黄铜在海水和淡水中均耐蚀。锡黄铜 HSn62-1 有“海军黄铜”之称，主要用于船舶零件。

铅在黄铜中溶解度很低，只有 0.1%。铅在铜中基本呈独立相存在于组织中，能使切屑碎裂并起润滑作用，因而可以提高耐磨性和切削加工性。铅对黄铜的强度影响不大，略为降低塑性。压力加工铅黄铜主要用于要求有良好切削加工性能及耐磨的零件（如钟表零件），铸造铅黄铜可以制作轴瓦和衬套。由于 Pb 属于有毒元素，在其生产、加工和使用过程中均会造成环境污染，所以采用 Bi、Sb、Mg、S、Ca、Si 和石墨代替 Pb，又研制出具有良好加工性能的无铅黄铜。

硅能显著提高黄铜的力学性能、耐磨性和耐蚀性。硅黄铜具有良好的铸造性能，并能进行焊接和切削加工。主要用于制造船舶及化工机械零件。

铝黄铜利用铝的固溶强化，提高合金强度和硬度，同时氧化铝膜可防腐蚀，但使塑性降低。铝黄铜可制作海船零件及其他机器的耐蚀零件。HAl77-2 可制造海轮等。铝黄铜中加入适量的镍、锰、铁后，可得到高强度、高耐蚀性的特殊黄铜，常用于制作大型蜗杆、海船用螺旋桨等需要高强度、高耐蚀性的重要零件。HAl85-0.5 色泽金黄，耐蚀，可作为金的代用品。

12.4 青铜

除黄铜和白铜外，其余的铜合金都称为青铜。青铜前面常冠以主要合金元素的名称，如锡青铜、铝青铜、铍青铜、钛青铜等。用量最大的是锡青铜和铝青铜。强度最高的是铍青铜。与黄铜相比，青铜具有更好的力学性能和耐蚀性，但价格较贵。在铜合金中青铜的综合性能较好，常用于制造耐蚀性能好和强度高的零件、耐蚀弹性元件、导电和抗蠕变性能好的零件等。

青铜的编号用“青”字的汉语拼音第一个大写字母“Q”开头，后面加上主添加元素的化学符号，再加主添加元素的含量和辅助元素的含量。对铸造青铜，则在最前面加上“Z”表示。如 QSn4-3，表示含 $w_{Sn}=4\%$、$w_{Zn}=3\%$的锡青铜；QBe2，表示含 $w_{Be}=2\%$的铍青铜。常用青铜的牌号、成分、性能和应用见表 12.3。

表 12.3 常用青铜的牌号、成分、性能和应用

类别		牌号	Cu 以外的成分/%	状态	力学性能			应用举例
					R_m/MPa	A /%	硬度 HB	
锡青铜	铸造青铜	ZQSn10-1	Sn 9～11	S	200～300	3	80～100	轴承、齿轮等
			P 0.8～1.2	J	250～350	7～10	90～120	
		ZQSn6-6-3	Sn 5～7 Zn 5～7	S	150～250	8	60	轴承、齿轮等
			Pb 1～4	J	180～250	10	65～70	
	变形青铜	QSn4-4-4	Sn 3～5 Zn 3～5	软	310	46	62	航空仪表材料
			Pb 3.5～4.5	硬	550～650	2～4	160～180	
		QSn0.5-0.1	Sn 6～7	软	350～450	60～70	70～90	耐磨材料、弹簧等
			Pb 0.1～0.25	硬	700～800	8～10	160～200	

续表

类别		牌号	Cu 以外的成分/%	状态	力学性能			应用举例
					R_m/MPa	A /%	硬度 HB	
无锡青铜	铝青铜	QAl9-4	Al 8～9 Fe 2～4	软	500～600	40	110	有重要用途的齿轮、轴套等
				硬	800～1000	5	160～200	
	铍青铜	QBe2	Be 1.9～2.2	软	500	35	100	有重要用途的弹簧、齿轮等
				硬	1250	2～4	330	

注：表中状态栏 S 表示砂型铸造；J 表示金属型铸造；软表示 800°C 退火状态；硬表示变形程度 50%的性能。

12.4.1 锡青铜

(1) 力学性能　Cu-Zn 合金相图富铜部分见图 12.8。锡能溶入铜中，形成的 α 固溶体，具有优良的塑性，适宜冷、热加工成形。由于锡在铜中不易扩散，所以在实际铸造生产条件下即非平衡条件下不易获得平衡组织。含锡量小于 6%时，合金呈单相固溶体；含锡量超过 6%时，就可能出现（α ＋ δ）共析体，其中 δ 是一个硬脆相。含锡量小于 6%时，锡青铜的强度、硬度随含锡量的增加而显著地提高，塑性变化不大，适合进行冷、热压力加工，常以线、板、带材供应。含锡量大于 6%的锡青铜，因组织中出现 δ 硬脆相，塑性急剧降低，已不宜承受压力加工，只能用作铸造合金。当含锡量超过 20%时，不仅塑性极低，而且强度急剧降低，工业上无实用价值，以前只用来铸钟，有“钟青铜”之称（w_{Sn}＝17%～25%）。锡青铜力学性能与含锡量的关系见图 12.9。工业用锡青铜的含锡量一般为 3%～14%。

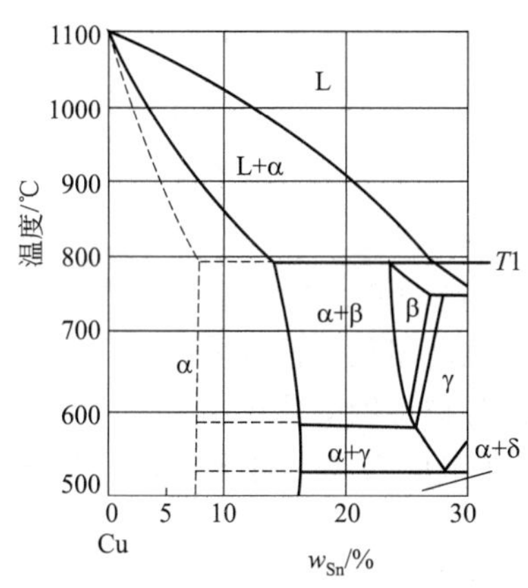

图 12.8　Cu-Zn 合金相图富铜部分

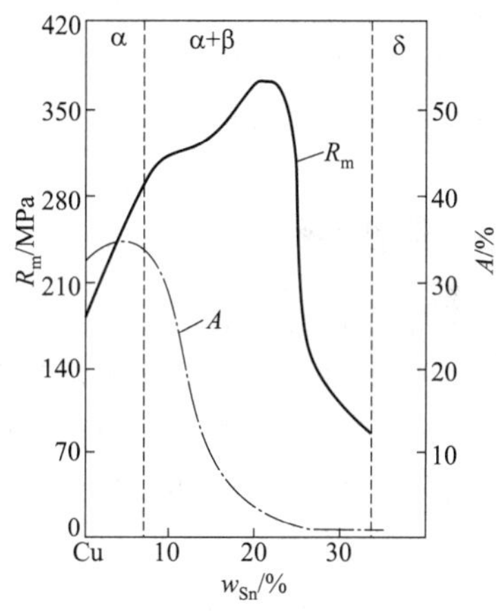

图 12.9　锡青铜力学性能与含锡量的关系

(2) 耐磨性能　由于锡青铜组织中共析体（α ＋ δ）仍均匀分布在塑性好的 α 固溶体中，构成了坚硬 δ 相质点均匀分布在塑性好的 α 基体上的耐磨组织。因而，锡青铜是很好的耐磨材料，被广泛用来制造齿轮、轴承、蜗轮等耐磨零件。

(3) 耐蚀性能　锡青铜在大气、海水、淡水和蒸汽中的耐蚀性比黄铜高。广泛用于制作蒸汽锅炉、海船的铸件。但锡青铜在亚硫酸钠、氨水和酸性矿泉水中极易被腐蚀。

(4) 铸造性能　锡青铜的铸造性能并不理想，因为它的结晶温度区间大，流动性差，易产生偏析和形成分散缩孔。但铸造收缩率很小，是有色金属中铸造收缩率最小的合金。可用来生产形状复杂、气密性要求不太高的铸件。在锡青铜中，还常加入其他合金元素以改善铸造、切削、耐磨等性能。

12.4.2 铍青铜

铜-铍合金称为铍青铜，铜铍合金相图见图 12.10。工业用铍青铜的含铍量一般为 1.7%～2.5%，由于铍溶入铜中形成 α 固溶体，其溶解度随温度的下降而急剧下降，室温时其溶解度仅为 0.16% Be。因此铍青铜是典型的时效硬化型合金。其时效硬化效果显著，经淬火时效后，抗拉强度可由固溶处理状态 450MPa 提高到 1250～1450MPa，硬度可达 350～400HB，远远超过其他所有铜合金，甚至可以和高强度钢相媲美。工业用沉淀硬化 Cu-Be 合金中还添加 0.3%～0.5% Co，以形成不溶解的 Be-Co 化合物，这种化合物在固溶处理时能抑制晶粒长大。

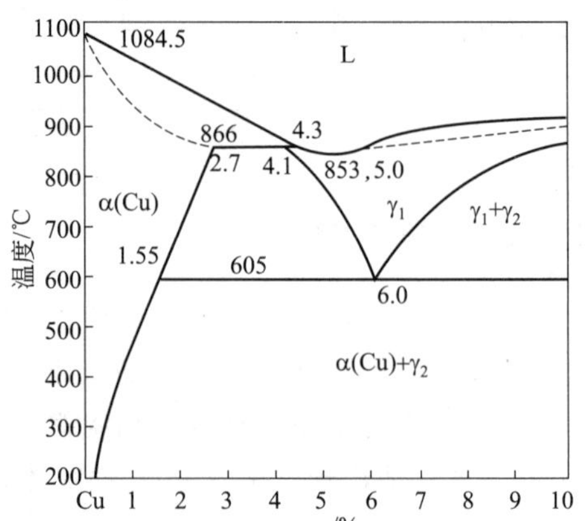

图 12.10 Cu-Be 合金相图

铍青铜具有高的弹性极限、屈服极限和高的疲劳极限，其耐磨性、耐蚀性、导电性、导热性和焊接性均非常好。此外还具有无磁性、受冲击时不产生火花等特点。

铍青铜主要用于制造各种重要用途的弹簧、弹性元件、钟表齿轮和航海罗盘仪器中的零件、防爆工具和电焊机电极等。铍青铜主要缺点是价格太贵，生产过程中有毒，故应用受到很大的限制。一般铍青铜是以压力加工之后固溶处理态供应，机械制造厂使用时可不再进行固溶处理而仅进行时效即可。

12.4.3 其他青铜

铝青铜的含铝量一般不超过 11.5%，有时还加入适量的铁、镍、锰等元素，以进一步改善性能。铝青铜可热处理强化，其强度比锡青铜高，抗高温氧化性也较好。

钛青铜性能接近于铍青铜，价格便宜，无毒，可作为铍青铜的代用品。

硅青铜耐蚀性好（特别耐酸），低温性能好，可制作输酸管道、低温容器、耐酸耐磨零件等。

锆青铜、铬青铜和镉青铜等适于制作在高温工作的导电零件。

12.5 白铜

白铜具有中等以上的强度，弹性好，易于冷热压力加工，易于焊接，可以制造弹簧、接插件；具有极高的电阻、热电势和非常小的电阻温度系数，可以用于制作热电偶补偿导线、精密电阻和热电偶；具有良好的耐蚀性，可以制造耐蚀结构件、精密仪器和装饰品。

12.5.1 普通白铜

以铜为基的 Cu-Ni 合金和 Cu-Ni-Zn 合金因多数呈银白色，称为白铜。

铜和镍都具有面心立方晶格，其电化学性质和原子半径也相差不大，故铜与镍可无限互

溶。所以各种 Cu-Ni 合金为单相组织。因此，这类合金不能进行热处理强化，主要通过固溶强化和加工硬化来提高力学性能。工业用 Cu-Ni 合金，根据其性能特点和用途不同分为耐蚀用白铜和电工用白铜两类。

Cu-Ni 二元合金，称为简单白铜或普通白铜，牌号用“B”（“白”字汉语拼音第一个大写字母）加含镍量表示。如 B5 表示含镍量为 5%的白铜。简单白铜具有高的耐腐蚀疲劳性、高的耐海水冲蚀性和耐有机酸腐蚀性，并具有优良的冷、热加工性能。常用的简单白铜有 B5、B19 和 B30 等牌号，广泛用于制造在蒸汽、海水和淡水中工作的精密仪器、仪表零件和冷凝器、蒸馏器及热交换器管等。B30 在白铜中耐蚀性最强。

12.5.2 特殊白铜

在 Cu-Ni 二元合金的基础上加入其他合金元素的铜基合金，称为特殊白铜。牌号用“B”加特殊合金元素的化学符号再加数字表示，符号后的数字分别表示镍和特殊合金元素的含量。如 BMn3-12 表示含 $w_{Ni}=3\%$和 $w_{Mn}=12\%$的锰白铜。典型白铜的成分和力学性能见表 12.4。

锌在铜镍合金中起固溶强化作用，还能提高耐蚀性。其中 BZn15-20 应用最广，有相当好的耐蚀性和力学性能。锌白铜呈美丽的银白色，称为“中国银”。

锰白铜组织为单相固溶体，塑性高，容易进行冷、热压力加工。锰白铜具有高的电阻和低的电阻温度系数。

表 12.4　典型白铜的成分和力学性能

类别	牌号	主要成分	状态	R_m/MPa	A/%
白铜	B30	Cu,30% Ni	软/硬	380/550	23/3
锌白铜	BZn15-20	Cu,15% Ni,20% Zn	软/硬	380/800	35/2
铝白铜	BAl13-3	Cu,13% Ni,3% Al	软/硬	380/950	13/5

铝白铜的性能同 B30 接近，价格低廉，可作 B30 的代用品。这种合金具有高的强度和耐蚀性，弹性也较好，外表美观，价格低廉。

康铜（BMn40-1）和考铜（BMn43-0.5）的电阻高，电阻温度系数小，是精密电阻用重要的锰白铜。康铜是制造精密仪器的优良材料，考铜用来制作温度高的变阻器、热电偶（与铁或镍铬合金配对）和补偿导线。

12.5.3 无镍白铜

为了节省镍或减轻镍对人体的致敏和致癌的危害作用，研制出了低镍或无镍白铜。往铜中加入 Zn、Mn、Ti、Al 等合金元素，制备的无镍白铜不仅具有银白色的颜色，而且具有较好的耐蚀性和加工性能，可以大大地节约生产成本。

Zn 固溶于 α 铜内，会提高其强度，增加明亮程度，减少表面色中的红色成分。如果 Zn 含量低于 4%，则上述的有益作用得不到充分发挥。Ti 会通过固溶强化效应改进铜合金力学性能，使其色调增白。Ti 含量低于 1%时没有色调增白的效果；Ti 含量超过 7%，则熔化时会产生大量氧化物。Mn 固溶强化会提高铜合金的抗拉强度，使铜表面色中的黄色成分、红色成分减少，起漂白或褪色作用，使合金的颜色从彩色向纯色变化。Mn 是白色铜合金的主加元素，若 Mn 的含量小于 5%，色调增白的效果减少。Al 和 Sn 会在铜合金表面上形成稳定的氧化物膜而改进其季节性开裂的性能，并通过其固溶强化效应改进合金力学性能。如果其含量低于0.1%，则合金的耐季节性开裂的作用不足，强化效应也不足。Ag可通过固溶强化改进铜合金力学性能并使其色调增白，改进其季节性开裂的性能。若Ag含量小于0.1%，则色调增白的效果将减小。

低镍铅锌白铜BZnMn9-36.5-4.5-1.0金相组织为α+β双相组织，具有优良的综合力学性能和耐腐蚀性能。低镍的B10铜合金中加铁和锰元素来降低镍的含量，并提高合金的耐蚀性和耐冲击腐蚀性能，取得了良好的效果。无镍白铜Cu-Mn12-Zn13-Al0.5金相组织为单相α相，具有和锌白铜一样的银白色光泽，能在某些领域替代锌白铜。BFe10-1-1铜合金管广泛应用于火力发电、舰船、海水淡化、制糖制盐以及化工核电等热交换凝汽器中。以锰代镍的新康铜（又称无镍锰白铜），其成分为10.8%～12.5%Mn、2.5%～4.5%Al、1.0%～1.6%Fe。

12.6 铜合金的热处理

12.6.1 铜合金的去应力退火处理

锡青铜、硅青铜、铝青铜、白铜等铜合金丝，带材供料时都已经过冷拉强化，冷成形卷制弹簧后，只需进行去应力退火处理。处理后强度稍有提高，但温度超过220℃时强度有所下降。

12.6.2 铍青铜的时效处理

对Cu-Be合金，当铍含量大于1.5%时，合金可以沉淀硬化。在800℃左右，合金为单相α（或α+β相），在较低温度下，γ-CuBe相将从α相中析出，其析出顺序为：

SSSS（过饱和固溶体）→ GP zones（GP区）→ γ′ → γ

合金产生显著的沉淀强化，其硬度值达40HRC以上，与钢相当。为了达到好的硬化效果，铍含量应为1.8%～2.0%，时效温度应为300～350℃左右，时效3～5h。图12.11为含1.87%Be的铍青铜800℃固溶处理后，经350℃时效4h的组织，大量半共格γ′相弥散分布在基体上，对α相基体具有巨大的强化作用。

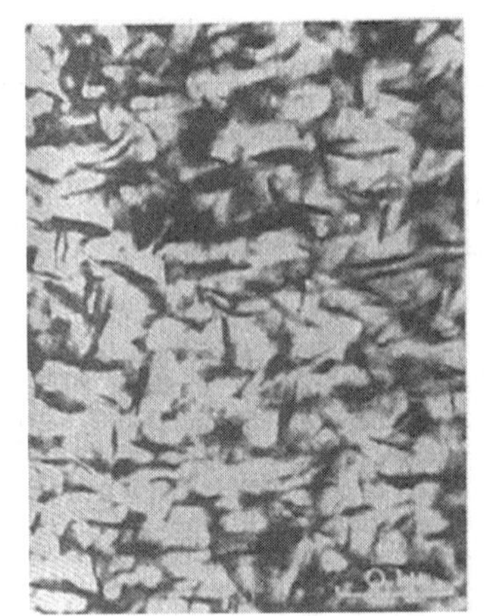

图12.11 Cu-1.87Be合金800℃固溶处理后350℃时效4h的组织

铍青铜丝带材供料时，已经过固溶处理和冷拉加工，弹簧成形后再进行时效处理，使铍呈弥散状态在晶界周围析出，使材料强度提高。表12.5为铍青铜时效工艺和时效前后抗拉强度对比。

表12.5 铍青铜时效工艺和时效前后强度对比

供料状态	时效温度 / ℃	保温时间/min	R_m/MPa	
			时效前	时效后
软	315±15	180	372～558	>1029
硬	315±15	120	568～784	>1176
硬	315±15	60	>784	>1274

12.6.3　铜合金的淬火回火

铝的质量分数大于 9%的铝青铜、铬青铜和铝白铜都属于淬火回火强化一类的铜合金。以铝青铜为例，其淬火温度的选择应使合金组织转变为单一的相，然后快冷。铝含量为 9%～10%的铝青铜，淬火温度一般为 850～950℃，保温时间一般为 1～2h，在水中冷却。

回火温度根据所要求的力学性能确定。在要求具有高强度、高硬度和低塑性时，可以采用低温回火，温度为 250～350℃；在要求具有较高强度、硬度和较高塑性、韧性时，则采用高温回火，温度为 500～650℃。回火时间为 2h 左右。铜合金淬火及回火工艺规范见表 12.6。

表 12.6　铜合金淬火与回火工艺规范

合金牌号	淬火			回火			硬度 HB
	加热温度/℃	保温时间/h	冷却剂	加热温度/℃	保温时间/h	冷却剂	
QAl9-4	850±10	2～3	水	500～550	2～2.5	空气	110～178
QAl 10-3-1.5	900±10	2～3	水	600～650	2～2.5	空气	130～170
				300～350	1.5～2	空气	207～285
QCr 0.5	950～1000	2～3	水	400～450	1.5～2	空气	110
BAl6-1.5	900±10	1～2	水	500±5	1.5～2	空气	200

习　题

1. 紫铜中一般含有哪些杂质元素？他们对铜的性能有哪些影响？
2. 锌含量对黄铜的性能有哪些影响？
3. 锡青铜的铸造性能为什么差？
4. 铍青铜在热处理和性能上有何特点？
5. 为什么炮弹弹壳常用 H70、H68 材料制造？

第13章 滑动轴承合金、锌合金和镍合金

13.1 滑动轴承合金

13.1.1 滑动轴承对材料的要求及材料

滑动轴承用于支承各种转动轴，除经受交变载荷外，还与轴颈发生滑动摩擦。根据轴承的工作条件，对轴承材料提出了一定的组织、性能要求。

轴承合金不仅要求摩擦系数小、有良好的导热性和耐蚀性，还必须有足够的强度和硬度，但硬度过高，势必会加速轴的磨损，这样便损坏了价格昂贵的轴。因此宁可磨损轴瓦，这就要求轴瓦具有合适的表面性能，包括抗咬合性、亲油性、嵌藏性和顺应性等。为了兼顾硬和软的性能要求，轴承合金需要具备软和硬共存的组织特点。在运转过程中，软的部分较快磨损呈凹陷，而硬质点相应地突出，如图13.1所示。这使其接触面积大大减少，有利于保存润滑油，因而摩擦系数减小，磨合能力良好，负荷均匀。

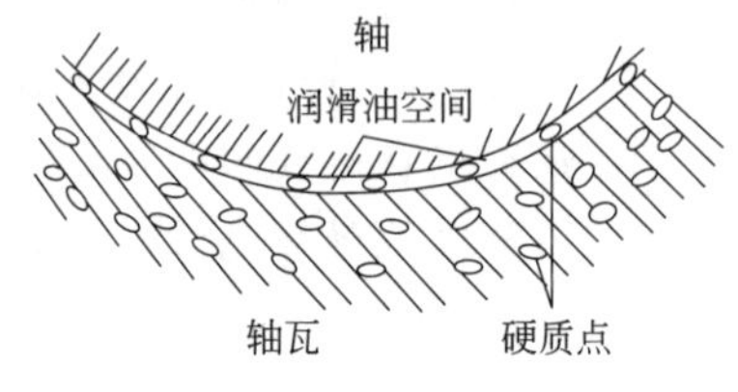

图13.1 轴承理想表面示意图

轴承合金是制造滑动轴承轴套（轴瓦）、轴衬的特定材料。金属轴承材料的种类很多，其中巴氏合金使用最普遍。它主要有锡基和铅基两种，所以又分别把它叫作锡基轴承合金（锡基巴氏合金）和铅基轴承合金（铅基巴氏合金）。这种合金的组织由软基体和硬质点所组成，在轴承工作时，基体中的硬质点可用来支承轴，承受摩擦，而软的基体则保证轴承与轴颈有良好的配合性。同时由于软基体磨损快，构成许多微孔，因此可以储存润滑油，形成润滑油膜层，减少轴承与轴颈的磨损。青铜、铝基合金、锌基合金也用作轴承合金。

13.1.2 锡基轴承合金

锡基轴承合金的成分为80%～90%Sn、3%～16%Sb、1.5%～10%Cu，其组织由软基体加硬质点组成。常用牌号有ZSnSb12Pb10Cu4、ZSnSb11Cu6、ZSnSb11Cu6Cd1、ZSnSb8Cu4、ZSnSb6Cu4等。以ZSnSb11Cu6合金为例，其显微组织如图13.2所示，其中

暗色基体为锑溶于锡中的固溶体（软基体），白色方块为以化合物 SnSb 为基的 β 固溶体（硬质点）。由于 β 相密度小，易于上浮形成偏析。为此加入 6%Cu 形成 Cu_3Sn 针状物，先在溶液中析出，用于阻止 β 相的上浮，从而消除偏析且起到硬质点的作用。与其他轴承材料相比，这类合金的线胀系数小，嵌藏性和减摩性较好，具有优良的韧性、导热性和耐蚀性，适合制作汽车、拖拉机、汽轮机的高速轴承。但该类合金的疲劳强度较低，熔点低，工作温度不能超过 120℃。

为了提高锡基合金的疲劳强度、承压能力和使用寿命，在生产上广泛采用离心浇注法，将其镶铸在钢质轴瓦上，形成薄（≤0.1mm）而均匀的一层内衬。这种工艺称为“挂衬”。具有这种双金属层结构的轴承，称为双金属轴承。

13.1.3　铅基轴承合金

铅基轴承合金是以铅锑为基的合金。为了提高合金的强度、硬度和耐磨性，加入 10%～16%Sb 和 5%～16%Sn，锡还可以改善金属的表面性能和耐蚀性。为了消除相对密度偏析及形成高硬度质点 Cu_6Sn_5，有些合金中还加入 1%～3%Cu。常用的牌号有 ZPbSb16Sn16Cu2、ZPbSb15Sn5Cu3Cd2、ZPbSb15Sn10、ZPbSb10Sn6 等。如 ZPbSb16Sn16Cu2 合金中含 16%Sb、16%Sn 和 2%Cu，其组织为软基体（α＋β）共晶体上分布有硬质点 SnSb（β 相）及 Cu_6Sn_5，见图 13.3。

铅基轴承合金可用于低速、低负荷或静载下工作的中等负荷的轴承，可作为锡基轴承合金的部分代用品。由于铅的价格仅为锡的 1/10，因此，铅基轴承合金得到了广泛应用。

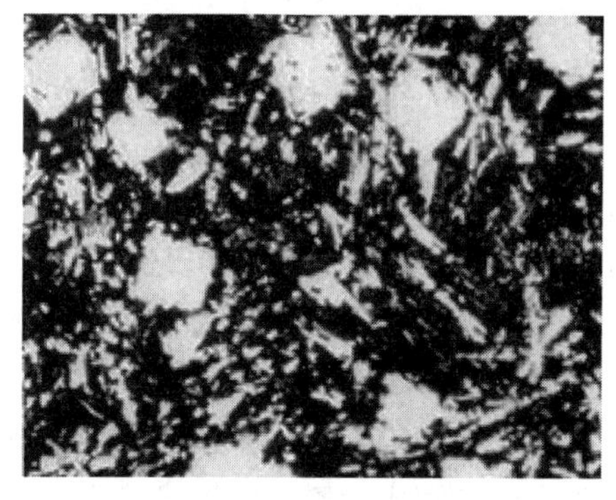

图 13.2　ZSnSb11Cu6 合金的显微组织

图 13.3　ZPbSb16Sn16Cu2 合金的显微组织

13.1.4　铜基轴承合金

铜基轴承合金通常有锡青铜、铅青铜和铝青铜，如 ZCuPb5Sn5Zn5、ZCuSn10P1、ZCuPb10Sn10、ZCuPb15Sn8、ZcuPb20Sn5、ZCuPb30、ZcuAl10Fe3。ZCuPb30 是典型的铜基轴承合金，其组织为在硬的铜基体上分布有软的铅质点。该合金具有高的疲劳强度，优良的减摩性，高的导热性及耐热性，其工作温度可达 350℃，适宜用作在高温、高速、重载荷下工作的轴承（如柴油机、汽轮机或航空发动机上的轴承）。ZQPb30 合金本身强度较低，将它浇注在钢管或钢板上，形成一层薄而均匀的内衬，使钢的强度和减摩合金的耐磨性很好地结合起来。铅青铜与钢套的黏合性很好，不易剥落和开裂。

13.1.5 铝基轴承合金

铝基轴承合金是以铝为基础，加入 Sn、Sb、Pb、Zn 等元素组成的合金。这种合金的优点是导热性、耐蚀性、疲劳强度和高温强度均高，而且价格便宜。铝锡轴承合金含 20%～30%Sn 和 1%Cu。Al-20Sn 轴承合金材料组织中含有数量较多的锡软质点，所以合金的硬度和强度较低，但其减摩性、抗咬合性和嵌藏性等却有很大的改善，成为中速、中负荷发动机轴承的一种主要材料。为了改善铝锡二元滑动轴承合金的性能，在合金中添加 Cu、Si 等元素。铝锑轴承合金含 3.5%～5%Sb 和 0.3%～0.7%Mg，少量 Sb 固溶于铝构成合金的软基体，大部分锑与铝生成金属化合物 AlSb 硬质点，镁也可形成 Mg_3Sb_2 硬质相，并能使针状的 AlSb 变为片状，改善合金的塑性、韧性和强度。铝铅系轴承合金具有低的磨损率、良好的防抱死性能和减摩性能，以及可靠的承载能力和适应性，已成为中载、高速发动机的轴承材料。加入 Si、Cu、Sn 等元素，采用弥散强化的方法可提高铝铅系轴承合金的综合性能。铝锌系轴承合金一般含 5%的锌，承载能力高，适用于高速、重载、增压强化的柴油机的主轴承及连杆轴承。

13.2 锌及锌合金

13.2.1 纯锌

锌是一种具有金属光泽的银白色金属，熔点为 419.5℃，沸点为 907℃。锌是同素异晶型金属，在低于 170℃时，主要以 μ 形式存在；在 170～330℃范围以 β 形式存在；在 330～419℃范围以 α 形式存在。μ 相为密排六方结构，晶格常数 a 及 c 分别为 0.2665nm 和 0.4947nm，c/a 的理论值为 1.856。

纯锌几乎不发生加工硬化，因为再结晶会使加工造成的应力松弛。由于锌的恢复特性及加工硬化程度很小，因此其蠕变抗力或在长期作用下承受变形的能力较小。但是如果加入某些合金元素如 Ti 及 Cu 等，蠕变抗力会增加许多倍。假如某些合金元素如镉、铜等形成锌固溶体，锌金属的再结晶温度则会提高。

纯金属在铸造后，可变得相当硬（如在水中淬火）。工业纯锌因含有杂质，因而性脆而硬度高。但在大于 100℃温度下可以变形，能被压成薄板或拉制成金属丝。加热到 250℃后，这种锌又会变脆，能研成粉末。

13.2.2 锌合金的特点

锌合金密度大，熔点低（385℃熔化），熔化与压铸时不吸铁，不腐蚀压型，不粘模，铸造性能好，可以压铸形状复杂、薄壁的精密件，铸件表面光滑。

锌合金的常温力学性能和耐磨性良好，但高温下抗拉强度和低温下冲击韧性都显著下降，其压铸件不宜在高温和低温（0℃以下）的工作环境下使用。

锌合金的组织主要由含 Al 和 Cu 的富锌固溶体和含 Zn 的富铝固溶体所组成，它们的溶解度随温度的下降而降低。由于压铸件凝固速度极快，室温时固溶体的中的合金处于饱和状态。一定时间后，过饱和固溶体脱溶，使铸件的形状和尺寸略有变化。

13.2.3　锌合金的分类

锌合金按照制造工艺分为变形锌合金和铸造锌合金两大类。Zn 在室温下会发生蠕变，没有确定的屈服强度，这限制了变形锌合金的应用。目前变形锌合金主要有 Zn-0.08Pb、Zn-0.06Pb-0.06Cd、Zn-1.0Cu、Zn-0.8Cu-0.15Ti 和超塑锌合金 Zn-22Al-0.5Cu-0.01Mg，主要用于工艺美术品、塑料模具、旋钮和橡胶制品模具的生产。

铸造用锌合金若按铸造方法分，可分为压力铸造合金和重力铸造合金两大类；若按用途来分，则分为仪表用合金、阻尼合金、模具耐磨合金及零件耐磨合金等。目前国际上用作铸件的标准系列有两大类，一类是 ZAMAK 合金，另一类是 ZA 系列合金。

使用的 ZAMAK 合金有 ZAMAK 2、ZAMAK 3、ZAMAK5 及 ZAMAK7（为简便起见、统称上述合金为 2 号、3 号、5 号及 7 号合金）。ZA 系列有 ZA-8、ZA-12、ZA-27 及 ZA-35。ZA-8 主要用于热室压铸，ZA-12 及 ZA-27 因有特殊熔化要求，只能用于冷室压铸。ZA-35 一般为重力铸造。而 ZAMAK 合金发展要先于 ZA 系列合金，主要为压力铸造。表 13.1 和表 13.2 分别列出了重力铸造锌合金和压力铸造锌合金铸件牌号及化学成分。

表 13.1　重力铸造锌合金铸件牌号与化学成分（质量分数）　　单位：%

合金牌号	Al	Mg(Si)	Cu	Fe(≤)	Pb(≤)	Cd(≤)	Sn(≤)	Zn
ZA-8	8.0～9.8	Mg：0.015～0.03	0.8～1.3	0.1	0.004	0.003	0.002	其余
ZA-12	11.0～12.5	Mg：0.01～0.03	0.8～1.5	0.075	0.004	0.003	0.002	其余
ZA-27	25.0～28.0	Mg：0.01～0.03	2.0～2.5	0.1	0.004	0.003	0.002	其余
ZA-35	30.0～35.0	Si：3～5	3～5	0.1	0.004	0.003	0.002	其余

ZAMAK 3 具有良好的流动性和力学性能，用于制作对强度要求不高的铸件，如玩具、灯具、装饰品、部分电器件。

ZAMAK 5 具有良好的流动性和好的力学性能，用于制作对强度有一定要求的铸件，如汽车配件、机电配件、机械零件、电气元件。

ZAMAK 2 用于制作对力学性能有特殊要求、对硬度要求高、对尺寸精度要求一般的机械零件。

ZA-8 具有良好的流动性和尺寸稳定性，但流动性较差，用于压铸尺寸小、精度和强度要求很高的工件，如电器件。

不同的锌合金有不同的物理和力学特性，选择哪一种锌合金，主要考虑力学性能、工作环境状态（工作温度、湿度、工件接触的介质和气密性要求）、精度要求（能够达到的精度及尺寸稳定性）、工艺性能和经济性。

表 13.2　压力铸造锌合金铸件牌号与化学成分（质量分数）　　单位：%

牌号	Al	Mg	Cu	Fe(≤)	Pb(≤)	Cd(≤)	Sn(≤)	Ni	Al
ZAMAK2	3.59～4.3	0.025～0.05	2.6	0.075	0.004	0.003	0.002	—	其余
ZAMAK3	3.9～4.3	0.025～0.05	≤0.10	0.075	0.004	0.003	0.002	—	其余
ZAMAK5	3.9～4.3	0.03～0.06	0.75～1.25	0.075	0.004	0.003	0.002	—	其余
ZAMAK7	3.9～4.3	0.01～0.02	≤0.10	0.075	0.002	0.002	0.001	0.005～0.02	其余
ZA-8	8.0～8.8	0.015～0.03	0.8～1.3	0.1	0.004	0.003	0.002	—	其余
ZA-12	10.5～11.5	0.015～0.03	0.8～1.5	0.075	0.004	0.003	0.002	—	其余
ZA-27	25.0～28.0	0.01～0.02	2.0～2.5	0.1	0.004	0.003	0.002	—	其余

注：ZAMAK 系列来自 ASTM B240，ZA 系列来自 ASTM B669。

13.2.4 锌合金成分控制

（1）合金元素的作用　锌合金成分中，有效合金元素为 Al、Cu、Mg；有害杂质元素为 Pb、Cd、Sn、Fe。

Al 的作用是改善锌合金的铸造性能，增加合金的流动性，细化晶粒，引起固溶强化，提高力学性能。Al 还降低 Zn 与 Fe 的反应能力，减少对铁质材料，如鹅颈、模具、坩埚的侵蚀。铝含量要考虑合金的强度及流动性，流动性好是获得一个完整、尺寸精确、表面光滑的铸件必需的条件。铝含量控制在 3.8% ～ 4.3%。

Cu 增加锌合金的硬度和强度，改善合金的抗磨损性能，减少晶间腐蚀。但是，含铜量超过 1.25%时，压铸件尺寸和机械强度会因时效而发生变化，降低合金的可延伸性。

Mg 细化锌合金组织，增加合金的强度，减少晶间腐蚀，改善合金的抗磨损性能。但含镁量超过 0.08%时，会产生热脆，降低韧性和流动性。

（2）杂质元素　Pb、Sn、Cd 在锌合金中溶解度很小，因而集中于晶粒边界而成为阴极，富铝的固溶体成为阳极，在水蒸气（电解质）存在的条件下，促成晶间电化学腐蚀。因此，Pb、Cd、Sn 使锌合金的晶间腐蚀变得十分敏感，在温、湿环境中加速晶间腐蚀，降低力学性能，并引起铸件尺寸变化。当锌合金中杂质元素 Pb、Cd 含量过高，工件刚压铸成形时，表面质量一切正常，但在室温下存放一段时间后（八周至几个月），表面出现鼓泡。

Fe 与 Al 发生反应形成 Al_5Fe_2 金属间化合物，造成铝元素的损耗并形成浮渣。Fe 还在压铸件中形成硬质点，增加合金的脆性，影响后加工和抛光。

铁元素在锌液中的溶解度随温度增加而增加，每一次炉内锌液温度变化都将导致铁元素过饱和（当温度下降时），或不饱和（当温度上升时）。当铁元素过饱和时，处于过饱和的铁将与合金中铝发生反应，结果造成浮渣量增加。当铁元素不饱和时，合金对热镀锌锌锅和压铸鹅颈材料的腐蚀将会增强，以回到饱和状态。两种温度变化的一个共同结果是最终造成对铝元素的消耗，形成更多的浮渣。

13.3 镍及镍合金

13.3.1 纯镍

镍是略带黄色的银白色金属。纯镍的含镍量在 99.6%以上，纯度最高可达到 99.99%。纯镍具有优良的机械特性，在多种不同环境中均有较高的耐蚀性能，还拥有磁致伸缩性及磁性、高传热性、高导电性、低气体量及低蒸汽压力等特点。常用的纯镍有 N4（Ni201）和 N6（Ni200）。

13.3.2 镍的合金化

往 Ni 中添加的合金元素有两大类。一类是能与 Ni 形成固溶体的固溶强化元素，如 Cu、Co、Fe、Cr、Mo、W、Mn 等；另一类是能与 Ni 形成中间化合物强化相的元素，如 Al、Si、Be、Ti、Zr、Hf、V、Nb 和 Ta 等。此外，为了特定的目的和用途，有时还添加一些微量元素，如稀土元素、B、Mg、Ca、Sr 和 Ba 等。镍中添加固溶强化元素时，其强度、硬度、抗振性、耐蚀性、抗氧化性、高温强度和某些物理性能（如磁性、热电势、电阻系数

等）都明显提高，而线胀系数、对铜的热电势和电阻温度系数则大大降低。镍中添加能形成强化相的合金元素时，可以形成共格的有序 A_3B 型金属间化合物，如 γ′-$Ni_3(Al,Ti)$ 等强化相，使合金得到有效的强化，材料的性能，特别是高温力学性能、耐蚀性和某些物理性能，将会进一步提高。合金中添加微量元素或为了消除有害杂质对合金性能的不良影响，或为了使合金获得一些特殊的物理性能，或为了强化合金晶界，从而保证合金制品具有更好的使用效果和更长的使用寿命。

Ni 能与 Cu、Fe、Mn、Cr、Si、Mg 组成多种合金。Ni-Cu 合金又称为 Monel（莫奈尔）合金，常见如 Monel 400、K-500 等。Ni-Cr 合金一般称为 Inconel 合金，也就是常见的镍基耐热合金，主要在氧化性介质条件下使用 ，如 Inconel 600、Inconel 625 等。若是 Inconel 合金中加入较高量的 Fe，则为 Incoloy 合金，其耐高温程度不如镍基析出硬化型合金，但价格便宜，如 Incoloy 800H、Incoloy 825 等。若于 Inconel 与 Incoloy 中加入析出强化元素，如 Ti、Al、Nb 等，则成为析出硬化型（铁）镍基合金，可于高温下仍保有良好的机械强度与耐蚀性，如 Inconel 718、Incoloy A-286 等。而 Ni-Cr-Mo（-W）（-Cu）合金则称为哈氏耐蚀合金（Hastelloy），其中 Ni-Cr-Mo 主要在还原性介质腐蚀的条件下使用。Hastelloy 的代表牌号有 C-276、C-2000 等。

13.3.3　镍基合金组织

镍合金的晶体结构主要为高温稳定的面心立方体奥氏体结构，为了提高其耐热性能，添加了大量的合金元素，这些元素会形成各种二次相，提高镍合金的高温强度。二次相包括 MC、$M_{23}C_6$、M_6C、M_7C_3 碳化物（M 指的金属元素），主要分布在晶界，以及如 γ′ 或 γ″ 等共格有序的过渡金属化合物，如图 13.4 所示。图 13.4 中基体为 γ 相，晶界上也有碳化物颗粒，晶间 γ′相在 1079℃时效析出，细小的 γ′相在 843℃和 760℃时效时析出。γ′与 γ″ 相的化学成分是 Ni_3（Al，Ti）或 Ni_3Nb，这些有序相在高温下非常稳定，经由它们的强化可得到优良的蠕变破坏强度。

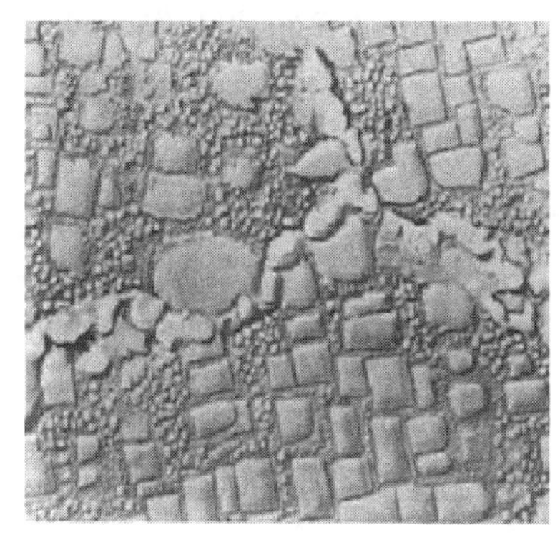

(a) 1079℃保温4h后油淬，843℃时效4h后空冷，760℃时效16h后空冷的组织

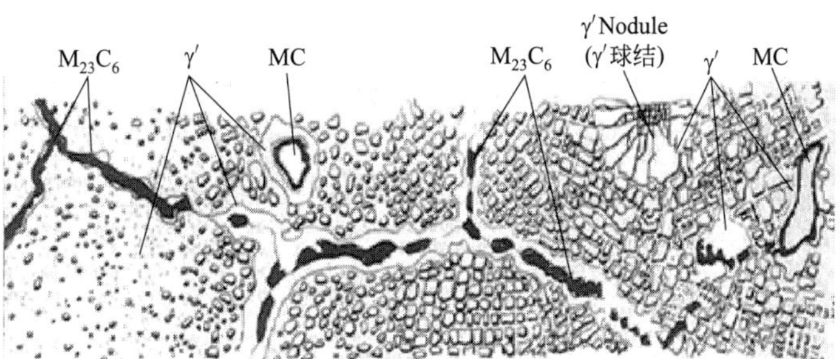

(b) 组织中个各相分析示意图

图 13.4　锻造镍基高温合金经 1150℃固溶处理，4h 空冷，多级时效后的组织

随着合金化程度的提高，合金中的 γ′相数量逐渐增多，尺寸逐渐增大，并由球状变成立方体。同一合金中会出现尺寸和形态不相同的 γ′相。

在铸造合金中还会出现在凝固过程中形成的 $\gamma+\gamma'$ 共晶，晶界出现不连续的颗粒状碳化物并被 γ' 相薄膜所包围，改善了合金的性能。

镍基合金的化学成分十分复杂，合金元素含量很高，这需要对每个合金元素（尤其是主要强化元素）的含量严加控制，否则容易在使用过程中析出其他有害的过渡相，如 σ、Laves（拉弗斯相）等，降低合金的强度和韧性。

13.3.4 镍合金

(1) 镍基高温合金　镍基高温合金指的是以镍为基体（含量一般大于 50%）在 650～1000℃范围内具有较高的强度和良好的抗氧化、耐燃气腐蚀能力的高温合金。镍基高温合金中的主要合金元素有 Cr、W、Mo、Co、Al、Ti、B、Zr 等。Cr 提高镍的抗氧化和高温抗氧化、抗硫化性能、提高耐点蚀、间隙腐蚀性能，其他元素的主要作用是提高镍的强度。这种合金在 650～1000℃高温下有较高的强度和抗氧化、耐燃气腐蚀能力，是高温合金中应用最广、高温强度最高的一类合金，主要用于制造航空发动机叶片和火箭发动机、核反应堆、能源转换设备上的高温零部件。按照加工状态可分为变形镍基高温合金和铸造镍基高温合金。

1) 变形镍基高温合金　变形镍基高温合金的工作温度范围为－253～1320℃，具有良好的力学性能和综合的强度和韧性指标，具有较高的抗氧化、耐腐蚀性能，主要为航天、航空、核能、石油、民用工业提供结构锻件、饼材、环件、棒材、板材、管材、带材和丝材。按其热处理工艺可分为固溶强化型合金和时效强化型合金。

① 固溶强化型合金的使用温度范围为 900～1300℃，最高抗氧化温度达 1320℃。例如，GH128 合金的室温抗拉强度为 850MPa，屈服强度为 350MPa；在 1000℃的抗拉强度为 140MPa，伸长率为 85%；在 1000℃和 30MPa 应力下的持久寿命为 200h，伸长率为 40%。这类合金一般用于制作航空、航天发动机燃烧室、机匣等部件。

② 时效强化型合金的使用温度为－253～950℃。例如，GH4169 合金在 650℃的最高屈服强度达 1000MPa，制作叶片的合金温度可达 950℃。GH220 合金在 950℃的抗拉强度为 490MPa，940℃和 200MPa 下的持久寿命大于 40h。这类合金一般用于制作工作温度为－253～700℃且要求良好的高、低温强度和抗疲劳性能的航空、航天发动机的涡轮盘与叶片等结构件。

2) 铸造镍基高温合金　铸造镍基高温合金是指可以或只能用铸造方法成形零件的一类高温合金。由于不必兼顾其变形加工性能，合金具有更宽的成分范围，可通过调整成分使 γ' 含量达 60%甚至更高，从而在高达合金熔点 85%的温度下，合金仍能保持优良性能。根据铸造合金的使用温度，可以分为以下三种。

① 在－253～650℃使用的等轴晶铸造高温合金　这类合金在很大的温度范围内具有良好的综合性能，特别是在低温下能保持强度和塑性均不下降。如 K4169 合金在 650℃的抗拉强度为 1000MPa，屈服强度为 850MPa，伸长率为 15%；在 650℃和 620MPa 应力下的持久寿命为 200h。

② 在 650～950℃使用的等轴晶铸造高温合金　这类合金在高温下有较高的力学性能及耐热腐蚀性能。如 K419 合金在 950℃时的抗拉强度大于 700MPa，伸长率大于 6%；在 950℃时的 200h 持久强度极限大于 230MPa。

③ 在 950～1100℃使用的定向凝固柱晶和单晶高温合金　这类合金在此温度范围内具有

优良的综合性能和抗氧化、耐热腐蚀性能。如 DD402 单晶合金在 1100℃和 130MPa 的应力下持久寿命大于 100h。

（2）镍基耐蚀合金　镍基耐蚀合金包括哈氏合金以及 Ni-Cu 合金等，主要合金元素是 Cr、Mo、Cu 等，具有良好的综合性能，可耐各种酸腐蚀和应力腐蚀。镍基耐蚀合金包括 Ni-Cu 合金、Ni-Cr 合金、Ni-Mo 合金、Ni-Cr-Mo 合金等，用于制造各种耐腐蚀零部件。

Ni-Cu 合金在还原性介质中耐蚀性优于 Ni，而在氧化性介质中耐蚀性又优于 Cu，在无氧或氧化剂的条件下是耐高温氟气、氟化氢和氢氟酸的最好的材料。Ni-Cr 合金主要在氧化性介质条件下使用，可抗高温氧化和耐硫、钒等气体的腐蚀。Ni-Cr 合金中含 Cr 量大于 13%时才能产生有效的耐蚀作用，Cr 含量越高，其耐蚀性越好，但合金在非氧化性介质如盐酸中，耐蚀性较差，这是因为非氧化性酸不易使合金生成氧化膜，同时对氧化膜还有溶解作用。Ni-Mo 合金主要在还原性介质腐蚀的条件下使用，是耐盐酸腐蚀最好的合金之一，但在有氧和氧化剂存在时，耐蚀性会显著下降。Ni-Cr-Mo（-W）合金则兼有 Ni-Cr 与 Ni-Mo 合金的性能，主要在氧化-还原混合介质条件下使用，这类合金在高温氟化氢气中，在含氧和氧化剂的盐酸、氢氟酸溶液中，以及在室温下的湿氯气中耐蚀性良好。含 Mo 镍基耐蚀合金可同时抵抗氧化酸与还原酸，如哈氏 C-276 或 C-2000 合金就是一种含 W 的 Ni-Cr-Mo 合金。

（3）镍基耐磨合金　镍基耐磨合金中主要合金元素是 Cr、Mo、W，还含有少量的 Nb、Ta 和 In。合金具有良好的耐磨性能和较好的抗氧化、耐腐蚀、焊接性能，可制造耐磨零部件，也可作为包覆材料，通过堆焊和喷涂工艺将其包覆在其他基体材料表面。

耐磨涂层用镍基耐磨合金粉末分为自熔性合金粉末与非自熔性合金粉末。

非自熔性镍基粉末是指不含 B、Si 或 B、Si 含量较低的镍基合金粉末。这类粉末广泛地应用于等离子弧喷涂涂层、火焰喷涂涂层上和等离子表面强化。主要包括 Ni-Cr 合金粉末、Ni-Cr-Mo 合金粉末、Ni-Cr-Fe 合金粉末、Ni-Cu 合金粉末、Ni-P 和 Ni-Cr-P 合金粉末、Ni-Cr-Mo-Fe 合金粉末、Ni-Cr-Mo-Si 高耐磨合金粉末、Ni-Cr-Fe-Al 合金粉末、Ni-Cr-Fe-Al-B-Si 合金粉末、Ni-Cr-Si 合金粉末、Ni-Cr-W 基耐磨耐蚀合金粉末等。

在镍合金粉末中加入适量 B、Si 便形成了镍基自熔性合金粉末。所谓自熔性合金粉末亦称低共熔合金、硬面合金，是在镍、钴、铁基合金中加入能形低熔点共晶体的合金元素（主要是 B 和 Si）而形成的一系列粉末材料。常用的镍基自熔性合金粉末有 Ni-B-Si 合金粉末、Ni-Cr-B-Si 合金粉末、Ni-Cr-B-Si-Mo 合金粉末、Ni-Cr-B-Si-Mo-Cu 合金粉末、高钼镍基自熔性合金粉末、高铬钼镍基自熔性合金粉末、Ni-Cr-W-C 基自熔性合金粉末、高铜自熔性合金粉末、碳化钨弥散型镍基自熔性合金粉末等。

（4）镍基精密合金　镍基精密合金包括镍基软磁合金、镍基精密电阻合金和镍基电热合金等。最常用的软磁合金是含镍 80%左右的坡莫合金，其最大磁导率和起始磁导率高，矫顽力低，是电子工业中重要的铁芯材料。镍基精密电阻合金的主要合金元素是 Cr、Al、Cu，这种合金具有较高的电阻率、较低的电阻温度系数和良好的耐蚀性，用于制作电阻器。镍基电热合金是含铬 20%的镍合金，具有良好的抗氧化、耐腐蚀性能，可在 1000～1100℃温度下长期使用。

（5）镍钛合金　镍钛合金是一种形状记忆合金，由镍和钛组成。镍钛合金受到温度和机械压力的改变时存在两种不同的晶体结构相，即奥氏体相和马氏体相。镍钛合金高温（大于奥氏体化开始温度）或去除载荷（外力去除）时为奥氏体相，奥氏体相硬度高，形状比较稳定，温度较低（小马氏体结束的温度）或加载（受到外力活化）时变为马氏体相。马氏体相不太稳定，具有延展性，较易变形。镍钛合金除具有独特的形状记忆功能外，还具有耐磨损、耐腐蚀、高阻尼和超弹性等优异特点。

习题

1. 滑动轴承对材料有何要求？
2. 锌合金中常加入哪些元素？有什么作用？
3. 镍合金组织有何特点？对性能有何影响？

参考文献

[1] 赵忠魁．金属材料学与热处理技术[M]. 北京：国防工业出版社，2011.

[2] 崔忠圻．金属学与热处理[M]. 2 版．北京：机械工业出版社，2011.

[3] 胡光立，谢希文．钢的热处理（原理和工艺）[M]. 5 版．西安：西北工业大学出版社，2016.

[4] 侯旭明．热处理原理及工艺[M]. 2 版．北京：机械工业出版社，2018.

[5] 郑青昊，孙宏，宗秋丽，等．GB/T 6394《金属平均晶粒度测定方法》新旧版本差异[J]. 焊管，2018，41（7）：65-68.

[6] 程丽杰，栾燕，谷强．新版 GB/T 36394-2017《金属平均晶粒度测定法》标准解析[J]. 冶金标准化与质量，2017，55（3）：1-7+16.

[7] GB/T 6394—2017. 金属平均晶粒度测定方法．

[8] 刘宗昌，任慧平，安胜利．马氏体相变[M]. 2 版．北京：科学出版社，2012.

[9] 刘宗昌，任慧平．贝氏体与贝氏体相变[M]. 北京：冶金工业出版社，2009.

[10] Bullens D K. Steel And Its Heat Treatment[M]. Berlin：Nabu Ress，2010.

[11] GB/T 8121—2012. 热处理工艺材料　术语．

[12] 黄春峰．金属热处理节能技术及其研究进展[J]. 航空制造技术，2004（5）：77-80.

[13] 刘宗昌，计云萍．热处理原理中概念的更新[J]. 热处理技术与装备，2019，40（3）：1-5.

[14] 朱祖昌，许雯，王洪．国内外渗碳和渗氮工艺的新进展（一）[J]. 热处理技术与装备，2013，34（4）：1-8.

[15] 朱祖昌，许雯，王洪．国内外渗碳和渗氮工艺的新进展（二）[J]. 热处理技术与装备，2013，34（5）：1-8.

[16] 齐俊杰．微合金化钢[M]. 北京：冶金工业出版社，2006.

[17] 周新龙，叶飞，陈伟庆，等．低碳微合金化含硼冷镦钢的力学性能研究[J]. 炼钢，2009，25（4）：61-64.

[18] 阮强，程子健．微合金化钢种成分设计优化减少中厚板轧制缺陷[C]//第十五届全国炼钢学术会议文集，2008：666-671.

[19] 刘云旭，王淮，吴化，等．使用钢铁合金设计[M]. 北京：国防工业出版社，2012.

[20] 齐俊杰，黄运华，张跃．微合金化钢[M]. 北京：冶金工业出版社，2006.

[21] 彭建，杨春楣．加热工艺对微合金钢 Ti、Nb 固溶及奥氏体晶粒长大的影响[J]. 金属成形工艺，2003，21（6）：51-53.

[22] 袁志钟．金属材料学[M]. 3 版．北京：化学工业出版社，2019.

[23] 王亦工，冯运莉．V-N 微合金化提高低合金结构钢强韧性研究[J]. 金属热处理，2005（9）：27-30.

[24] 申勇，申斌，吴静，等．弹簧钢的技术发展及生产工艺现状[J]. 金属制品，2009，35（3）：22-25.

[25] 魏国能，徐达，俞峰．高质量轴承钢的需求、生产和发展[C]//中国特殊钢年会 2005 论文集，2005：106-112.

[26] 王林海，杨川，程海明，等．国产与进口轴承钢组织结构与性能分析[J]. 热加工工艺，2008，37（18）：48-51.

[27] 刘建，王华昆，宋立秋，等．钒氮微合金化高强度钢的研究及应用[J]. 四川冶金，2006，28（1）：24-27.

[28] 夏佃秀，李兴芳，李建沛．控制轧制和控制冷却技术的新发展[J]. 山东冶金，2003，25（5）：38-41.

[29] 李杰，李志，颜鸣皋．高合金超高强度钢的发展[J]. 材料工程，2007（4）：61-65.

[30] 张威虎，吕淑媛，张富春，等．超高强度结构钢的组织细化及韧性改善[J]. 材料科学与工艺，2010，81（3）：442-444.

[31] 王六定，丁富才，王佰民，等．低合金超高强度钢亚结构超细化对韧性的影响[J]. 金属学报，2009，45（3）：292-296.

[32] 姜越，尹钟大，朱景川，等．超高强度马氏体时效钢的发展[J]. 特殊钢，2004，25（2）：1-5.

[33] GB/T 1591—2018. 低合金高强度结构钢．

[34] GB/T 1222—2016. 弹簧钢．

[35] GB/T 3086—2019. 高碳铬不锈轴承钢．

[36] GB/T 3203—2016. 渗碳轴承钢．

[37] GB/T 38886—2020. 高温轴承钢 .

[38] GB/T 18254—2016. 高碳铬轴承钢 .

[39] GB/T 38809—2020. 低合金超高强度钢通用技术条件 .

[40] GB/T 3077—2015. 合金结构钢 .

[41] GB/T 699—2015. 优质碳素结构钢 .

[42] 王晓梅 . GB/T 699—2015《优质碳素结构钢》标准解析[J]. 模具技术，2017 (3)：44-47.

[43] GB/T 5680—2010. 奥氏体锰钢铸件 .

[44] JB/T 6404—2017. 大型高锰钢铸件　技术条件 .

[45] 赵培峰，国秀花，宋克兴 . 高锰钢的研究与应用进展[J]. 材料开发与应用，2008，23 (4)：85-88.

[46] 朱元右，顾军 . 高锰钢微合金化的研究[J]. 江苏冶金，2002，3 (6)：14-16.

[47] 沈晓钧 . 现代工具钢的热处理 (上) [J]. 机械工人，2000 (3)：28-29.

[48] 沈晓钧 . 现代工具钢的热处理 (中) [J]. 机械工人，2000 (4)：28-29.

[49] 沈晓钧 . 现代工具钢的热处理 (下) [J]. 机械工人，2000 (5)：28-29.

[50] 张唯敏 . 金属模用工具钢的开发现状和热处理技术[J]. 国外金属热处理，2003，24 (1)：5-9.

[51] GB/T 1299—2014. 工模具钢 .

[52] GB/T 36708—2018. 预硬化高速工具钢 .

[53] GB/T 9943—2008. 高速工具钢 .

[54] JB/T 6401—2017. 大型轧辊锻件用钢技术条件 .

[55] 邱军，袁逸，陈景榕 . 高速钢中马氏体二次硬化的 TEM 研究[J]. 金属学报 1992，28 (7)：19-24 .

[56] 刘海峰，刘耀辉 . 合金元素对高碳高速钢中碳化物形成及形态的影响[J]. 铸造，2000 (5)：260-264.

[57] 张先鸣 . 冷作模具钢的研究与技术发展[J]. 模具制造，2011 (2)：91-93.

[58] 程先华 . 热作模具钢合金化及其强化机制[J]. 上海金属，2001 (2)：1-5.

[59] 宋鸣，倪亚辉 . 塑料模具钢的性能和选用[J]. 塑料工业，2004 (10)：37-40.

[60] 徐增华 . 金属耐蚀材料　第四讲　铁素体不锈钢[J]. 腐蚀与防护，2001，22 (4)：184-186.

[61] 徐增华 . 金属耐蚀材料　第五讲　马氏体不锈钢[J]. 腐蚀与防护，2001，22 (5)：229-231.

[62] 徐增华 . 金属耐蚀材料　第六讲　奥氏体不锈钢[J]. 腐蚀与防护，2001，22 (6)：275-278.

[63] 徐增华 . 金属耐蚀材料　第七讲　双相不锈钢[J]. 腐蚀与防护，2001，22 (7)：321-324.

[64] 徐增华 . 金属耐蚀材料　第八讲　沉淀硬化不锈钢[J]. 腐蚀与防护，2001，22 (8)：367-370.

[65] 张淑林，李敏娇，陈世波，等 . 18-8 奥氏体不锈钢的晶间腐蚀[J]. 中国腐蚀与防护学报，2007，27 (2)：124-128.

[66] GB/T 24511—2017. 承压设备用不锈钢和耐热钢钢板和钢带 .

[67] GB/T 2100—2017. 通用耐蚀钢铸件 .

[68] 赵昌盛 . 不锈钢的应用及热处理[M]. 北京：机械工业出版社，2010.

[69] 干勇，田志凌，董瀚，等 . 中国材料工程大典　第 3 卷　钢铁材料工程[M]. 北京：化学工业出版社，2005.

[70] 张伟，郝晨生 . 金属材料[M]. 长沙：中南大学出版社，2010.

[71] 张文华 . 不锈钢及其热处理[M]. 沈阳：辽宁科学技术出版社，2010.

[72] 吴玖 . 双相不锈钢[M]. 北京：冶金工业出版社，2000.

[73] 《袖珍世界钢号手册》编写组 . 不锈钢耐热钢和特殊合金[M]. 北京：机械工业出版社，2011.

[74] 杨瑞成，赵庆权，吕学飞，等 . 珠光体耐热钢在高温时效中的材料弱化[J]. 材料科学与工艺，2007 (2)：221-224.

[75] GB/T 8492—2014. 一般用途耐热钢和合金铸件 .

[76] 张寅，崔兰芳 . GB/T 8492—2014《一般用途耐热钢和合金铸件》国家标准解读[J]. 铸造，2016，65 (7)：677-682.

[77] 王恺婷 . 高温钛合金的发展与应用[J]. 世界有色金属，2021 (7)：21-22.

[78] 李长龙，赵忠魁，王吉岱 . 铸铁[M]. 北京：化学工业出版社，2007.

[79] Zhao Z K, Sun Q Z, Ma H L, et al. Experimental study of machinable ADI[C]. Beijing: Tsinghua University Press, 2006: 464-467.

[80] Kenawy M A, Abdel-Fattah A M, Okasha N. Mechanical and Structural Properties of Ductile Cast Iron[J]. Egypt. J. Sol., 2001, 24 (2): 151-157.

[81] 刘金海，王昆军，李国禄，等．国内外 CADI 的发展现状与趋势[J]．现代铸铁，2015（6）：40-45.
[82] 殷作虎，王小伟，赵洪举，等．喂丝球化处理技术进展及问题对策[J]．现代铸铁，2010（2）：22-26.
[83] 曾艺成，李克锐，张忠仇，等．等温淬火球墨铸铁研发工作的进展与发展趋势[J]．铸造，2017，66（9）：940-947.
[84] 王祝堂．铝-锂系合金[A]．李换田．铝合金及其加工手册[M]．长沙：中南大学出版社，2000：356-391.
[85] 张宝昌．有色金属及其热处理[M]．西安：西北工业大学出版社，1993.
[86] 田荣璋．铸造铝合金[M]．长沙：中南大学出版社，2009.
[87] 赵乃勤．合金固态相变[M]．长沙：中南大学出版社，2008.
[88] GB/T 3190—2020．变形铝及铝合金化学成分．
[89] 王岩，王祝堂．中国的新型铝合金[J]．轻合金加工技术，2020，48（5）：1-4.
[90] 陈振华．镁合金[M]．北京：化学工业出版社，2004.
[91] 尹冬松，张二林，曾松岩．Zn 对铸态 Mg-Mn 合金力学性能和腐蚀性能的影响[J]．中国有色金属学报，2008，18（3）：388-393.
[92] 刘正，张奎．镁基轻质合金理论基础及其应用[M]．北京：机械工业出版社，2002.
[93] 钟诗宇，张丁非，胥钧耀，等．含 Gd 的 Mg-Al 系合金研究现状[J]．材料导报，2021，35（9）：09016-09027.
[94] GB/T 5153—2016，变形镁及镁合金牌号和化学成分．
[95] 唐昌平，左国良，李志云，等．Mg-Gd 系合金的合金化研究进展[J]．材料导报 A：综述篇，2018，32（11）：3760-3767.
[96] 崔红卫，闵光辉，胡立杰，等．含钇 Mg-Al 系镁合金的研究现状和进展[J]．材料导报 A：综述篇，2018，23（8）：70-73.
[97] 陈阳，吴震，土金辉．Mg-Al-Mn 系镁合金的研究现状与展望[J]．材料导报 A：综述篇，2015，29（25）：433-435.
[98] 彭建，吕滨江，童小山，等．Mn 元素对 Mg-Zn 系镁合金组织性能影响的研究现状与展望[J]．轻合金，2012（8）：55-58.
[99] 张奇，孙良成，鲁飞，等．稀土钐在镁合金中的应用研究[J]．稀土，2015，36（2）：97-101.
[100] 邢清源，孟令刚，杨守杰，等．新型稀土镁合金的研究进展[J]．铸造，2018，67（4）：317-326.
[101] 李承基．贝氏相变理论[M]．北京：机械工业出版社，1995.
[102] 邓永和．稀土镁合金研究现状与发展趋势[J]．稀土，2009，30（1）：76-79.
[103] 余红．金属钛及其合金[J]．汽车工艺及材料，2004（12）：6-9.
[104] Leyens C，Peters M. Titanium and titanium alloys：fundamentals and applications[M]. Berlin：Wiley- VCH，2003.
[105] 陈玮，刘运玺，李志强．高强 β 钛合金的研究现状与发展趋势[J]．航空材料学报，2020，40（3）：63-76.
[106] 朱康平，祝建雯，曲恒磊．国外生物医用钛合金的发展现状[J]．稀有金属材料与工程，2012，41（11）：2058-2063.
[107] 黄张洪，曲恒磊，邓超，等．航空用钛及钛合金的发展及应用[J]．材料导报 A：综述篇，2011，25（1）：102-107.
[108] 杨东，郭金明．钛合金的腐蚀机理及耐蚀钛合金的发展现状[J]．钛工业进展，2011，28（2）：4-7.
[109] 郭鲤，何伟霞，周鹏，等．我国钛及钛合金产品的研究现状及发展前景[J]．热加工工艺，2020，49（22）：22-28.
[110] GB/T 3620. 1—2016．钛及钛合金牌号和化学成分．
[111] 申永良，李维芬．纯铜及其铜合金[J]．冶金丛刊，1998（6）：21-23.
[112] 李兴元．Cu-Zn 合金中 β′→β 转变动力学[J]．热加工工艺，2007（22）：37-39.
[113] 安建军，云翠花，严彪．单辊快淬 Cu-Be 合金的显微组织及时效性能[J]．特种铸造及有色合金，2008（7）：567-569.
[114] 王荣滨．铍青铜的固溶淬火和双重时效强化处理研究[J]．有色金属加工，2007，63（6）：17-20.
[115] 肖翔鹏，曾九生，许洪胤，等．不同合金成分对无镍白铜颜色及性能的研究[J]．铝加工，2009（4）：42-44.
[116] 袁军平，李卫．饰用 BZn10-25 镍白铜的镍释放率[J]．华南理工大学学报（自然科学版）[J]. 2013，41（2）：141-146.
[117] 徐兴莉，李文兵．铁白铜 BFe10-1-1 组织性能变化规律研究[J]．中国金属通报，2020（9）：83-84.
[118] Liu N，Li Z，Li L，et al. Processing map and hot deformation mechanism of novel nickel-free white copper alloy[J]. Trans. Nonferrous Met. Soc. China，2014，24：3492-3499.

[119] 肖翔鹏，许洪胤，刘觐．新型无镍白铜的研究现状及发展前景[J]．铝加工，2010（1）：54-56.
[120] 肖翔鹏．新型无镍白铜的开发及性能研究[D]．南昌：江西理工大学，2009.
[121] 杨超，陶鲭驰，丁言飞．无铅环保黄铜研究新进展[J]．材料导报，2019，33（7）：2109-2118.
[122] 曹标，庞晋山，陈明，等．环境友好无铅黄铜的研究进展及其在消费品制造中的应用[J]．理化检验（物理分册），2015，51（4）：234-237.
[123] 卢燕，詹朝峰，曹利，等．高性能铬青铜棒材研制开发[J]．有色金属加工，2012，41（1）：12-14+8+20.
[124] GB/T 16746—2018. 锌合金铸件．
[125] GB/T 1175—2018. 铸造锌合金．
[126] 陈玉明，揭晓华，吴锋，等．铝基滑动轴承合金材料的研究进展[J]．材料研究与应用，2007，1（2）：95-98.
[127] GB/T 39742—2021. 滑动轴承　单层滑动轴承用铝基铸造合金．
[128] 杨哲，杨晗，程伟，等．镍及镍合金产品标准现状分析及应用[J]．有色金属加工，2020，49（2）：4-6+11.
[129] GB/T 2054—2013. 镍及镍合金板．
[130] GB/T 2072—2020，镍及镍合金带、箔材．